“十三五”国家重点出版物出版规划项目
卓越工程能力培养与工程教育专业认证系列规划教材
（电气工程及其自动化、自动化专业）
普通高等教育电气工程与自动化类“十三五”规划教材

# 智能电器

## 第2版

主编　邹积岩
参编　何俊佳　孙辉　段雄英
主审　程礼椿

机械工业出版社

本书内容共分三部分。第一部分为智能电器基础知识；第二部分为智能电器基本结构及相关理论，包括信号检测系统、控制系统和电子操动、智能电器的可靠性与电磁兼容等；第三部分为智能电器的应用，包括配电自动化、柔性交流输电系统电器、直流断路器器等。

本书可作为高等学校电气工程与自动化专业本科生和研究生教材，也可作为电力工程行业的科技人员与电器行业产品研发人员的参考书。

**图书在版编目（CIP）数据**

智能电器/邹积岩主编．—2版．—北京：机械工业出版社，2019.8（2025.2重印）

普通高等教育电气工程与自动化类“十三五”规划教材

“十三五”国家重点出版物出版规划项目　卓越工程能力培养与工程教育专业认证系列规划教材．电气工程及其自动化、自动化专业

ISBN 978-7-111-63348-8

Ⅰ.①智…　Ⅱ.①邹…　Ⅲ.①控制电器—高等学校—教材　Ⅳ.①TM571

中国版本图书馆CIP数据核字（2019）第157327号

机械工业出版社（北京市百万庄大街22号　邮政编码100037）

策划编辑：于苏华　责任编辑：于苏华　王　荣

责任校对：肖　琳　封面设计：鞠　杨

责任印制：郜　敏

北京富资园科技发展有限公司印刷

2025年2月第2版第2次印刷

184mm×260mm·18.25印张·448千字

标准书号：ISBN 978-7-111-63348-8

定价：45.00元

| 电话服务 | 网络服务 |
| --- | --- |
| 客服电话：010-88361066 | 机　工　官　网：www.cmpbook.com |
| 010-88379833 | 机　工　官　博：weibo.com/cmp1952 |
| 010-68326294 | 金　　书　　网：www.golden-book.com |
| **封底无防伪标均为盗版** | 机工教育服务网：www.cmpedu.com |

# 前　言

随着人们对电力需求的不断增加、对电能质量要求的日益提高，近年来，我国电力系统及电力设备制造行业得到了长足的发展。伴随计算机技术及信息技术的飞速发展，开关电器领域正经历新一轮的更新换代，新概念电器层出不穷。其中最能代表时代发展的、发展最为迅速的是智能电器。经过近年来业内科技工作者的不懈努力，智能电器所涉及的理论问题已越来越清楚，各种智能电器产品也逐渐得到了市场的认同。

广义的电器是指用于检测电参数、控制电路，或实现电能转换的硬件设备或装置；而狭义的电器主要是指开关电器。所谓电器的智能化，主要是指开关电器实现人工智能的过程。按人工智能的定义，智能化是指使对象具备灵敏准确的感知功能、正确的思维与判断功能以及行之有效的执行功能而进行的工作。感知功能包括设备的自诊断，各种运行参数和系统参数的检测；思维和判断功能就是控制，可依靠计算机或数字信号处理器（DSP）来完成；执行功能就是对一次设备的操动。因此，可以这样定义智能电器：在某一方面或整体上具有人工智能的电器元件或系统。

电器智能化是一种理念，是一种方法，是一个发展和进步的过程，其目的是使电器产品实现人工智能的部分或全部功能，使产品达到最佳工况。因此，电器智能化涉及的理论与技术除了电器学基础外，还应包括数字信号处理、控制以及现代传感器技术等。

早在20世纪70年代，人们就开始在配电系统实践开关电器的智能化，即在配电系统中加装智能控制器，用以自动判别线路故障，切除与隔离故障并恢复健康区段的供电。人们把这种带控制器的开关系统称为自动重合器与自动分段器。随着计算机技术的发展，越来越多的电站实现了微机化控制与管理，这使得开关智能化沿两条路线发展。路线之一是以电力系统的需求为主，基于开关的所谓“四遥”，把设备状态反映到电站主控计算机，由它实现开关乃至对整个系统的智能控制。而另一条发展路线是分步实施：首先是开关本体智能化，类似自动重合器与自动分段器，然后逐步实现整个系统的智能化与网络化，强调元件智能化才是最根本和最可靠的智能化。

近年来，国内外已有很多智能化开关投入市场。它们的特点都是采用先进的传感器技术和微机信号处理与控制技术，使整个组合电器的在线监测与二次系统在一个计算机控制平台上。20世纪90年代初国外的智能式真空断路器就已包括三种功能：自动保护功能、早期维护功能和信息传递功能。90年代末出现了永磁操动机构，配合新型传感器以及二次控制无触点化，使产品达到了更高的智能化水平。真空开关永磁机构的意义不仅大大简化了机械传动，提高了机构的可靠性，更重要的是它改进了操动的可控性，为进一步的高压开关选相合分打下了基础。在开关智能化理论方面，有人提出智能操作的概念，即要求开关的操作性能可根据电网中发出的不同工况，自动选择和调整操动机构或/和灭弧室合理的预定工作条件。例如，对于自能式$SF_6$断路器的分断操作，小负载时触头以较低的速度分断，既可保证所需的灭弧能量，又可减少机械损耗；而在接到短路信号时则以全速分断，获得最佳分断效果。目前，此类专家系统的开发已在进行中。变速操作打破了传统断路器单一分闸特性的概念，实际上是上述执行功能的智能化，是对高电压等级开关操动机构改造的十分有益的尝试。

电器智能化是一个更新换代的工作，涉及很多电气领域的新概念，要求新的规范与标准，结合必要的理论计算和计算机仿真可以大大推进研究开发工作。电力系统希望开关生产厂家采用更多的智能化技术，不断提高产品的档次和技术含量，赶超国际先进水平；但同时也要积极扶持新概念电器，更多地采用智能化开关，从而在根本上解决电力系统的硬件水平问题。只要科研工作者与生产厂家、系统用户更密切地合作，携手共进，我国的智能电器就一定能达到国际前沿水平。

本书内容共分三部分。第一部分为智能电器基础知识；第二部分为智能电器基本结构及相关理论，包括信号检测系统、控制系统和电子操动、智能电器的可靠性与电磁兼容等；第三部分为智能电器的应用，包括配电自动化、柔性交流输电系统电器、直流断路器等。第1章智能电器概论，介绍电器的定义与分类，电器的典型结构，电器智能化的内涵与主要内容，智能电器的理论任务等。第2章电器学基本理论与信号处理基础，介绍电流的热效应与力效应，电接触与电弧，磁路计算，采样与数字滤波，常用信号分析方法等。第3章智能电器的信号检测系统，介绍现场参量类型及数字化测量方法，智能电器中的各类传感器，信号输入通道设计，现场参量的信号分析与处理以及信号检测系统误差等。第4章智能电器的控制系统，介绍控制器的基本结构与组成，控制器的基本功能与特点，控制器的系统设计，智能电器控制器的硬件系统、软件系统，智能电器的网络化与通信系统等。第5章电子操动与永磁机构，介绍传统操动系统及其局限性，电子操动的构成与设计原则，永磁操动机构的磁路设计，相控开关，电子操动控制精度与可靠性分析等。第6章智能电器的可靠性与电磁兼容，介绍智能电器的可靠性指标，智能电器的电磁兼容，电磁兼容试验与标准等。第7章配电自动化，介绍配电自动化的基本概念，智能式重合器与分段器，配电网馈线自动化的基本模式，馈线远方终端FTU，配电自动化的通信等。第8章柔性交流输电系统电器，介绍电力电子技术在输电系统的应用，典型柔性交流输电系统电器，统一电能质量管理系统，超高压真空开关的实现等。第9章直流断路器，介绍直流开断原理，基于电力电子器件的高压直流断路器，机械式高压直流真空断路器，低压直流断路器等。

本书由大连理工大学邹积岩教授主编，华中科技大学程礼椿教授主审。邹积岩教授负责第1章、第5章、第9章的编写和全书的统稿；华中科技大学何俊佳教授负责第2章、第6章的编写；大连理工大学段雄英教授负责第3章、第4章的编写，孙辉教授负责第7章、第

8 章的编写。大连理工大学董恩源、廖敏夫以及方春恩三位博士的学位论文也为本书提供了部分素材。西安交通大学的张杭教授和王汝文教授对本书的结构和内容提出了许多宝贵意见。第 5 章的部分修订内容来自董恩源教授的研究，书中的部分实验在大连理工大学电力电子研究所完成，得到丛吉远高工、邹启涛高工的支持。对以上同仁和老师为本书的完成所做的工作，在此一并表示衷心的感谢！

第 9 章直流断路器的主要内容得到国家自然科学基金重点项目（51337001）支持。

“智能电器”作为电气工程及自动化专业本科生及研究生的选修课，面向现代电力系统，该课程的设置也受到电力设备行业的欢迎。本书作为该课程的教材，汇聚了编者及所在单位的研究成果。但鉴于编者水平所限，书中难免有不足和谬误之处，诚挚地欢迎广大读者批评指正。

编　者

修订于大连理工大学

# 目　录

# 第 1 章 智能电器概论

电气工程是一门传统学科，包含了与电磁物理现象相关的科学与技术。开关电器是电气工程中的一个传统领域。电子信息及人工智能技术的飞速发展为开关电器领域注入了新的活力，由此产生的智能电器成为这一传统领域新的亮点。人们从传统电器的一般概念出发，定义电器智能化和智能电器，以达到了解和掌握典型智能电器的目的。

## 1.1 电器的定义与分类

“电器”一词在人们生活中出现的频率很高。电器的定义是什么？用于检测电参数、控制电路、实现电能转换的硬件设备或装置统称为电器。凡是根据外部指令或预定的功能，自动或手动、连续或断续地改变电路参数，实现对电路或非电对象的切换、控制、检测和能量变换的电气设备都属于电器的范畴。电器的核心功能由各种开关完成，狭义的电器主要指开关电器。

当代科学领域，人们根据涉及的电能水平和信号强度，把与电相关的科学与技术分成“强电”技术与“弱电”技术。强电的特征是功率和电能的传输与控制，弱电的特征则是信号的传递与控制。因此，从狭义来讲，人们一般把强电领域的技术问题称为电气工程，而把弱电领域的技术问题称为电子工程。电器的主要背景是强电领域，可以说电气工程领域的硬件都属于电器的范畴，电器是电气工程科学的载体。

随着电子信息技术的发展，尤其是电力电子技术的发展，电气工程与电子工程的界限越来越模糊。这里，我们还是把工作在弱电范畴的、以信号与控制为主要功能的电子装置单列一类，属于电子工程领域；而把用于功率与电能控制的电力电子装置作为广义的电器对待。随着电力电子器件的不断发展和进步，电力电子技术在电气工程领域中的地位将会越来越重要，尤其是电器的智能化将越来越依赖电力电子技术。强电领域的电器中大多依赖电子技术来控制，而常规的电子系统，对其中电源的要求也越来越严格。因此可以说，我们已经进入了强电与弱电重新融合的时代，电器中有电子技术，电子装置中也有功率电器。智能电器就是成功应用电子技术、完成电能控制的电器。

电器的分类有多种，一般按工作职能和使用领域可分为以下几种：

（1）高压电器　高压电器的额定工作电压在 1kV 以上，主要用于电力系统，少量用于脉冲功率技术和特种电源中。高压电器一般包括断路器、负荷开关、熔断器、避雷器、电抗器等。其中断路器可以分断系统短路电流，工作条件最苛刻，是电力系统的“卫士”；负荷开关可以频繁操作，控制负荷的通断；熔断器的作用与断路器类似，但只能一次性动作。

实际上，电力系统中更严格的高压电器是指额定工作电压在72.5kV以上的电器，而在配电和供电网使用的、额定工作电压在72.5kV以下、1kV以上的电器又被称为“中压电器”。

（2）低压与家用电器 低压与家用电器的额定工作电压在1kV以下，主要用于电力拖动和家庭的电气设施，包括断路器、接触器、组合（自动）开关、低压熔断器、低压避雷器、电磁起动器，家用电热、制冷、电动工具和照明灯具等。其中接触器和磁力起动器主要用于电机等负载控制，组合（自动）开关则用于最小用电单元的控制与过载保护。

（3）测量电器 包括电气工程中的电量传感器（包括电流互感/传感器、电压互感/传感器）和非电量（输出为电量的）传感器。

（4）能量存储与转换电器（电磁元件） 包括电力电容器、电抗器，电磁铁，电热、电声、电光电器等。

（5）特种电器 这里主要指矿用电器，航空、舰船与轨道交通牵引电器等。

从原理上，我们还可以把电器分为静态电器和动态电器，因测量电器和能量存储与转换电器在工作中本身状态不变，我们称之为静态电器，而开关与控制器类则被称为动态电器。

进一步还可以按执行机能和转换深度将电器分为开关电器、连续控制电器；有触点电器和无触点电器等。执行通断任务时的转换深度 $h$ 可用下式描述：

$$h = R_o / R_c \tag{1-1}$$

式中，$R_o$、$R_c$分别为电器回路的开路阻抗和闭合阻抗。对于有触点电器，$h = 10^{10} \sim 10^{14}$；对于无触点电器，$h = 10^4 \sim 10^7$。

电力系统中的高、低压电器以开关电器为主；开关电器中又以断路器为典型的研究对象，其极限参数对应最为苛刻的工作条件。本书讨论的电器问题大多数以开关电器为背景，并以开关代表最狭义的电器。另外，从产业分工和结构方面，我们还可以把电器分为电器元件和成套电器，后者一般结合电子控制装置组成一个功能系统，实际上已成为广义的电器了。

## 1.2 电器的典型结构

### 1. 高压开关电器

如前所述，由于高压开关的技术含量高，引领了电器学科的主要研究领域，而高压断路器是最典型、技术难度最高的高压开关电器。断路器一般由灭弧室、操动机构、框架和辅助开关等组成。图1-1为目前国内用量较大的ZN63型侧装式户内高压真空断路器。短路电流的切断由三个真空灭弧室完成，真空灭弧室通过一个联动主轴由弹簧储能或永磁操动机构驱动，其动作指令由开关柜上的继电保护系统给出，开关上的若干组辅助触点可反映开关的状态，并可供外部电路使用。

图1-1 ZN63型侧装式户内高压真空断路器

真空灭弧室是开关的核心，依赖真空介质优异的电弧扩散与熄弧性能和弧后极高的介质强度，当操动机构接到分断指令开始分闸操动时，处于闭合状态的真空灭弧室触头分离，一般会拉出真空电弧，在交变电流零点时电弧熄灭，完成电路分断功能。真空开关可以在12kV或40.5kV电压等级的配电系统中分断几万安培的短路电流，实现短路保护的目的。

真空开关对其操动机构的要求苛刻，需随时准备动作，决不允许拒动或误动，一般采用储能的方式排除机构能源故障带来的隐患。此外，在响应速度、出力和瞬时功率以及寿命等方面也有较高的要求。对真空开关而言，目前较常用的是弹簧储能机构；近年来新发展的永磁操动机构，很容易与计算机控制匹配，达到很高的时间控制精度，实现开关的动作相位控制，因此也被称作电子操动。

开关的框架除了支撑和构架外，主要应有绝缘方面的保证，使处于高电位的灭弧室和处于低电位的操动机构得以落脚。现代开关的框架上往往还附加有进行自诊断和发出控制指令的智能装置，有的高压开关整体封闭在一个充以绝缘气体的密闭金属柜内。

**2. 低压开关电器**

塑壳空气断路器是典型的低压开关电器，一般由灭弧室、操动机构、骨架和外壳以及过电流脱扣装置等组成。图1-2为目前国内用量较大的低压塑壳空气断路器。低压系统曾经大量使用各种熔断器，由于塑壳断路器中有过电流保护脱扣装置，各用电分支可以省去熔断器，从而简化了供电系统。此外，塑壳断路器采用了先进的灭弧系统，使开关利用电弧自身能量将其分割成许多小段，很容易在短路电流达到峰值前将其熄灭，从而使实际电弧的电流峰值和能量远没达到预期值，我们称之为限流开断。限流的最大意义在于降低了整个系统可能承受的电流极限，在系统电动力和热稳定方面有了更好的保证。此外，由于实际承受的电弧能量较小，灭弧室的体积也可以做得较小。

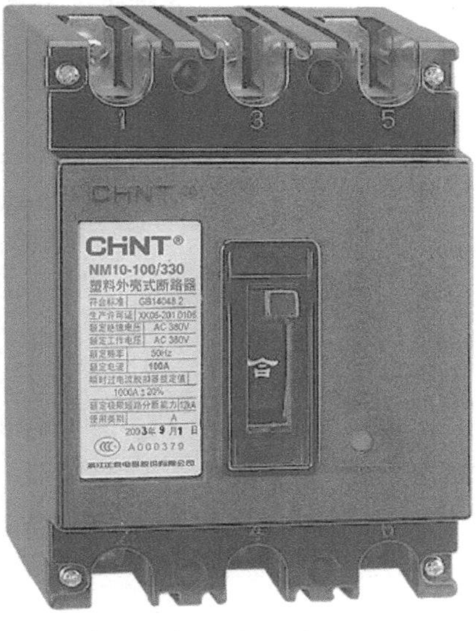

图1-2 典型低压塑壳空气断路器

**3. 测量与能量转换电器**

目前电力系统中最典型的测量电器是各种电流互感器和电压互感器。低压电流互感器与高压电流互感器的结构基本一致，只是一次和二次绕组之间的绝缘水平的差异，均为在环形铁心上绕一定匝数的二次绕组，主电流穿过环形线圈视作单匝的一次绕组。电压互感器实际上就是电压比精度较高的小功率变压器，绝缘系统随额定电压的高低而不同。

能量转换电器的含义范围很广，实际上电机是应用最广的机电能量转换系统，但对它的研究已自成体系，成为专门的学科领域。除电机以外的电磁、电热、电光、电声等虽然都有各自的专门领域，但仍都属于电器范畴。这部分器件直接与人们的日常生活相关，与电能的使用相关，其相关知识也是电气工程师必须掌握的。

**4. 家用电器**

随着经济和社会的发展，家用电器的用电量在电能消耗中的比例越来越大，反映了家用电器使用量的急剧增加。虽然其内涵主要是上述能量转换电器，但它更多地结合了电子技术，智能化水平越来越高，因此，有必要把它们单列一类进行分析研究。当然，现代高档的音像设备和太阳能设备、电动车等，主要是相对独立领域的研究对象，只是归类在家用电器中。

**5. 成套电器和电力系统自动化装置**

成套电器一般指配电领域的开关柜或其他带一次设备的金属柜，是电气工程与电子工程结合的产物，它不仅仅是电器元件的集成，更主要的是其功能的完备，作为一个系统直接完成用户的服务功能。输变电领域的户外成套设备，一般称为间隔，现代安装于户外的气体绝缘开关装置（GIS）是更广义的成套电器。图1-3为典型配电成套电器——高压开关柜。

图1-3 典型成套电器——高压开关柜

## 1.3 电器智能化的内涵与主要内容

随着现代信息技术和人工智能技术的飞速发展，智能化成为工业装置的发展趋势。在开关电器领域，智能化开关发展迅速，其动力首先来自电力系统的可靠性与自动化程度越来越高的要求。现代配电和用电系统包括供电小区或智能大厦的电气设备，都要求在监测、控制及保护等方面具有尽可能高的智能化水平。作为电力系统的硬件，电器智能化则是上述电力系统自动化与智能化的基础。为满足电力系统日益提高的可靠性要求，电力设备的状态检修技术得到了飞速发展，这一技术要求设备能自诊断、运行状态可控，能及时发现故障的前兆，这与电器智能化的基本要求也是一致的。

首先，以开关为例定义电器智能化。所谓电器的智能化，主要指开关电器实现人工智能的过程。按人工智能的定义，智能化是指使对象具备灵敏准确的感知功能、正确的思维与判断功能以及行之有效的执行功能而进行的工作。

感知功能包括设备的自诊断，各种运行参数和系统参数的检测，可依靠各种传感器来完成，这在现代传感器技术已迅速发展的今天，是比较容易实现的。

思维与判断功能简单说就是控制，可依靠计算机或数字信号处理器（DSP）来完成，与控制相关的理论与实践都比较丰富，也取得了显著的成效。这方面既有硬件问题，又有软件问题，软件发展的空间更大些。

执行功能对开关电器而言就是对一次设备的操动。对开关电器的智能化而言，目前的“瓶颈”问题是“行之有效的执行功能”。执行功能的非线性、多学科交织的复杂性是困扰人们的主要障碍。

以上这三方面的工作就是电器智能化的主要内容。因此可以这样定义智能电器：在某一方面或整体上具有人工智能功能的电器元件或系统。

早在30年前，就开始有开关智能化的概念并在配电系统实践，即在配电开关外附加以智能控制器，用以自动判别线路故障，切除与隔离故障并恢复健康区段的供电，人们称之为自动重合器与自动分段器。随着计算机技术的发展，越来越多的电站实现了微机化控制与管理，这使得开关智能化沿两条路线发展。在电力系统方面，希望开关实现所谓“四遥”，把设备状态反映到电站主控微机，由它实现开关乃至整个系统的智能化。这是一条自上而下的技术路线。另一条是自下而上的发展路线，首先追求的是开关本体智能化，然后汇入系统总的控制体系中。元件智能化才是最根本和最可靠的智能化，对国内外大多制造厂家来说，更侧重的是发展元件智能化。

近年来，国外已有很多智能化开关面市，高压领域典型的有东芝公司的C-GIS和ABB公司的EXK型智能化GIS[1]，它们的特点都是采用先进的传感器技术和微型计算机处理技术，使整个组合电器的在线监测与二次系统在一个计算机控制平台上。在中压领域，较典型的有20世纪90年代初富士公司的智能式真空断路器[2]及近年来ABB公司推出的VM1型真空断路器[3]。富士公司的产品包括三种功能：自动保护功能、早期维护功能和信息传递功能。其中，保护功能指开关本体可对过电流和短路故障进行检测与判断并发出指令，使开关可靠分闸；早期维护功能指开关在真空度降低时，电接触部位温升异常以及脱扣线圈断线时均能发出报警，提示操作人员把开关退出运行进行维修；信息传递功能则指除正常外部加入的控制信号外开关状态的信号输出。该开关比较有特色的是其光/温度继电器。温度传感元件为双金属片，当受热板的温升达到给定值时，就会带动光路开关动作。由于没有电的联系，受热板可安装在要监视的、处于高电位的电接触部位。

ABB的VM1型真空断路器是该公司的新产品，除了新颖的一体化绝缘结构，最显著的特色是采用了永磁操动机构。此外，它的二次控制无触点化和采用新型传感器也是比较显著的进步。开关的位置传感器和辅助接点均为无触点的接近开关或光电开关，新型电量传感器信号可以直接变换成数字信号，取代了传统的电磁式电压互感器和电流互感器。

在高压$SF_6$开关智能化方面，近年来较热门的是智能气体绝缘组合电器，也称Smart GIS，主要特色是采用现代传感器技术和在线自诊断技术。此外，有文献提出智能操作的概念[4]，即要求开关的操作性能可根据电网中发出的不同工况，自动选择和调整操动机构以及灭弧室的预定工作条件。例如，对于自能式断路器的分断操作，小负载时触头以较低的速度分断，既可保证所需的灭弧能量又可减少机械损耗；而在接到短路信号时则以全速分断，获得最佳开断效果。变速操作打破了传统断路器单一分闸特性的概念，实际上是上述执行功能的智能化，是对高电压等级开关操动机构改造十分有益的尝试。

## 1.4 智能电器的理论任务

根据上述智能电器的定义，人们可以从其可完成的功能方面看到智能电器研究的理论任务。

1）在负责智能电器信号来源的传感器方面，我们不但要研究新的传感和检测机理，如光电、红外、超声波等，还要研究传感器的灵敏度与准确度。此外，我们还应该注意新的检测方法的研究，如无传感器虚拟法、综合评估法、指纹数据以及扰动误差校正法等。

2）在信号处理与控制系统研究方面，包括总线技术，以太网和互联网的信号传输技术，基于小波分析、模糊逻辑分析等的数据处理技术，暂态分析与电磁兼容技术等；控制方面包括控制策略研究、稳定性、可靠性与冗余、深度学习与最优化技术等；还要包括各种仿真技术，如EMPT、ANSYS、MATLAB等仿真软件的应用等。

3）在新的执行功能研究方面，包括各种新的电弧或电路控制机理研究、同步开关技术等。这方面直接面向对象，往往引起整体机理的革命。如电子操动引起了新一轮相控开关研究、多断口断路器的复兴以及高可靠性系统的实现等，体现了革命性的技术进步，连带出相当多的机理与模型研究，可得到范围广泛的理论成果。

基于上述理论任务，面向电气类本科高年级或研究生专业课教材和相关专业技术人员，本书可用作教科书和参考书。全书内容包括以下部分：

1）电器学基本理论，包括电流的热效应与力效应、电弧与电接触、磁路计算等。

2）信号处理基础，包括采样、数字滤波、数字化非线性补偿、常用信号分析方法等。

3）智能电器的信号检测系统，包括现场参量类型及数字化测量方法、智能电器中的各类传感器、信号输入通道设计、现场参量的信号分析与处理、信号检测系统误差等。

4）智能电器控制器的基本结构与组成、基本功能与特点，控制器的系统设计，智能电器控制器的硬件系统和软件系统，智能电器的网络化与通信系统等。

5）传统操动系统及其局限性，电子操动的构成与设计原则，永磁操动机构的磁路设计，相控开关，电子操动控制精度与可靠性分析等。

6）智能电器的可靠性与电磁兼容，包括智能电器的可靠性指标、智能电器的电磁兼容、智能电器的试验与标准等。

7）智能电器应用之一——配电自动化，包括配电自动化的基本概念与模式、重合器与分段器、FTU与主站，配电自动化的通信等。

8）智能电器应用之二——FACTS电器，包括高压开关电器的智能化与FACTS、电力电子技术在输电系统的应用、典型FACTS电器、统一电能质量管理系统以及超高压开关的智能化等。

9）智能电器的发展——直流断路器，包括直流开断原理、基于电力电子器件的高压直流断路器、机械式高压直流真空断路器、系统能量控制与等价性试验、低压直流断路器等。

1. 归纳电器的定义、分类。
2. 根据人工智能的定义分析电器智能化与智能电器的内涵。
3. 写出两种智能电器的名称或描述两种电器的智能化功能。
4. 简述电器智能化的发展趋势。

## 参 考 文 献

[1] 宋政湘，张国纲．电器智能化原理及应用［M］.3版．北京：电子工业出版社，2013.
[2] 富士电机集团公司．智能式真空断路器（产品介绍）［J］. 富士时报，1993，66（3）：171.
[3] 马志瀛，陈晓宁，徐黎明，等．超高压断路器的智能操作［J］. 中国电机工程学报，1999，19（7）：3.
[4] 邹积岩，王毅．开关智能化的概念与相关的理论研究［J］. 高压电器，2000，36（6）：43.

# 第 2 章 电器学基本理论与信号处理基础

一般来说，智能电器的理论基础包括电器学的基本理论和信息科学的基本理论。后者涉及的理论范围极其宽广，包括信息的提取、传输和处理，其中与智能电器关系最大的是信号处理技术，而信息的提取主要由各种成型的传感器来完成，信号的传输则依赖现代网络技术和光电转换技术，均已成为专门的领域。作为智能电器的理论基础部分，本章主要介绍电器学基本理论与信号处理技术基础。

## 2.1 电流的热效应

凡是承载电流的导体或设备，都会因自身导电回路的材料性质而承受电流的热效应。对于导体材料，会因为导电构件自身电阻的存在产生热损耗（电阻损耗）；对于铁磁体，会因为交流电流引起的交变磁场产生涡流和磁滞损耗；支撑导体的绝缘材料，会在高场强下产生介质损耗。这些损耗，最终都体现为发热。

### 2.1.1 电器设备的最大允许温升

电器设备各零部件及绝缘介质的性能与温度有紧密的关系，当温度上升到一定程度时，金属和绝缘介质的机械性能和电气性能会发生突变，使用寿命急剧下降。

不同材料发生性能突变的温度范围不同，确定材料允许工作温度的原则是保证电器设备在设计的使用期限内能可靠地工作，具体有二：①保证电器绝缘不致因温度过高而损坏或使用寿命过分降低；②导体和结构部分不致因温度过高而降低其机械性能。

金属材料的允许温度取决于机械强度的变化及支撑绝缘的热耐受能力。温度达到一定值后，材料发生软化，机械强度显著降低。例如，铜在长期工作时的软化温度为 100~200℃。

金属材料的软化不仅与温度有关，还与温升速度有关，在快速升温的情况下，铜的软化点可以到 300℃。因此，铜在短路电流作用下的允许发热温度规定得较正常工作状态时高。

绝缘材料的允许温度主要取决于物理、机械、化学及电气性能的变化。GB/T 11021—2014 将电气绝缘材料的耐热性划分为若干个耐热等级。耐热等级表示该材料在额定负载和规定的其他条件下达到预期使用期时所能承受的最高温度。各耐热等级及其对应的温度见表 2-1。若温度超过 250℃，则按间隔 25℃相应设置耐热等级。

**表 2-1　电气绝缘材料的耐热等级**

| 耐热等级 | 90（Y） | 105（A） | 120（E） | 130（B） | 155（F） | 180（H） | 200（N） | 220（R） | 250 |
|---|---|---|---|---|---|---|---|---|---|
| 温度范围/℃ | 90～105 | 105～120 | 120～130 | 130～155 | 155～180 | 180～200 | 200～220 | 220～250 | 250～275 |

导体连接处，尤其是开关的各类触头，其允许温度比非接触处要低得多。因为接触点（面）的导电状态比非接触处要恶劣。接触处的电阻是变化的、不稳定的。若触头温度过高，接触面容易发生强烈氧化、锈蚀，严重的发热温升或因导电不良而“打火”都有可能造成熔焊，使开关丧失保护能力。触头间的接触压力通常依靠弹簧来维持，过高的温度对弹簧的刚度有影响，从而造成接触压力的不稳定。因此，触头接触处的允许温升规定得较低。

电器设备各部件在长期工作时的最大允许温度与环境温度在 40℃时的允许温升（允许温度与环境温度之差）见表 2-2。

**表 2-2　电器各部分允许的最高温度和温升**

| 序号 | 电器零件、材料及介质的类别①~④ | | 最高允许温度/℃ | | | 周围空气温度为 40℃时的允许温升/K | | |
|---|---|---|---|---|---|---|---|---|
| | | | 空气中 | $SF_6$中 | 油中 | 空气中 | $SF_6$中 | 油中 |
| 1 | 触头⑤⑥ | 裸铜或裸铜合金 | 75 | 90 | 80 | 35 | 50 | 40 |
| | | 镀锡 | 90 | 90 | 90 | 50 | 50 | 50 |
| | | 镀银或镀镍（包括镀厚银或镶银片） | 105 | 105 | 90 | 65 | 65 | 50 |
| 2 | 用螺栓或其他等效方法联结的导体结合部分⑦ | 裸铜、裸铜合金和裸铝、裸铝合金 | 90 | 105 | 100 | 50 | 65 | 60 |
| | | 镀（搪）锡 | 105 | 105 | 100 | 65 | 65 | 60 |
| | | 镀银（包括镀厚银）或镀镍 | 115 | 115 | 100 | 75 | 75 | 60 |
| 3 | 用其他裸金属制成或表面镀其他材料的触头或联结⑧ | | | | | | | |
| 4 | 用螺栓或螺钉与外部导体连接的端子⑨ | 裸铜、裸铜合金和裸铝、裸铝合金 | | 90 | | | 90 | |
| | | 镀（搪）锡或镀银（包括镀厚银） | 105 | | | 65 | | |
| | | 其他镀层⑧ | | | | | | |
| 5 | 油开关用油⑩⑪ | | | | 90 | | | 50 |
| 6 | 起弹簧作用的金属零件⑫ | | | | | | | |
| 7 | 下列等级的绝缘材料及与其接触的金属零件⑬⑮　需要考虑发热对机械强度影响的 | Y（对不浸渍材料）<br>A（对浸在油中或浸渍过的材料）<br>E、B、F、H | 85<br>90<br>100 | 90<br>100<br>110 | —<br>100<br>100 | 45<br>60<br>70 | 50<br>60<br>70 | —<br>60<br>60 |

（续）

| 序号 | 电器零件、材料及介质的类别①~④ | | | 最高允许温度/℃ | | | 周围空气温度为40℃时的允许温升/K | | |
|---|---|---|---|---|---|---|---|---|---|
| | | | | 空气中 | $SF_6$中 | 油中 | 空气中 | $SF_6$中 | 油中 |
| 7 | 下列等级的绝缘材料及与其接触的金属零件⑬⑮ | 不需要考虑发热对机械强度影响的 | Y（对不浸渍材料） | 100 | 90 | — | 50 | 50 | — |
| | | | A（对浸在油中或浸渍过的材料） | 110 | 100 | 100 | 60 | 60 | 60 |
| | | | E | 120 | 120 | 100 | 80 | 80 | 60 |
| | | | B | 130 | 130 | 100 | 90 | 90 | 60 |
| | | | F | 155 | 155 | 100 | 115 | 115 | 60 |
| | | | H | 180 | 180 | 100 | 140 | 140 | 60 |
| | | 漆 | 油基漆 | 100 | 100 | 100 | 60 | 60 | 60 |
| | | | 合成漆 | 120 | 120 | 100 | 80 | 80 | 60 |
| 8 | 不与绝缘材料（油除外）接触的金属零件（触头除外） | 需要考虑发热对机械强度影响的 | 裸铜、裸铜合金或镀银 | 120 | 120 | 100 | 80 | 80 | 60 |
| | | | 裸铝、裸铝合金或镀银 | 110 | 110 | 100 | 70 | 70 | 60 |
| | | | 钢、铸铁及其他 | 110 | 110 | 100 | 70 | 70 | 60 |
| | | 不需要考虑发热对机械强度影响的 | 裸铜、裸铜合金或镀银⑯ | 145 | 145 | 100 | 105 | 105 | 60 |
| | | | 裸铝、裸铝合金或镀银⑯ | 135 | 135 | 100 | 95 | 95 | 60 |

① 相同零件、材料及介质其功能属于表中所列的几种不同类别时，其最高允许温度和温升按各类别中最低值考虑。

② 表中数值不适用于处于真空中的零件和材料。

③ 封闭式组合电器、金属封闭开关设备等外壳的最高允许温度和温升由其相应的标准规定。

④ 以不损害周围的绝缘材料为限。

⑤ 当动、静触头有不同镀层时，其允许温度和温升应选取表中允许值较低的镀层之值。

⑥ 涂、镀触头，在按电器的相应标准进行下列试验后，接触表面仍应保留镀层，否则按裸触头处理：

a）关合试验和开断试验（如果有的话）；

b）热稳定试验；

c）机械寿命试验。

⑦当两种不同镀层的金属材料紧固联结时，允许温升值以较高者计。

⑧其值应根据材料的特性来决定。

⑨此值不受所联外部导体端子涂镀情况的影响。

⑩以油的上层部位为准。

⑪当采用低闪点的油时，其温升值的确定应考虑油的汽化和氧化作用。

⑫以不损害材料之弹性为限。

⑬绝缘材料的耐热分级按 GB/T 11021—2014 的规定执行。

⑭对不需要考虑发热对机械强度影响的铜、铜合金、铝、铝合金最高允许温度既不高于所接触的绝缘材料的最高允许温度，也不得高于本表中序号 8 项 b 所规定的值。

⑮耐热等级超过 H 级者以不导致周围零件损坏为限。

⑯表中的裸铜合金和裸铝合金是指铜基和铝基合金，均不包括粉末冶金件。粉末冶金件的最高允许温度由制造厂在产品技术条件中规定。

## 2.1.2 电器的发热与散热

### 1. 电器中的发热

电器设备发热的来源主要是各种形式的能量损耗，包括电阻损耗、铁磁损耗和介质损耗。

（1）电阻损耗　当一具有直流电阻 $R$ 的导体流过电流 $I$ 时，它所损耗的功率 $P$ 为

$$P = I^2 R \tag{2-1}$$

但对交流电路而言，由于趋肤效应和邻近效应的影响，导体的截面并未得到有效的使用，这使得电阻比直流时要大，此时的功率损耗为

$$P = K_f I^2 R \tag{2-2}$$

式中，$K_f$为附加的损耗系数，它等于趋肤系数 $K_{qf}$和邻近系数 $K_{lj}$的乘积。趋肤效应和邻近效应使电流分布不均匀（见图 2-1），在图 2-1a 中设以 $r_x$为界，将导体截面分成内外两部分，显然，就 $r_x$内侧或外侧截面上流过的电流所交链的磁通而言，外侧比内侧的少，越往导体截面中心的电流所交链的磁通越多。由于交变磁通将产生感应电动势，该电动势所产生的电流要阻止原电流的流通。越靠近截面中心，这种阻挡作用越强，电流密度越低，所表现的交流附加电阻越大，这种作用用趋肤系数来表示。原电流相邻导体中引起的涡流随距离增加而衰减，由于涡流方向与原有电流的方向相反，相当于驱使电流向外侧集中，这种作用叫邻近效应，用邻近系数来表示。在图 2-1b 中，若电流的假定方向如图 2-1b 所示，则会在相邻导体中产生如图中环状方向的涡流。图中，$j(r)$、$j(x)$ 定性地示出了导体中的电流密度分布。

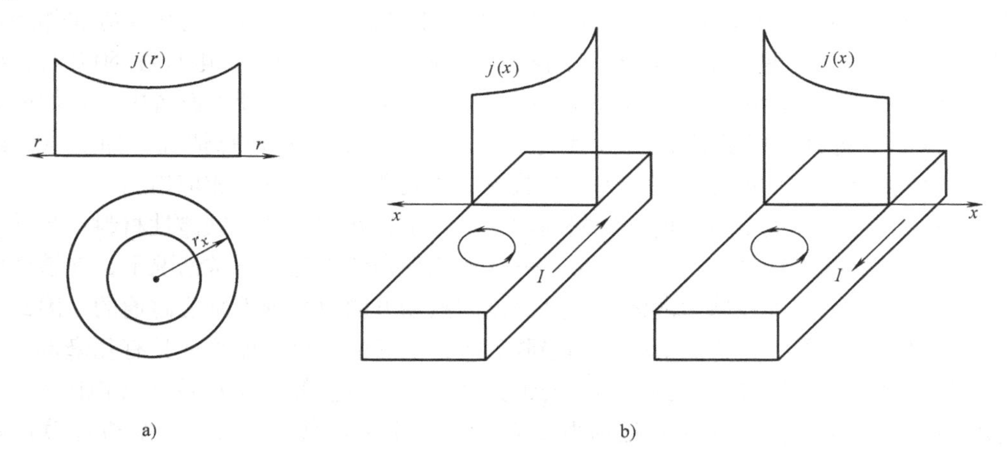


图 2-1　通过交流电流时的趋肤效应和邻近效应
a）趋肤效应　b）邻近效应

**表 2-3　常用金属材料的 $\rho_{20}$ 及 $\alpha$**

| 材　料 | 电阻率 $\rho_{20}$/($10^{-6}$ · m) | 电阻温度系数 $\alpha$/($10^{-3}$/℃) |
|---|---|---|
| 铜 | 0.017～0.018 | 4.33 |
| 黄铜 | 0.07～0.08 | 1.0～2.6 |
| 银 | 0.016 | 3.6 |

（续）

| 材 料 | 电阻率 $\rho_{20}/(10^{-6}\cdot\mathrm{m})$ | 电阻温度系数 $\alpha/(10^{-3}/℃)$ |
|---|---|---|
| 铝 | 0.029 | 3.8 |
| 钢 | 0.103~0.137 | 5.7~6.2 |
| 灰铸铁 | 0.8~0.85 | 5.6 |
| 康铜 | 0.49 | ≈0 |
| 镍铬（80%Ni） | 1.02~1.27 | 0.15 |
| 铬 | 0.131 | — |
| 钨 | 0.053 | 5.1 |

考虑上述两个效应后，交流电阻的表达式可写为

$$R_{\alpha c}=K_{qf}K_{lj}\rho\frac{l}{S} \tag{2-3}$$

式中，$K_{qf}$为趋肤系数，$K_{lj}$为邻近系数；$\rho$为导体的电阻率（$\Omega\cdot\mathrm{m}$）；$l$为导体的长度（m）；$S$为导体截面积（$\mathrm{m}^2$），而$\rho$与导体的温度有关，通常取

$$\rho=\rho_{20}[1+\alpha(\theta-20)] \tag{2-4}$$

或

$$\rho=\rho_0(1+\alpha\theta) \tag{2-5}$$

式中，$\rho_{20}$为导体在20℃时的电阻率（$\Omega\cdot\mathrm{m}$）；$\rho_0$为导体在0℃时的电阻率（$\Omega\cdot\mathrm{m}$）；$\alpha$为电阻温度系数（1/℃），$\theta$为导体的温度（℃）。常用金属材料的$\rho_{20}$及$\alpha$见表2-3。

$K_{qf}$和$K_{lj}$的数值随导体的形状、大小及相互间的位置而不同。例如，$K_{qf}$是导体直径（或内外管径）、电流频率、电阻率等的函数。不过在一般情况下，导体的趋肤效应和邻近效应并不严重，可以不予考虑。经验曲线计算表明，直径为22mm的铜导电杆在50℃时，$K_{qf}=1.05$，而当圆导体间的距离等于导体的周长时，$K_{lj}=1.04$。在高压开关设备中，导体的直径通常大于20mm，导体间的距离也常比其周长大。但是，对有些特殊情况，如发电机断路器、电压等级较低相距较近的母线排等，趋肤效应比较严重，应采取相应措施。

（2）铁磁损耗　开关电器导电系统的周围常免不了存在钢铁件等铁磁性材料，当导体上有交变电流时，这些钢铁件会产生铁磁损耗——涡流和磁滞损耗。通常情况下，在铁件中垂直于磁通的截面上总会存在感生的涡流，且涡流的磁场方向总是抵消励磁磁通的，因此磁场总是集中在铁件的表层，这称之为磁通的趋肤效应，磁通的渗透深度往往只有几毫米。也由于这个原因，涡流损耗往往占了铁磁损耗的绝大部分。铁磁损耗与材料特性（电阻率$\rho$、表面磁感应强度最大值$B_m$）、铁内的磁场强度$H$和交变电流的频率$f$有关，解析计算比较困难，往往利用一些特定条件下所获得的经验公式或曲线来估算其损耗功率。

在高压电器中常要用到法兰、部件外壳等环绕导体的钢铁件，为减小铁磁损耗常用到以下措施：

1）改用非磁性材料，如无磁钢、无磁铸铁、黄铜、铝合金等。

2）采用非磁性间隙，使铁磁材料不形成封闭环以增大磁阻，常用的办法是在铁件上开一条切断磁路的环，并填充（焊入）黄铜或无磁钢等非磁性材料。

3）采用短路线圈，在环绕导体的铁筒（截面）上套一高电导率的材料（如纯铜）所制成的短路圈，使短路圈中感应的涡流减弱铁筒中的磁通。虽然短路圈也会因涡流而发热，但

因铁中磁滞及涡流的减小，总的损耗减小了。

（3）介质损耗　无论固体、液体或气体介质，在交流高压电场的作用下，原则上都会因介质的极化或电导而产生发热损耗，不过对气体介质而言，在无电晕放电的情况下，损耗极微，可以忽略不计。中性或弱极性的介质损耗主要起因是体电导，因而介损也较小。极性固体或液体介质会因偶极子转向极化和夹层介质界面极化而使损耗增大。在高压电器中这种损耗不能忽略，电容式高压瓷套常因温升过高而热击穿就是例证。若以 $C$ 表示介质的电容（F），$f$ 表示外施电压的频率（Hz），$U$ 表示外施电压（V），$\delta$ 表示介质损失角，则介质的损耗功率可写为

$$P=2\pi fCU^2\tan\delta \tag{2-6}$$

对户外开关电器，除上述三种热源外，日照对电器温度的升高是不可忽视的因素，工程估算时可按 1000W/m$^2$ 的表面吸热功率来考虑（当环境温度为 40℃时）。

**2. 电器中的散热**

因各种损耗造成的导体温度的升高将会使发热体本身与周围的物体或气体介质之间产生温差，有温差就会有热量从温度高处往低处的流动，称之为热流（或热功率）。若发热功率等于散失的热功率，就不会有温度的再升高了，此时称为达到了温升的稳态。

散热有传导、对流和辐射三种方式。

热传导是指物体与物体直接接触或物体内部各质点间热交换的一种形式。其微观机制是不同温度的物体或物体不同温度的各部分间分子动能的相互传递，在这里，温度由高向低传导的实质就是动能较大的分子把能量传给相邻的动能较小的分子。电子的定向运动也伴随着能量的传递。热传导无论在固体、液体或气体中都存在，只是在气体中靠热传导散失热量的能力相对来说要弱得多。热传导的能力采用热传导系数来衡量。

对流是指靠气体或液体的流动而传热的一种方式，往往伴随着流体（液体或气体）微团的宏观移动而发生。流体内部存在温差时，由于流体密度随温度改变而造成的不断迁升填充现象称为自然对流，依赖外力使流体强迫流动称为强迫对流。当导体温度高于环境流质的温度而加热了包围它的流体时，这部分流体因热膨胀而升迁，离导体较远的密度较高而温度较低的气体流过来填充，导体温度与环境的温差愈大，这种自然对流的作用愈强。显然，加入强迫对流后，散热能力会更强。

辐射是指热能以电磁波辐射的方式向外散逸的一种散热方式。辐射功率的大小与物体表面状态（黑度、粗糙度、表面积等）有关，与物体温度的四次方有关。表面黑度 $\varepsilon$（$\varepsilon<1$，绝对黑度的 $\varepsilon=1$）愈大，物体在同样的温度下辐射或吸收的功率愈大；物体的温度愈高，向周围空气或真空中辐射的功率也愈大。物体是处于热的辐射还是热的吸收状态由物体相对于周边环境或邻近物体的温差所确定。

## 2.1.3　导体的升温与冷却过程

**1. 均质导体的升温与冷却**

实际的发热体，其温升与散热总是同时发生的，本节利用一放置于空气中的均质长载流导体来分析这种最普遍的发热体升温与冷却过程。

设图 2-2a 中的导体发热功率 $P=I^2R$，未通电前，导体的温度应等于周围环境温度 $\theta_0$，而稳态后温升基本为定值，此时发热功率 $P$ 全部通过热流 $q$ 向外散失。但此前的升温过程

中，尤其是升温初期 $P$ 除了 $q$ 的向外散失外，主要用于导体自身温度的升高。在这一过程中，导体的发热等于其蓄热加散热。若假定升温过程电流 $I$ 和电阻 $R$ 都是不变的定值，以通电开始作为计时的起点，且在时间增量 $dt$ 内有温度增量 $d\theta$、温升增量 $d\tau$，那么可得热平衡方程为

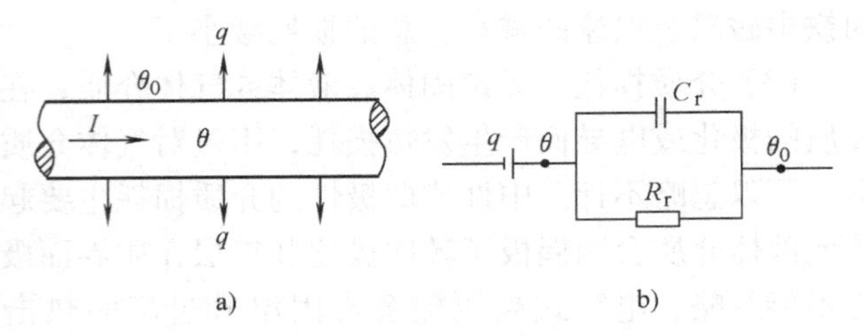


图 2-2 导体的升温过程及其热路图

$$P\mathrm{d}t = CG\mathrm{d}\tau + K_s S\tau\mathrm{d}t \tag{2-7}$$

式中，$P$ 为发热功率（W）；$C$ 为比热容（J/g · K），指 1g 的该物体、温度升高 1K 所需的热量；$G$ 为导体质量（g）；$\tau$ 为导体的温升（K）；$t$ 为电流通过的时间（s）；$K_s$ 为表面散热系数（$W/m^2$ · K）；$S$ 为散热面积（$m^2$）。

式（2-7）可转化为下面的常系数一阶微分方程：

$$\frac{\mathrm{d}\tau}{\mathrm{d}t} + \frac{K_s S}{CG}\tau = \frac{P}{CG} \tag{2-8}$$

代入初始条件 $t=0$ 时，$\tau=0$，可得该方程的解为

$$\tau = \tau_w(1 - e^{-t/T}) \tag{2-9}$$

式中，$\tau_w = P/K_s S$；$T = \dfrac{CG}{K_s S}$。

式（2-9）可用图 2-3 中的曲线 1 表示，它是一条指数上升曲线。其中的 $T$ 是一个由材料特性参数决定的常量，有时间的量纲，称作导体的热时间常数。刚开始时，导体温度增长很快，这是因为相对于环境的温差小，热损失较小。随后由于温差的不断增大，温升的速度越来越慢。按式（2-9），理论上要无限长，才能达到图中的 $\tau_w$，但实际上当 $t=4T$ 时，$\tau=0.98\tau_w$。所以通常认为当发热时间超过 $4T$ 时温升已达稳态。

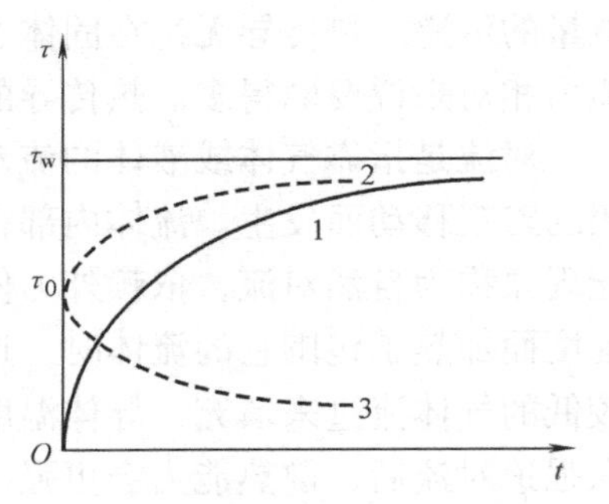


图 2-3 导体的温升与冷却曲线

如果在通电前，导体已具有某一初始温升 $\tau_0$，则可得到

$$\tau = \tau_w(1 - e^{-t/T}) + \tau_0 e^{-t/T} \tag{2-10}$$

其温度上升特性如图 2-3 中的曲线 2，达到稳态的时间与无初始温升时相同。而当该发热体从某一初始温度 $\tau_0$ 开始，发热功率为零，自然冷却时，其温升变化曲线如图 2-3 中的曲线 3，达到环境温度同样需大于 $4T$ 的时间。

要改变导体到达稳态的时间，从 $T = CG/(K_s S)$ 可知，只有改变 $K_s$，因为对某一确定的导体，$C$、$G$ 及散热面积 $S$ 都是常量，而 $K_s$ 则因其冷却条件的改变而不同。不过当 $K_s$ 改变后，若其他条件未变，导体的稳定温升 $\tau_W$ 也会改变。

时间常数 $T$ 的大小可用图 2-4 所示的作图法得到。图中，曲线 1 为导体的升温特性，过升温曲线的起始点作一切线交稳态值 $\tau_W$ 线于一点，该点所对应的时间即 $T$ 的大小。这可由下述的简单推导证明。

设导体处在绝热状态下升温到 $\tau_W$，那么有 $Pt=CG\tau_W$，而 $\tau_W=P/(K_sS)$，那么有 $Pt=CGP/(K_sS)$，即 $t=\dfrac{CG}{K_sS}=T$。因为在起始升温点处的升温速率与绝热状态下的速率相同（无散热），故切线与 $\tau_W$线的交点可得 $T$ 值。

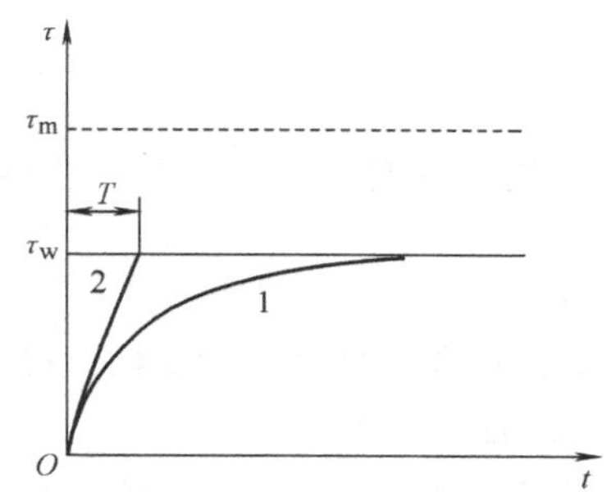


图 2-4　导体的热时间常数与短时过载能力

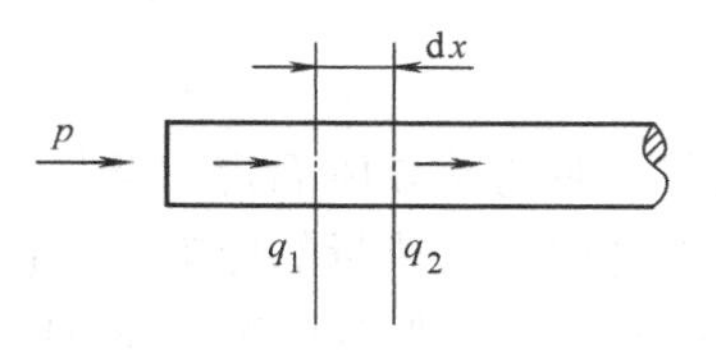


图 2-5　具有纵向传热的导体

**2. 沿导体长度方向的温度分布**

前面分析均质导体的稳定温升时，假设沿导体长度方向没有热传导。在具体电器结构中，这种理想情况是不多的。由于导体间接点的存在、截面的改变及散热条件的不同，沿导电回路有纵向热传导存在。以导杆为例，沿导杆长度的温度也是不相同的。下面研究在一均质导体中，当有纵向热传导存在时，沿导体的温度分布情况。

图 2-5 所示为具有纵向传热的导体，取微元长度 d$x$，分析其在稳定温升时的情况。图 2-5 中，当流过电流为 $I$ 时，d$x$ 微元的发热量为 $\rho j^2F\mathrm{d}x$（$\rho$ 为导体材料的电阻系数；$j$ 为电流密度，$j=I/F$）；自微元 d$x$ 左边截面流入的热流 $q_1=-\lambda F\dfrac{\mathrm{d}\tau}{\mathrm{d}x}$；自微元右边截面流出的热流为 $q_2=-\lambda F\dfrac{\mathrm{d}(\tau+\mathrm{d}\tau)}{\mathrm{d}x}$；d$x$ 微元侧面径向散热为 $K_sl\tau\mathrm{d}x$。在稳定温升的情况下，有热平衡方程式

$$\rho j^2F\mathrm{d}x-K_sl\tau\mathrm{d}x-\lambda F\frac{\mathrm{d}\tau}{\mathrm{d}x}+\lambda F\frac{\mathrm{d}(\tau+\mathrm{d}\tau)}{\mathrm{d}x}=0$$

经整理可得

$$\frac{\mathrm{d}^2\tau}{\mathrm{d}x^2}-\frac{K_sl}{\lambda F}\tau+\frac{\rho j^2}{\lambda}=0 \tag{2-11}$$

式（2-11）的通解为

$$\tau=\tau_w+C_1\mathrm{e}^{\alpha x}+C_2\mathrm{e}^{-\alpha x} \tag{2-12}$$

式中，$\alpha$ 为分布系数，$\alpha=\sqrt{\dfrac{K_sl}{\lambda F}}$；$\tau_w$ 为均质导体不受输入 $p$ 影响的稳定温升，$\tau_w=\dfrac{\rho j^2F}{K_sl}$；$C_1$ 及 $C_2$ 为积分常数。当导体截面尺寸和长度比较起来相当小时，可以认为在导体的一端输入热量时，另一端仍处于自由冷却状态，因此，边界条件是：$x=0$ 时，$\tau=\tau_d$；$x=\infty$ 时，$\tau=\tau_w=\dfrac{\rho j^2F}{K_sl}=\dfrac{pI^2}{K_slF}$。由此边界条件可得

$$\tau = \tau_w + (\tau_d - \tau_w)e^{-\alpha x} \tag{2-13}$$

$$\tau_d = \frac{p}{\lambda F\alpha} + \frac{pI^2}{K_s lF} \tag{2-14}$$

式中，$\tau_d$ 为输入热流为 $p$ 的端点的温升；$l$ 为导体截面的周长；$\lambda$ 为导体材料的导热系数；$K_s$ 为表面散热系数；$F$ 为导体的截面积。

分布系数 $\alpha$ 的倒数 $L=\frac{1}{\alpha}=\sqrt{\frac{\lambda F}{K_s l}}$，称为热长度系数。在式（2-13）中，当 $x=4L$ 时，有

$$\tau_{x=4L} = \tau_w + (\tau_d - \tau_w)e^{-4} \approx \tau_w \tag{2-15}$$

这说明，对均质导体而言，若从一端输入热流 $q_1$，只要导体的长度>4L，过此点以后的温升就不受这种输入热量的影响，仅决定于本身自由冷却的情况。

图2-6示出几种典型情况下的温升分布曲线。当多段导体相连时，可仿上法列方程组求解。

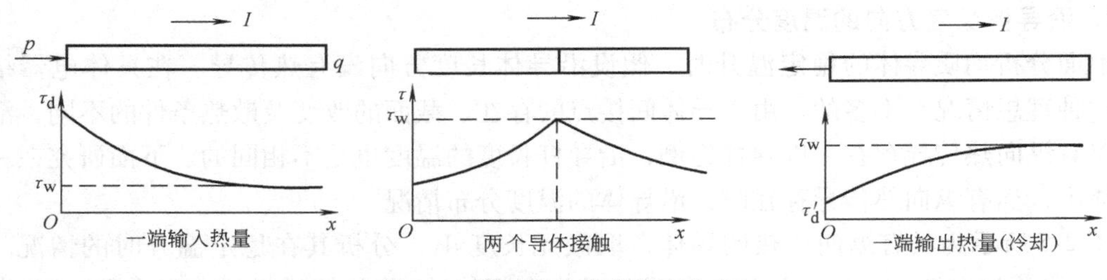


图2-6 沿导体长度的温度分布

## 2.1.4 电器设备的短时发热

电力系统中的电器设备通常有四种工作状态：长期工作制、间断长期工作制、短时工作制和反复短时工作制。高压电器的主回路多为长期工作制，若无事故或检修，成年累月都处于带电工作状态。长期工作制和间隙长期工作制显然会达其稳定温升，因而其允许通流能力（额定长期载流）可用2.1.3节所述的方法求解。但高压断路器的某些部件是短时工作制，往往只瞬时通电，如高压断路器分合闸磁铁线圈，完成分合闸后线圈即断电，否则线圈很快会烧毁，因为线圈的通流能力是按短时通流工作制来设计的。间断长期工作制和反复短时工作制多见于低压电器，前者通常已达稳态温升，应按长期工作制用2.1.3节所述的方法进行热计算；反复短时工作制常指通电时间与不通电时间交替循环，且有一定的比值，由于工作周期短，不会达到热平衡稳态的情况，这在大功率电器中极少见到。

按长期通电运行设计的电器设备，允许在短时间内增加其工作负荷，即允许有一定的过载。工作时间越短，允许通流能力越强，其功率过载能力与热时间常数成正比，而与工作时间成反比。

短路情况下，电器设备的载流回路中将流过数值巨大的短路电流。除高压熔断器外，所有的高压开关电器都必须经受短路电流的考验，电器这种耐受一定时间内短路电流热效应而不致损坏的能力就是电器的短时电流耐受能力，也称为电器的热稳定性。电器的热稳定性通常用 $I^2t$ 值来表示。开关电器的热稳定性参数一般为持续通载额定短路电流4s。

# 2.2 电流的力效应

## 2.2.1 概述

根据电磁学理论，电流通路四周将产生磁场。凡是承载电流的导体或设备，在常态下都会因导电回路自身的磁场，结合一定的结构特征而产生电流的力效应。

根据洛伦兹定律，任何运动电荷之间均存在洛伦兹力的作用，载流导体是运动电荷的载体，因此任何两段载流导体间必然存在安培力的作用（见图 2-7）。概括地说，电器设备中的电动力是载流导体相互作用的电磁机械力，是洛伦兹力的宏观表现。

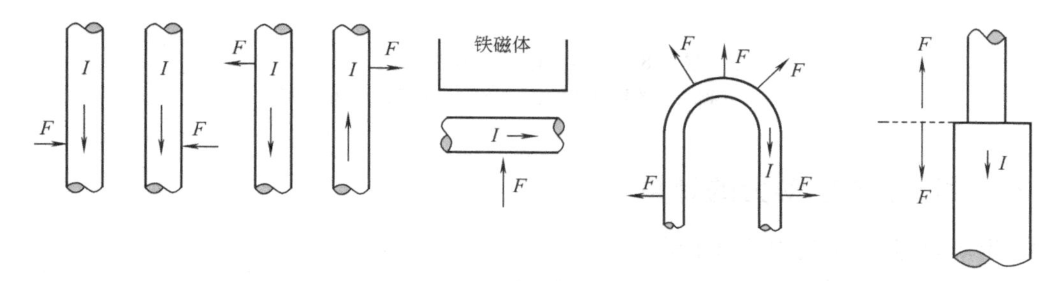


图 2-7　载流导体电动力的方向示例

开关电器中导体的受力一般会给电器的运行造成不利的影响，但如处理得当，也可加以利用，使其改善或加强电器的某些性能。图 2-8 即说明其利弊的两个典型例子。图 2-8a 为多油断路器一相的导电结构，在关合过程中，横担及其上的动触头在操动机构带动下，以速度 $v$ 向上运动。当动、静触头快接近时，动、静触头间的间隙被击穿，出现短路电流 $I$，显然导电回路给横担施加如图所示的电动力。若电流不大，如几百安至几千安时，这个电动力很小，对关合过程影响不大。但若回路电流在万安以上甚至几万安时，电动力可达数百到数千牛，如果操动机构的出力不够，断路器就关合不上了，将会酿成严重事故。即使关合到位，如果电动力过大，在合闸位置时也可能因振动过大而熔焊、误动。另外，大电流母线的支撑与固定的强度计算，都要以峰值电流产生的电动力作用为依据。

图 2-8a 所示的电路结构中，从熄灭电弧的角度讲，电动力也有被利用的一面，图中电弧受有图示方向的力，它可以把电弧拉长或推进到某种有利于电弧熄灭的装置，这叫“磁吹灭弧”（利用磁场驱动电弧以助熄灭）。图 2-8b 更是利用被开断电流自身磁场熄灭电弧的例子，这是 $SF_6$ 磁旋弧式灭弧室的结构原理图。在正常运行时，动触头 5 与中心电极 3 直接接通，分闸时，3 与 5 之间的电弧在回路电动力的作用下被引至圆筒电极 2 与 3 之间，而驱弧线圈 1 是跨接在 2 与 5 的连线上，因此驱弧线圈通过电弧 4 被接入电路，驱弧线圈产生图示的磁场，电弧在磁场的作用下在 3 与 4 间旋转运动，加强了电弧的冷却使电弧很快熄灭。开关电器中利用电动力的例子还有很多，如利用感应涡流的磁场斥力作快速分断、利用电动力补偿触头压力等。

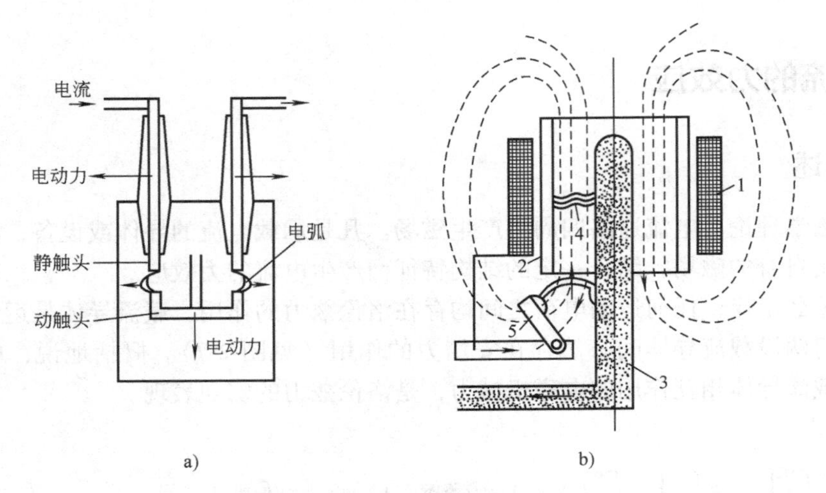


图 2-8　电器中电动力利弊举例

a）多油断路器一相的导电结构　b）$SF_6$ 磁旋弧式灭弧室的结构

## 2.2.2　载流系统电动力的计算

### 1. 用毕奥-萨伐尔定律计算电动力

如图 2-9 所示空间中有任意两段直导线 $l_1$ 及 $l_2$，设 $l_1$ 及 $l_2$ 的表达式为已知，$l_1$ 在平面 $A$ 上，$l_2$ 以某角度穿过 $A$。当两导体有电流流过时，因一导体处在另一导体的磁场中，故彼此间有作用力。可以用毕奥-萨伐尔定律导出二者间相互作用力的表达式。

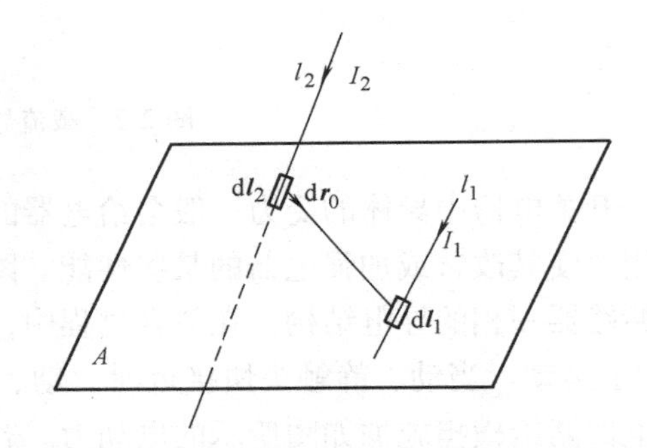


图 2-9　任意放置的空间两载流线段的电动力计算

图中 $\mathrm{d}\boldsymbol{l}_2$、$\mathrm{d}\boldsymbol{l}_1$ 分别为 $l_2$ 及 $l_1$ 上按电流 $I_2$ 及 $I_1$ 的方向取向的元矢量，$\mathrm{d}\boldsymbol{r}_0$ 为 $\mathrm{d}\boldsymbol{l}_2$ 指向 $\mathrm{d}\boldsymbol{l}_1$ 的元矢量，可先求出整个 $l_2$ 段在 $\mathrm{d}\boldsymbol{l}_1$ 处的 $\boldsymbol{B}$，再求 $I\mathrm{d}\boldsymbol{l}_1$ 的受力，最后沿 $l_1$ 积分得整个两线段间的力。

$I_2\mathrm{d}\boldsymbol{l}_2$ 在微元线段 $\mathrm{d}\boldsymbol{l}_1$ 处的磁场由毕奥-萨伐尔定律有

$$\mathrm{d}\boldsymbol{B} = \frac{\mu_0}{4\pi}\frac{I_2\mathrm{d}\boldsymbol{l}_2 \times \mathrm{d}\boldsymbol{r}_0}{r^2} \tag{2-16}$$

整个 $l_2$ 在 $\mathrm{d}\boldsymbol{l}_1$ 处有 $\boldsymbol{B}$ 为

$$\boldsymbol{B} = \int_{l_2}\frac{\mu_0}{4\pi}\frac{I_2\mathrm{d}\boldsymbol{l}_2 \times \mathrm{d}\boldsymbol{r}_0}{r^2}$$

由安培定律可知，$I_1\mathrm{d}\boldsymbol{l}_1$ 的受力为

$$\boldsymbol{F}_{\mathrm{d}l_1} = I_1\mathrm{d}\boldsymbol{l}_1 \times \boldsymbol{B} \tag{2-17}$$

将 $\boldsymbol{B}$ 的表达式代入式（2-17），并延 $l_1$ 积分，各 $\mathrm{d}\boldsymbol{l}_1$ 段有 $l_1$ 和 $l_2$ 两线段间总的作用力为

$$\boldsymbol{F} = \frac{\mu_0}{4\pi}I_1I_2\int_{l_1}\mathrm{d}\boldsymbol{l}_1 \times \int_{l_2}\frac{\mathrm{d}\boldsymbol{l}_2 \times \mathrm{d}\boldsymbol{r}_0}{r^2} \tag{2-18}$$

式（2-18）中两积分项叉乘所得是一个常矢量，完全由导体间的相互位置、几何结构及介质种类等具体条件所确定，矢量的模长是一个无量纲的常数，称为回路系数。对某一具体的回路结构，都有一确定的回路系数 $C$ 值，因此，计算电动力的通用表达式可写成

$$F = \frac{\mu_0}{4\pi} C I_1 I_2 = C I_1 I_2 \times 10^{-7} \tag{2-19}$$

不同回路结构的回路系数可从有关手册查到。

**2. 用能量平衡原理计算电动力**

由电磁场的知识可知，在任何载流系统中，导体受电动力作用向某一方向产生元位移时，所做的功应等于系统储能的变化（虚位移法），即

$$\partial W = F\,\partial x \tag{2-20}$$

式中，$\partial W$ 为在电动力 $F$ 作用下，载流系统沿广义坐标 $x$ 变化 $\partial x$ 时系统储能的变化，或者说力 $F$ 所做的功；$x$ 所表示的可能是距离，也可能是角度或别的坐标量。因此，只要求出 $W$ 和 $x$ 的函数关系，即可由

$$F = \frac{\partial W}{\partial x} \tag{2-21}$$

求出作用力 $F$。

## 2.2.3 交流电动力

交流电动力的计算方法与 2.2.2 节相同，所不同的是因电流随时间变化，因而电动力也随时间而变化。式（2-19）同样适用，只要将 $I$ 以电流瞬时值表示即可得

$$F = C i_1 i_2 \times 10^{-7} \tag{2-22}$$

**1. 单相交流电动力**

对于同一回路的两个载流导体，若通过的是同一正弦交变电流，且 $i_1 = i_2 = I_m \sin\omega t$，回路系数为 $C$，则它们间的电动力为

$$F = C(I_m \sin\omega t)^2 \times 10^{-7} = C I_m^2 \left(\frac{1 - \cos 2\omega t}{2}\right) \times 10^{-7} \tag{2-23}$$

式（2-23）所示力的变化曲线示于图 2-10，由图可知，力的变化规律为在一个方向上以 2 倍电流频率在零和最大值之间脉动，要么相互吸引，要么相互推斥，而电流为零时，相互间的作用力为零。电动力的最大值对应于电流峰值处，其值为

$$F_m = C I_m^2 \times 10^{-7} \tag{2-24}$$

而电动力的平均值 $F_p$ 为

$$F_p = \frac{1}{2} C I_m^2 \times 10^{-7} = C I^2 \times 10^{-7} \tag{2-25}$$

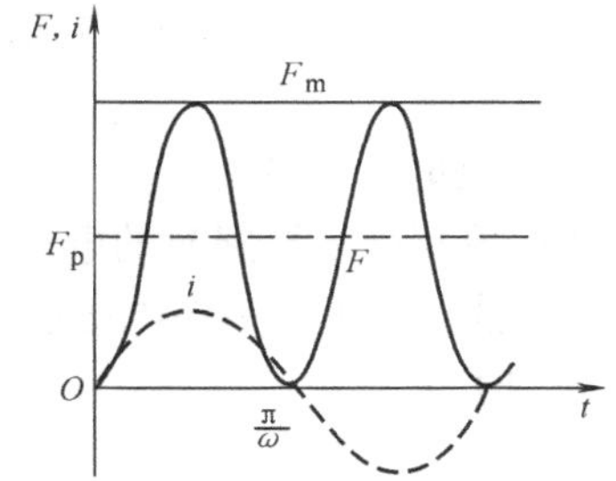

图 2-10 单相交流电动力的变化曲线

式（2-24）和式（2-25）中，$F_m$、$F_p$ 的单位为 N；$I_m$、$I$ 分别为交流电流最大值和有效值（A）。

**2. 三相正弦交流电动力**

在工频三相电路中，各相电流都按正弦变化，且相角依次相差 120°，导体通常为三相

同平面平行布置或等边三角形布置，因此每相导体都同时受到其余两相电磁耦合的作用力，在任一瞬间导体所受的力是两个电动力的矢量和，其大小和方向都随时间而变化，且其变化规律必然与导体的布置方式相关。

对三相同平面布置的平行长直导体，且中间相与两边相距离相等（见图2-11a）的情形：

1）两侧导体所受的电动力最大值相同，最大值时力的方向向外，此时另两相电流方向都与该相电流相反，都对该相推斥。

2）中间相导线所受的电动力最大值大于两边相电动力的最大值，但比电流幅值相同的单相交流电流时的电动力最大值要小，为该值的$\sqrt{3}/2$倍。中间相受最大电动力的时刻，一相对它的推斥力大于另一相的吸力，电动力的方向按2倍工频交变，即在1个工频周期内，两次指向一侧，两次指向另一侧。每工频周期电动力为零值也是4次，两次因自身电流为零所致，另两次为两边相的电流大小相等而方向与中间相相反时，两边都以同样大小的力推它，因而合力为零。

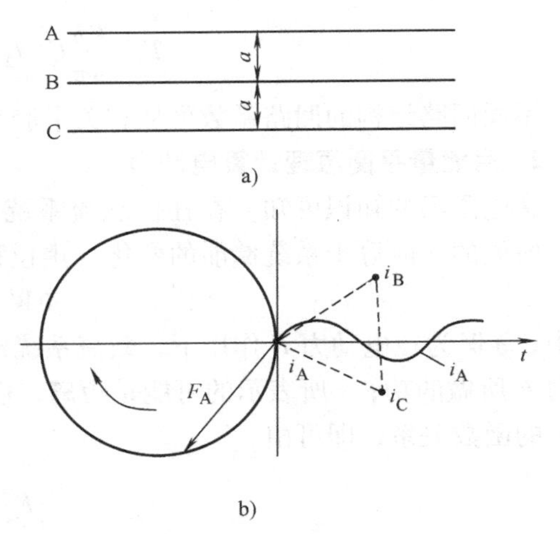

图2-11 三相导线不同的布置方式下导线电动力
a）同平面三相直列布置 b）等边三角形布置

对于三相成等边三角形布置的平行长直导体（见图2-11b）的情形：

1）三相导体所受电动力大小相同，但在时间和空间上的相位不同，电动力的最大值也是单相电动力最大值的$\sqrt{3}/2$倍。

2）三相各导体所受另两相的电动力始终是一相的斥力要大于另一相的吸力，因此若过三角形的顶点作所对边的平行线，顶点所在导线所受电动力的方向永远指向该平行线的外侧。所受最大电动力的方向在过顶点所作相对边的垂直平分线上，该时刻另两相电流大小相等而都与该相相反，都以同样的力推它。导体所受力的大小如图所示，若以合矢量的模长为直径，合矢量的顶点在图示的圆周上，当电流变化1个周期时，合矢量如图方向旋转2圈。

**3. 短路时的电动力**

（1）单相交流短路时的电动力 单相交流短路时，短路电流中除有周期分量外，还有非周期分量。若短路是在电压过零时发生，短路电流的非周期分量最大，短路电流冲击值也最大，此时有

$$i_{\mathrm{d}} = \sqrt{2} I_{\mathrm{d}} (\mathrm{e}^{-\alpha t} - \cos\omega t) \tag{2-26}$$

式中，$I_{\mathrm{d}}$为短路电流周期分量有效值（即短路稳态有效值）；$\alpha$为非周期分量的衰减系数，由短路回路的$L$及$R$确定，通常可取$\alpha = 22.3\mathrm{s}^{-1}$。所以单相交流短路的电动力（单位为N）为

$$F = C i_{\mathrm{d}}^2 \times 10^{-7} = 2 C I_{\mathrm{d}}^2 (\mathrm{e}^{\alpha t} - \cos\omega t)^2 \times 10^{-7} \tag{2-27}$$

（2）三相交流短路时的电动力 三相短路时的电流可简单表示为

$$\begin{cases} i_{da} = I_m[e^{-\alpha t}\cos\varphi - \cos(\omega t + \varphi)] \\ i_{db} = I_m[e^{-\alpha t}\cos(\varphi - 120°) - \cos(\omega t + \varphi - 120°)] \\ i_{dc} = I_m[e^{-\alpha t}\cos(\varphi - 240°) - \cos(\omega t + \varphi - 240°)] \end{cases} \tag{2-28}$$

式中，$\varphi$ 为合闸时 A 相电源电压的相位角。按式（2-28）计算可得三相短路时，无论图 2-11 中两种排列中的哪一种，都有电动力的最大值（单位为 N）为

$$F_m = 5.61CI_d^2 \times 10^{-7} \tag{2-29}$$

**4. 电器的峰值电流耐受能力（动稳定性）**

电器设备在通过短路电流时，载流部分将承受巨大的电动力作用。为保证其正常工作，各载流部分不应该产生机械损坏或永久变形，对触头来说，不应发生斥开、抖动等现象。电器能耐受短路电流电动力的作用而不致被破坏的能力，就是电器的峰值电流耐受性，俗称动稳定性。在此情况下允许通过的最大峰值冲击电流就称为峰值耐受电流或动稳定电流。一般开关电器的动稳定电流为额定短路电流（有效值）的 2.5 倍（峰值），持续时间至少 0.1s。

对于开关电器，伴随着触头的分、合闸会产生电弧。电弧是处于等离子态的导电体，因而也会受到电动力的作用。电弧同时又是大功率的热源，对电器设备的其他部分有热功率输入。电弧在电流作用下的热行为和电动力作用下的运动特性表现出许多新的特点，不在此处讨论。

## 2.3 电接触

### 2.3.1 概述

任何导电系统都不可能由均一导体组成，其中必然存在接触和过渡。通常把两个或几个导体相互接触而维持电流通过的结构称为电接触。

工程应用中的电接触可分为三大类：

（1）固定接触　相互接触的导体系统在正常状态下不存在相对运动，这一类接触称为固定接触。通常是采用螺钉、铆钉等夹紧件来实现，如各类电器的出线端与母线的连接、导线与电缆头的连接等。

（2）滑动与滚动接触　接触元件之间在正常工作状态下可相互滑动或滚动，这一类接触称为滑动或滚动接触。典型例子如开关电器的中间触头、电机的电刷与集电环、电车/高铁列车的导（受）电弓等。

（3）可分合接触　接触元件在正常工作状态下允许分合操作，这一类接触称为可分合接触。它特别指机械式开关电器触头部件的接触，其中可动的接触元件称为动触头，不动部分称为静触头（有时没有静止部分）。

（2）和（3）由于都存在相互运动，有时也统称为可动接触，以区别于（1）的固定接触。图 2-12 是三种接触形式的举例。

接触形式不同，涉及的问题也不同。固定接触的常见问题是接触电阻、接触温升和静熔焊；滑动（滚动）接触除上述问题外，还有润滑与磨损；可分合接触主要关心的是接触电阻和电弧以及因电弧作用引起的材料侵蚀、接触劣化、动熔焊等。

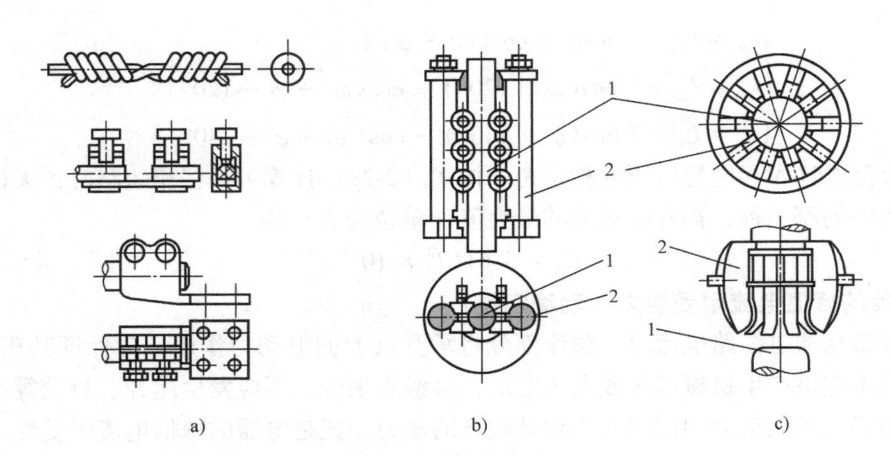


图2-12 三种接触形式举例

a）固定接触 b）滑动接触 c）可分合接触

1—动接触元件 2—静接触元件

## 2.3.2 接触电阻

**1. 接触电阻的本质**

互相接触的两导体之间，在接触面会形成额外的电阻增量，称为接触电阻 $R_j$。接触电阻由收缩电阻 $R_s$ 和膜电阻 $R_m$ 两部分组成。

（1）收缩电阻 两个导体元件的接触，不管接触面在宏观上是如何精密合缝，在微观上总是体现为少数点之间的真正接触，真正的电流通路只在有限的点上（见图2-13）。前者称为视在接触面，后者称为实际接触点。电流线从整个导体截面向实际接触点收缩，增长了电流的路径，引起额外的电阻增量，这个电阻增量就叫作收缩电阻。

图2-13 接触面接触状态示意图

1—视在接触面 2—实际接触点 3—实际导电斑点

按照霍姆（Holm）理论中电流收缩区电位为椭圆场的假定，可以证明收缩电阻与实际导电斑点（俗称 $a$ 斑点）半径 $a$ 之间的关系为

$$R_s = \rho/2a \tag{2-30}$$

式中，$\rho$ 为材料的电阻率。

（2）膜电阻 除了因电流收缩引起的电阻增量外，由于接触点上导体表面氧化膜、硫化膜、油膜、水膜及尘埃等的存在，改变了电流通路中的位势分布，影响自由电子的运动，也会引入一个额外的电阻增量，这个电阻增量称为膜电阻。

接触电阻的存在，引起接触面附加的功率损耗，可能导致局部过热，引起氧化、腐蚀等的加剧。氧化和腐蚀又增大了接触电阻，这样的恶性循环将使接触面完全失去导电性，或因严重发热而熔焊。

在高压或低压强电流电器中，触头的接触压力通常都很大，足以将表面膜压碎，且容易在膜间形成大于 $10^6$V/cm 的高场强将膜击穿，故接触电阻主要为收缩电阻。低压小容量电器中的主要问题是表面膜，特别是有机膜。

**2. 接触电阻的影响因素**

从接触电阻的产生原因可以知道，影响接触电阻的因素主要有导体材料性质、接触压力、接触形式、接触面的平整度及温度等。

（1）材料性质　影响接触电阻的材料性质主要有电阻率 $\rho$ 和接触硬度 $H$。

由式（2-30）知，每个 $a$ 斑点表现的收缩电阻与 $\rho$ 成正比。接触面上 $a$ 斑点的数目则由材料的接触硬度决定。根据对材料接触硬度 $H$ 的定义，接触面上微小接触面积 $A_r$ 与接触压力之间有如下关系：

$$F = \xi HA_r = \xi H\pi a^2 \tag{2-31}$$

式中，$\xi$ 是小于 1 的常数（典型的取值范围为 0.1～0.3，在完全的塑性变形下，$\xi=1$）；$H$ 为接触硬度。

（2）接触压力　接触压力对接触电阻有至关重要的影响，在接触面处或导电件与接触面压力有关的弹形变形区域的弹性变形范围内，接触压力愈大，接触电阻会愈小。当接触压力达一定值后，趋于稳定，因此过大的接触压力也没有必要，尤其对于可分合接触，无益而有害。

（3）接触形式　各种电接触按接触形式可简单地概括为以下三类（见图 2-14）。

1）点接触。多半是球面与平面之间或球面与圆弧面间的接触。从几何角度看，两面接触于一点，但实际上是一个小面积中有多个接触点。

2）线接触。有圆柱面与平面、圆柱面与平行圆柱面、高压断路器玫瑰式触头等，从几何角度看都属于线接触。但实际上，也只有沿线狭窄区域上若干真正接触的点。

3）面接触。沿较宽阔表面发生的接触，如母线与线端的连接，刀闸隔离开关在闭合位置时动静触片间的接触。实际上视压力大小的不同，如前文所述也只有程度不同的若干点真正接触。

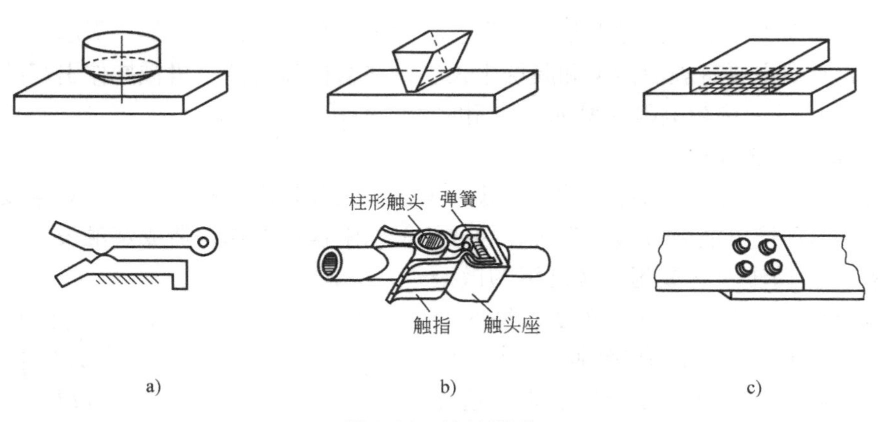


图 2-14　接触形式

a）点接触　b）线接触　c）面接触

点接触多用于对接式触头（真空开关触头除外），尤其在低压开关电器或继电器中，因接触压力小而采取点接触可获得较小的接触电阻（接触压强大）。而在大压力时，面接触的接触电阻较低。当压力达到一定值后（1000N 以上），三种接触形式的接触电阻差别不大。

但试验表明，在一定范围内，压力相同时，线接触的接触电阻比点、面都低些。这是因为后二者，一个点少、压强大，一个点多、压强小，而线接触压力强度和接触面积得到了较适当的配合。故线接触广泛用于高压开关电器的可动接触中，而面接触多用于固定连接。

4）接触面的加工质量及温升。接触表面平整度的情况会影响接触点的多少，故对接触电阻的大小有一定的影响，但并非愈光滑愈好，光滑表面的接触电阻较稳定一些，但可能比相对粗糙表面的要大些。一般接触面处的表面质量对大中负荷的开关而言要求不高，有时用锉刀修平即可。面接触则要求表面的平整度较好。

接触点处的温升显然对接触点处的电阻变化是有影响的，因为除膜电阻外，接触电阻本质上仍是金属电阻，是温度的函数。此外，接触点处温度升高可加剧氧化膜的生长变厚，使膜电阻增加。

**3. 接触电阻的工程计算**

从理论上确定接触电阻的大小很困难，工程上常用如下的经验公式来估算接触电阻：

$$R_j=\frac{K}{F^m} \tag{2-32}$$

式中，$F$ 为接触压力（kg）；$m$ 为与接触形式相关的指数（点接触时 $m=0.5$，线接触时 $m=0.75$，高压力时的面接触可取 $m=0.8\sim0.95$）；$K$ 为与接触材料、表面状况等相关的系数，可按表 2-4 选取。

**表 2-4　系数 *K* 值（无氧化时）**

| 接触材料 | 银—银 | 铜—铜 | 铜—铜（都镀锡） | 铝—铜 | 铝—黄铜 |
|---|---|---|---|---|---|
| $K$ | 60 | 80~140 | 100 | 980 | 1900 |

## 2.3.3　电接触的稳定性与接触劣化

电接触在长期工作中，接触电阻可能发生较大的变化，通常是增加。引起电接触不稳定和接触劣化的原因主要有表面污染和膜层生长、材料磨损和侵蚀、机械操作引起的接触面变形等。图 2-15 所示为接触电阻的增加与使用时间的关系。

**1. 长期工作下的接触劣化**

除在真空中外，接触表面都会被各类薄膜覆盖，尤其是固态膜和有机膜对电接触影响较大。不良的工作环境可能促进膜的生长，导致接触电阻快速增加，造成接触失效。

触头在多次动作中（或闭合状态下的微振中），其接触点总会发生微小的变动，每次新接触时都会击穿那些原来没有接触处的表面膜层，久而久之就会在接触面处产生磨损，这称作微振（Fretting）磨损，使原本良好的接触恶化。

在空气中的接触电阻增加主要是氧化及其他腐蚀性气体的作用，微振氧化的现象更是普遍存在，户外高压隔离开关的触头就常有因微振氧化造成接触电阻增加而过热烧坏的情况。

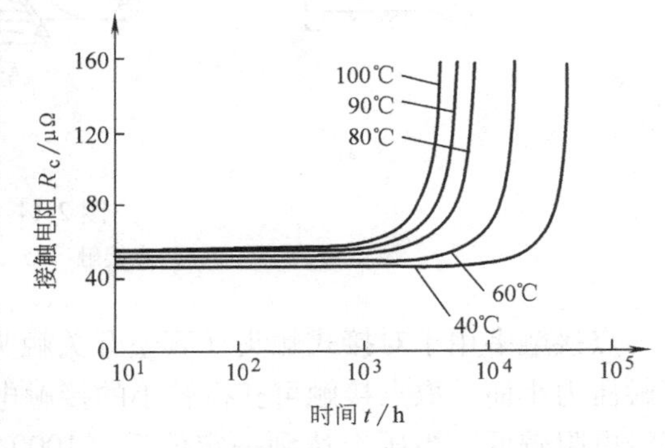

图 2-15　接触电阻的增加与使用时间的关系

不同的金属配对构成电接触时，还会发生电化学腐蚀。特别在湿度较大的环境中，由于水膜甚至凝露，产生局部电池效应，在金属电化学活性（自由电子密度分布）序表中相隔越远的金属所组成的电池电动势越高，形成自由电子的迁移运动。最典型的是铜和铝的电接触，在开关电器的导电回路中经常存在。如开关的出线散热器一般为铸铝件，而连接母线大多为铜排，铜铝铆接或螺栓压接处就容易因电化学腐蚀而造成导电破坏。在这种结构中必须进行铜铝过渡处理，一般采用搪锡或镀银的方法在电接触部位形成过渡层。

两个同种材料的电接触，如采用压接或铆接方式，则常使用导电膏（脂）来解决电接触劣化问题。导电膏中有良导体金属粉末，涂敷在接触面上既可防蚀，又可增加接触点数，是降低接触电阻、保持长期工作稳定的有效措施。

**2. 温升和熔焊**

由接触电阻产生的附加损耗将使接触点温度升高。如果用 $u_j$ 表示因接触电阻 $R_j$ 而引起的接触压降，用 $\theta_b$ 表示触头本体温度，用 $\theta_m$ 表示接触面导电斑点处的温度，按霍姆（Holm）理论，接触点处的稳态温升 $\tau_j$ 为

$$\tau_j = \theta_m - \theta_b = \frac{u_j^2}{8\lambda\rho} = \frac{I^2R_j^2}{8\lambda\rho} = \frac{u_j^2}{8LT} \tag{2-33}$$

式中，$\lambda$、$\rho$ 为接触材料的导热系数和电阻率，二者乘积取温度从 $\theta_m$ 到 $\theta_b$ 的平均值；$L$ 为洛伦兹系数；$T$ 为电流收缩区的平均温度。

在短路情况下，由于接触点处热效应剧增，接触处的温度可能达到金属材料的软化点或熔点，触头的局部会软化或熔化。软化或熔化后，接触点处因导电状态的改善反而会使温度降低，如果熔化较厉害，就会发生焊接，造成熔焊。在有些情况下熔焊强度不大，触头分开后，可能发生某种程度的材料转移现象（一个触头增多，一个触头减少），但还可继续使用，严重时就有可能焊在一起，无法自行分开了。

若将触头材料的熔点用 $\theta_r$ 表示，触头本体的温度用 $\theta_b$ 表示，那么由式（2-33）可近似求出触头开始熔化时的最低接触电压降 $u_{jr}$ 为

$$u_{jr} = IR_j = \sqrt{8LT(\theta_r - \theta_b)} \tag{2-34}$$

式中，$T$ 可取触头电流收缩区的平均温度，即

$$T = \frac{\theta_r + \theta_b}{2} \tag{2-35}$$

可分合接触在带功率分合时，不可避免地会形成电弧。电弧是一种低温等离子体，作为热源，对接触面有很强的热流密度输入，由此引起的接触面温升和对接触面强烈的烧蚀也是造成熔焊，甚至触头破坏的一个重要原因。

## 2.4 电弧

### 2.4.1 概述

机械式开关设备利用触头来分断与接通电路。对于带一定负荷（大于十几伏的电压或上百毫安的电流）合分的情况，总会在触头间产生电弧。

对于分断过程，产生电弧的过程是这样的：首先，随着触头间接触压力变小，接触电阻

逐渐增加，接触面的发热也随之增加，热的积累造成触头温度升高，接触面材料逐渐软化、融化。随着触头的继续运动，接触面积继续减小，热的积累继续发展。当达到最后一个接触点时，融化的材料形成金属桥接，形成所谓的金属桥。最后由金属桥的爆炸产生大量金属蒸气，金属蒸气在发射电子的作用下形成电弧。这个过程俗称为拉弧。此时电路中的电流继续流通，一直到电弧熄灭触头间隙成为绝缘介质后，电路才被分断。

对于关合过程，当电压较高时，触头相对运动到某一距离会发生预击穿，形成电弧。此外，还有弹跳电弧、外部击穿引发电弧等。

电弧（或弧光放电）是气体自持放电的一种形式，本质上是低温等离子体。它可以形成于常压或高压气体中，也可以形成于低气压或真空条件。高气压电弧一般表现为热等离子体，满足局部热力学平衡条件。真空电弧实际上是燃烧于电极蒸发的金属蒸气中的，一般不满足局部热力学平衡条件。电弧放电的共同特点是电流密度大，同时伴随有高温（可达几千至几万K）和强光。

虽然开关电弧与其他电弧的产生原理和物理过程基本相同，但由于产生条件和实际使用目的的不同，又具有各自的特点和规律，因此它们在关注的层面上是各不相同的。对电器电弧，人们主要关心的是如何尽快熄灭电弧，开断电路。当然，有时也要考虑到如何利用电弧自身的能量来提高开断的性能。

除正负两个电极外，整个电弧可以分为三个部分：阴极位降区域、弧柱和阳极位降区域。图2-16给出了沿电弧轴向分布的电弧三个区域的电位降和电位梯度。电弧形成后，在阴极附近会有正空间电荷（正离子鞘层）存在，使阴极附近的电位有一个跃变，形成阴极电位降 $U_c$；而在阳极附近则有未被补偿的负空间电荷（电子）存在，也有一个电位跃变，形成阳极电位降 $U_a$。阴极和阳极位降区域都处于靠近电极的很小范围内，其长度约为 $10^{-4}$ cm，因而其电位梯度可达到较大的数值。电弧的中间部分是弧柱，它的电位沿轴向基本上为均匀分布。

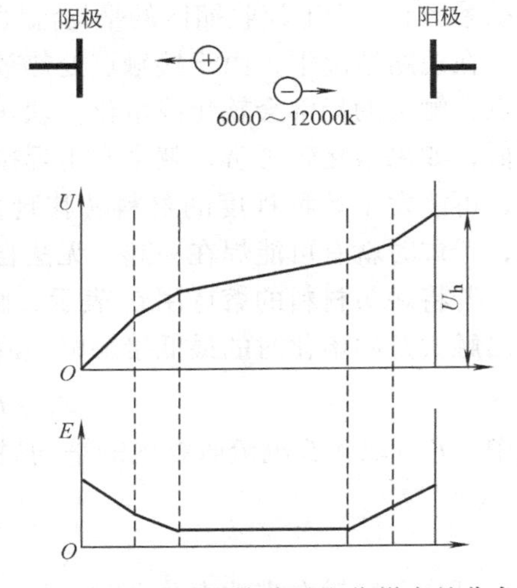

图2-16 电弧的电位降及电位梯度的分布

电弧的阴极区对电弧的产生和物理过程有重要的意义，维持电弧放电的绝大部分电子是在阴极区域产生或直接由阴极发射出来的。

电弧放电时，实际上并不是整个阴极全部参与放电过程，阴极表面的放电只集中在一个很小的区域里进行，这个小区域称为阴极斑点。阴极斑点是一个非常集中、面积很小的光亮区域，电流密度很高，是电弧放电中强大电子流的来源。阳极表面通常也存在阳极斑点，它接受从弧柱中过来的电子。弧柱则是高温、高游离化的等离子体，它的特性和物理过程对电弧起着重要的作用。

## 2.4.2 电弧弧柱过程

**1. 电弧弧柱电离过程**

在中性的气体（或金属蒸气）中不存在自由电子。要使气体成为导体，必须由外界提供强大的能量使电子从围绕原子核运动的轨道上挣脱束缚形成自由电子，这种从气体中性粒子中分离出自由电子的现象称为游离（电离）。气体分子（原子）或金属蒸气原子经单次游离后形成一个带负电的电子和一个带正电的离子（单次游离），游离所需要的能量称为游离能 $W_y$，一般以电子伏特（eV，$1\text{eV}=1.6\times10^{-19}\text{J}$）为单位，也可以直接用游离电位 $U_y$ 表示。

对电器电弧，气体游离的主要方式有两种。

（1）碰撞游离　在气体间隙上加上电压，间隙中的带电质点在电场的作用下产生定向运动，在运动过程中，质点从电场中获得能量，并不断地与其他质点发生碰撞和能量交换。当入射质点的动能足够高以至超过了被碰撞质点的游离能时，就有可能将中性的被碰撞质点电离，形成自由电子和正离子。这种在电场作用下，使带电质点加速后与中性质点发生碰撞而引起的游离方式称为碰撞游离。实际上，在电场作用下因碰撞而引起的游离主要是由电子和气体分子碰撞造成的，这是因为电子体积小、平均自由程较长、运动速度较大，因而两次碰撞之间容易获得较大的动能，同时由于电子质量小，和其他质点发生弹性碰撞时几乎不会损失能量，容易在电场中积累能量。

因碰撞引起游离时，入射电子的动能需满足以下条件

$$\frac{1}{2}m_e v_e^2 \geqslant W_y = eU_y \tag{2-36}$$

式中，$m_e$、$v_e$ 分别为电子的质量和平均速度；$W_y$、$U_y$ 分别为中性气体分子的游离能和游离电位。

碰撞游离虽是气体游离的一种方式，但仅存在于近极区域及电弧产生前的击穿过程，在电弧形成之后的弧柱过程中可以不考虑，这是因为弧柱中的电场强度很低，电子从电场中能够获得的能量有限。

（2）热游离　当气体介质的温度升高时，气体分子的运动速度也随之增大（$\frac{1}{2}mv_a^2=\frac{3}{2}kT$，$k$ 为玻尔兹曼常数，$v_a$ 为运动粒子的平均速度，$m$ 为粒子质量），高速运动的中性质点互相碰撞时也会使中性质点游离，这种因高温的作用而游离的方式称为热游离。电弧弧柱的主要游离方式是热游离。当一般气体的温度 $T>7000\sim8000\text{K}$ 或金属蒸气的温度 $T>3000\sim4000\text{K}$ 时，即可出现明显的热游离，使气体（或中性金属蒸气）由绝缘转变为导电。表征热游离强弱的指标是游离度 $\chi$，它是已游离的粒子密度 $n$ 与初始中性粒子密度 $n_0$ 的比值，即

$$\chi=\frac{n}{n_0}\leqslant 1 \tag{2-37}$$

影响游离度的因素很多，其中重要的有：①温度：它起着决定性的作用，温度愈高，则游离度愈高，直至全部游离；②介质的游离电位：游离电位小，则同样条件下的游离度高，因为金属的游离电位小，所示容易游离；③气体压力：气体压力增大，则游离度减小。

对于处于热平衡状态的等离子体，理论上可以用沙哈公式来描述游离度与各因素间的关系

$$\frac{\chi^2}{1-\chi^2}p = 3.20\times10^{-5}T^{2.5}\exp\left(-\frac{eU_y}{kT}\right) \tag{2-38}$$

在通常的电弧中，$\chi<<1$，此时沙哈公式可简化为

$$\chi = 5.66 \times 10^{-3} \frac{T^{1.25}}{\sqrt{p}} \exp\left(-\frac{5800U_y}{T}\right) \tag{2-39}$$

式（2-38）和式（2-39）中，$p$ 为气体压力（kPa）；$T$ 为热力学温度（K）；$U_y$ 为游离电位（V）；$k$ 为玻尔兹曼常数（$k=1.37\times10^{-23}$J/K）。

根据沙哈公式，可以从理论上推导出游离气体的电导率。图2-17示出氮气等离子体的电导率与温度的关系。可以发现，氮气等离子体的电导率随温度上升而增加，在一定温度后增加缓慢。显然对电弧等离子体进行温度控制，可得到电导的大幅度变化。等离子体达到游离平衡时间是相当快的，一般为$10^{-7}$s甚至更短。

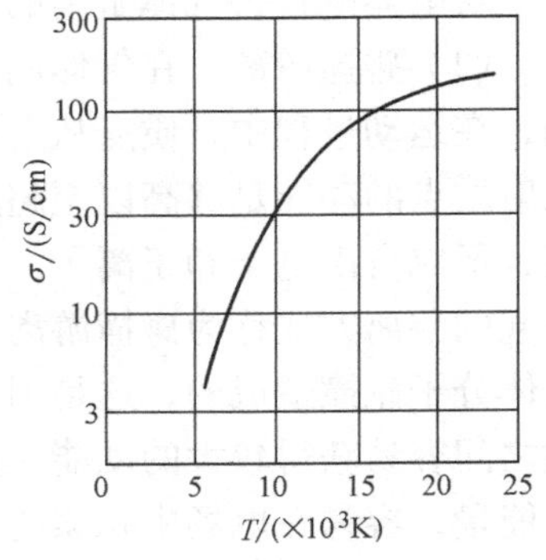

图2-17　氮气等离子体的电导率与温度的关系

**2. 弧柱中的消游离过程**

电弧弧柱中由气体的游离维持着电弧的存在。与此同时，弧柱中也存在着相反的过程，即消游离（去游离）。消游离的作用就是减小弧柱中的游离程度，力图熄灭电弧，直至把间隙恢复成绝缘介质。

消游离的方式主要有以下两种。

（1）复合　两种带异性电荷的质点互相接触而形成中性质点称为复合，也就是正负电荷的中和作用。复合可以在电极的表面及灭弧栅板的表面上发生，称为表面复合，也可以在间隙的空间中发生，称为空间复合。

电弧弧柱中存在大量的自由电子和正离子，它们的复合（称为直接复合）是最直接和有利的。但是实验发现，电子和正离子直接复合的可能性很小，这是因为电子的运动速度很快，几乎是正离子运动速度的1000倍，而复合过程涉及能量交换，需要一定的作用时间。空间复合一般更容易在正负离子间进行（称为间接空间复合），即在适当的条件下，电子先附着在中性质点上形成带负电的粒子——负离子，然后再与正离子复合。由于负离子的体积和质量都较大，运动速度也较慢，因此复合就比较容易实现。

复合过程伴随着能量的释放，释放出的能量以热和光的形式散向周围空间。

复合使弧柱中带电质点减少，游离程度降低。复合的速度与离子浓度、温度、压力、电场强度等因素有关，其中最主要的影响因素是温度。温度下降时，复合的速度迅速增加，消游离作用就强烈。

（2）扩散　扩散就是带电粒子从电弧间隙中散出到周围介质中去。它也可使弧柱中的带电粒子减少，游离程度降低。通常扩散是双极性进行的，即正负粒子成对地向外扩散出去，以保持弧柱中正负电荷的数量相等。

扩散的速度与粒子密度、正离子运动速度、弧柱直径、温度及压力等有关，其中以弧柱直径的影响为最大。弧柱直径越小，则扩散越强烈。

**3. 弧柱中的能量平衡**

电弧燃炽时，电源不断地供给能量，并转变成热能和光能，同时电弧也不断地通过传导、对流和辐射向周围散出能量。在长弧（电弧长度较长，弧柱过程起主要作用的电弧）中，电弧的特性主要由弧柱决定，电弧电压主要由弧柱压降构成，可忽略近极压降，因而可写出电弧弧柱的动态能量平衡方程式，即发热量等于弧柱含热量的增加与散热损耗之和，即

$$I_h U_h = \frac{\mathrm{d}Q}{\mathrm{d}t} + P_s \tag{2-40}$$

式中，$I_h$为电弧电流（A）；$U_h$为电弧电压（V）；$Q$为弧柱的内能（J）；$t$为时间（s）；$P_s$为弧柱散失的功率（W）。

能量平衡也是形成电弧等离子体动态特性的基础，对于单位容积等离子体，这一关系的一般式为

$$\sigma E^2 = \rho \frac{\mathrm{d}h}{\mathrm{d}t} + N = \rho \frac{\mathrm{d}h}{\mathrm{d}t} - \nu \cdot \mathrm{grad}p + s(T) - \mathrm{div}\chi \cdot \mathrm{grad}T \tag{2-41}$$

式中，$\sigma$为等离子体的电导率；$E$为电场强度；$\rho$为等离子体密度；$h$为热焓；$N$为单位容积等离子体散热功率；$-\nu \cdot \mathrm{grad}p$为等熵冷却造成的散热功率；$s(T)$为辐射造成的散热功率；$-\mathrm{div}\chi \cdot \mathrm{grad}T$为热传导造成的散热功率。

## 2.4.3 直流电弧

### 1. 直流电弧的静态伏安特性

在直流电路中产生的电弧称为直流电弧。伏安特性是直流电弧的基本特性，它表示直流电弧两端的电弧电压$U_h$与流过它的电弧电流$I_h$的关系。直流电弧在一定长度下稳定燃烧时所测得的伏安特性称为静态伏安特性。通常是维持电流不变或电流变化很缓慢、可以不考虑电弧热惯性时得出的，此时电弧在各电流值下都可看成是稳定燃烧。气体电弧的静态伏安特性是一条非线性的下降曲线（见图2-18）。可简要地对静态直流伏安特性做如下的定性解释：因为电弧电阻$R_h$取决于弧柱的热游离程度，热游离程度又与温度，也即弧柱中的能量损耗有关，它与电弧电流$I_h$的二次方成正比，因此电弧电阻与电流的二次方成反比；而电弧电压等于电流与电阻的乘积，因此可知电弧电压是随电弧电流的增加而减小的。

在长弧中，电弧电压主要是弧柱的电压降，即

$$U_h = E_h l_h \tag{2-42}$$

式中，$E_h$为弧柱电场强度（V/cm）；$l_h$为电弧长度（cm）。从中可见，电弧电压的大小取决于电弧长度和弧柱电场强度的乘积，因此电弧长度和弧柱电场强度将直接影响到电弧的伏安特性。研究表明，在其他条件不变时，电弧电压$U_h$随电弧长度$l_h$的增大而升高，伏安特性曲线向上移，如图2-19a所示。

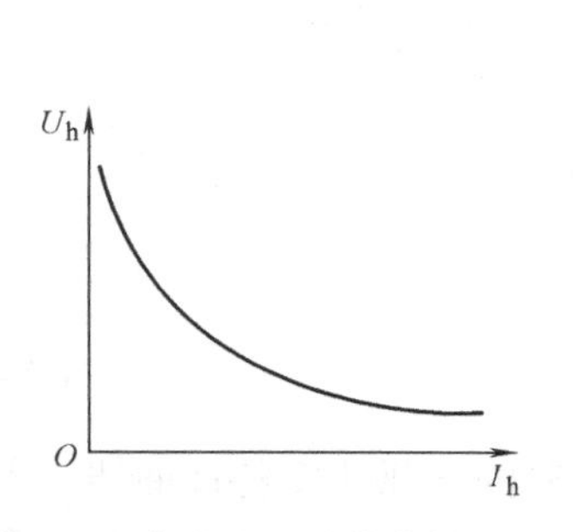


图2-18 直流电弧的静态伏安特性

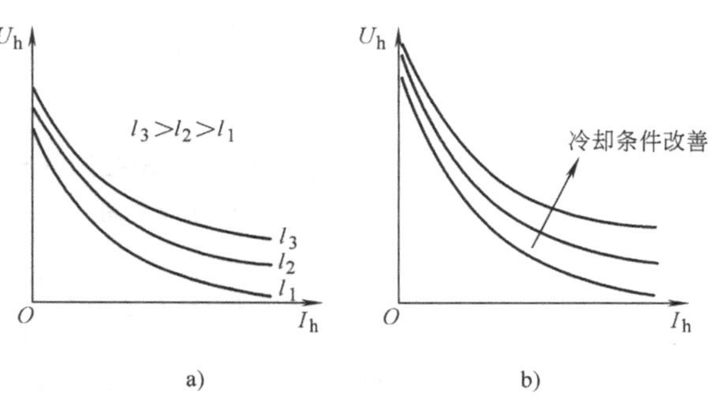


图2-19 弧长和冷却条件对伏安特性的影响
a）弧长的影响 b）冷却条件的影响

弧柱电场强度$E_h$与电弧电流$I_h$的大小有关，电流小，$E_h$就高。除此以外，电场强度还

与另外一些因素有关，简单来说就是与气体介质的特性及冷却情况有关。气体介质导热率高，则$E_h$就高；气体介质压力增大，则$E_h$也有所增大；气体介质冷却性强，散热好，$E_h$也增大。这些都会影响伏安特性。图2-19b示出在其他条件相同时，改善电弧的冷却条件所得到的伏安特性曲线的变化，从中可见，冷却条件越好，伏安特性曲线越向上移。

**2. 直流电弧的动态伏安特性**

计及直流电路中电流改变速度的影响（即考虑到电弧的热惯性）而得出的伏安特性，称为电弧的动态伏安特性，如图2-20中的曲线2和3。图中曲线1为静态伏安特性，当电流较快增加时，由于热惯性的作用，弧柱中的温度上升得较慢，使游离作用的变化赶不上电流的相应变化，因此电阻值较大，动态伏安特性曲线偏于静态伏安特性曲线之上。图中曲线2即为电流增大时的动态伏安特性曲线。同样的，当电流较快减小时，由于热惯性的作用，弧柱的温度降低相对滞后，消游离作用来不及变化，仍维持较小的电弧电阻，动态伏安特性就偏于静态伏安特性之下。图中曲线3即为电流减小时的动态伏安特性曲线。实际上开关中的直流电弧在熄灭过程中电流的变化都是较快的，因此在讨论电弧电压与电流的关系时应采用动态伏安特性。

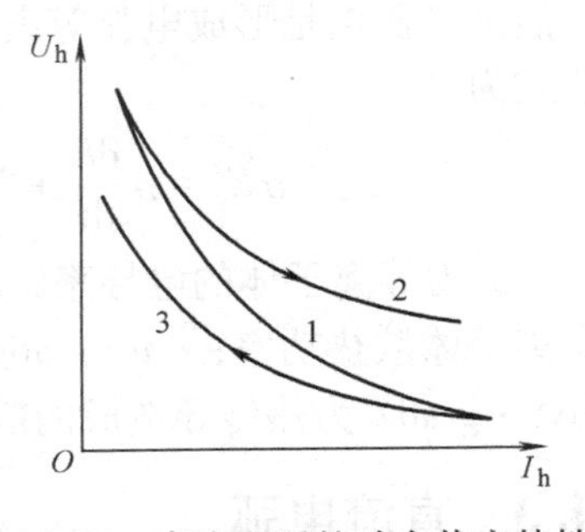

图2-20 直流电弧的动态伏安特性

**3. 直流电弧的稳定燃烧和熄灭**

如图2-21所示的简单电路，具有电阻$R$、电感$L$和触头D，外施电压为$U_0$，将D从闭合位置分开至某一长度，电弧燃烧。它的电压平衡方程式为

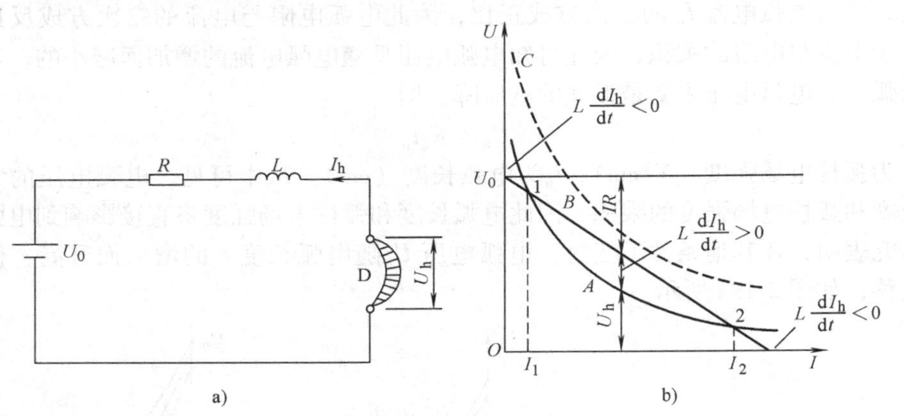

图2-21 具有电弧的直流电路及其特性
a）直流电路 b）电路特性

$$U_0 = I_hR + L\frac{dI_h}{dt} + U_h \tag{2-43}$$

根据式（2-43）作出图2-21b，图中曲线$A$表示电流减小时的电弧伏安特性曲线（并假定电弧长度在整个燃烧过程中保持不变），直线$B$表示（$U_0-iR$），它再减去$U_h$就是$L\frac{dI_h}{dt}$的值。从图中可见，曲线$A$与直线$B$有两个交点1和2，这两个交点将$A$与$B$之间所代表的

$L\frac{\mathrm{d}I_h}{\mathrm{d}t}$分成三个区域：在点1和点2之间，$L\frac{\mathrm{d}I_h}{\mathrm{d}t}$为正值；在点1和点2上，$L\frac{\mathrm{d}I_h}{\mathrm{d}t}$为零，此时对应的电流值为$I_1$和$I_2$；在$I_1$的左边和$I_2$的右边区域，$L\frac{\mathrm{d}I_h}{\mathrm{d}t}$为负值。对于稳定燃烧情况，电流$I_h$保持不变，即$L\frac{\mathrm{d}I_h}{\mathrm{d}t}=0$，式（2-43）成为$U_0 = I_hR + U_h$，因此，稳定燃烧的方程为

$$L\frac{\mathrm{d}I_h}{\mathrm{d}t} > 0 \tag{2-44}$$

显然，只有在点1和点2处，式（2-44）才能满足。

对该非线性系统的稳定性分析表明，只有点2是一个真实的稳定燃烧点，点1是不稳定的燃烧点。

如要使直流电弧熄灭，则必须减小电流，使$\frac{\mathrm{d}I_h}{\mathrm{d}t} < 0$，式（2-43）变成

$$U_h > (U_0 - I_hR) \tag{2-45}$$

对于电弧伏安特性曲线与直线$B$（即$U_0 - I_hR$）相交于两点的情况，这个不等式只有在电流大于$I_2$和小于$I_1$的区域内才成立。但是在$I_h > I_2$范围内即使减小电流也并不能使电弧熄灭，它还能在$I_2$处稳定燃烧。因此只有当$I_h < I_1$时，电弧才能熄灭。

当电弧伏安特性曲线与（$U_0 - I_hR$）直线相交于一点时，这个交点不是稳定的工作点，稍有干扰，电流就会一直减小直至电弧熄灭，此为临界情况。

当电弧伏安特性曲线（如曲线$C$）高于（$U_0 - I_hR$）直线时，它们没有交点，电弧就不可能稳定燃烧，必然会熄灭。

因此，式（2-45）即为直流电弧的熄灭条件。它说明当电路中电源电压不足以维持电弧电压与线路压降之和时，直流电弧将被熄灭。

在开关中熄灭电弧时，线路内的参数一般是不变的，因此常采用下面两种方法来提高电弧的伏安特性曲线，以满足电弧的熄灭条件。

（1）拉长电弧　触头的分断过程，就可把电弧拉长，另外还可采用吹弧（磁吹或气吹）的办法使燃弧路径增长，从而拉长电弧。当电弧实际长度超过熄灭所要求的临界长度时，电弧必然熄灭。

（2）增强冷却　增强冷却可使$E_h$增大，从而把伏安特性曲线提高。

## 2.4.4 交流电弧

### 1. 交流电弧的特点

交流电弧是指在交流电路中所产生的电弧。与交流电流的特性一样，交流电弧的电流每经半个周期也要过零值一次，由于电弧可视为阻性耗能元件，因此，电弧电压将随电弧电流从一个半周到下一个半周变更其符号。大气或高气压中，交流电弧的电流及电压随时间的变化概念性地示于图2-22。图2-22a为小电流时的情况，此时半周内的电弧电压具有马鞍形状，一端为电弧出现瞬间的电压$U_r$，称为燃弧电压或燃弧尖峰；另一端为电弧熄灭瞬间的电压$U_x$，称为熄弧电压或熄弧尖峰。图2-22b为大电流时的情况，此时电弧电压在半周内的变化较小，只是在半周之初和末尾的一个小区间内才能观察到电压较大的变化，出现尖峰；在半周中部，电压曲线几乎平行于坐标轴线。

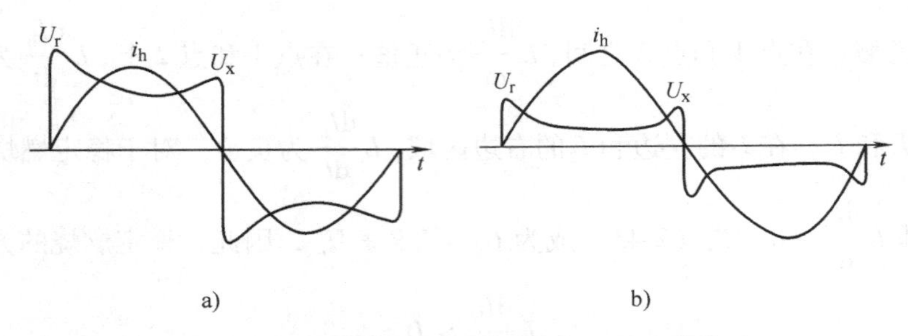


图2-22　交流电弧电流和电压随时间的变化关系
a）在小电流时　b）在大电流时

交流电弧的伏安特性总是动态的。图2-23a中示出交流电弧一个周期内的伏安特性曲线，图中箭头表示电流变化的方向，$A$点即燃弧尖峰，$B$点即熄弧尖峰。交流电弧伏安特性曲线的形状与燃弧间隙的特征及消游离因素的强弱相关，通常燃弧前和熄弧后的电流数值都是十分小的，可以略去，这样可得到图2-23b所示的简化交流电弧伏安特性。

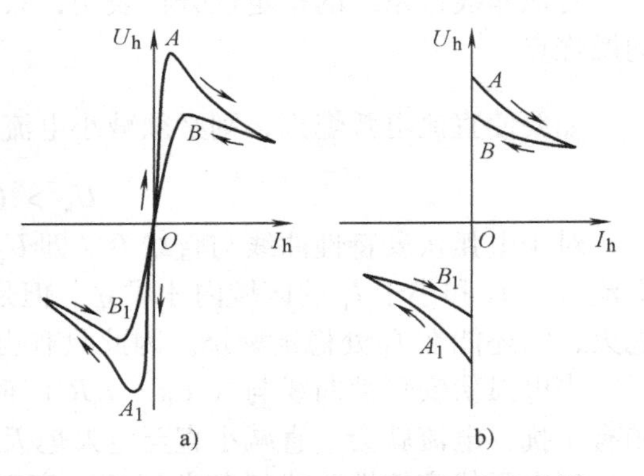


图2-23　交流电弧在一周期内的伏安特性

**2. 交流电弧的熄灭**

电器学中，电弧熄灭过程的实质是介质强度恢复与电压恢复的竞争过程。交流电弧存在电流零点，在电流零点，回路输入到燃弧通道的功率为零，而弧隙仍旧在以对流、传导等方式向外界散失能量，使得燃弧通道的消游离过程大大强于游离过程，有助于电弧的熄灭。所以，交流电弧的熄灭比直流电弧的熄灭容易实现。

从电弧电流过零时开始，弧道间隙上将发生两个相反作用的过程——电压恢复过程和介质强度恢复过程。

在电流过零电弧熄灭的瞬间，弧隙上的电压为熄弧电压$U_x$。在电流过零电路被开断后，弧隙上的电压应从$U_x$变化到相应于此时的电源电压。由于实际电路中总存在着某些电容、电感，使电压不可能直接跃变，因此弧隙上的电压在从熄弧电压变到电源电压时将发生过渡过程。弧隙上的这一过渡过程称为弧隙的电压恢复过程。在这个过程中，弧隙两端出现的电压就称为弧隙的恢复电压。电压恢复过程与电路参数和弧隙性能有关，可以是周期性的，也可以是非周期性的。

电流过零电弧熄灭后，弧隙从原来呈现高导电性的状态向绝缘状态转变，这个转变过程称为介质强度恢复过程。弧隙介质强度用弧隙所能耐受的电压来表征。燃弧通道的介质强度恢复过程可以在自由状态下进行，也可以在有恢复电压作用的状态下进行。前者称为弧隙的固有介质强度恢复特性，这是任何开断装置本身所固有的特性，取决于电极形状、极间距离及间隙条件等。后者则称为弧隙的实际介质强度恢复特性，与电弧过程有紧密的关系，如图2-24所示。

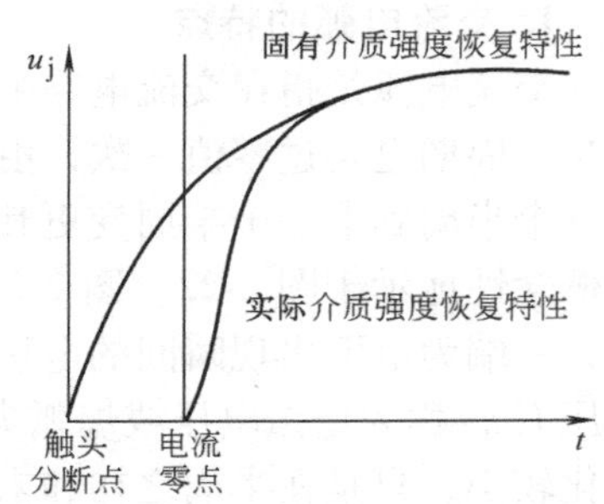


图2-24　弧隙介质强度恢复特性

电压恢复过程使作用在弧隙上的电压升高，将可能引起弧隙的再次击穿而使电弧重燃；而介质强度恢复过程使弧隙的介质强度不断增加，它将阻碍弧隙的再次击穿而使电弧最终熄灭。因此，电弧的熄灭与否，就取决于这两个同时发生而又作用相反的过程的“竞赛”。

## 2.4.5 真空电弧

**1. 真空电弧的一般现象**

真空电弧是一种燃烧在由触头材料产生的金属蒸气中的低温等离子体，它的产生和维持都依赖于触头材料所产生的金属蒸气。金属蒸气来自高电流密度（一般在 $10^8$A/cm$^2$ 以上，见表2-5）的阴极斑点。阴极斑点使阴极表面局部区域的金属不断熔化和蒸发，以维持真空电弧。正因为如此，真空电弧的特性与电极材料有密切的关系。

表2-5 阴极斑点电流密度的测量结果（Cu）

| 电流/A | 斑点直径/m | 电流密度计算值/(A/cm$^2$) |
|---|---|---|
| 4.7 | 3.8 | $0.41\times10^8$ |
| 6.4 | 4.0 | $0.51\times10^8$ |
| 9.2 | 4.2 | $0.66\times10^8$ |
| 13.5 | 4.7 | $0.78\times10^8$ |
| 16.0 | 4.7 | $0.92\times10^8$ |
| 30.5 | 5.1 | $1.55\times10^8$ |
| 54.4 | 6.0 | $1.92\times10^8$ |
| 66.3 | 7.3 | $1.58\times10^8$ |
| 71.1 | 8.5 | $1.25\times10^8$ |
| 87.0 | 10.0 | $1.10\times10^8$ |
| 105.0 | 12.0 | $1.92\times10^8$ |

正常的、自由状态的真空电弧呈圆锥形，锥顶部即为阴极斑点。锥顶角约为60°，如图2-25所示。

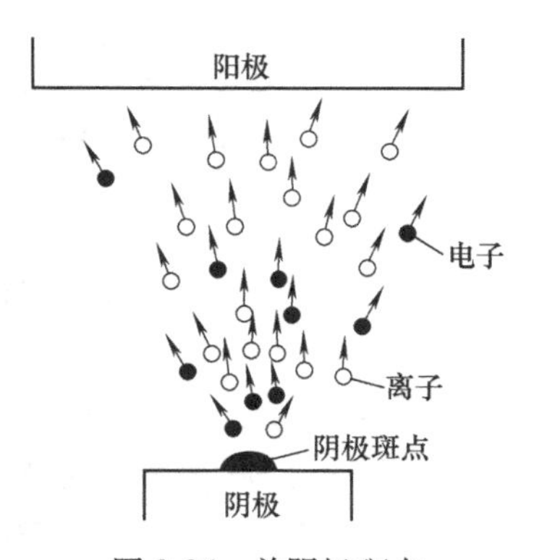

图2-25 单阴极斑点真空电弧示意图

形成阴极斑点的高电流密度的原因，一般认为是热场致发射。阴极斑点的温度很高，会使阴极区和等离子体区的一部分离子以很高速度返回阴极。高温的离子轰击阴极表面，使其大量蒸发和溅射，从而产生大量的金属蒸气。金属蒸气被阴极斑点发射的高能电子电离，形成金属离子进入等离子锥。测量表明，对于铜阴极真空电弧而言，阴极发射电子的平均速度约为 $10^6$m/s，金属原子和离子的速度约为$10^4$m/s。

对于同一种阴极材料，单个阴极斑点所能承载的电流一般是固定的。当电流超过单个阴极斑点的承载能力时，斑点会分裂，形成多阴极斑点真空电弧。表2-5为铜阴极斑点的电流密度测量结果，表2-6为常见金属材料单个阴极斑点所能承载的电流的典型值。图2-26为阴极斑点数与阴极电流的关系。

表2-6 平均阴极斑点电流的测量值

| 阴极材料 | 斑点电流/A | 阴极材料 | 斑点电流/A |
|---|---|---|---|
| 汞（液态） | 2 | 银 | 60~100 |
| 镉 | 8~15 | 铝 | 30~50 |
| 锌 | 9~20 | 铜 | 75~100 |
| 铋 | 3~5 | 铬 | 30~50 |
| 铅 | 9 | 铁 | 60~100 |
| 钨 | 250~300 | 钛 | 70 |
| 钼 | 15 | 碳 | 200 |

**2. 真空电弧的宏观形态**

真空电弧有两种显著不同的宏观形态，分别称为扩散型真空电弧和集聚型真空电弧。

（1）扩散型真空电弧　当真空电弧的电流不大（对铜阴极，如小于10kA）时，阴极表面会存在多个阴极斑点。每个阴极斑点可以认为是相互独立的。阴极斑点在阴极表面快速运动，基本扩散在整个阴极表面，各阴极斑点发射电流的弧柱部分相互交织，形成扩散型真空电弧（Diffused vacuum arc），有时也称为多阴极斑点真空电弧（Multi-cathode-spot vacuum arc），如图2-27所示。

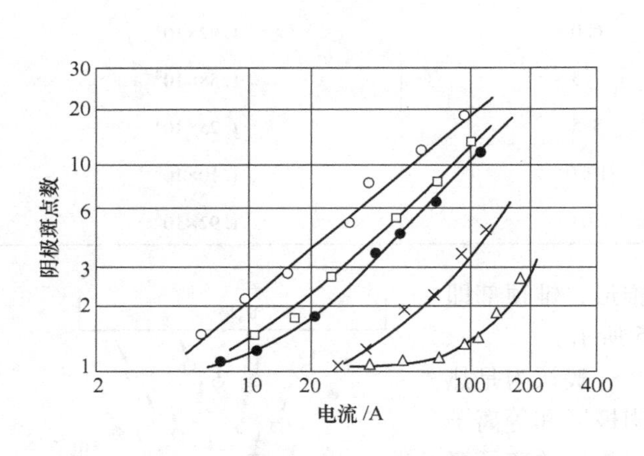

图2-26 阴极斑点数与阴极电流的关系

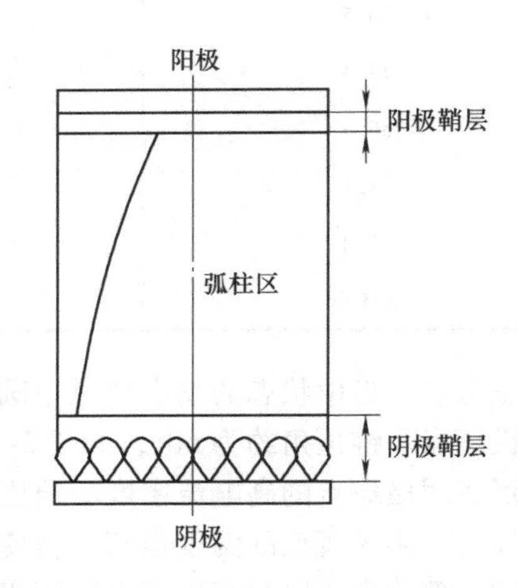

图2-27 多阴极斑点真空电弧示意图

（2）集聚型真空电弧　自由燃烧的真空电弧，当电流超过一定数值（对铜阴极，约为10kA）后，电弧外形会突然发生变化，阴极斑点不再向四周做扩散运动，而是相互吸引，最后集聚为一个斑点团，形成集聚型真空电弧（Constricted vacuum arc）。与此同时，阳极上也出现阳极斑点。

真空电弧一旦集聚，阴极斑点和阳极斑点基本不再运动，会对电极表面形成局部的强烈加热，导致电极材料熔化和蒸发。如果不采取措施驱动电弧弧根运动，真空开关便基本失去了开断能力。

**3. 真空电弧的伏安特性**

真空电弧最突出的特点之一是电弧电压很低，一般只有数十伏，并在较大的电流范围之内保持稳定。这是由于电弧间隙的空间电子电荷几乎都被正电荷中和，因而所得到的电弧压降主要是出现在阴极表面区域邻近的“阴极压降”。

阴极压降主要取决于阴极材料，特别是阴极材料的蒸发特性。表2-7为一些阴极材料的电弧电压平均值。

**表2-7 一些阴极材料的电弧电压平均值**

| 阴极材料 | 电弧电流/A | 电弧电压/V | 阴极材料 | 电弧电流/A | 电弧电压/V |
|---|---|---|---|---|---|
| 汞 | 5 | 8 | 镍 | 60 | 15.5 |
| 铋 | 5 | 8.7 | 不锈钢 | 60 | 16.2 |
| 铅 | 7 | 9.2 | 铝 | 26 | 16.7 |
| 黄铜 | 10 | 9.7 | 银 | 26 | 17 |
| 锑 | 10 | 9.8 | 碳 | 26 | 20 |
| 镉 | 10 | 10 | 铜 | 50 | 21.5 |
| 锌 | 10 | 10.7 | 钼 | 60 | 24 |
| 钠 | 10 | 11 | 钨 | 60 | 26 |
| 锡 | 10 | 11.3 | 钢 | 60 | 33 |
| 镁 | 20 | 12.5 | | | |

真空电弧的第二个突出特点是电弧电压随着电流的增加而增加，表现出正的伏安特性。这与高气压电弧完全相反，如图2-28所示。曲线为直径25mm、开距5mm的铜电极所测，图中Ⅰ区电流小于1kA，电弧电压主要来自阴极压降；Ⅱ区加入了弧柱的压降，呈现正阻特性；Ⅲ区起始于6.5kA，产生了阳极压降，电弧电压突然升高，如曲线1所示，然后随着触头熔化，产生阳极斑点，电压又降低，如曲线2所示。

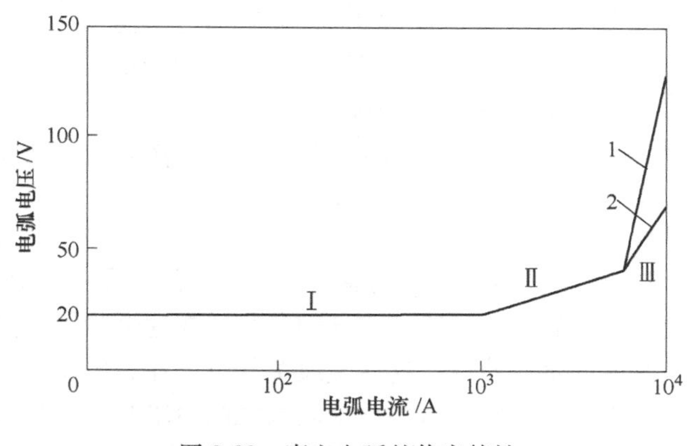


图2-28 真空电弧的伏安特性

沿电弧轴向方向施加磁场，有降低电弧电压的效果，有助于真空电弧的稳定燃烧，阻碍阳极斑点的出现。

**4. 真空中的开断**

（1）真空中的介质强度恢复特性　交流真空电弧的熄灭在基本原理上与一般交流电弧的熄灭不存在根本区别，仍旧取决于电压恢复过程和燃弧间隙介质强度恢复过程这两个同时发生而又作用相反的过程的“竞赛”。但是真空电弧燃弧间隙的介质强度恢复特性与一般气体电弧燃弧间隙的介质强度恢复特性有所区别。

一般地说，真空间隙的介质恢复过程是很快的，基本在微秒数量级；真空间隙的介质强度恢复与触头材料的热特性有密切的关系，还与燃弧时间有关。表2-8为典型银电极的介质强度恢复时间。

表2-8 典型银电极的介质强度恢复时间

| 电极直径/mm | 间隙距离/mm | 恢复时间/μs |
| --- | --- | --- |
| 5.08 | 0.76 | 1 |
| 5.08 | 2.30 | 4 |
| 5.08 | 4.60 | 12 |
| 1.27 | 0.76 | 7 |
| 1.27 | 2.30 | 11 |
| 1.27 | 4.60 | 20~30 |

真空电弧的介质强度恢复可分为三个阶段：

1）由鞘层增长主导的初始阶段：在交流电流过零、电弧熄灭的瞬间，恢复电压就开始加在电极上。由于电子的质量小，在电压作用下，阴极前的电子逆电场方向快速运动。而离子的质量大，迁移速率小，这样在新阴极前就形成一个正的空间电荷层，称为正离子鞘层。鞘层中的电位梯度很高而剩余等离子体区域的电位梯度则很低。随着时间的增加，正离子鞘层也增长，如图2-29所示。

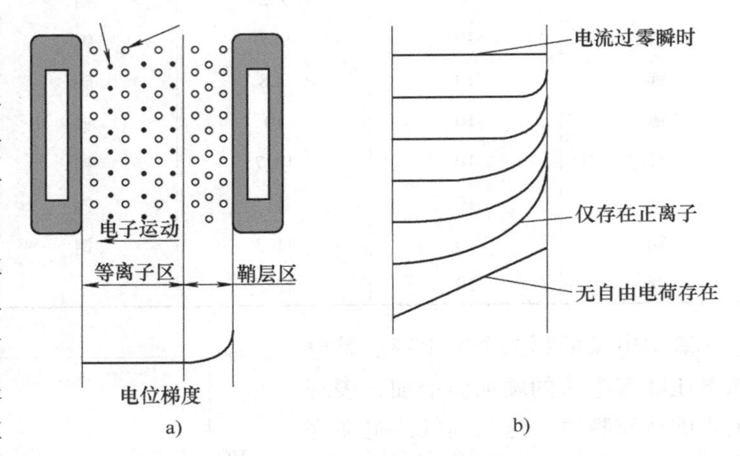


图2-29 鞘层增长过程及其鞘层电位分布示意

2）由中性金属蒸气的衰减主导的中间阶段：在鞘层增长阶段之后，间隙的介质恢复进入由中性金属蒸气的衰减主导的阶段。在这个阶段，间隙中已经不存在残余游离，但仍含有较高密度的金属蒸气。这些金属蒸气可以在高电压作用下通过高气压的碰撞效应使间隙达到击穿的程度。屏蔽罩对中性金属蒸气的冷凝起主要作用。

3）由冷态金属的击穿主导的最后阶段：中性金属蒸气扩散达到一定程度后，间隙恢复为冷真空状态。

（2）横向磁场熄弧原理 当电流大于10kA时，真空电弧转化为集聚型，固定不动或缓慢运动的阳极斑点对触头造成严重的局部烧蚀并蒸发出大量的金属蒸气，严重降低燃弧间隙的介质强度恢复速度。为此，人们发明了横向磁场触头。

横向磁场触头的熄弧原理是利用自身产生的横向磁场驱动电弧弧根在触头表面快速运动，以避免触头表面严重熔化和蒸发。

螺旋槽横磁触头的外形如图2-30所示。触头呈圆盘状，中心有一个凸起的圆环，为合闸状态下的接触部位。在圆环的边缘有三道螺旋槽延伸到触头的外缘。动、静触头的结构相同，只是螺旋槽的转向相反。燃弧状态下，沿螺旋槽流动的电流会产生一个与电弧轴向相垂直的驱弧磁场，电弧在该驱弧磁场作用下沿螺旋槽表面从中心向边缘快速运动，运动速度可达每秒数百米。这就避免了电弧弧根固定在触头表面某一局部区域燃烧对触头造成严重破坏和材料蒸发。同时，横向磁场触头可以使集聚型真空电弧在工频半波的末尾转化为扩散型电弧。因此，螺旋槽触头可以在分断较大电流时仍具有很高的介质强度恢复速度。

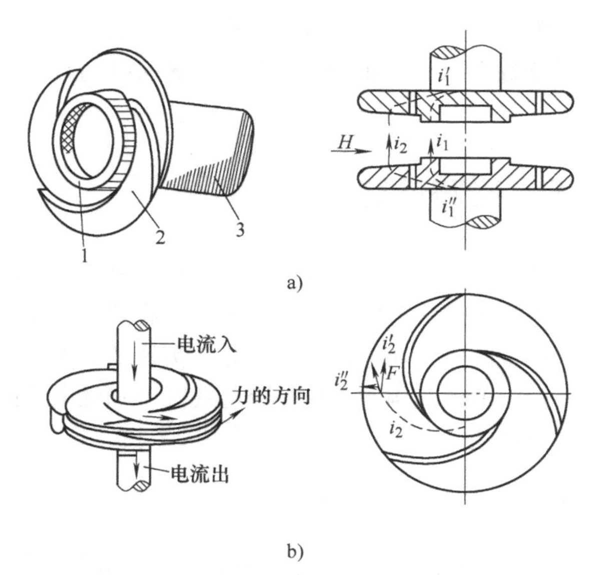


图 2-30　螺旋槽触头的外形结构与工作原理

a）原理结构　b）电流路径与驱弧力

如图 2-31 所示的杯状触头是另一种常用的横磁触头结构。它的外形类似杯子，杯壁上开有一系列倾斜的槽而形成若干触指。动、静触头的斜槽方向相反。杯的端面就是触头正常接触时的接触面。

在开断过程中，流过触头的电流产生横向磁场，驱使电弧在触头端面快速运动。与螺旋槽触头不同的是，杯状触头带电流分离时，可在许多触头上同时形成电弧，每一个都是电流不大的集聚型电弧。这些电弧形成一个圆环，并不会进一步集聚。有的研究人员将这种电弧称为半集聚型真空电弧。它的电弧电压比纯粹的集聚型电弧要低，触头的电磨损也较轻微。

（3）纵向磁场熄弧原理　沿电弧轴向方向施加磁场，有助于真空电弧的稳定燃烧，有降低电弧电压、抑制电弧集聚的效果，是提高真空电弧电流分断能力的有效手段。

早期的纵向磁场触头如图 2-32 所示，称为单极纵向磁场触头。它的结构是在触头 1 的背面设置一个特殊形状的线圈 3。线圈串联在触头和导电杆 4 之间。导电杆中的电流通过线圈的四条臂分路流过线圈导入片 2 后进入触头。其效果相当于在触头背面增加了一个单匝线圈，电流流过时产生一个单方向的纵向磁场。由于该纵向磁场的作用，电弧可以在很大的电流下仍旧维持为扩散状，并在过零熄弧后具有很高的介质恢复速度。

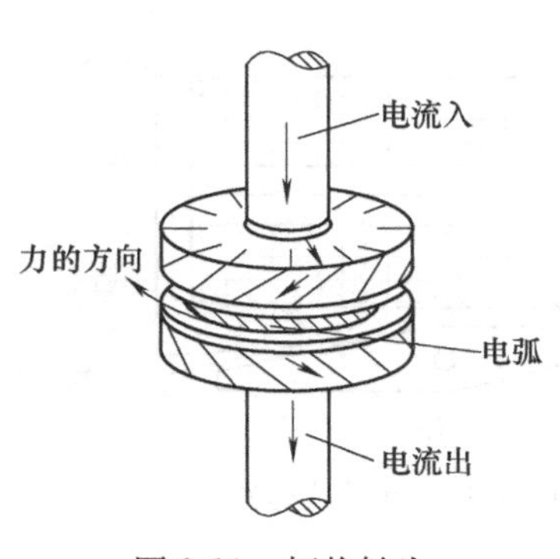


图 2-31　杯状触头

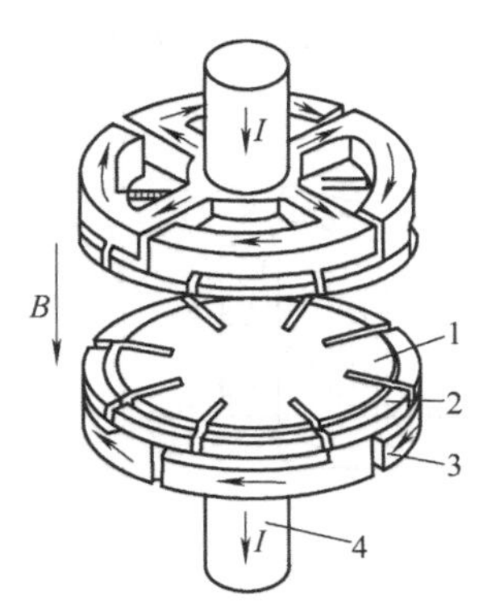


图 2-32　单极纵向磁场触头结构

1—触头　2—导入片　3—线圈　4—导电杆

为了降低单极纵向磁场触头的剩余磁场对开断的不利影响，日立公司发展了一种多极纵向磁场触头结构。此外，还有杯状纵向磁场触头、外加马蹄铁的纵向磁场触头多等种形式的触头。

## 2.5　磁路计算

智能电器中的开关设备常采用电磁机构来驱动。电磁机构就是用来将电磁能转换为机械能产生吸力或斥力的装置，它通常由线圈、铁轭、铁心、可动衔铁及反力机构等组成，其中线圈产生的磁通通过铁轭、铁心、衔铁及工作气隙构成闭合的回路，称为磁路。

根据电磁机构的动作是否与线圈中励磁电流的极性有关，可将磁路分为极化磁路和非极化磁路结构。

### 2.5.1　非极化磁路结构

非极化磁路结构指机构的动作只与线圈中电流的大小有关而与电流的极性无关。这种磁路有几种典型结构。

**1. 拍合式磁路**

拍合式磁路的特点是：只在支点一侧有工作气隙，衔铁围绕支点旋转不大的角度（一般小于10°）来完成吸合或释放。拍合式磁路常见的有U形磁路，如图2-33所示，通常由铁轭、衔铁、铁心、线圈、工作气隙及反力弹簧组成，在有的系统中，铁轭和铁心是合二为一的。

在非激励状态时，磁路中无磁通。当线圈通电激励后，将产生磁场，使铁轭、铁心等磁化，磁路内将有磁通产生（如图中虚线）。磁通通过工作气隙，对衔铁产生吸力。铁心或铁轭之间的气隙外的虚线表示漏磁通路径，它不通过工作气隙，对衔铁不产生吸力。一旦衔铁受到的吸力大于反力弹簧的作用力，衔铁将绕刀口旋转到吸合位置。

**2. 旋转式磁路**

旋转式磁路的特点是衔铁绕其中心轴线旋转，以闭合两个工作气隙的磁路，如图2-34所示。当线圈通电激励后，主磁通在两个工作气隙处均对衔铁产生吸力，其力矩同向，使衔铁绕其轴线旋转，完成转换的功能。

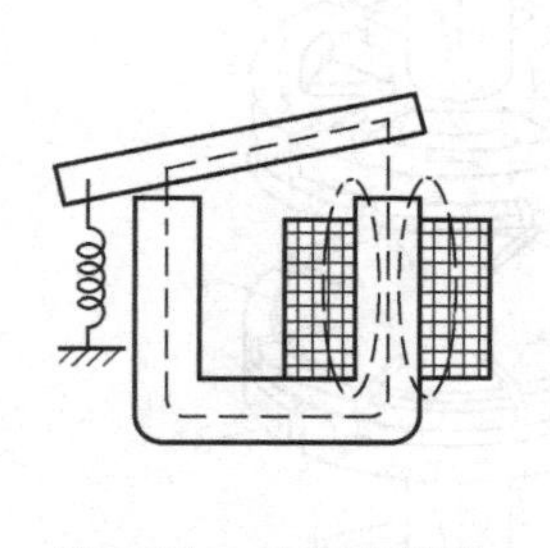

图2-33　拍合式磁路

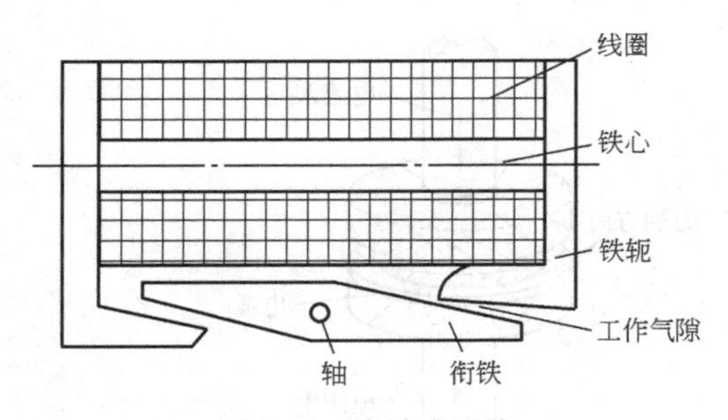


图2-34　旋转式磁路

**3. 吸入式磁路**

吸入式磁路就是衔铁沿线圈轴线做直线运动，以闭合或释放工作气隙的磁路，又称螺管式磁路，如图 2-35 所示。

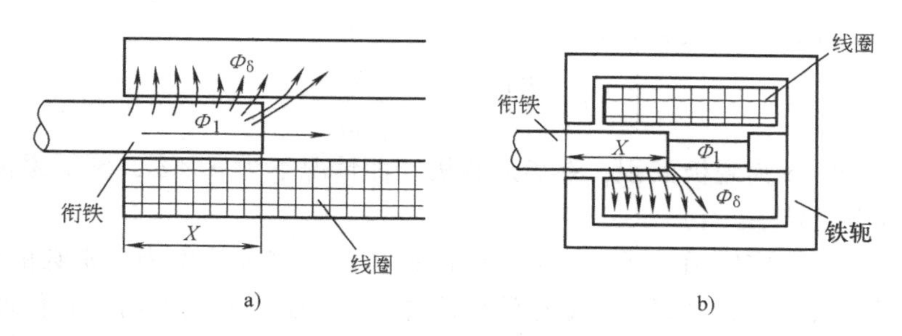


图 2-35　吸入式磁路系统

a）气隙部分磁通分布　b）磁路系统结构

## 2.5.2　极化磁路

极化磁路就是磁路中含有永磁磁通的磁路（即磁路结构中含有永磁材料），其特点是衔铁的动作与否与激励磁通的电流的方向有关。当激励电流的极性与规定的极性一致时，衔铁动作，否则，衔铁不动作。

目前在高压开关领域热点研究的永磁机构就是这种磁路，本书在第 5 章有详细介绍，这里不再重复。

## 2.5.3　磁路计算

电磁铁的输出力或功与磁场分布有直接关系。但在工程上，一般不直接采用“场”的方法，而是采用“路”的方法来进行分析、计算磁场。

磁路的计算方法与电路的求解类似，有关电路计算的定律、方法，在磁路计算中都可以应用，只需要将电源电压 $U$ 用磁动势 $IN$ 代替，电流 $I$ 用磁通 $\Phi$ 代替，电阻 $R$ 用磁阻 $R_m$ 代替就可以了。由此得到磁路的欧姆定律表示为

$$\Phi = \frac{IN}{R_m} = IN \cdot G \tag{2-46}$$

式中，$G$ 为磁导。同理，磁路的基尔霍夫第一定律、第二定律可表示为

$$\sum \Phi = 0 \quad \sum \Phi R_m = \sum IN \tag{2-47}$$

磁路计算的主要难点在磁阻或磁导的计算。下面介绍几种主要磁结构的磁阻、磁导计算方法。

**1. 磁阻、磁导计算**

（1）气隙磁阻计算

1）两平行平面磁极间的气隙磁导。如图 2-36 所示平行平面磁极，设端面为矩形（也可以是圆柱端面），长为 $a$ ，宽为 $b$ ，气隙长度为 $\delta$ 。严格地说，只有当端面尺寸为无穷大，或气隙长度接近于零时，才可以认为气隙中的磁场分布是均匀的。工程上通常以 $\frac{\delta}{a} \leqslant 0.2$、$\frac{\delta}{b} \leqslant 0.2$（圆形端面时则为 $\frac{\delta}{R} \leqslant 0.4$）作为判别是否可以忽略磁通扩散的条件。当满足上述

条件时，认为气隙磁场是均匀的，气隙内的 $B(x, y, z)$ 和 $H(x, y, z)$ 处处相等且为一常数，由此可推出气隙磁导 $G$ 或磁阻 $R_m$ 为

$$G=\frac{\mu_0 S}{\delta} \quad R_m=\frac{\delta}{\mu_0 S} \tag{2-48}$$

式中，$\delta$ 为气隙长度；$S$ 为磁极面积，在矩形磁极端面情况下为 $a\times b$，圆形磁极端面情况下为 $\pi R^2$；$\mu_0$ 为真空磁导率。

式（2-48）可以推广应用于任意一种不计磁通扩散、气隙长度为一常数的小气隙场合。如两同心圆弧状磁极（见图2-37），其极面为等磁位面，磁力线处处与等磁位面正交，可以认为 $|B|$ 沿 $\theta$ 方向无变化，在小气隙条件下 $|H|$ 沿径向的变化可忽略，则可推出

$$G=\frac{\mu_0 S}{\delta}=\frac{\mu_0}{\delta}\theta Rb \tag{2-49}$$

式中，$b$ 为磁极宽度；$R$ 为气隙平均半径。

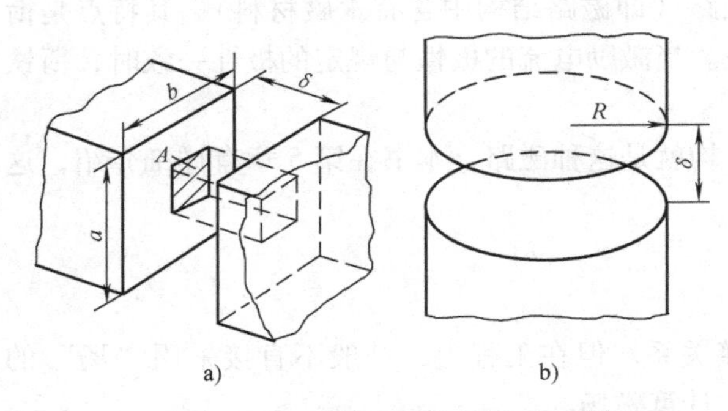


图2-36 平行平面磁极间的气隙磁导
a）平行矩形端面 b）平行圆形端面

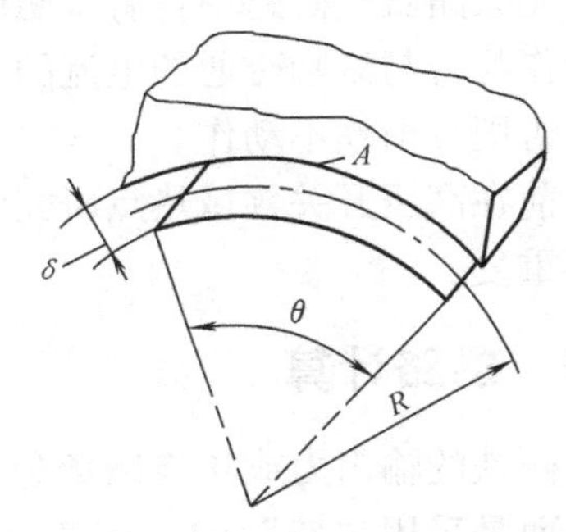


图2-37 同心圆弧状磁极间的气隙磁导

2）两不平行平面磁极间的气隙磁导。当磁极端面不平行时，如图2-38所示的两个端面为平面、棱线为弧形的磁极，设大弧和小弧的半径分别为 $R_2$ 和 $R_1$，棱线延长线的夹角为 $\theta$。根据场的唯一性，该磁极间的气隙磁场可视为长直载流导体磁场的一部分。由于磁极棱线的延长线彼此相交，所以在平面原形中的磁力线为一系列同心圆弧，等磁位线为一族射线，射线的极点与磁力线圆弧的圆心重合。根据磁场分布的以上特点，在半径 $r$ 处取一增量 $dr$，并以此构成一个截面积为 $dS=b dr$ 的磁通管元。根据长直载流导体的磁场分布规律可知，在此磁通管元内的 $\boldsymbol{H}$ 和 $\boldsymbol{B}$ 均为常数，因此，磁通管元的磁导为

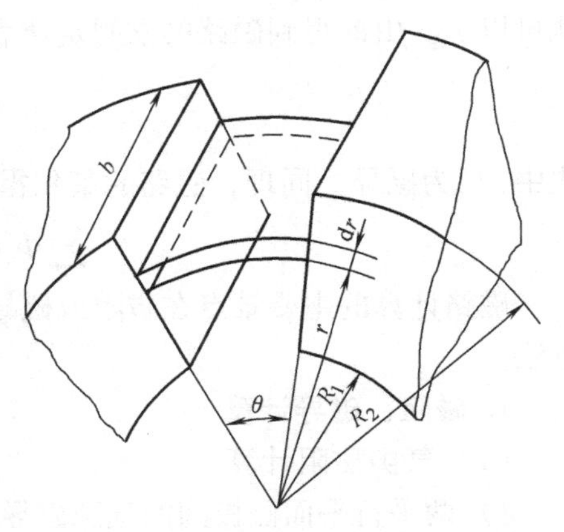


图2-38 两不平行平面磁极间的气隙磁导

$$dG=\mu_0\frac{b dr}{r\theta} \tag{2-50}$$

整个气隙的磁导为

$$G=\int_{R_1}^{R_2}\mathrm{d}G=\frac{\mu_0 b}{\theta}\ln\frac{R_2}{R_1} \tag{2-51}$$

3）两同轴圆弧柱面磁极间的气隙磁导。有一个半径为 $R_1$ 的圆柱状磁极和一个半径为 $R_2$ 的同轴圆筒状磁极，它们的厚度为 $b$，如图 2-39 所示。根据磁力线与等磁位面之间的互易性，从平面图形来看，极间磁场中的磁力线为一族极点在轴线上的射线，等磁位面则是与极棱圆弧同心的一系列圆弧。据此，以半径 $r$ 和 $r+\mathrm{d}r$ 的两个等磁位面截取一段磁阻元，其磁阻值为

$$\mathrm{d}R_\mathrm{m}=\frac{\mathrm{d}r}{\mu_0 S}=\frac{\mathrm{d}r}{\mu_0\theta br} \tag{2-52}$$

整个气隙的磁阻为

$$R_\mathrm{m}=\frac{1}{\mu_0\theta b}\int_{R_1}^{R_2}\frac{\mathrm{d}r}{r}=\frac{1}{\mu_0\theta b}\ln\frac{R_2}{R_1} \tag{2-53}$$

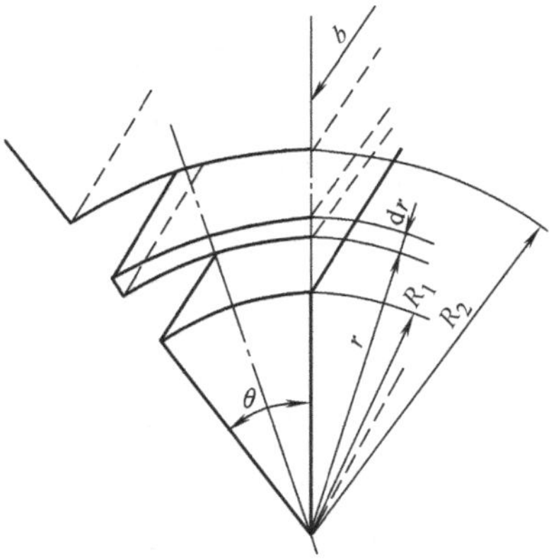

图 2-39　两同轴圆弧柱面间气隙的磁导

其倒数即为极间气隙的磁导

$$G=\frac{\mu_0\theta b}{\ln\dfrac{R_2}{R_1}} \tag{2-54}$$

对比式（2-51）和式（2-54），可以发现二者之间有相似之处，它们之间的区别仅仅在于后者的磁极端面为前者的一根磁力线，同时后者最外侧的磁力线恰好是前者两个磁极端面的棱线。这样的两个磁极间气隙磁导的计算公式之间存在一定的变换关系。若令

$$K=\frac{1}{\theta}\ln\frac{R_2}{R_1} \tag{2-55}$$

为代表极面棱线尺寸对磁导的影响的一个因子，则未经互易变换的原方程为式（2-51），即

$$G=\mu_0 bK \tag{2-56}$$

而经过互易变换的方程则是式（2-54），即

$$G=\mu_0\frac{b}{K} \tag{2-57}$$

利用互易变换关系，很容易从已导出的一种极间气隙磁导计算公式，直接得到与之对应（即存有互易关系）的另一种极间气隙的磁导计算公式，而无须另行推导。

如磁极是同轴的一个圆柱体与一个圆筒，则只要将 $\theta=2\pi$ 代入式（2-54），即得极间气隙的磁导为

$$G=\frac{2\pi\mu_0 b}{\ln\dfrac{R_2}{R_1}} \tag{2-58}$$

这就是螺线管电磁铁的磁导。

4）两平行圆柱体间气隙的磁导。图 2-40a 所示为平行圆柱体，半径分别为 $R_1$ 和 $R_2$，轴线间距为 $d$。图 2-40b 所示为轴

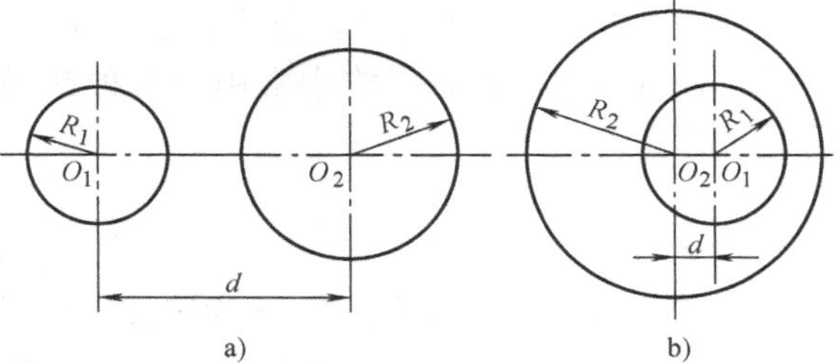

图 2-40　不同相对位置的平行圆柱间气隙的磁导

线相互平行的一个半径为 $R_1$ 的圆柱和套于其外的内半径为 $R_2$ 的圆筒，其轴线间距也用 $d$ 表示。

根据互易性原理，将两磁极截面的周界（圆周）视同平行输电线磁场（虚拟磁场）的两根磁力线，即可由已知的虚拟磁场的解求得两根虚拟磁力线间的磁通量与虚拟磁动势（输电线的电流值）的比值。再应用式（2-56）、式（2-57）之间的变换关系，就能得到上述磁极间隙磁导的数学表达式

$$G = \mu_0 \frac{2\pi}{\ln\left(u + \sqrt{u^2 - 1}\right)} \tag{2-59}$$

对图 2-40a

$$u = \frac{d^2 - R_1^2 - R_2^2}{2R_1R_2} \tag{2-60}$$

对图 2-40b

$$u = \frac{R_1^2 + R_2^2 - d^2}{2R_1R_2} \tag{2-61}$$

如果两平行圆柱体的半径相等，即 $R_1 = R_2 = R$，则可由式（2-59）和式（2-60）推出

$$G = \mu_0 \frac{\pi}{\ln \dfrac{d + \sqrt{d^2 - 4R^2}}{2R}} \tag{2-62}$$

至于单位长度圆柱状磁极与平板磁极（见图 2-41）之间气隙的磁导计算公式，根据镜像法很容易由式（2-62）导出为

$$G = \mu_0 \frac{2\pi}{\ln \dfrac{d + \sqrt{d^2 - R^2}}{R}} \tag{2-63}$$

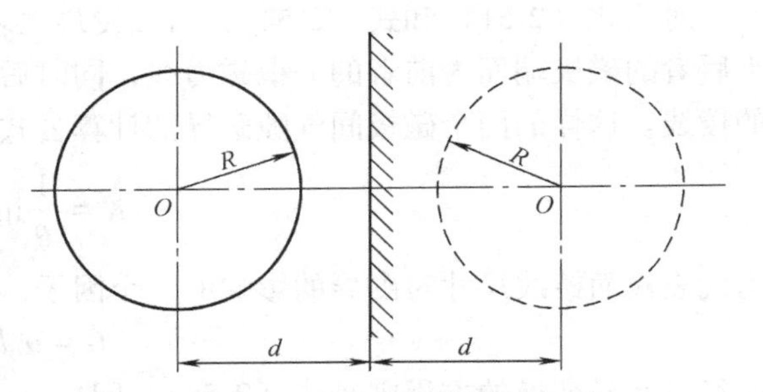

图 2-41　圆柱—平板磁极间气隙的磁导

值得指出的是：磁极之间气隙中的磁场，和自由空间内的静电场、恒定电场一样，都是拉普拉斯场，它们的场量之间存在着一定的对偶关系。因此，在位函数分布和边界条件相似的条件下，只需将对应场量置换，即可自一种场的某一问题的解，直接得到另一种场的同类问题的解。

还应着重指出：实际电磁系统的结构与上述解析法的假定条件之间往往存在一些差异（主要是边界条件的差异），因此，工程计算所用磁导计算公式一般都要加上一些修正系数。虽然如此，解析法气隙磁导计算公式仍是磁导计算的基础。

（2）铁件磁阻　电磁机构中常用到各种铁磁性材料，如低碳钢、铸铁等，它们的磁阻可用下面的公式计算：

$$R_{\mathrm{m}} = \frac{l}{\mu S} \tag{2-64}$$

式中，$l$ 为铁件沿磁通方向的长度；$S$ 为铁件的横截面积；$\mu$ 为铁磁材料磁导率。铁磁材料的磁导率不是一个常数，而是与穿过它的磁通密度 $B$ 有关，一般用磁化曲线表示。典型铁磁材料的磁性能和磁化曲线可查相关手册。

### 2. 直流磁路计算

（1）忽略漏磁作用的磁路计算　当工作气隙很小或铁心完全吸合时，几乎所有的磁通都通过工作气隙交链，磁导很大，漏磁通分量很小，可以忽略。对如图 2-42 所示的电磁铁，其磁路等效回路如图 2-43 所示。其中的实心黑框表示铁心磁阻（或磁导），空心白框表示气隙磁阻（或磁导）。$R_{tc}$和$R_{bc}$分别为上、下铁轭的磁阻，$R_i$为动铁心的磁阻，$R_c$为铁轭的磁阻，$R_g$为非工作气隙磁阻，$G_w$和$G_e$分别为工作气隙磁导和散磁导。

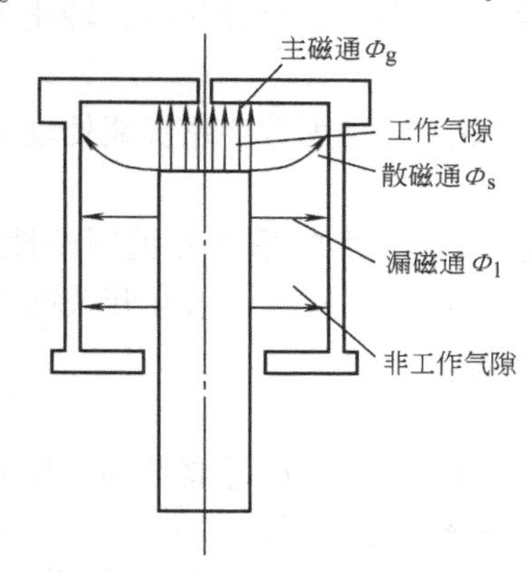


图 2-42　螺线管式电磁铁的磁通分布

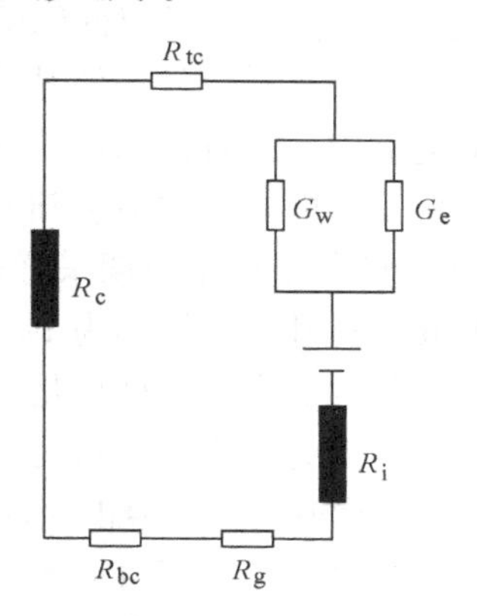


图 2-43　忽略漏磁通的等效磁路

根据基尔霍夫第二定律有

$$IN = \frac{\Phi_m}{G_w + G_e} + \Phi_m(R_{tc} + R_i + R_c + R_{bc} + R_g) \tag{2-65}$$

（2）忽略铁磁件磁阻的磁路计算　与上面情况相反，当工作气隙较大时，气隙磁阻大，而铁磁件内磁通密度低，磁导率高，铁磁件磁阻小，与工作气隙相比可以忽略。此时的等效磁路如图 2-44 所示。在此是将线圈磁动势沿着高度方向分成了 $m$ 段，因此每段的磁动势为 $\frac{IN}{m}$。同时，动铁心到侧面铁轭之间的漏磁导也分成了 $m$ 段，因此每段的漏磁导为 $\frac{G_l}{m}$，此时主磁通与线圈安匝数之间的关系为

$$IN = \frac{\Phi_m}{G_w + G_l} \tag{2-66}$$

漏磁通为

$$\Phi_l = \frac{1}{2}IN \cdot G_l = IN \cdot G_{le} \tag{2-67}$$

式中，$G_{le}$ 为等效漏磁导。

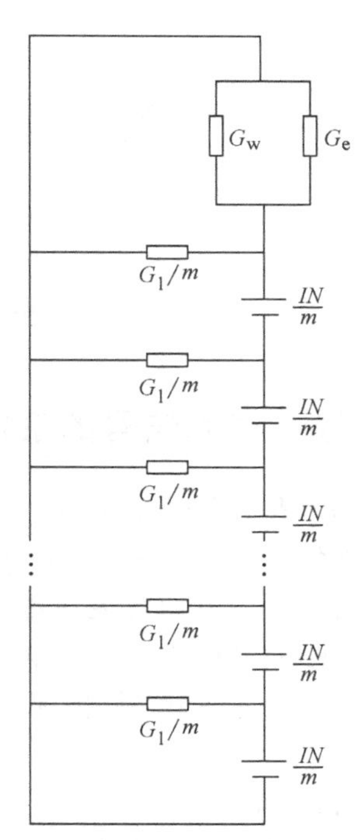


图 2-44　忽略铁磁件磁阻的等效磁路

# 2.6 采样

## 2.6.1 概述

采样就是将时间连续的信号变成时间不连续的离散信号。这个过程是通过模拟开关来实现的。模拟开关每隔一定的时间间隔闭合一次，一个连续信号通过这个开关后，转化为一系列脉冲信号，称为采样信号。信号采样过程如图2-45所示。

在智能电器中，来自传感器的各种物理量经过采样之后，转化为数字系统能处理的数字量。因此采样是智能电器中最基础的信号处理手段之一。

采样分周期采样和非周期采样两种。周期采样即指图2-45中的采样开关周期性闭合，经固定的时间后打开。设周期为$T$，即称$T$为采样周期。非周期采样时，采样开关的动作是非周期性的。得到的离散序列也是非周期性的。

当开关闭合的时间为无限短时，称为理想采样。

理想采样是抽取模拟信号的瞬时函数值。时间是离散的，而信号也是离散的，称为离散（对时间）的模拟信号。图2-45c数字信号$V_1$是指量化的离散模拟信号，即$V_1$不仅在时间上是离散的，而且在数值上也是离散的。量化精度取决于最小的量化单位，称量化当量$\Delta$，它是二进制数码最低有效位所对应的模拟信号数值。例如$\Delta=100\text{mV}$，即数字量的最低有效位对应100mV时，量化取值通常采用最近的量化电平，显然当量越小，A/D转换的精度越高。

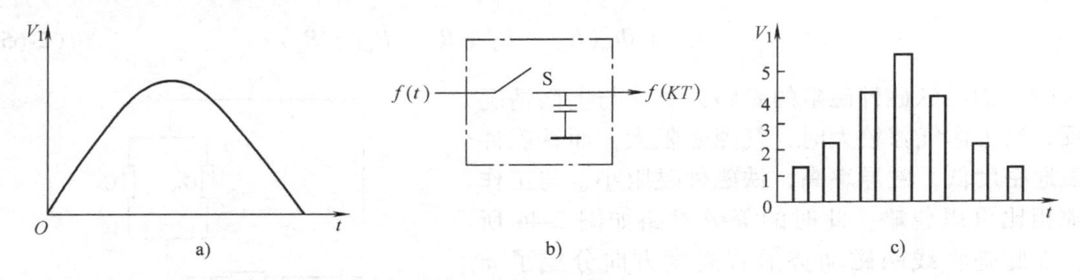


图2-45　信号采样过程

a）被采样信号　b）被采样开关　c）采样信号

## 2.6.2 连续时间信号的采样

设$x_a(t)$表示模拟信号，$\hat{x}_a(t)$表示采样信号，$T$为采样周期。把采样器看成是一个每隔$T$闭合一次的电子开关S，开关每接通一次，便得到一个输出采样值。在理想情况下，开关闭合时间无穷短，在实际采样器中，设开关闭合时间为$\tau$（$\tau \ll T$）。把采样过程看成是脉冲调幅过程，$x_a(t)$为调制信号，被调脉冲载波$P(t)$是周期为$T$、脉宽为$\tau$的周期性脉冲串，当$\tau \to 0$时，便是理想采样情况，理想采样模型可使数学推导得到简化。下面主要讨论理想采样。

**1. 理想采样**

在图2-45所示的采样器开关S的闭合时间$\tau \to 0$的极限情况下，采样脉冲序列变成冲激函数序列$p(t)$（见图2-45c），即

$$p(t)=\sum_{n=-\infty}^{+\infty}\delta(t-nT) \tag{2-68}$$

理想采样输出

$$\hat{X}_a(t)=X_a(t)P(t)=X_a(t)\sum_{n=-\infty}^{+\infty}\delta(t-nT)=\sum_{n=-\infty}^{+\infty}X_a(t)\delta(t-nT) \tag{2-69}$$

由于 $\delta(t-nT)$ 只在 $t=nT$ 时为非零值，所以式（2-69）又可表示为

$$\hat{X}_a(t)=\sum_{n=-\infty}^{+\infty}X_a(nT)\delta(t-nT) \tag{2-70}$$

**2. 频谱延拓**

先来研究采样信号与初始模拟信号的频谱之间的关系。将 $p(t)$ 展开成傅里叶级数，得到

$$p(t)=\sum_{n=-\infty}^{+\infty}\delta(t-nT)=\sum_{r=-\infty}^{+\infty}C_r e^{jr\Omega_s t} \tag{2-71}$$

式中，$\Omega_s$ 为级数的基波频率，$\Omega_s=\dfrac{2\pi}{T}$；$C_r$ 为系数，且

$$\begin{aligned}C_r&=\frac{1}{T}\int_{-\frac{T}{2}}^{\frac{T}{2}}p(t)e^{-jr\Omega_s t}dt=\frac{1}{T}\int_{-\frac{T}{2}}^{\frac{T}{2}}\sum_{n=-\infty}^{+\infty}\delta(t-nT)e^{-jr\Omega_s t}dt\\&=\frac{1}{T}\int_{-\frac{T}{2}}^{\frac{T}{2}}\delta(t)e^{-jr\Omega_s t}dt=\frac{1}{T}e^0=\frac{1}{T}\end{aligned} \tag{2-72}$$

于是 $p(t)$ 可表示为

$$p(t)=\frac{1}{T}\sum_{n=-\infty}^{+\infty}e^{jr\Omega_s t} \tag{2-73}$$

$p(t)$ 的傅里叶变换为

$$P(j\Omega)=F\left(\frac{1}{T}\sum_{r=-\infty}^{+\infty}e^{jr\Omega_s t}\right)=\frac{2\pi}{T}\sum\delta(j\Omega-j\Omega_s) \tag{2-74}$$

根据傅里叶变换的卷积定理，可得到理想采样信号 $\hat{X}_a(t)$ 的频谱为

$$\begin{aligned}\hat{X}_a(j\Omega)&=F[X_a(t)p(t)]=\frac{1}{2\pi}X_a(j\Omega)*P(j\Omega)\\&=\frac{1}{T}\sum_{r=-\infty}^{+\infty}X_a(j\Omega)*\delta(j\Omega-jr\Omega_s)\\&=\frac{1}{T}\sum_{r=-\infty}^{+\infty}X_a(j\Omega-j\Omega_s)\end{aligned} \tag{2-75}$$

从式（2-75）可以看出，采样信号的频谱 $\hat{X}_a(j\Omega)$ 是模拟信号频谱 $X_a(j\Omega)$ 的周期延拓，周期为采样角频率 $\Omega_s$ 。也就是说，采样信号的频谱包括原信号频谱和无限个经过平移的原信号频谱，这些频谱都要乘以系数 $1/T$，如图2-46a、b 所示。

设原信号是最高频率为 $\Omega_0$ 的带限信号。从图2-46中可看出，当 $\Omega_s<2\Omega_0$ 或 $f_s<2f_0$ 时，平移后的频谱必互相重叠，重叠部分的频率成分的幅值与原信号不同，如图2-46c 所示。这种现象称为“混叠”现象。如果原信号不是带限信号，则“混叠”现象必然存在。在理想采样中，为了使平移后的频谱不产生“混叠”失真，应要求采样频率足够高。在信号 $X_a(t)$

的频带受限的情况下，采样频率应等于或大于信号最高频率的两倍，即：$\Omega_s > 2\Omega_0$。采样频率的一半，即 $\Omega_s/2$ 称为折叠频率。等于信号最高频率两倍的采样频率（即 $\Omega_s = 2\Omega_0$）称为奈奎斯特频率。

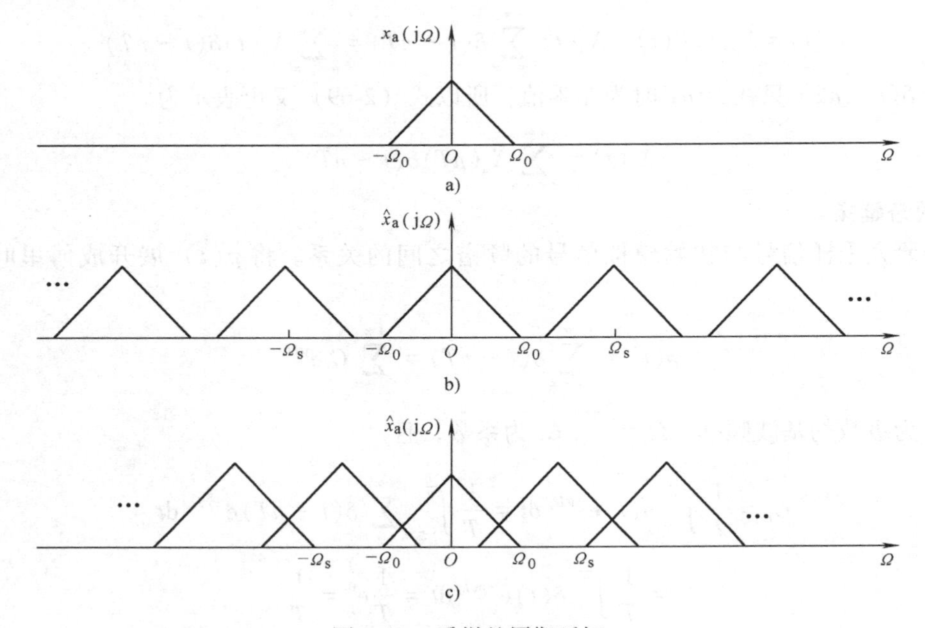


图 2-46　采样的周期延拓

a）原始信号的频谱　b）采样信号的频谱（周期延拓后的信号无重叠）

c）采样信号的频谱（周期延拓后的信号有重叠）

**3. 频率归一化**

现在讨论离散时间信号 $X(n)$ 的频谱 $X(e^{j\omega})$ 与采样信号 $\hat{X}_a(t)$ 的频谱 $\hat{X}_a(j\Omega)$ 之间的关系。假设离散时间信号 $X(n)$ 是模拟信号 $X_a(t)$ 通过周期性采样得到的，即

$$X(n) = X_a(nT) \tag{2-76}$$

采样信号 $\hat{X}_a(t)$ 的频谱除可用式（2-75）表示外，还可表示为

$$\begin{aligned}\hat{X}_a(j\Omega) = F[\hat{X}_a(t)] = F[X_a(t)P(t)] = F[\sum_{n=-\infty}^{+\infty} X_a(nT)\delta(t-nT)] = \\ \sum_{n=-\infty}^{+\infty} X_a(nT)F[\delta(t-nT)] = \sum_{n=-\infty}^{+\infty} X_a(nT)e^{-j\Omega_n T}\end{aligned} \tag{2-77}$$

另一方面，离散时间信号 $X(n)$ 的傅里叶变换为

$$X(e^{j\omega}) = \sum_{n=-\infty}^{+\infty} x(n)e^{-j\omega n} \tag{2-78}$$

利用式（2-76）的关系，比较式（2-77）和式（2-78）得

$$X(e^{j\omega})\mid_{\omega=\Omega T} = \hat{X}_a(j\Omega) \tag{2-79}$$

将式（2-75）代入式（2-79）得

$$X(e^{j\omega})\mid_{\omega=\Omega T} = \hat{X}_a(j\Omega) = \frac{1}{T}\sum_{r=-\infty}^{+\infty} X_a(j\Omega - jr\Omega_s) \tag{2-80}$$

式（2-80）表明，在 $\omega=\Omega T$ 的条件下，离散时间信号 $X(n)$ 的频谱与采样信号的频谱相等。由于 $\omega=\Omega T=\frac{2\pi f}{f_s}$（$f_s$为采样频率）是 $f$ 对 $f_s$归一化的结果，故可以认为离散时间信号 $X(n)$ 的频谱是采样信号的频谱经频率归一化的结果，如图 2-46c 所示。

**4. 信号重构**

从图 2-46 可看出，如果采样信号的频谱不存在混叠，那么

$$\hat{X}_a(j\Omega)=\frac{1}{T}X_a(j\Omega)\ ,\ |\Omega|\leqslant\frac{\Omega_s}{2} \tag{2-81}$$

将式（2-81）改为

$$X_a(j\omega)=T\hat{X}_a(j\Omega),|\Omega|\leqslant\frac{\Omega_s}{2} \tag{2-82}$$

这样，让采样信号通过一个截止频率为 $\Omega_s/2$ 的理想低通滤波器，就可将采样信号频谱中的基带频谱取出来，恢复原来的模拟信号，这个理想低通滤波器的频率特性为

$$H_a(j\Omega)=\begin{cases}T & |\Omega|\leqslant\Omega_s/2\\0 & |\Omega|>\Omega_s/2\end{cases}$$

根据连续时间傅里叶逆变换公式可以求得原信号 $X_a(t)$，即

$$X_a(t)=\frac{1}{2\pi}\int_{-\frac{\Omega_s}{2}}^{\frac{\Omega_s}{2}}X_a(j\Omega)e^{j\Omega t}d\Omega$$

又因为

$$X(e^{j\Omega T})=\sum_{n=-\infty}^{+\infty}X_a(nT)e^{-j\Omega T_n}$$

所以

$$X_a(t)=\frac{1}{2\pi}\int_{-\frac{\pi}{T}}^{\frac{\pi}{T}}\left[\sum_{n=-\infty}^{+\infty}X_a(nT)e^{-j\Omega T_n}\right]e^{j\Omega T}d\Omega$$

交换上式求和与积分运算次序得

$$X_a(t)=\sum_{n=-\infty}^{+\infty}X_a(nT)\frac{\sin[\pi/T(t-nT)]}{\pi/T(t-nT)} \tag{2-83}$$

式（2-83）就是从采样信号 $X_a(nT)$ 恢复原信号 $X_a(t)$ 的采样内插公式，内插函数是

$$S_a(t-nT)=\frac{\sin[\pi/T(t-nT)]}{\pi/T(t-nT)}$$

内插函数在 $t=nT$ 的采样点上的值为 1，在其余采样点上的值都为零，在采样点之间的值不为零。这样，被恢复的信号 $X_a(t)$ 在采样点的值恰好等于原来连续信号 $X_a(t)$ 在采样时刻 $t=nT$ 的值，而采样点之间的部分由各内插函数的波形叠加而成。从中可看出，采样信号通过理想低通滤波器之后，可以唯一地恢复出原信号，不会损失任何信息。

### 2.6.3 离散时间信号的采样

离散时间信号采样后得到的序列 $x_p(n)$ 称为离散时间采样序列，它在采样周期 $N$ 的整数倍上的采样值等于原来的序列值，而在这些点之间的采样值都为零，即

$$x_{\mathrm{p}}(n)=\begin{cases}x(n) & n=kN,\ k\text{ 为整数}\\ 0 & \text{其他}\end{cases}$$

这可看作一个信号调制的过程，即

$$x_{\mathrm{p}}(n)=x(n)\,p(n)=\sum_{k=-\infty}^{+\infty}x(Nk)\delta(n-kN) \tag{2-84}$$

为了方便起见，将序列 $x(n)$ 的傅里叶变换 $X(\mathrm{e}^{\mathrm{j}\omega})$ 用 $X(\omega)$ 表示。这样，式（2-84）的频域形式为

$$X_{\mathrm{p}}(\omega)=\frac{1}{2\pi}P(\omega)*X(\omega)=\frac{1}{2\pi}\int_{-\pi}^{\pi}P(\theta)X(\omega-\theta)\mathrm{d}\theta \tag{2-85}$$

式中，$P(\omega)$ 和 $X(\omega)$ 分别是 $p(n)$ 和 $x(n)$ 的傅里叶变换。与上一节冲激序列 $p(t)$ 的傅里叶变换的推导类似，可得到采样序列 $p(n)$ 的傅里叶变换为

$$P(\omega)=\frac{2\pi}{N}\sum_{k=-\infty}^{+\infty}\delta(\omega-k\omega_{\mathrm{s}}) \tag{2-86}$$

式中，$\omega_{\mathrm{s}}$ 为采样频率，$\omega_{\mathrm{s}}=2\pi/N$。将式（2-86）代入式（2-85），得

$$X_{\mathrm{p}}(\omega)=\frac{1}{N}\sum_{k=0}^{N-1}X(\omega-k\omega_{\mathrm{s}}) \tag{2-87}$$

式（2-87）对应于连续时间信号采样中的式（2-85）。式（2-87）表明，离散时间采样序列 $X_{\mathrm{p}}(n)$ 的傅里叶变换 $X_{\mathrm{p}}(\omega)$ 是原序列 $x(n)$ 的傅里叶变换 $X(\omega)$ 的周期延拓，周期为采样频率 $\omega_{\mathrm{s}}$。当无频谱混叠失真时，$X_{\mathrm{p}}(\omega)$ 在 $-\omega_{\mathrm{M}}$ 和 $\omega_{\mathrm{M}}$ 之间的部分与 $X(\omega)$ 的频谱相同（只相差一个系数 $1/N$）。当 $\omega_{\mathrm{s}}<2\omega_{\mathrm{M}}$ 时，即产生混叠失真的情况。因此，在离散时间信号采样中，为了不发生混叠失真，采样频率应满足条件 $\omega_{\mathrm{s}}\geqslant 2\omega_{\mathrm{M}}$。

在离散时间采样序列 $x_{\mathrm{p}}(n)$ 的频谱没有混叠失真的情况下，用一个增益为 $N$、截止频率大于 $\omega_{\mathrm{M}}$ 而小于（$\omega_{\mathrm{s}}-\omega_{\mathrm{M}}$）的低通滤波器，对 $x_{\mathrm{p}}(n)$ 进行滤波，可恢复出原信号 $x(n)$。

取低通滤波器的截止频率为 $\omega_{\mathrm{s}}/2$，其频率特性为

$$H(\omega)=\begin{cases}N & |\omega|\leqslant\omega_{\mathrm{s}}/2\\ 0 & |\omega|>\omega_{\mathrm{s}}/2\end{cases}$$

对应的冲激响应为

$$h(n)=\frac{1}{2\pi}\int_{-\omega_{\mathrm{s}}/2}^{\omega_{\mathrm{s}}/2}N\mathrm{e}^{\mathrm{j}\omega n}\mathrm{d}\omega$$

该滤波器的输出，即恢复的序列 $x_{\mathrm{r}}(n)$ 为

$$x_{\mathrm{r}}(n)=x_{\mathrm{p}}(n)*h(n) \tag{2-88}$$

将式（2-84）代入式（2-88），得

$$x_{\mathrm{r}}(n)=\left[\sum_{k=-\infty}^{+\infty}x(kN)\delta(n-kN)\right]*\frac{N}{\pi n}\cdot\sin\left(\frac{\omega_{\mathrm{s}}}{2}n\right)=\sum_{k=-\infty}^{+\infty}x(kN)h_{\mathrm{r}}(n-kN) \tag{2-89}$$

式中，$h_{\mathrm{r}}(n-kN)$ 为内插序列，$h_{\mathrm{r}}(n-kN)=\dfrac{N}{\pi n}\sin\left[\dfrac{\omega_{\mathrm{s}}}{2}(n-kN)\right]$。式（2-89）表明，所恢复的序列 $x_{\mathrm{r}}(n)$ 可以由离散时间采样序列的采样值与内插序列 $h_{\mathrm{r}}(n-kN)$ 相乘并求和来得到。上面是用理想低通滤波器的冲激响应序列作为插值序列，在实际应用中，常采用一个近似低通滤波器来代替理想低通滤波器。

### 2.6.4 离散时间信号的抽取和内插

在很多应用中，直接通过离散采样得到 $x_p(n)$，并将它进行传输或储存是很不经济的，因为 $x_p(n)$ 在非零采样值之间插入有零采样值。因此，常常将 $x_p(n)$ 的非零采样值抽取出来组成一个新的序列 $x_d(n)$，其中

$$x_d(n)=x(nN)=x_p(nN) \tag{2-90}$$

这种抽取 $N$ 的整数倍点上的样本过程称为抽取（Decimation）。$x_d(n)$ 的傅里叶变换 $X_d(\omega)$ 为

$$X_d(\omega)=\sum_{n=-\infty}^{+\infty}x_d(n)\mathrm{e}^{-\mathrm{j}\omega n}=\sum_{n=-\infty}^{+\infty}x_p(nN)\,\mathrm{e}^{-\mathrm{j}\omega n} \tag{2-91}$$

由于 $x_p(n)$ 在 $N$ 的整数倍点外的采样值均为 0，所以采样序列 $x_p(n)$ 和抽取序列 $x_d(n)$ 的频谱只是频率尺度不同。

如果原始序列 $x(n)$ 是连续时间信号经采样得到的，那么抽取过程可被看成是把采样率减少为 $1/N$ 后对连续时间信号进行采样的过程。为了避免在抽取过程中产生混叠失真，$X(\omega)$ 不能占据（$0\sim\pi$）整个频带，这意味着只有对原连续时间信号采样的采样率高于奈奎斯特频率，即进行所谓“过采样”（Over-Sampling），才允许进一步降低采样率。因此，抽取也称为减采样（Down-Sampling）。

在某些应用中，序列是连续时间信号经采样得到的，一般在不发生混叠失真的前提下，把采样率选择得尽可能低。但序列经过某些处理后，其带宽有可能减小。

内插（Interpolating）或增采样（Upsampling）过程是抽取或减采样的逆过程。这一过程分两步，首先 $x_d(n)$ 的每相邻两个序列值之间插入 $N-1$ 个零值，得到序列 $x_p(n)$；然后用一个低通滤波器从 $x_p(n)$ 得到内插后的序列 $x(n)$ 。增采样在频分多路复用中的应用是一个很好的例子。设信道数为 $M$，每一输入信号 $x_i(n)$ 的频谱是带限的，即

$$X_i(\omega)=0 \qquad \frac{\pi}{M}<|\omega|<\pi \tag{2-92}$$

如果这些序列原先是以奈奎斯特频率对连续时间信号采样得到的，那么在进行频分多路复用之前，必须对它们进行增采样。

## 2.7 数字滤波

### 2.7.1 滤波概念

滤波是指让指定频段的信号通过滤波电路，而将其余频段的信号加以抑制或使其急剧衰减，具有这种功能的电路，称为滤波器。滤波器的种类很多，倘若以其工作频率范围来分类，则有低通滤波器、高通滤波器、带通滤波器和带阻滤波器。它们的理想特性分别如图 2-47 所示。

若按照滤波信号种类来分，可分为模拟滤波和数字滤波。模拟滤波分为有源滤波和无源滤波。无源滤波器通常由电感、电容、电阻连成一定的网络形成滤波电路，具有漂移小、稳定等优点，但其缺点是体积大、精度低、灵活性差。而有源滤波由集成运放和 $RC$ 网络组成，其有许多优点：第一，它不用电感元件，免除了电感所固有的非线性特性、磁场屏蔽、

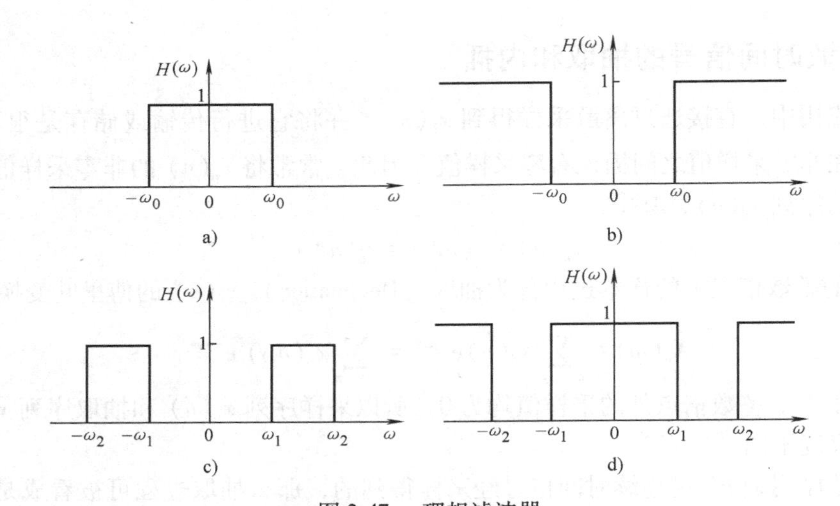


图 2-47 理想滤波器

a) 理想低通滤波器 b) 理想高低通滤波器 c) 理想带通滤波器 d) 理想带阻滤波器

损耗、体积和重量过大、不经济等缺点；第二，集成运放的高增益、高输入阻抗和低输出阻抗使有源滤波器具有良好的隔离性质，不需要阻抗匹配；第三，通带增益、截止频率或中心频率调节都很方便。但其缺点是因运放带宽的限制，这类有源滤波器只能在不太高的频率下工作。

数字滤波器在信息处理、控制和测量系统中有很多应用。数字滤波器是在模拟滤波器的基础上发展起来的，与模拟滤波器相比，具有以下优点：第一，精度和稳定性高；第二，改变系统函数比较容易，比较灵活；第三，不存在阻抗匹配；第四，便于大规模集成；第五，可实现多维滤波。数字滤波器包括无限冲激响应（IIR）数字滤波器和有限冲激响应（FIR）数字滤波器。下面介绍数字滤波器的原理及设计方法。

## 2.7.2 数字滤波器基本网络结构

数字滤波器可以用差分方程来表示，即

$$y(n) = \sum_{k=1}^{N} p_k y(n-k) + \sum_{k=0}^{M} q_k x(n-k) \tag{2-93}$$

对应的系统函数为

$$H(z) = \frac{Y(z)}{X(z)} = \frac{\sum_{k=0}^{M} q_k z^{-k}}{1 - \sum_{k=1}^{N} p_k z^{-k}} \tag{2-94}$$

由式（2-93）和式（2-94）可看出，实现数字滤波器需要三种基本的运算单元，即加法器、单位延迟器和常数乘法器。

数字滤波器的功能是把输入序列通过一定的运算，变换成输出序列。数字滤波器一般可用两种方法实现：一种是根据描述数字滤波器的数学模型或信号流程图，用数字硬件构成专用的数字信号处理器；另一种是编写滤波程序，形成软件实现。

数字滤波器分为无限冲激响应（IIR）数字滤波器和有限冲激响应（FIR）数字滤波器

两种，分别都有几种基本网络结构。IIR 数字滤波器常采用递归结构，而 FIR 数字滤波器主要采用非递归结构。

**1. IIR 数字滤波器的基本网络结构**

数字滤波器的运算结构将会影响系统运算的精度、误差、速度和经济性等性能指标。一般情况，都要求使用尽可能少的常数乘法器和延迟器来实现系统，要求误差尽可能小，因此，分析系统时，选择最优网络结构。

（1）直接Ⅰ型　IIR 数字滤波器是一种递归系统，可用式（2-93）所示的差分方程或式（2-94）所示的系统函数来描述。图 2-48 所示的分别是 IIR 数字滤波器的框图和流程图，这里假设 $M=N$，从图中可以看出，直接Ⅰ型结构需要 $2N$ 个延迟器和 $2N$ 个乘法器。图 2-48 也可简化为图 2-49。

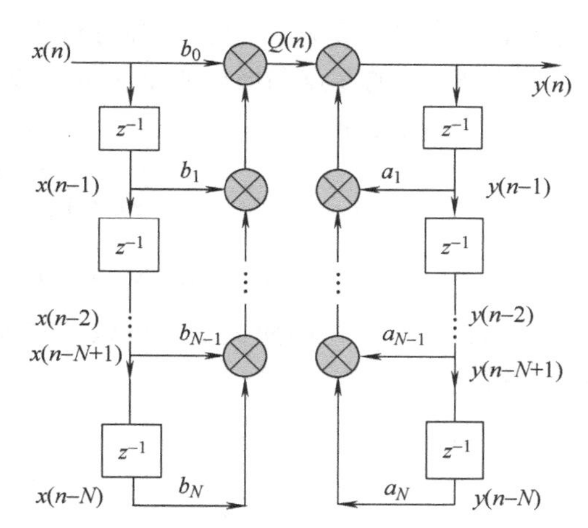

图 2-48　IIR 数字滤波器的框图和流程图

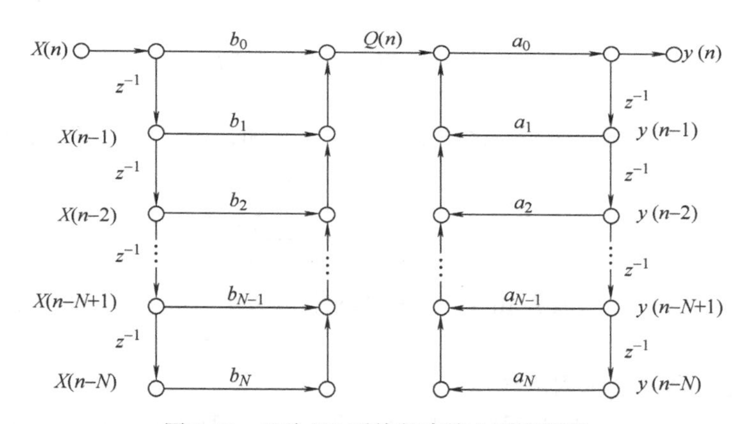

图 2-49　$N$ 阶 IIR 系统的直接Ⅰ型流程图

（2）直接Ⅱ型　将式（2-94）分解成两个独立的系统函数的乘积，即

$$H(z)=H_1(z)\cdot H_2(z)$$

$$=\sum_{k=0}^{N}q_k z^{-k}\cdot\frac{1}{1-\sum_{k=1}^{N}p_k z^{-k}}\quad(2\text{-}95)$$

假设 IIR 数字滤波器是线性时不变系统，那么交换 $H_1(z)$ 和 $H_2(z)$ 的次序不会影响系统的传输效果，故图 2-49 可以用图 2-50 表示。从图 2-50 中可以看出，直接Ⅱ型滤波器只需用 $N$ 个延迟单元，相对于直接Ⅰ型结构，用硬件实现时少用寄存器，用软件实现时少占存储单元。

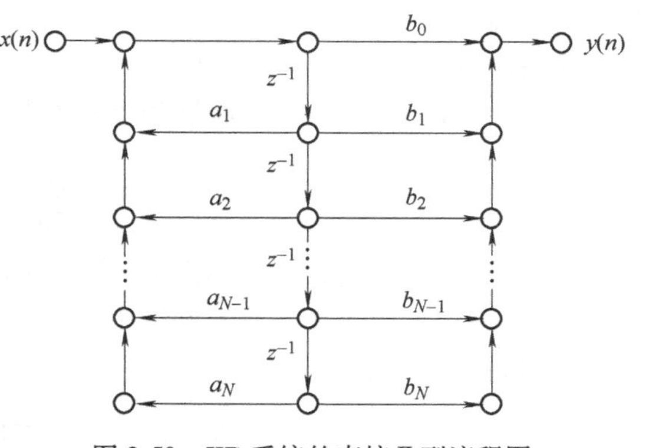

图 2-50　IIR 系统的直接Ⅱ型流程图

（3）级联型　将 $N$ 阶 IIR 系统函数分解成二阶因式连乘积，则可得到级联结构，即

$$H(z)=H_1(z)H_2(z)\cdots H_M(z) \tag{2-96}$$

具体是将式（2-97）的分子和分母多项式都进行因式分解，由于 $H(z)$ 的系数都为实数，所以 $H(z)$ 的零点和极点或是实数，或是共轭复数，故可以将 $H(z)$ 全部用实系数二阶因子连乘来构成，即

$$H(z)=A\prod_{k=1}^{M}\frac{1+\beta_{1k}z^{-1}+\beta_{2k}z^{-2}}{1-\alpha_{1k}z^{-1}-\alpha_{2k}z^{-2}} \tag{2-97}$$

从式（2-97）可以看出，$H(z)$ 就是由二阶基本节构成的直接Ⅱ型结构级联起来的如图 2-51 所示，这种结构搭配灵活，可以按需要调换二阶基本节的次序，还可直接控制系统的零点和极点。

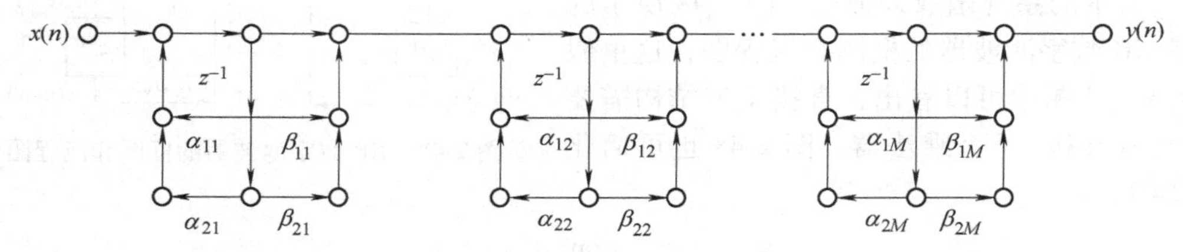


图 2-51　直接Ⅱ型结构的级联形式及流程图

（4）并联型　将系统函数 $H(z)$ 化解成部分分式之和，则可得到 IIR 数字滤波器的并联结构，即

$$H(z)=c_0+\sum_{k=1}^{P}\frac{A_k}{1-c_kz^{-1}}+\sum_{k=1}^{Q}\frac{\gamma_{0k}+\gamma_{1k}z^{-1}}{1-\alpha_{1k}z^{-1}-\alpha_{2k}z^{-2}} \tag{2-98}$$

从式（2-98）可看出，滤波器由 $P$ 个一阶网络、$Q$ 个二阶网络和一个常支路数并联构成。

**2. FIR 数字滤波器的基本网络结构**

FIR 数字滤波器是一种非递归系统，其冲激响应 $h(n)$ 是有限长序列，其系统函数的一般形式为 $H(z)=\sum\limits_{k=0}^{N-1}h(k)z^{-k}$，其仅在 $z=0$ 处有 $N-1$ 个极点，有 $N-1$ 个零点处在无限 $z$ 平面内的任何位置上。

FIR 系统的基本结构有如下几种。

（1）直接型　FIR 数字滤波器的差分方程为

$$y(n)=\sum_{k=0}^{N-1}h(k)x(n-k) \tag{2-99}$$

从式（2-99）可以看出，输出 $y(n)$ 与输入 $x(n)$ 之间是一种线性卷积关系，所以直接型结构也称卷积结构或横向滤波器结构。

（2）级联型　若将 $H(z)$ 分解成二阶因子的乘积，则得到 FIR 系统的级联结构为

$$H(z)=\sum_{k=0}^{N-1}h(k)z^{-1}=\prod_{k=1}^{M}(\beta_{0k}+\beta_{1k}z^{-1}+\beta_{2k}z^{-2}) \tag{2-100}$$

级联型所用的系数乘法次数较直接型多，运算时间较直接型长。

（3）快速卷积型　由卷积性质可得，两个长度为 $N$ 的序列的线性卷积，可用 $2N-1$ 个循环卷积来代替。可以通过增添零采样值的方法将序列 $x(n)$ 和 $h(n)$ 延长，然后计算循环卷积，从而得到 FIR 系统的输出 $y(n)$ 。循环卷积时可以使用快速傅里叶变换（FFT）。

通常具有线性相位的因果 FIR 数字滤波器，其冲激响应具有偶对称特性，即 $h(n)=h(N-1-n)$ ，处理这类系统时，可以简化滤波器的计算。还有通过 $z$ 变换插值形成的频率采样型的 FIR 数字滤波器，这里不做详细介绍。

## 2.7.3　IIR 数字滤波器的设计方法

数字滤波器都是用有限精度算法实现的线性时不变离散系统，一般设计步骤为：

1）根据实际需要确定滤波器的技术指标，如频率响应的幅度特性和截止频率等。

2）用一个稳定的因果系统逼近这些指标，即计算系统函数 $H(z)$ 。

3）用有限精度运算实现 $H(z)$ ，包括选择运算结构、进行误差分析和选择存储单元字长。

设计 IIR 数字滤波器的方法主要有两种：一是利用模拟滤波器的理论来设计，另一种是使用最优技术进行设计。这里介绍利用第一种方法，即根据实际要求设计一个模拟滤波器，然后转换成数字滤波器。这种设计方法可分为冲激响应不变法、阶跃响应不变法和双线性变换法。

**1. 冲激响应不变法**

使数字滤波器的单位采样响应与所参照的模拟滤波器的冲激响应的采样值完全一样，即 $h(n)=h_a(nT)$ ，其中 $T$ 为采样周期。实际上，由模拟滤波器转换成数字滤波器，就是要建立模拟系统函数 $H_a(s)$ 与数字系统函数 $H(z)$ 之间的关系。

$z$ 变换与拉普拉斯变换之间的关系，即

$$H(z)\mid_{z=e^{sT}}=\frac{1}{T}\sum_{r=-\infty}^{+\infty}H_a\left(s-j\frac{2\pi}{T}r\right) \tag{2-101}$$

冲激响应不变法是要从 $s$ 平面映射到 $z$ 平面。这种映射不是简单的代数映射，而是 $s$ 平面上每一条宽为 $2\pi/T$ 的横带重复的映射成整个 $z$ 平面，其反映了 $H_a(s)$ 的周期延拓与 $H(z)$ 的关系，故用冲激响应不变法设计数字滤波器的频率响应易产生混叠失真。

将 $z=e^{j\omega}$ ，$s=j\Omega$ ，$\omega=T\Omega$ 这几个变量之间的关系式代入式（2-101），可得出用冲激响应不变法设计的数字滤波器与参照的模拟滤波器的频率响应之间的关系。

冲激响应不变法设计 IIR 数字滤波器的步骤如下：

1）假设已知模拟滤波器的传递函数 $H_a(s)$ 具有一阶极点，且分母的阶数高于分子的阶数。将 $H_a(s)$ 展开成部分分式：$H_a(s)=\sum_{k=1}^{N}\frac{A_k}{s-s_k}$ ，并求拉普拉斯逆变换得

$$h_a(t)=\sum A_k e^{s_k t}u(t)$$

2）使用冲激响应不变法求数字滤波器的冲激响应 $h(n)$ ，即令 $t=nT$ 得

$$h(n)=h_a(nT)=\sum_{k=1}^{N}A_k e^{s_k nT}\cdot u(n)$$

3）求 $h(n)$ 得 $z$ 变换，得

$$H(z)=\sum_{k=1}^{N}\frac{A_k}{1-\mathrm{e}^{s_kT}z^{-1}} \tag{2-102}$$

经冲激响应不变法变换之后，$s$ 平面得极点 $\mathrm{e}^{s_kT}$，而系数都没有变。如果模拟滤波器是稳定的，那么由冲激响应不变法设计得到的数字滤波器也是稳定的。当采样率很高时，即 $T$ 很小时，数字滤波器有很高的增益。通常在高采样率时采用下式：

$$H(z)=\sum_{k=1}^{N}\frac{TA_k}{1-\mathrm{e}^{s_kT}z^{-1}} \tag{2-103}$$

**例 2-1**　已知一模拟滤波器的传递函数为 $H_{\mathrm{a}}(s)=\dfrac{1}{s^2+5s+6}$，使用冲激响应不变法求数字滤波器的系统函数。

**解：** 将 $H_{\mathrm{a}}(s)$ 展开成分式得

$$H_{\mathrm{a}}(s)=\frac{1}{s+2}-\frac{1}{s+3}$$

求得极点 $s_1=-2$，$s_2=-3$，则直接套用式（2-103）得

$$H(z)=\frac{T}{1-\mathrm{e}^{-2T}z^{-1}}-\frac{T}{1-\mathrm{e}^{-3T}z^{-1}}$$

因此，数字滤波器的频率响应为

$$H(\mathrm{e}^{\mathrm{j}\omega})=\frac{T}{1-\mathrm{e}^{-2T}\mathrm{e}^{-\mathrm{j}\omega}}-\frac{T}{1-\mathrm{e}^{-3T}\mathrm{e}^{-\mathrm{j}\omega}}$$

在冲激响应不变法中，由于映射 $z=\mathrm{e}^{sT}$ 不是简单的代数映射，从而使设计的数字滤波器的频率响应产生失真。但由于模拟频率和数字频率之间存在线性关系，即 $\omega=T\Omega$，因此频率之间不存在失真。因此，冲激响应不变法一般适合于限带的低通滤波器，对高通和带阻滤波器应该附加限带要求，以避免严重混叠失真。

**2. 双线性变换法**

双线性变换也是一种由 $s$ 平面到 $z$ 平面的映射过程，定义为

$$s=\frac{2}{T}\frac{1-z^{-1}}{1+z^{-1}} \tag{2-104}$$

因此

$$H(z)=H_{\mathrm{a}}(s)=H_{\mathrm{a}}\left(\frac{2}{T}\frac{1-z^{-1}}{1+z^{-1}}\right) \tag{2-105}$$

式中，$T$ 是采样周期，常数因子 $2/T$ 不是主要参数，因此常取 $T=1$。双线性变换是一种 $s$ 平面到 $z$ 平面的简单映射。

将 $s=\mathrm{j}\Omega$，$z=\mathrm{e}^{\mathrm{j}\omega}$ 代入式（2-104），得

$$\Omega=\frac{2}{T}\tan(\omega/2) \tag{2-106}$$

从式（2-106）可看出，当 $\Omega$ 从 0 变到 $+\infty$ 时，$\omega$ 从 0 变到 $\pi$。这意味着模拟滤波器的全部频率特性，被压缩成数字滤波器在 $[0,\pi]$ 频率范围内的特性。这种频率标度在高频段非线性严重，而在低频段近于线性。

双线性变换中，数字域频率 $\omega$ 和模拟频率 $\Omega$ 之间的非线性关系限制了它的应用范围，

只有当非线性失真是允许的或能被补偿时，才能采用双线性变换。通常，低通、高通、带通和带阻等滤波器具有分段恒定的频率特性，可以采用预畸变的方法来补偿频率畸变。此外，若希望得到具有严格线性相位的数字滤波器，则不能使用双线性变换设计方法。

**3. IIR 数字滤波器设计方法的应用**

冲激响应不变法和双线性变换法都要求先设计模拟滤波器。下面来讨论逼近巴特沃斯（Butterworth）滤波器的设计。

巴特沃斯滤波器的幅度响应在通带内具有最平坦的特性，且在通带和阻带内，幅度特性是单调变化的。模拟巴特沃斯滤波器的幅度函数为

$$|H_a(j\Omega)| = \sqrt{\frac{1}{1+(\Omega/\Omega_c)^{2N}}} \tag{2-107}$$

式中，$\Omega$ 为角频率，在 $\Omega_c$ 处幅度响应为 $1/\sqrt{2}$；$N$ 为滤波器的阶数。由式（2-107）看出，随着 $N$ 的增大，幅度响应曲线在截止频率附近变得越来越陡峭，即在通带内有更大部分的幅度接近 1，在阻带内以更快的速度下降到零。

在式（2-107）中，用 $j\Omega$ 代替 $s$，得到

$$H_a(s)H_a(-s) = \frac{1}{1+(s/j\Omega_c)^{2N}} \tag{2-108}$$

由此得到极点

$$s_k = \Omega_c e^{j\left(\frac{\pi}{2N}+\frac{k\pi}{N}+\frac{\pi}{2}\right)} \qquad k=0,1,\cdots,2N-1 \tag{2-109}$$

巴特沃斯滤波器极点分布特点：在 $s$ 平面上共有 $2N$ 个极点等角距地分布在半径为 $\Omega_c$ 的圆周上，这些极点对称于虚轴，而虚轴上无极点；$N$ 为奇数时，实轴上有两个极点；$N$ 为偶数时，实轴上无极点；各极点间相差的角度为 $\pi/N$。用 $s$ 平面左半平面的极点构成巴特沃斯滤波器的传递函数，便可得到一个稳定的系统。

设计数字巴特沃斯滤波器的步骤如下：

1）根据实际需要规定滤波器在数字截止频率 $\omega_p$ 和 $\omega_T$ 处的衰减。

2）由数字截止频率处的衰减计算模拟巴特沃斯滤波器的阶数 $N$ 和频率 $\Omega_c$。

3）求模拟巴特沃斯滤波器的极点，并由 $s$ 平面左半平面的极点构成传递函数 $H_a(s)$。

4）使用冲激响应不变法和双线性变换法将 $H_a(s)$ 转换成系统函数 $H(z)$。

**例 2-2** 用冲激响应不变法设计一个数字巴特沃斯滤波器，在通带截止频率 $\omega_p=0.2\pi$ 处的衰减不大于 1dB，在阻带截止频率 $\omega_T=0.3\pi$ 处衰减不小于 15dB。

**解**：根据滤波器的指标，得

$$\begin{cases} 20\lg|H(e^{j0.2\pi})| \geqslant -1 \\ 20\lg|H(e^{j0.3\pi})| \geqslant -15 \end{cases}$$

设 $T=1$，将巴特沃斯滤波器的幅度函数代入上式得

$$\begin{cases} 1+\left(\dfrac{0.2\pi}{\Omega_c}\right)^{2N} = 10^{0.1} \\ 1+\left(\dfrac{0.3\pi}{\Omega_c}\right)^{2N} = 10^{1.5} \end{cases}$$

解方程得 $N=5.886$，取整，则 $N=6$；$\Omega_c=0.703$。

把 $N=6$, $\Omega_c=0.703$ 代入式（2-109），求得 $s$ 平面左半平面的三对极点分别为：$-0.1820\pm j0.6790$、$-0.4971\pm j0.4971$、$-0.6790\pm j0.1820$。

滤波器的传递函数为

$$H_a(s)=\frac{\Omega_c^N}{\prod\limits_{k=1}^{N/2}(s-s_k)(s-s_k^*)}$$

$$=\frac{0.1207}{(s^2+0.364s+0.4942)(s^2+0.9942s+0.4942)(s^2+1.358s+0.4942)}$$

根据冲激响应不变法求的数字滤波器的系统函数为

$$H(z)=\frac{0.2871-0.4464z^{-1}}{1-0.1297z^{-1}+0.1468z^{-2}}+\frac{-2.14+1.1442z^{-1}}{1-1.0693z^{-1}+0.2017z^{-2}}+\frac{1.8554-1.2202z^{-1}}{1-0.9975z^{-1}+0.2403z^{-2}}$$

通过将 $z=e^{j\omega}$ 代入系统函数表示式，可以得到幅度响应和相位响应，从而可以验证所得的数字滤波器达到设计指标。（略）

**例 2-3**　用双线性变换法设计一个数字巴特沃斯低通滤波器。设采样频率 $f_s=10\text{kHz}$，在通带截止频率 $f_p=1\text{kHz}$ 处衰减不大于 1dB，在阻带截止频率 $f_T=1.5\text{kHz}$ 处衰减不小于 15dB。

**解**：（1）将模拟截止频率转换成数字截止频率

$$\omega_p=\Omega_p T=\frac{1}{f_s}\cdot 2\pi f_p=0.2\pi,\ \omega_T=T\Omega_T=0.3\pi$$

（2）将模拟截止频率进行预畸变，即

$$\Omega_p=\frac{2}{T}\tan\left(\frac{\omega_p}{2}\right)$$

$$\Omega_T=\frac{2}{T}\tan\left(\frac{\omega_T}{2}\right)$$

于是，从 $\begin{cases}20\lg|H_a(j\Omega_P)|\geqslant-1\\20\lg|H_a(j\Omega_T)|\geqslant-15\end{cases}$ 可得到

$$\begin{cases}20\lg\left|H_a\left(j\dfrac{2}{T}\tan\left(\dfrac{\omega_P}{2}\right)\right)\right|\geqslant-1\\20\lg\left|H_a\left(j\dfrac{2}{T}\tan\left(\dfrac{\omega_T}{2}\right)\right)\right|\geqslant-15\end{cases}$$

因此，巴特沃斯滤波器的幅度函数方程为

$$\begin{cases}1+\left(\dfrac{2\tan\left(\dfrac{0.2\pi}{2}\right)}{\Omega_c}\right)=10^{0.1}\\1+\left(\dfrac{2\tan\left(\dfrac{0.3\pi}{2}\right)}{\Omega_c}\right)^{2N}=10^{1.5}\end{cases}$$

解方程组得：$N=5.30466$，取整，则 $N=6$；$\Omega_c=0.76622$。反过来验算 $\Omega_c$ 值对应的阻带指标和通带指标都满足要求。

由 $N$, $\Omega_c$ 可求出 $s$ 平面左半平面的极点及传递函数。

极点：$\Omega_c(-\cos15°\pm j\sin15°)$、$\Omega_c(-\cos45°\pm j\sin45°)$、$\Omega_c(-\cos75°\pm j\sin75°)$，即$-0.7401\pm j0.1983$、$-0.5418\pm j0.5418$、$-0.1983\pm j0.7401$。

传递函数 $$H_a(s)=\frac{0.20236}{(s^2+0.3966s+0.5871)(s^2+1.0836s+0.5871)(s^2+1.4802s+0.5871)}$$

使用双线性变换法求得数字巴特沃斯滤波器的系统函数为：

$$H(z)=H_a(s)\big|_{s=2\frac{1-z^{-1}}{1+z^{-1}}}=0.20236\times\frac{0.1859+0.3717z^{-1}+0.1859z^{-2}}{1-1.2686z^{-1}+0.7051z^{-2}}\times$$

$$\frac{0.1481+0.2961z^{-1}+0.1481z^{-2}}{1-1.0106z^{-1}+0.3583z^{-2}}\times\frac{0.1325+0.265z^{-1}+0.1325z^{-2}}{1-0.9044z^{-1}+0.2155z^{-2}}$$

将 $z=e^{j\omega}$ 代入系统函数表示式，可以得到幅度响应和相位响应，从而可以验证所得的数字滤波器达到设计指标。(略)

## 2.7.4 FIR 数字滤波器的设计方法

IIR 数字滤波器的设计方法利用了模拟滤波器的研究成果，设计方法简单而有效，其具有较好的幅度特性，无频谱混叠现象，但其相位特性是非线性的。而 FIR 数字滤波器具有严格的相位特性，不会出现递归结构中的极限振荡现象，舍入噪声小，但其需很长冲激响应的 FIR 数字滤波器来逼近锐截止滤波器，运算量较大，有时还会出现非整数时延。FIR 数字滤波器的设计方法主要有窗函数法、频率采样法和等波纹逼近法，这里介绍窗函数法。窗函数有矩形窗、三角窗、汉宁（Hanning）窗、汉明（Hamming）窗、布莱克曼（Blackman）窗等，下面以矩形窗为例介绍窗函数设计 FIR 数字滤波器的方法。

**1. 矩形窗函数法**

理想低通滤波器的频率响应，即

$$H_d(e^{j\omega})=\begin{cases}1 & |\omega|\leqslant\omega_c\\0 & \omega_c<\omega<\pi\end{cases}$$

其对应的冲激响应为

$$h_d(n)=\frac{1}{2\pi}\int_{-\omega_c}^{\omega_c}e^{j\omega n}d\omega=\frac{\sin(\omega_c n)}{\pi n}$$

从上式中可看出，理想低通滤波器是非因果的，它的冲激响应是无限的，但不是绝对可和的，因此理想低通滤波器不是稳定的，所以通常将无限冲激响应序列截断，得到一个有限长序列，并用它逼近理想低通滤波器，这就是窗函数设计 FIR 滤波器的基本原理。

在考虑时延的情况下，理想低通滤波器的频率响应是

$$H_d(e^{j\omega})=\begin{cases}e^{-j\omega\alpha} & |\omega|\leqslant\omega_c\\0 & \omega_c\leqslant|\omega|\leqslant\pi\end{cases}$$

其冲激响应为

$$h_d(n)=\frac{1}{2\pi}\int_{-\omega_c}^{\omega_c}e^{j\omega n}e^{j\omega\alpha}d\omega=\frac{\sin(\omega_c n-\omega_c\alpha)}{\pi(n-\alpha)}$$

现在需找一个有限长序列 $h(n)$ 来逼近 $h_d(n)$，$h(n)$ 应满足偶对称或奇对称和线性相位要求，还应为因果序列。

理想低通滤波冲激响应为

$$h(n)=\begin{cases}h_{d}(n) & 0\leqslant n\leqslant N-1\\ 0 & 其他\end{cases}$$

因此，$h(n)$ 可以看成是 $h_{d}(n)$ 与一矩形序列 $\omega_{R}(n)$ 相乘的结果，即

$$h(n)=h_{d}(n)\omega_{R}(n)$$

式中，$\omega_{R}(n)$ 为矩形窗函数，$\omega_{R}(n)=\begin{cases}1 & 0\leqslant n\leqslant N-1\\ 0 & 其他\end{cases}$

根据傅里叶变换的卷积性质及频谱计算方法，可以得出FIR数字滤波器的频率响应为

$$H_{d}(e^{j\omega})=\frac{1}{2\pi}H_{d}(e^{j\omega})*W_{R}(e^{j\omega})=e^{-j\omega\alpha}\left[\frac{1}{2\pi}\int_{-\pi}^{\pi}H_{d}(\theta)W_{R}(\omega-\theta)d\theta\right]$$

式中，$\alpha=\dfrac{N-1}{2}$。

因此FIR数字滤波器的幅度响应为

$$H(\omega)=\frac{1}{2\pi}\int_{-\pi}^{\pi}H_{d}(\theta)W_{R}(\omega-\theta)d\theta$$

可以看出，FIR低通滤波器是理想低通滤波器的冲激响应加窗得到的，其幅度响应等于理想低通滤波器和窗函数的幅度响应的周期卷积。

理想低通滤波器经加窗处理后，要受到两方面的影响：①滤波器的频率响应因窗函数频谱的主瓣影响，在不连续点处出现过渡带；②滤波器因窗函数旁瓣频谱影响，在通带和阻带内产生波纹，即吉布斯现象。通常通过加大窗的长度 $N$ 来减小波纹幅度或采用其他窗函数来改善不均匀收敛性。

**2. 矩形窗函数设计方法应用**

通常数字滤波器的设计步骤如下：

1）按要求给出滤波器的频率响应函数 $H_{d}(e^{j\omega})$。

2）根据允许的过渡带宽及阻带衰减度，初步选定或设计窗函数和确定 $N$ 值。

3）计算 $h_{d}(n)=\dfrac{1}{2\pi}\displaystyle\int_{0}^{2\pi}H_{d}(e^{j\omega})e^{j\omega n}d\omega$，求出 $h_{d}(n)$；由于 $H_{d}(e^{j\omega})$ 不是简单函数，故采用以 $H_{d}(e^{j\omega})e^{j\omega n}$ 在 $\omega_{k}=\dfrac{2\pi}{M}k$ 的 $M$ 个点的值代替积分值，则有

$$\overline{h_{d}}(n)=\frac{1}{M}\sum_{k=0}^{M-1}H_{d}(e^{j\frac{2\pi k}{M}})e^{j\frac{2\pi kn}{M}}$$

可以证明当 $M\gg N$ 时，$\overline{h_{d}}(n)$ 在窗口范围内很好地逼近 $h_{d}(n)$。

4）将 $h_{d}(n)$ 与窗函数相乘得FIR数字滤波器的冲激响应 $h(n)$ 为

$$h(n)=h_{d}(n)\omega_{R}(n)$$

5）计算FIR数字滤波器的频率响应，并验证是否达到所要求指标。

**例2-4** 设计一个低通FIR数字滤波器。已知模拟理想低通滤波器的幅度响应为

$$|H_{a}(j\Omega)|=\begin{cases}1 & |f|\leqslant 20Hz\\ 0 & 20Hz<|f|<500Hz\end{cases}$$

采样频率 $f_{s}=200Hz$，数字滤波器的冲激响应的时延 $\alpha=25$。

**解**：将截止频率$f_c=20\text{Hz}$转换成数字频率$\omega_c$，即

$$\omega_c=T\Omega_c=2\pi f_c/f_s=0.2\pi$$

因此，FIR数字滤波器可表示为

$$H_d(e^{j\omega})=\begin{cases}e^{-j\omega\alpha} & |\omega|\leqslant 0.2\pi\\ 0 & 0.2\pi<|\omega|<\pi\end{cases}$$

根据时延$\alpha=25$，计算窗函数的长度$N=51$，则理想的低通滤波器冲激响应为

$$h_d(n)=\frac{1}{2\pi}\int_{-0.2\pi}^{0.2\pi}e^{-j\omega\alpha}\cdot e^{j\omega n}d\omega=\frac{\sin[0.25\pi(n-25)]}{\pi(n-25)}$$

FIR数字滤波器的冲激响应为

$$h(n)=h_d(n)\omega(n)=\frac{\sin[0.2\pi(n-25)]}{\pi(n-25)}\omega(n)$$

相应的系统函数为$H(z)=\sum\limits_{k=0}^{50}h(k)z^{-k}=\sum\limits_{k=0}^{50}\alpha_k z^{-k}$

系数$\alpha_k$具有偶对称，见表2-9。

**表2-9 系数$\alpha_k$的值**

| 系数 | 值 | 系数 | 值 | 系数 | 值 | 系数 | 值 |
|---|---|---|---|---|---|---|---|
| $\alpha_0$，$\alpha_{50}$ | -0.000000 | $\alpha_7$，$\alpha_{43}$ | -0.016818 | $\alpha_{14}$，$\alpha_{36}$ | 0.017009 | $\alpha_{21}$，$\alpha_{29}$ | 0.046774 |
| $\alpha_1$，$\alpha_{49}$ | 0.007796 | $\alpha_8$，$\alpha_{42}$ | -0.017808 | $\alpha_{15}$，$\alpha_{35}$ | 0.000000 | $\alpha_{22}$，$\alpha_{28}$ | 0.100910 |
| $\alpha_2$，$\alpha_{48}$ | 0.013162 | $\alpha_9$，$\alpha_{41}$ | -0.011694 | $\alpha_{16}$，$\alpha_{34}$ | -0.020789 | $\alpha_{23}$，$\alpha_{27}$ | 0.151365 |
| $\alpha_3$，$\alpha_{47}$ | 0.013760 | $\alpha_{10}$，$\alpha_{40}$ | -0.000000 | $\alpha_{17}$，$\alpha_{33}$ | -0.037841 | $\alpha_{24}$，$\alpha_{26}$ | 0.187098 |
| $\alpha_4$，$\alpha_{46}$ | 0.008909 | $\alpha_{11}$，$\alpha_{39}$ | 0.013364 | $\alpha_{18}$，$\alpha_{32}$ | -0.043247 | $\alpha_{25}$ | 0.200000 |
| $\alpha_5$，$\alpha_{45}$ | 0.000000 | $\alpha_{12}$，$\alpha_{38}$ | 0.023287 | $\alpha_{19}$，$\alpha_{31}$ | -0.031183 | | |
| $\alpha_6$，$\alpha_{44}$ | -0.009847 | $\alpha_{13}$，$\alpha_{37}$ | 0.025228 | $\alpha_{20}$，$\alpha_{30}$ | -0.000000 | | |

## 2.8 常用信号分析方法

信号经采集、处理后，必须经过分析，寻找信号特点，从而为智能电器的控制提供依据。

信号的分析可以在不同的特征空间里进行，分别对应于时域分析、频域分析和变换域分析。对某些信号，通过尺度变换，可以获得信号和系统在尺度空间的许多特征，对应的分析方法则采用小波变换。

### 2.8.1 信号的时域分析

信号的时域分析以单位冲激信号作为基本信号，将其他的信号变换为单位冲激信号及其移位信号的线性加权和。这样，对任意的线性时不变系统，任意输入下的响应即可用输入信号与相应冲激响应的卷积来表示。即对一线性时不变系统，若其单位冲激响应为$h(t)$，则在任意$x(t)$激励下的响应$y(t)$为

$$y(t)=x(t)*h(t)=\int_{-\infty}^{\infty}x(\lambda)h(t-\lambda)d\lambda \tag{2-110}$$

如果所研究的系统是一个离散时间系统，设其冲激响应为 $h(n)$，则在任意输入 $x(n)$ 下的响应 $y(n)$ 为

$$y(n)=x(n)*h(n)=\sum_{-\infty}^{\infty}x(\lambda)h(n-\lambda) \tag{2-111}$$

### 2.8.2 信号的频域分析

对一信号 $x(t)$，借用信号拟合（逼近）的概念，总可以采用一系列的正弦信号的和来无限近似，即

$$x(t)=\sum_{k=-\infty}^{\infty}A_k\cos(\omega_k t+\theta_k) \tag{2-112}$$

式中，$A_k\cos(\omega_k t+\theta_k)$ 称为第 $k$ 次谐波分量。若将 $A_k$ 视作各次正弦分量的权重，即可以认为任意一个连续时间信号 $x(t)$ 都可以用一系列正弦信号的加权和来表示。

对其中的任一个谐波分量 $A_k\cos(\omega_k t+\theta_k)$，其中含有三个参量：$A_k$、$\omega_k$ 和 $\theta_k$。取 $\omega_k$ 为自变量，可得 $A_k(\omega_k)$ 和 $\theta_k(\omega_k)$ 两个函数。若对任意的 $k$，都给出了 $A_k(\omega_k)$ 和 $\theta_k(\omega_k)$，即可得到该信号特征的完整描述，其中 $A_k(\omega_k)$ 和 $\theta_k(\omega_k)$ 分别称为信号的幅值谱和相位谱。这种表示与信号的时域表示不一样，定义这种表示为信号的频域表示（Frequency Representation）。

通过以上的变换，可以得出以下结论：①任意一个连续时间信号可以用正弦信号的叠加表示；②信号特征可以由其谱特征（幅值谱和相位谱）唯一确定。

**1. 连续信号的傅里叶级数表示与傅里叶变换**

将上述正弦信号用复数形式表示，即

$$A_k e^{j(\omega_k t+\theta_k)}=A_k\cos(\omega_k t+\theta_k)+jA_k\sin(\omega_k t+\theta_k) \tag{2-113}$$

则

$$x(t)=\sum_{k=1}^{N}\mathrm{Re}[A_k e^{j(\omega_k t+\theta_k)}] \tag{2-114}$$

$$\mathrm{Re}[A_k e^{j(\omega_k t+\theta_k)}]=\frac{A_k}{2}e^{j(\omega_k t+\theta_k)}+\frac{A_k}{2}e^{-j(\omega_k t+\theta_k)} \tag{2-115}$$

$$x(t)=\sum_{k=1}^{N}\left[\frac{A_k}{2}e^{j(\omega_k t+\theta_k)}+\frac{A_k}{2}e^{-j(\omega_k t+\theta_k)}\right]=\sum_{\substack{k=-N\\k\neq0}}^{N}\frac{A_k}{2}e^{j(\omega_k t+\theta_k)}=\sum_{\substack{k=-N\\k\neq0}}^{N}\frac{C_k}{2}e^{j\omega_k t} \tag{2-116}$$

$C_k$ 是一个复数，可以用模 $|C_k|$ 和相角 $\angle C_k$ 表示。式（2-116）称为信号 $x(t)$ 的傅里叶级数表示。

信号由时域表示向频域表示的转换通过傅里叶变换来实现。

对任意一个连续时间信号 $x(t)$，其傅里叶变换及其逆变换定义为

$$X(\omega)=\int_{-\infty}^{\infty}x(t)e^{-j\omega t}dt \tag{2-117}$$

$$x(t)=\frac{1}{2\pi}\int_{-\infty}^{\infty}X(\omega)e^{j\omega t}d\omega \tag{2-118}$$

得到了 $X(\omega)$，就得到了信号的谱特征，因为它说明了 $x(t)$ 是如何由不同频率成分的正弦信号组合而成的。对周期信号，得到的是间断谱；而对非周期信号，得到的则是连续谱。

**2. 离散信号的傅里叶级数表示与离散傅里叶变换（DFT）**

采集系统获得的信号一般是有限长的离散序列。设序列 $x(n)$ 为等时间间隔采样序列，

序列的点数为 $N$。根据同样的原理，这个离散序列也可以用一系列的正弦离散序列的线性加权和来表示，即

$$x(n)=\begin{cases}\frac{1}{N}\sum_{k=0}^{N-1}X_k e^{j\left(\frac{2\pi}{N}\right)kn} & 0\leqslant n\leqslant N-1\\ 0 & \text{其他}\end{cases} \tag{2-119}$$

式中，$X_k$ 为加权系数

$$X_k=\sum_{n=0}^{N-1}x(n)e^{-j\left(\frac{2\pi}{N}\right)kn} \qquad 0\leqslant k\leqslant N-1 \tag{2-120}$$

式（2-119）即为离散时间序列的傅里叶变换式，称为离散傅里叶变换（DFT）。其中 $X_k$ 是一个复数，可以用模 $|X_k|$ 和相角 $\angle X_k$ 表示。$k$ 代表谐波次数。可以证明，模 $|X_k|$ 和相角 $\angle X_k$ 都是以 $2\pi$ 为基本周期的周期函数。同时，又是关于 $N$ 的周期函数。

将信号由时域转换到频域空间之后，就可以对信号和系统的性质进行分析。

**3. 系统的频域分析**

对一个线性时不变系统，定义系统的频率响应函数 $H(\omega)$ 为

$$H(\omega)=\frac{Y(\omega)}{X(\omega)} \tag{2-121}$$

式中，$X(\omega)$ 为输入序列的傅里叶变换；$Y(\omega)$ 为相应响应序列的傅里叶变换。系统的性质可由该频率响应函数唯一确定。

根据傅里叶变换的性质，可以知道，单位冲激序列的傅里叶变换为1，因此系统的频率响应函数 $H(\omega)$ 实际上就是单位冲激序列的傅里叶变换。

在获得系统的频率响应函数 $H(\omega)$ 之后，任意输入下的频域响应等于频率响应函数乘以输入序列的傅里叶变换。

**4. 快速傅里叶变换（FFT）**

对于一个有限长的 $N$ 点等间隔离散序列，其傅里叶变换由式（2-119）定义。令

$$W_N^{kn}=e^{j\left(\frac{2\pi}{N}\right)kn} \tag{2-122}$$

可称其为 $W_N$ 因子。可以看出，$W_N^{kn}$ 是以 $2\pi$ 为基本周期的周期函数，同时也是以 $N$ 为基本周期的周期函数。根据周期性，有 $W_N^{kN}=1$，则有

$$X_k=\sum_{n=0}^{N-1}x(n)W_N^{kn} \qquad k=0,1,2,\cdots,N-1 \tag{2-123}$$

其 DFT 逆变换为

$$x(n)=\frac{1}{N}\sum_{k=0}^{N-1}X_k W_N^{-kn} \qquad n=0,1,2,\cdots,N-1 \tag{2-124}$$

$X_k$ 和 $W_N^{kn}$ 都是复数，且有 $N$ 点。可见，当采用上面的式子直接计算时，对每一个 $X_k$，需要进行 $N$ 次的复数乘法和 $N$ 次的复数加法运算。要完成所有 $X_k$ 的计算，总共需要进行 $N^2$ 次的复数乘法和 $N^2$ 的复数加法运算。当 $N$ 很大时，这个计算量是很大的，在控制实时性要求高的场合就不适用了。

1965年，库利（Cooley）和图基（Tukey）提出了快速计算离散序列傅里叶的方法，称为快速傅里叶变换（FFT）。

FFT 的基本思想有两个方面。首先，它充分利用了 $W_N^{kn}$ 因子的对称性和周期性，省去大

量重复的计算，从而提高了计算效率。

首先看对称性。由 $W_N^{kn}$ 因子的定义可以看出

$$W_N^{k(N-n)} = W_N^{kN} W_N^{-kn} = W_N^{-kn} = (W_N^{kn})^*$$

再看周期性。由于 $W_N^{kn}$ 是以 $N$ 为基本周期的周期函数，因此有

$$W_N^{kn} = W_N^{k(n+N)} = W_N^{(k+N)n}$$

由于对称性和周期性，DFT计算中的某些量可以合并进行，如

$$\mathrm{Re}[W_N^{k(N-n)}] = \mathrm{Re}[W_N^{kn}] \qquad \mathrm{Im}[W_N^{k(N-n)}] = -\mathrm{Im}[W_N^{kn}]$$

根据这个合并原则，可以将复数乘法的计算次数减少一半。

上面已经提到，DFT的整个计算量与 $N^2$ 成正比。如果能将一个大点数的离散序列分解为若干个小点数的离散序列的组合，就可以显著减少计算量，这就是FFT的第二个基本思想。把长序列分解为多个短序列的过程称为抽取（Decimation）。抽取可以在时域进行，也可以在频域进行。

例如，对一个 $N$（假设为偶数）点的离散序列 $x(n)$，将其按采样点的奇、偶分解为两个短序列 $a(n)$、$b(n)$，即

$$a(n) = x(2n) \qquad n=0,1,2,\cdots,\frac{N}{2}-1\text{（偶数采样点）}$$

$$b(n) = x(2n+1) \qquad n=0,1,2,\cdots,\frac{N}{2}-1\text{（奇数采样点）}$$

令两个短序列的DFT分别为 $A_k$ 和 $B_k$，即

$$A_k = \sum_{n=0}^{\frac{N}{2}-1} a(n)\, W_{N/2}^{kn} \qquad k=0,1,2,\cdots,\frac{N}{2}-1$$

$$B_k = \sum_{n=0}^{\frac{N}{2}-1} b(n)\, W_{N/2}^{kn} \qquad k=0,1,2,\cdots,\frac{N}{2}-1$$

由此可得

$$X_k = A_k + W_N^k B_k \qquad k=0,1,2,\cdots,\frac{N}{2}-1$$

$$X_{(N/2+k)} = A_k - W_N^k B_k \qquad k=0,1,2,\cdots,\frac{N}{2}-1$$

可以证明，这样拆分之后的计算量要小得多。

如果 $N/2$ 仍旧是偶数的话，还可以继续进行拆分，得到四个更短的序列。依此类推，可以将序列拆分成许多短序列，从而大大减少计算量，提高计算速度。为了保证拆分尽可能彻底以获得最大的计算效率，一般取采样点的数目 $N$ 为2的幂次。

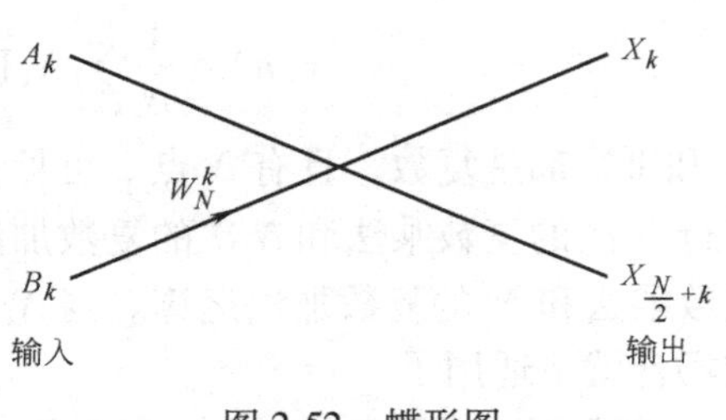


图2-52 蝶形图

实际的计算过程可以用图2-52所示的蝶形图来表示，左端为输入，右端表示输出，其中的箭头代表乘法运算，中间交叉点表示加或减。

### 2.8.3 信号的 $z$ 域分析

对一个离散时间序列 $x(n)$，可以定义它的 $z$ 变换为

$$X(z)=\sum_{-\infty}^{\infty}x(n)z^{-n} \tag{2-125}$$

式中，$z$ 是以实部为横坐标、虚部为纵坐标的复平面上的一个复变量，可以写为 $z=re^{j\omega}$ 。这个复平面称为 $z$ 平面。

定义了系统的 $z$ 变换后，系统的性质可以通过传递函数 $H(z)$ 来唯一确定。其中传递函数定义为系统输出信号的 $z$ 变换与相应输入信号 $z$ 变换的比，即

$$H(z)=\frac{Y(z)}{X(z)} \tag{2-126}$$

从 $z$ 变换的定义可以看出，系统的传递函数实际上就是系统冲激响应的 $z$ 变换。

### 2.8.4 小波分析

**1. 概述**

从2.8.2节可以看出，傅里叶分析使用的是一种全局的变换，其信号特征要么完全在时域展现，要么完全在频域展现，它无法同时表达信号的时频域特征，或者说不具有时频分辨率。

以连续时间信号的傅里叶变换为例，式（2-117）左边为 $X(\omega)$，代表信号 $x(t)$ 的频域特征，它是对被变换信号在整个时间域内的积分，积分结果中完全不含时间变量。也就是说，人们可以从变换结果 $X(\omega)$ 中发现信号所含有的各频率占比，但无法判断某个频率是在什么时间产生的。反之，式（2-118）左边的 $x(t)$ 为信号的时域表达，其中完全不含频域信息。

这种全局变换对于平稳信号的分析来说是足够的。但是对于非平稳信号来说，时频局域性质恰恰是最根本和最关键的性质。此时，采用基于傅里叶变换的频域分析就不够了。

为了分析和处理非平稳信号，人们对傅里叶分析进行了推广，提出并发展了短时傅里叶变换和小波变换等新的信号分析手段。

**2. 短时傅里叶变换**

1946年，Dennis Gabor 引入短时傅里叶变换，其基本思想是：假定非平稳信号 $f(t)$ 在分析窗函数 $g(t)$ 的一个短时间间隔内是平稳的（伪平稳），将被分析信号 $f(t)$ 划分为许多小的时间间隔，用傅里叶变换分析每一个时间间隔，以便确定该时间间隔内存在的频域特征。通过移动分析窗函数 $f(t)g(t-\tau)$，得到不同有限时间宽度（时间窗）内的伪平稳信号，从而可以利用傅里叶分析计算得到各个不同时刻的功率谱。其表达式为

$$S(\omega,\tau)=\int_R f(t)\cdot g^*(\omega-\tau)\cdot e^{-j\omega t}dt \tag{2-127}$$

式中，$*$ 代表复共轭；$g(t)$ 为时间窗函数。

在上述所定义的变换中，$e^{j\omega t}$ 起着频限的作用，$g(t)$ 起着时限的作用。随着时间 $t$ 的变化，$g(t)$ 所确定的“时间窗”在 $t$ 轴上移动，使 $f(t)$ 逐渐得到分析，在各时间窗内的频域特征得以展现。变换所得的 $S(\omega,\tau)$ 大致反映了时刻为 $\tau$、频率为 $\omega$ 时 $f(t)$ 的“信号成分”

的相对含量。这样，信号在窗函数上的展开就可以表示为在 $[\tau-\delta,\ \tau+\delta]$、$[\omega-\varepsilon,\ \omega+\varepsilon]$ 这一区域内的状态，$\delta$ 和 $\varepsilon$ 分别称为窗口的时宽和频宽，表示了时频分析中的分辨率，窗宽越小，分辨率越高。

很显然，人们希望 $\delta$ 和 $\varepsilon$ 都非常小，以便有更好的时频分析效果。但是，$\delta$ 和 $\varepsilon$ 是相互制约的，事实上，$\delta\varepsilon \geqslant \dfrac{1}{2}$，且仅当 $g(t)=\dfrac{1}{\delta\cdot\pi^{1/4}}e^{-\frac{t^2}{2\delta^2}}$ 为高斯函数时，等号成立。

短时傅里叶变换在一定程度上克服了标准傅里叶变换不具有局部分析能力的缺陷，但它因为使用一个固定不变的短时窗函数，本质上是一个具有单一时频分辨率的信号分析方法。也就是说，一旦窗函数 $g(t)$ 确定后，矩形窗口的形状就确定了，$\omega$ 和 $\tau$ 的变化只能改变窗口在相平面的位置，但不能改变其形状。因此，短时傅里叶变换实质上是具有单一分辨率的分析，如果需要改变分辨率，则需要重新选择窗函数。因此，短时傅里叶变换用于分析平稳信号犹可，用于分析非平稳信号时，则很难兼顾对时间分辨率和频率分辨率提出的不同要求。

**3. 小波变换**

小波变换则是一种信号的时间—尺度（时间—频率）分析方法，它具有多分辨率分析（Multi-resolution Analysis）的特点，而且在时域和频域都具有表征信号局部特征的能力，是一种窗口大小固定不变，但形状可调，从而时间窗和频率窗都可以改变的时频局部化分析方法。它实现了在低频部分具有较高的频率分辨率和较低的时间分辨率，在高频部分具有较高的时间分辨率和较低的频率分辨率，很适合于探测正常信号中夹带的瞬态反常现象并展示其成分，所以被誉为信号分析的显微镜。正是这种特性，使小波变换具有对信号的自适应性。

设 $\psi(t)\in L^2(R)$，$L^2(R)$ 表示二次方可积的实数空间，即能量有限的信号空间。其傅里叶变换为 $\Psi(\omega)$。当 $\Psi(\omega)$ 满足允许条件

$$C_\Psi=\int_R \frac{|\widehat{\Psi}(\omega)|^2}{|\omega|}\mathrm{d}\omega<\infty \tag{2-128}$$

时，称 $\psi(t)$ 为一个基本小波或母小波（Mother Wavelet）。将母函数 $\psi(t)$ 经伸缩和平移后，就可得到一个小波序列。

对于连续的情况，小波序列为

$$\psi_{a,b}(t)=\frac{1}{\sqrt{|a|}}\psi\left(\frac{t-b}{a}\right) \qquad a,b\in R,\ a\neq 0 \tag{2-129}$$

式中，$a$ 为伸缩因子；$b$ 为平移因子。

对于任意函数 $f(t)\in L^2(R)$ 的连续小波变换为

$$W_f(a,b)=\langle f,\psi_{a,b}\rangle=|a|^{-\frac{1}{2}}\int_R f(t)\,\psi\left(\frac{t-b}{a}\right)\mathrm{d}t \tag{2-130}$$

其逆变换为

$$f(t)=\frac{1}{C_\psi}\iint_{R+R}\frac{1}{a^2}W_f(a,b)\,\psi\left(\frac{t-b}{a}\right)\mathrm{d}a\mathrm{d}b \tag{2-131}$$

小波变换的时频窗口特性与短时傅里叶变换的时频窗口不一样。其窗口形状为两个矩形 $[b-a\Delta\psi,\ b+a\Delta\psi]\times\left[\dfrac{\pm\omega_0-\Delta\Psi}{a},\ \dfrac{\pm\omega_0+\Delta\Psi}{a}\right]$，窗口中心为 $\left(b,\ \pm\dfrac{\omega_0}{a}\right)$，时窗和频窗

的宽度分别为 $a\Delta\psi$ 和 $\dfrac{\Delta\psi}{a}$ 。可见，$b$ 仅仅影响窗口在相平面时间轴上的位置，$a$ 不仅影响窗口在频率轴上的位置，同时也影响窗口的形状。这样，小波变换对不同的频率在时域上的取样步长是有调节性的：在低频时，小波变换的时间分辨率较低而频率分辨率较高；在高频时，小波变换的时间分辨率较高而频率分辨率较低，这正符合低频信号变化缓慢而高频信号变化迅速的特点。

小波分析被看成调和分析这一数学领域半个世纪以来的工作结晶，已经广泛应用于信号处理、图像处理、量子场论、地震勘探、语音识别与合成、雷达、计算机断层扫描（CT）成像、机器视觉、故障诊断等领域。

**4. 小波变换与傅里叶变换的比较**

小波分析是傅里叶分析思想方法的发展和延拓。自产生以来，小波分析就一直与傅里叶分析密切相关。它的存在性证明，小波基的构造以及结果分析都依赖于傅里叶分析，二者是相辅相成的。

小波分析和傅里叶分析相比较，其不同点主要有：

傅里叶变换的实质是把能量有限信号 $f(t)$ 分解到以 $e^{j\omega t}$（正弦信号）为正交基的空间；小波变换的实质是把能量有限信号分解到 $W_{-j}(j=1, 2, \cdots, J)$ 和 $V_{-j}$ 构成的空间。

傅里叶变换用到的基本函数为 $\sin\omega t$ 、$\cos\omega t$ 、$e^{j\omega t}$ ，具有唯一性。小波分析用到的函数（即小波函数）则不具有唯一性。小波函数的选用是小波分析应用于实际中的一个难点问题，也是小波分析中的一个热点问题。通常选择与被分析信号具有相似变化特征的小波信号，会得到较好的分析结果。

在频域中，傅里叶变换具有较好的局部化能力，特别是对于那些频率成分比较简单的确定性信号，傅里叶变换很容易把信号表示成各频率成分的线性叠加的形式。但在时域中，傅里叶变换没有局部化能力，即无法从信号 $f(t)$ 的傅里叶变换结果 $F(\omega)$ 中看出原始信号在任意时间点的性态。事实上，$F(\omega)\mathrm{d}\omega$ 是关于频率为 $\omega$ 的谐波分量的振幅，在傅里叶展开式中，它是由 $f(t)$ 的整体性态决定的。

在小波分析中，尺度因子 $a$ 的值越大，相当于傅里叶变换中 $\omega$ 的值越小。

在短时傅里叶变换中，变换系数 $S(\omega, \tau)$ 主要依赖于信号在 $[\tau-\delta, \tau+\delta]$ 片段中的情况，时间宽度是 $2\delta$ 。在小波变换中，变换系数 $W_f(a, b)$ 主要依赖于信号在 $[b-a\Delta\psi, b+a\Delta\psi]$ 片段中的情况，时间宽度是 $2a\Delta\psi$ 。该时间宽度随尺度因子 $a$ 的变化而变化。

若用信号通过滤波器来解释，小波变换和短时傅里叶变换的不同之处在于：对短时傅里叶变换来说，带通滤波器的带宽 $\Delta f$ 与中心频率 $f_0$ 无关；相反，小波变换带通滤波器的带宽 $\Delta f$ 则正比于中心频率 $f_0$，即滤波器的品质因数为

$$Q=\frac{\Delta f}{f_0}=C \qquad (C\text{ 为常数}) \tag{2-132}$$

亦即滤波器有一个恒定的相对带宽，称之为等 $Q$ 结构。

**5. 常用小波函数**

正如前面所说，小波函数不具有唯一性。在众多小波基函数中，有一些已被证明是非常有用的。

（1）哈尔(Haar)小波　Haar 小波函数定义为

$$\psi(x)=\phi(2x)-\phi(2x-1)=\begin{cases}1 & 0\leqslant x<\dfrac{1}{2}\\ -1 & \dfrac{1}{2}\leqslant x<1\\ 0 & 其他\end{cases} \tag{2-133}$$

Haar 小波尺度函数定义为

$$\phi(x)=\begin{cases}1 & 0\leqslant x<1\\ 0 & 其他\end{cases} \tag{2-134}$$

（2）Daubechies 小波　Haar 小波可以认为是 Daubechies 小波系中最简单的一种情况，即一阶 Daubechies 小波。下面将讨论构建二阶 Daubechies 小波 $\psi_2$。

给定一个多项式 $P(z)$，令

$$p(\xi)=P(e^{-j\xi}) \tag{2-135}$$

为保证下述迭代过程最终能产生一个尺度函数，函数必须满足以下三个条件：

$$p(0)=1 \tag{2-136}$$

$$|p(\xi)|^2+|p(\xi+\pi)|^2=1 \tag{2-137}$$

$$|p(\xi)|>0 \qquad -\frac{\pi}{2}\leqslant\xi\leqslant\frac{\pi}{2} \tag{2-138}$$

由恒等式

$$\cos^2(\xi/2)+\sin^2(\xi/2)=1 \tag{2-139}$$

开始，若取多项式 $P(z)$ 的阶数 $n=3$，有

$$[\cos^2(\xi/2)+\sin^2(\xi/2)]^3=1 \tag{2-140}$$

即

$$\cos^6(\xi/2)+3\cos^4(\xi/2)\sin^2(\xi/2)+3\cos^2(\xi/2)\sin^4(\xi/2)+\sin^6(\xi/2)=1 \tag{2-141}$$

若取

$$|p(\xi)|^2=\cos^6(\xi/2)+3\cos^4(\xi/2)\sin^2(\xi/2) \tag{2-142}$$

则可知

$$|p(\xi)|^2+|p(\xi+\pi)|^2=1 \tag{2-143}$$

满足式（2-137）。

当 $\xi\leqslant\dfrac{\pi}{2}$ 时，$\cos\left(\dfrac{\xi}{2}\right)\geqslant\dfrac{1}{\sqrt{2}}$，式（2-138）得到满足。

由式（2-142）得

$$p(\xi)=\cos^4(\xi/2)[\cos(\xi/2)+\sqrt{3}j\sin(\xi/2)]\alpha(\xi) \tag{2-144}$$

式中，$\alpha(\xi)$ 是复数表达式，且有 $|\alpha(\xi)|=1$。

由此可得

$$p(\xi)=\frac{1}{8}(e^{j\xi}+2+e^{-j\xi})(e^{j\xi/2}+e^{-j\xi/2}+\sqrt{3}e^{j\xi/2}-\sqrt{3}e^{-j\xi/2})\alpha(\xi) \tag{2-145}$$

取 $a(\xi)=e^{-j\frac{3\xi}{2}}$ 代入式（2-145）得

$$p(\xi)=\left(\frac{1+\sqrt{3}}{8}\right)+\left(\frac{3+\sqrt{3}}{8}\right)e^{-j\xi}+\left(\frac{3-\sqrt{3}}{8}\right)e^{-2j\xi}+\left(\frac{1-\sqrt{3}}{8}\right)e^{-3j\xi} \tag{2-146}$$

多项式

$$p(\xi)=\left(\frac{1+\sqrt{3}}{8}\right)+\left(\frac{3+\sqrt{3}}{8}\right)z+\left(\frac{3-\sqrt{3}}{8}\right)z^2+\left(\frac{1-\sqrt{3}}{8}\right)z^3 \tag{2-147}$$

满足 $p(\xi)=P(\mathrm{e}^{-\mathrm{j}\xi})$，则

$$P(z)=\frac{1}{2}\sum_k p_k z^k \tag{2-148}$$

由此得到一组系数

$$p_0=\frac{1+\sqrt{3}}{4},\quad p_1=\frac{3+\sqrt{3}}{4},\quad p_2=\frac{3-\sqrt{3}}{4},\quad p_3=\frac{1-\sqrt{3}}{4}$$

实际上，这组系数是消失矩数⊖$N=2$ 时 Daubechies 尺度函数的系数。利用

$$\phi(x)=\sum_k \frac{1}{2}p_k\phi(2x-k) \tag{2-149}$$

进行迭代运算即可得到消失矩数 $N=2$ 时的 Daubechies 尺度函数。

Daubechies 小波函数为

$$\psi(x)=\sum_{k\in z}\frac{1}{2}(-1)^k p_{1-k}\phi(2x-k) \tag{2-150}$$

与 Haar 小波的尺度和函数不同，Daubechies 小波的尺度和函数都是连续的。

（3）Meyer 小波　Meyer 小波是由 Y. Meyer 构造的，它依赖于满足下述条件式的函数 $\theta(\xi)$，$\theta(\xi)$ 定义在 $\mathbf{R}$ 上：

$$\begin{cases}0\leqslant\theta(\xi)\leqslant\dfrac{1}{\sqrt{2\pi}}\\ \theta(\xi)=\theta(-\xi)\\ \theta(\xi)=\dfrac{1}{\sqrt{2\pi}} & |\xi|<\dfrac{2}{3}\pi\\ \theta(\xi)=0 & |\xi|>\dfrac{4}{3}\pi\\ \theta^2(\xi)+\theta^2(\xi-2\pi)=\dfrac{1}{2\pi} & 0\leqslant\xi\leqslant 2\pi\end{cases} \tag{2-151}$$

理论分析认为，一定存在函数 $\psi\in L^2(R)$ 满足 $\hat{\psi}=\theta$，且 $\psi=\hat{\theta}$ 是构成多分辨分析的尺度函数，其中，$\hat{\theta}$ 代表函数 $\theta$ 的傅里叶逆变换。

有了尺度函数后，就可以构造 Meyer 小波了：

$$\hat{\psi}(\xi)=\mathrm{e}^{\mathrm{j}\frac{\xi}{2}}m\left(\frac{\xi}{2}+\pi\right)\theta\left(\frac{\xi}{2}\right) \tag{2-152}$$

在 $[-\pi,\pi]$ 上，$m(\xi)=\sqrt{2\pi}\theta(2\xi)$。

由以上说明可知，Meyer 小波不是一个，而是一族。对于不同的 $\theta(\xi)$ 函数，将会有不同的 Meyer 小波函数 $\psi(x)$。

Meyer 小波无穷光滑，导数有界，同时又是多项式衰减的。

---

⊖ 消失矩数代表评价小波基函数的一个条件，即 $\int x^p\psi(x)\mathrm{d}t=0$ 时，若 $0\leqslant p\leqslant N$，则称该小波基函数具有 $N$ 阶消失矩。

## 思考题

1. 定性写出反映电触头接触电阻的相关因素的公式。

2. 直径为4mm的圆铜长导线，外敷2mm厚绝缘层，环境温度为30℃。求通40A有效值交流电流时的导线温度和绝缘层外皮温度。

3. 画出具有电弧的开关交流等效电路，推出电弧能量表达式。

4. 简述断路器触头在分断与关合过程中的烧蚀现象。

5. 计算电动力用能量平衡原理也称虚位移原理，为什么？

6. 简述数字滤波器基本网络结构。

7. 简述连续信号的傅里叶变换与快速傅里叶变换的基本方法。

## 参考文献

[1] 张冠生．电器理论基础［M］.2版．北京：机械工业出版社，1989.
[2] 宋政湘，张国纲．电器智能化原理及应用［M］.3版．北京：电子工业出版社，2013.
[3] 王章启，何俊佳，邹积岩．电力开关技术［M］．武汉：华中科技大学出版社，2003.
[4] 吴兴惠，王彩君．传感器与信号处理［M］．北京：电子工业出版社，1998.
[5] 苏涛，吴顺君，李真芳，等．高性能DSP与高速实时信号处理［M］.2版．西安：西安电子科技大学出版社，2002.
[6] 王季梅，苑舜．大容量真空开关理论及其产品开发［M］．西安：西安交通大学出版社，2001.

# 第 3 章 智能电器的信号检测系统

如电器智能化的定义所述，智能电器必须具备灵敏准确的感知功能，这是实现其他智能化功能的前提。智能电器首先需要在运行现场对各种参量进行测量，然后对被测参量进行处理，人们可把这部分称为检测单元。将检测单元的测量结果提供给智能控制单元，从而对被监控和保护的对象及智能电器自身执行正确的操作，就完成了智能化的全过程。现场需要测量的参量类型很多，物理属性不同，系统对不同参量的测量要求也不一样，所以对不同的参量，信号处理方法也不一样。本章介绍由传感器和检测单元组成智能电器的信号检测系统，包括传感器的类型和选择、检测单元的输入信号预处理、信号提取与处理方法等。

## 3.1 现场参量类型及数字化测量方法

智能电器信号检测系统的核心是检测单元，完成现场参量的转换、调理和采集是检测单元的主要任务，如图 3-1 所示。智能电器检测单元所需要采集的现场参量可以分为两大类：模拟型现场参量和开关型现场参量。

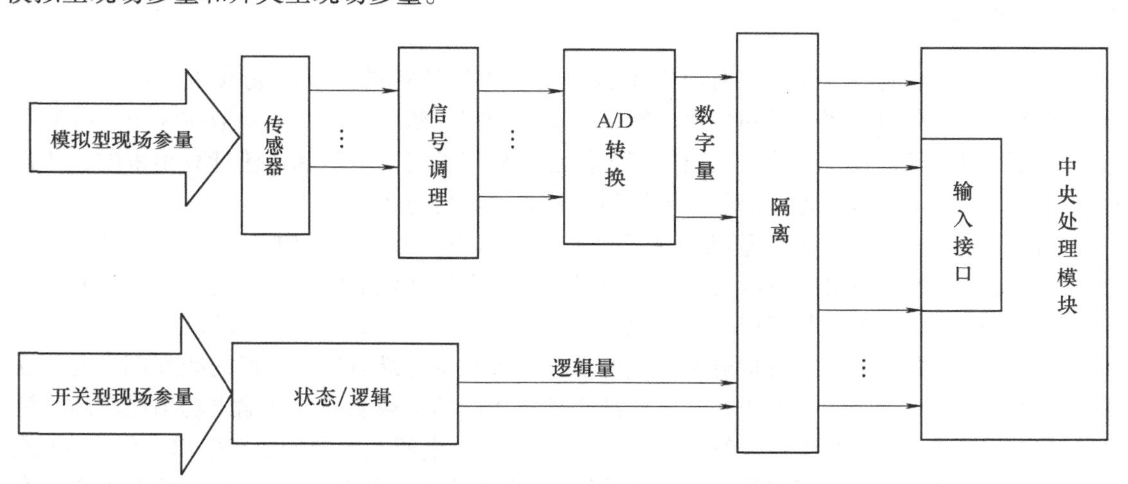


图 3-1 智能电器现场参量的采集、调理和转换过程示意图

模拟型现场参量指随时间连续变化的信号，如电流、电压、温度、压力、速度等。这些信号需要专门的传感器将其变换成可与后级电路输入端兼容的电信号，以便进行调理和数

字化。

模拟型现场参量又可以分为电量和非电量两种：

（1）电量信号 这种信号指原始信号，就是电量的形式，主要是智能电器运行现场的电压、电流和频率，其他如有功功率、无功功率、功率因数、电能等都可以通过这几个基本参量计算出来。

（2）非电量信号 指原始信号不是电量形式的物理信号，主要包括运行现场需要检测的温度、湿度、压力、位置、速度、加速度等，需要通过与被测物理量相对应的传感器将其变换为电量信号。

开关型现场参量本身只存在两种状态，如断路器触点的分与合、继电器的开与闭、脉冲式电表的输出脉冲的有和无等。这些信号需要通过信号的变换，隔离成为逻辑变量，才能经I/O通道由CPU处理。

一般来说，运行现场的各种参量都不能直接送入检测单元，它们或在物理属性上，或在电压属性上不能直接与智能检测单元的输入端兼容。此外，模拟型现场参量在经过传感器变换为相应的电压信号后，还必须经过信号调理电路，进行进一步的幅值调整和滤波处理，才能送至A/D转换器后变为中央处理模块能够接收并处理的数字量，以保证测量和处理结果的准确性。由于开关型现场参量信号只是电气触点的分、合或脉冲信号的有、无状态，对它们的调理是把这些状态变为对应的、可被中央处理模块处理的逻辑信号。

为了提高检测单元的抗干扰能力，经信号调理和变换后的数字量和逻辑量与中央处理模块之间还应当有良好的电隔离。

## 3.2 智能电器中的各类传感器

### 3.2.1 电量传感器

在被保护和控制的线路中，各种电参数是智能电器监控的主要现场参量，包括供电电压、线路电流、有功功率、无功功率、视在功率、功率因数等，这些电参数中需要直接测量的只有电压和电流，其他参数则是通过特定算法，根据测得的电压和电流计算出来的，所以智能电器中最重要的电量传感器就是电压传感器和电流传感器。

以法拉第电磁感应定律为基础的传统铁心电磁式电压互感器、电流互感器是目前最常见、也是电力系统最主要的电压与电流测量设备。许多智能电器的电压、电流信号都取自这种传统的电磁式互感器，其工作原理在此不再赘述。需要注意的是，在传统的电器设备二次测量和保护电路中，采用了各种电磁式或电动式仪表及电磁继电器，它们的线圈都需要从互感器中汲取能量，所以铁心电磁式互感器都必须有相应的负载能力，其输出功率比较高，输出信号也比较强，电压互感器的额定输出一般为100V，电流互感器的额定输出一般为5A或1A。对于智能电器而言，其二次电路已全部由智能检测单元取代，单元本身所需要的功率比传统设备大大降低，不再需要互感器输出较高的功率，所以，当智能电器从传统铁心式互感器中取信号时，往往需要再通过一个微型电量变换器，将信号变换成适合智能电器信号调理电路处理的电压信号。这种微型电量变换器包括电压变换器和电流变换器。

下面介绍几种近年来发展比较快，在智能电器中应用得越来越多的新型电量传感器。

### 1. 罗柯夫斯基（Rogowski）电流传感器

罗柯夫斯基（Rogowski）电流传感器的核心是罗柯夫斯基线圈（Rogowski coil，下文简称罗氏线圈，又称空心线圈、磁位计）。将测量导线均匀地环绕在一个截面均匀的非磁性材料的骨架上，即可构成一个罗氏线圈，图 3-2 所示为截面为矩形和圆形的罗氏线圈的结构图。当载流导体穿过线圈时，线圈两端感应出电动势 $e(t)$ 。根据安培环路电流定律：

$$\oint \boldsymbol{H} \cdot \mathrm{d}\boldsymbol{l} = i \tag{3-1}$$

则
$$H = \frac{i}{2\pi r} \tag{3-2}$$

所以
$$B = \mu_0 H = \frac{\mu_0 i}{2\pi r} \tag{3-3}$$

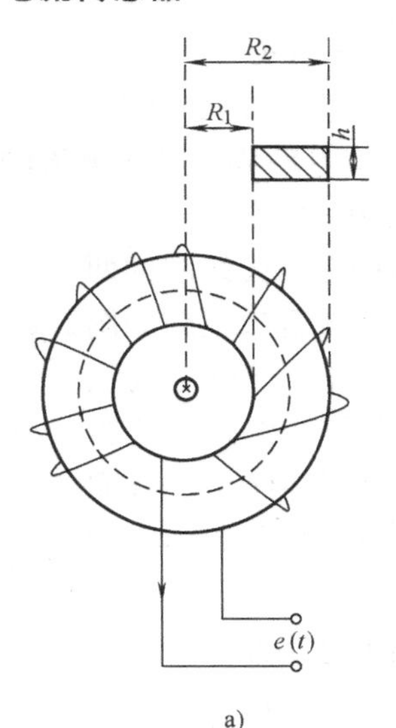


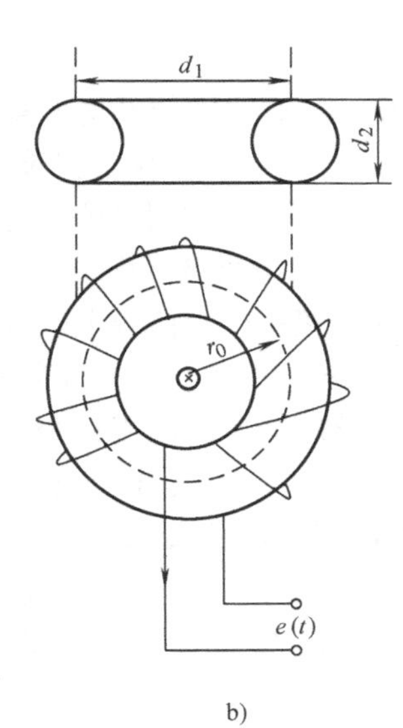


图 3-2 罗氏线圈结构图
a）矩形截面 b）圆形截面

以图 3-2a 为例，磁通

$$\Phi = \oint \boldsymbol{B} \cdot \mathrm{d}S = \oint \frac{\mu_0 i}{2\pi r}\mathrm{d}S = \int_{R_1}^{R_2} \frac{\mu_0 i}{2\pi r} h\mathrm{d}r = \frac{\mu_0 ih}{2\pi}\ln\frac{R_2}{R_1} \tag{3-4}$$

则总磁链为

$$\Psi = N\Phi \tag{3-5}$$

所以感应电动势 $e(t)$ 为

$$e(t) = -\frac{\mathrm{d}\Psi}{\mathrm{d}t} = -\frac{\mu_0 Nh}{2\pi}\ln\frac{R_2}{R_1}\frac{\mathrm{d}i}{\mathrm{d}t} \tag{3-6}$$

式（3-4）、式（3-6）中，$i$ 为导体中流过的瞬时电流；$r$ 为罗氏线圈的骨架的任意半径；$\mu_0$ 为真空磁导率，$\mu_0 = 4\pi \times 10^{-7}\mathrm{H/m}$；$N$ 为罗氏线圈匝数；$h$ 为骨架高度；$R_2$ 为骨架外径；$R_1$ 为骨架内径。

绕组互感为

$$M = \frac{\mu_0 Nh}{2\pi}\ln\frac{R_2}{R_1}$$

因此得到线圈的感应电动势为

$$e(t) = -M\frac{\mathrm{d}i}{\mathrm{d}t} \tag{3-7}$$

即线圈的感应电动势正比于电流的变化率。如果被测电流是工频正弦电流，即 $i(t) = I_\mathrm{m}\sin(\omega t + \phi)$，则输出电压 $e(t) = -MI_\mathrm{m}\omega\cos(\omega t + \phi)$，即输出电压的有效值将正比于被测交流电流的有效值。对圆形截面的线圈，同样有式（3-7）成立，此时线圈互感 $M$ 为

$$M = \frac{\mu_0 N}{2} \frac{d_2^{\ 2}}{(d_1 + \sqrt{d_1^{\ 2} - d_2^{\ 2}})}$$

式中，$d_1$ 为线圈的平均大直径；$d_2$ 为线圈截面的直径。

式（3-7）反映了罗氏线圈的感应电动势与被测电流的关系，要得到人们关心的被测电流值，可以按被测电流的特点做不同的处理。

（1）测量高频电流的情形　直接在罗氏线圈的两出线端接一个小信号电阻 $R_b$，测量系统等效电路如图 3-3 所示。图中，$i(t)$ 为穿过线圈的一次电流；$i_2$ 为线圈中感应的二次电流；$e(t)$ 为罗氏线圈的电动势；$L$ 为线圈的自感；$R$ 为线圈绕组和引线的总电阻；$C_s$ 为线圈的等效杂散电容；$R_b$ 为信号电阻，或功率因数为 1 的负荷阻抗；$u_S$ 为待校准的输出电压。

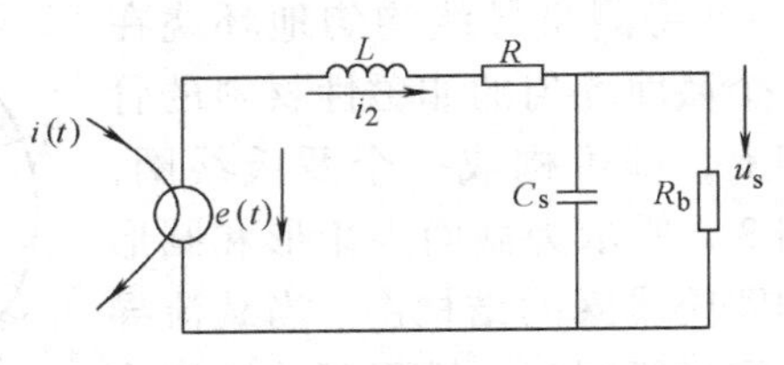


图 3-3　罗氏线圈等效电路图

不计 $C_s$ 的影响，由图 3-3 可列出电路方程为

$$e(t) = L\frac{\mathrm{d}i_2}{\mathrm{d}t} + (R + R_b)i_2 \tag{3-8}$$

当电阻 $R + R_b$ 很小且电流的变化率很大，满足 $\omega L >> R + R_b$ 时，式（3-8）近似为

$$e(t) \approx L\frac{\mathrm{d}i_2}{\mathrm{d}t} \tag{3-9}$$

又由 $e(t) = -M\left(\frac{\mathrm{d}i}{\mathrm{d}t}\right)$ 代入式（3-9）得

$$i_2 = -\frac{M}{L}i$$

图 3-3 中线圈的互感 $L = NM$，代入上式得

$$i_2 = \frac{1}{N}i$$

所以线圈输出电压 $u_s$ 为

$$u_s = i_2 R_b = \frac{R_b}{N}i \tag{3-10}$$

即输出电压 $u_s$ 与被测电流 $i$ 成正比，这种情况适于信号电阻 $R_b$ 取得很小，测量高频冲击电流的场合。这种电路有时也称为自积分式罗氏线圈电路。

（2）测量低频电流的情形　当被测电流的频率不够高，不满足条件 $\omega L >> R + R_b$ 时，就不能用式（3-10）来求被测电流。由式（3-7）可得出

$$i(t) = \int \mathrm{d}i(t) = -\frac{1}{M}\int e(t)\,\mathrm{d}t \tag{3-11}$$

从式（3-11）可知，要得到被测电流值，需要对线圈的感应电动势积分，这可以通过两种途径实现，一是在线圈后接电子积分装置，二是将线圈的输出电压值离散化后，用数值积分的方法求出被测电流值。线圈接积分器后的等效电路如图 3-4 所示，忽略 $C_s$ 的影响，图中 $R_i$ 和 $C_i$ 组成外积分器。

由图 3-4 可写出电路方程为

$$e(t)=L\frac{\mathrm{d}i_2}{\mathrm{d}t}+(R+R_\mathrm{i})i_2+u_\mathrm{s} \quad (3\text{-}12)$$

为简化分析，忽略 $i_2$ 在 $L$ 和 $R$ 上的压降，且如果 $R_\mathrm{i}$ 取值足够大，使式（3-12）中 $u_\mathrm{s}$ 与 $i_2R_\mathrm{i}$ 相比甚小，可得

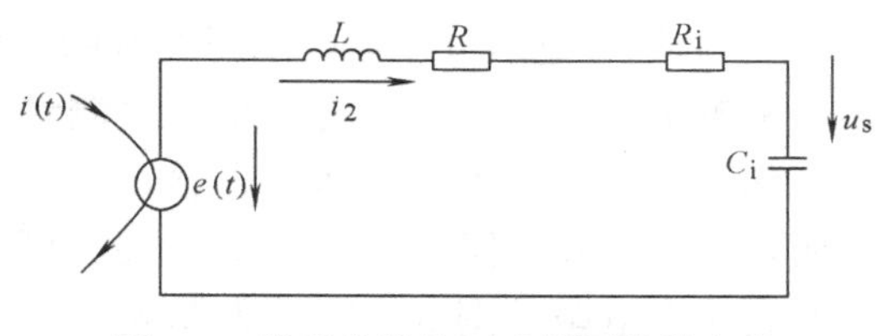

图 3-4　带积分器的罗氏线圈等效电路

$$e(t)\approx R_\mathrm{i}i_2 \Rightarrow i_2\approx\frac{e(t)}{R_\mathrm{i}}$$

而
$$u_\mathrm{s}=\frac{1}{C_\mathrm{i}}\int i_2\mathrm{d}t\ ,\ e(t)=-M\frac{\mathrm{d}i}{\mathrm{d}t}$$

所以
$$u_\mathrm{s}=\frac{1}{C_\mathrm{i}}\int\frac{e}{R_\mathrm{i}}\mathrm{d}t=\frac{1}{C_\mathrm{i}}\int\frac{M}{R_\mathrm{i}}\frac{\mathrm{d}i}{\mathrm{d}t}\mathrm{d}t=\frac{M}{R_\mathrm{i}C_\mathrm{i}}i \quad (3\text{-}13)$$

由式（3-13）可知，积分器输出 $u_\mathrm{s}$ 与被测电流 $i$ 成正比，这里要尽量减小 $L$ 和 $R$，并使 $R_\mathrm{i}$ 和 $C_\mathrm{i}$ 的取值较大，适于测量变化比较慢和脉宽适中的电流。

罗氏线圈用于电流测量时，具有许多优点，主要表现在以下方面：

1）测量线圈本身与被测电流回路没有电路的联系，而是通过电磁场耦合，因此与主回路有着良好的电气绝缘。

2）由于没有铁心饱和问题，测量范围宽，同样的绕组电流测量范围可以从几安到数百千安，并且可以测量含有大的直流分量的瞬态电流。

3）频率范围宽，一般可设计为 0.1Hz~1MHz 以上，特殊的可设计到 200MHz 的带通，线圈自身的上升时间可做得很小（纳秒数量级）。

4）结构简单，生产制造成本低。

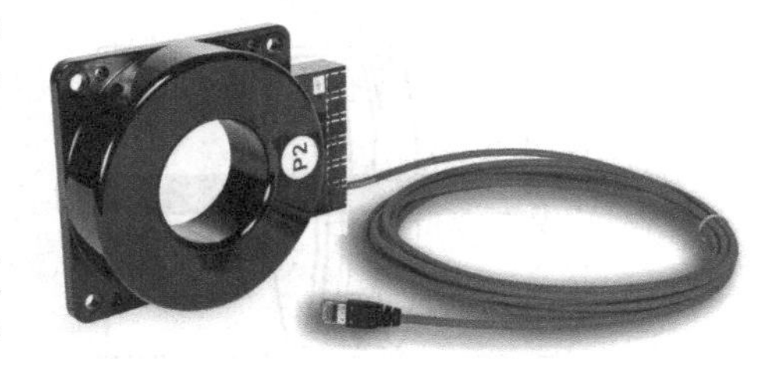

图 3-5　ABB 公司的 Rogowski 电流传感器

正是由于具有以上这些优点，罗氏线圈一直是高压实验室测量冲击大电流的重要手段。由于智能电器不再需要大功率驱动，所以罗氏线圈在智能电器中也用得越来越多。国内外一些公司都开发了专门的罗氏线圈传感器。图 3-5 为 ABB 公司开发的罗氏线圈电流传感器 KECA 250B1，主要参数：额定一次电流 250A，额定一次电流最高可达 2000A，额定输出 50Hz 下 150mV，或 60Hz 下 180mV 准确度 0.5/5P125。

**2. 电阻分压器和电容分压器**

电阻分压器测量电压的原理很简单，如图 3-6 所示。按照所要求的电压比 $K$ 设定的 $R_1$ 和 $R_2$ 两个电阻组成电阻分压器。对于空载的分压器，则有

$$K=\frac{U_1}{U_2}=\frac{R_1+R_2}{R_2} \quad (3\text{-}14)$$

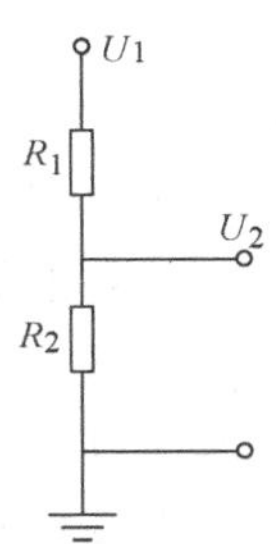

图 3-6　电阻分压器原理图

一般来说，分压器上电阻的绝对值可以自由选择，除非实际情况的限制。高压侧的电阻 $R_1$ 应该尽量大，以使分压器的损耗较小，同时低压侧的电阻 $R_2$ 应该尽量小，这样的话后续电路的负载阻抗不会过分影响分压器电压比的设定。实际应用时，$R_1$ 的值为 100MΩ 左右，$R_2$ 的值为

10kΩ左右。这种电阻分压器在中压领域的电压测量中应用得越来越多，一方面是因为系统二次测量和保护装置的数字化和智能化，不需要传感器输出较大的功率；另一方面是因为一些电阻制造技术的发展，可以制造出高精度的大功率电阻。图3-7所示为厚膜技术制造的电阻分压器，这是电子领域的成熟技术，但只是最近才应用在电力系统中。将电阻用膜蚀刻技术印在氧化铝陶瓷载体上。使用激光技术将低压侧的电阻 $R_2$ 制成所需规格的电阻器，经特殊的表面处理后，分压器可以浇注成任意形状。例如，可以将它做在支撑绝缘子内。

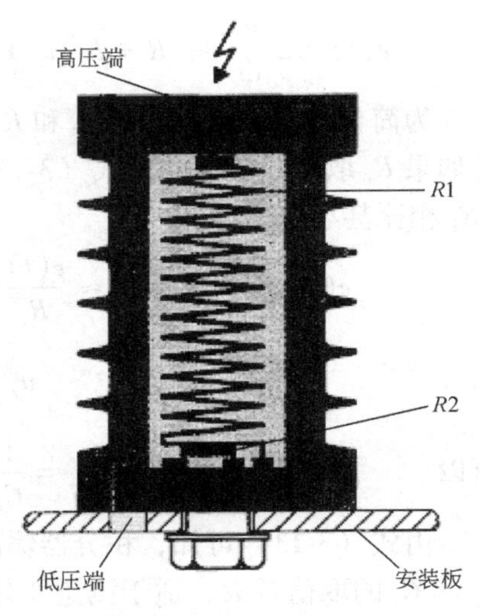

图3-7　厚膜电阻分压器

用精密电容分压器做电压取样元件是常用的技术，首先在插接式组合电器（Plug And Switch System，PASS）上得以应用。在气体绝缘的母线外围布置电极，形成柱状同轴电容器 $C$，作为分压器的高压臂，可以得到足够的测量精度。图3-8为ABB的PASS中组合电流/电压互感器，其中的电压互感器原理图如图3-9所示。考虑到接地电容 $C_E$ 将会因温度等因素的影响而变得不稳定，选取一个小电阻 $R$ 以屏蔽 $C_E$ 的影响，则电阻 $R$ 上的电压 $U_2(t)$ 为

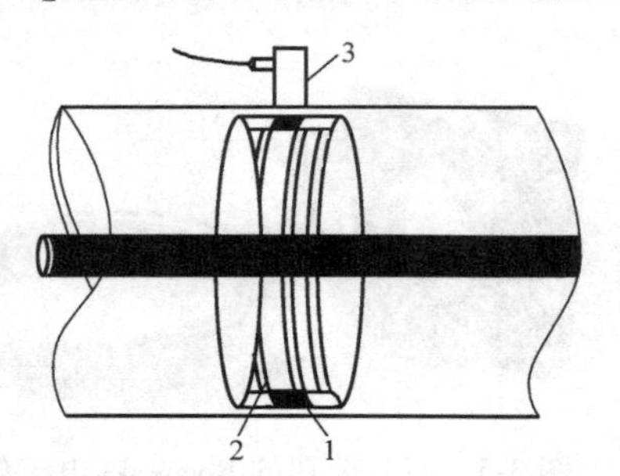

图3-8　PASS中组合电流/电压互感器

1—电流互感器　2—电压互感器　3—PISA

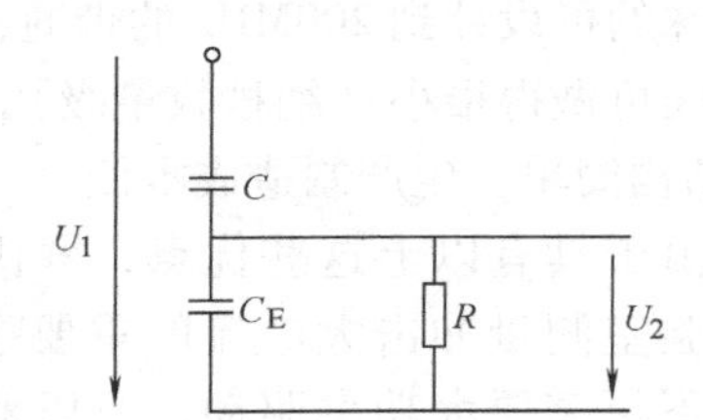

图3-9　PASS中电容分压式电压互感器原理图

$$U_2(t)=RC\frac{\mathrm{d}U_1(t)}{\mathrm{d}t} \tag{3-15}$$

可见，$U_2(t)$ 与系统电压 $U_1(t)$ 的时间导数成正比，此后可以在信号过程处理单元（Process Interface for Sensors and Acuators，PISA）中利用微处理器对A/D转换后的 $U_2(t)$ 进行数字积分以实现信号解调。近年来，国外一些公司开发了将电流测量与电压测量组合到一起的组合传感器，这种组合传感器电流的测量多是采用上述罗氏线圈，而电压测量有的采用电阻分压器，有的采用电容分压器。采用这种方式可以大大缩小传感器尺寸，在中压开关柜和组合电器中具有非常诱人的应用前景。图3-10是ABB公司开发的中压电流、电压组合传感器KEVCD24AE3。

**3. 霍尔电流、电压传感器**

利用霍尔效应制成的传感元件称霍尔传感器。霍尔效应这种物理现象的发现，虽然已有

一百多年的历史，但是直到 20 世纪 40 年代后期，由于半导体工艺的不断改进，才被人们所重视和应用。现在霍尔元件已广泛应用于非电量测量、自动控制、电磁测量、计算装置以及现代军事技术等各个领域。

（1）霍尔效应的基本原理　如图 3-11 所示的半导体薄片，若在它的两端通以控制电流 $I_C$，在薄片的垂直方向上施加磁感应强度为 $B$ 的磁场，那么在薄片的另两侧就会产生一个与控制电流 $I_C$ 和磁感应强度 $B$ 的乘积成比例的电动势 $E_H$，这个电动势称为霍尔电动势，这一现象称为霍尔效应，该半导体薄片称为霍尔元件。霍尔电动势的大小可表示为

$$E_H = R_H I_C B/d \tag{3-16}$$

式中，$R_H$ 为霍尔系数［V·m/(A·T)］；$I_C$ 为控制电流（A）；$B$ 为磁感应强度（T）；$d$ 为霍尔元件厚度（m）。

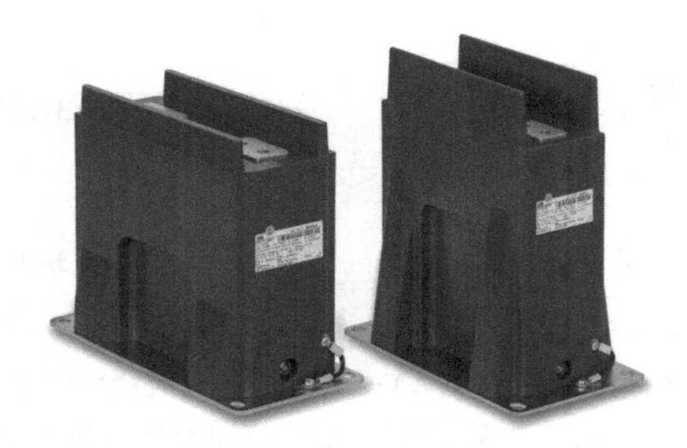

图 3-10　ABB 公司中压电流、电压组合传感器

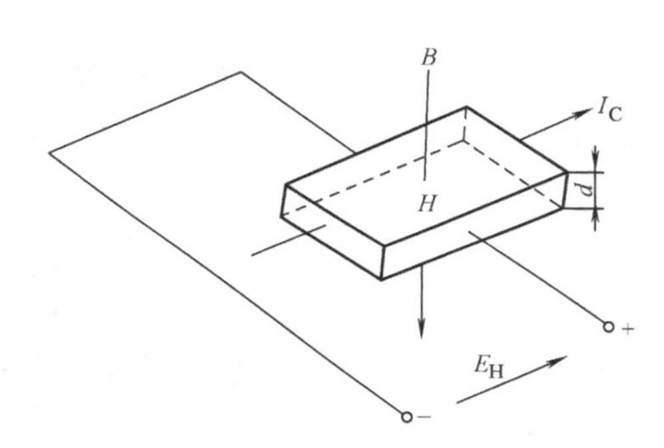


图 3-11　霍尔传感器原理

令 $K_H = R_H/d$［单位为 $V \cdot m^2/(A \cdot Wb)$］，称为霍尔元件的灵敏度，则

$$E_H = K_H I_C B \tag{3-17}$$

如果磁感应强度 $B$ 和元件平面法线成一角度 $\theta$ 时，则作用在元件上的有效磁场是其法线方向的分量，即 $B\cos\theta$，这时

$$E_H = K_H I_C B\cos\theta$$

当控制电流的方向或磁场的方向改变时，输出电动势的方向也将改变，但当磁场与电流同时改变方向时，霍尔电动势极性不变。

由上分析可知，霍尔电动势的大小正比于控制电流 $I_C$ 和磁感应强度 $B$。灵敏度 $K_H$ 表示在单位磁感应强度和单位控制电流时输出霍尔电动势的大小，一般要求它越大越好。此外，元件的厚度 $d$ 越薄，$K_H$ 也越高，所以霍尔元件一般都比较薄。

（2）基本霍尔电流传感器　霍尔电流传感器是以霍尔效应原理为基础的电流信号变换器，其工作原理如图 3-12 所示。传感器由带有气隙的环形铁心、霍尔元件、产生控制电流 $I_C$ 的电源组成。霍尔元件放置在铁心的气隙中，控制电流 $I_C$ 的方向如图 3-12 所示，被测导线直接穿过环形铁心。当被测导线中有电流 $I_1$ 流过时，在铁心中产生垂直于霍尔元件表面的磁场 $B$。根据霍尔效应原理，霍尔元件将产生霍尔电动势，电动势的大小由式（3-16）决定。

根据安培环路定律和磁路基尔霍夫第二定律，由图 3-12 可得

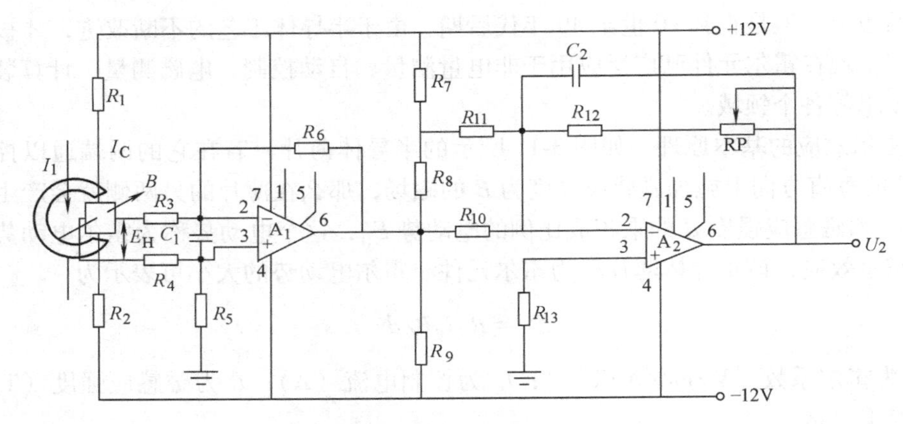


图 3-12　霍尔电流传感器的工作原理

$$I_1N_1 = \oint_l H\mathrm{d}l = \left(\frac{Bl}{\mu_r} + \frac{B\delta}{\mu_0}\right) \times 10^2 \tag{3-18}$$

或写作

$$B = \frac{I_1N_1}{\dfrac{l}{\mu_r} + \dfrac{\delta}{\mu_0}} \times 10^{-2} \tag{3-19}$$

式中，$B$ 为被测电流产生的磁感应强度（T）；$I_1$ 为被测电流（A）；$N_1$为被测电流绕组匝数，母线贯通时，$N_1=1$；$l$ 为导磁体平均磁路长度（m）；$\delta$ 为放置霍尔元件的导磁体气隙长度（m）；$\mu_0$ 为空气磁导率；$\mu_r$ 为导磁体的相对磁导率。

当传感器制作完毕后，$l$、$\delta$、$\mu_0$ 和 $\mu_r$ 均为常数。令 $\dfrac{l}{\mu_r} + \dfrac{\delta}{\mu_0} = \dfrac{1}{K_G}$，式（3-19）可改写为

$$B = K_G I_1 N_1 \times 10^{-2} \tag{3-20}$$

代入式（3-16），得

$$E_H = K_H K_G I_C I_1 N_1 \times 10^{-2} \tag{3-21}$$

根据给出的传感器原理可知，霍尔元件输出的霍尔电动势经图 3-12 中的差分放大、滞后频率补偿、可调零的反相放大与超前频率补偿等环节调理后，可得到符合智能电器检测单元输入要求的输出电压

$$U_2 = KI_1 \tag{3-22}$$

式中，$K$ 为图 3-12 中各环节电压传输率 $K_U$与 $K_HK_G$的乘积，对选定的传感器，$K$ 为常数。可见，输出电压 $U_2$正比于被测电流。

（3）霍尔集成电路　当前市场上提供了多种系列的霍尔电流传感器，用户可以根据测量要求直接选用。但在智能电器的检测单元设计中，市场销售的传感器产品有时不能满足要求，往往需要自行开发。这种情况下，正确选择霍尔元件十分重要。为了适应用户需求，霍尔元件生产厂商已开发出一系列所谓的霍尔集成电路，为用户自行开发特殊要求的霍尔传感器提供了良好的元件支持。这种器件把不同特性的霍尔元件及相应的电子电路集成为半导体芯片，配合适当的铁心和线圈，就可以方便地开发满足要求的霍尔集成传感器。

根据所用霍尔集成电路的特性，霍尔集成传感器分为线性型和开关型。线性型霍尔传感

器就是它的输出电压与外加磁场强度（即被测电流）呈线性关系。开关型霍尔集成电路分为单稳和双稳两种。它将电流源、霍尔元件、带温度补偿的差动放大器、施密特触发器等电路集成在一起，为用户提供一个使用方便、精度较高的集成器件，用户只要提供电源电压就可以保证器件正常工作。线性型霍尔集成电路可以测量被测电流产生的磁场强度，用于霍尔电流传感器，可以代替前面讨论的霍尔元件及放大电路。开关型霍尔集成电路可以测量空间某点是否存在磁场，适合测量位置、速度等机械参数。

（4）霍尔电压传感器　由于电压本身不能直接产生磁场，必须变成通过导线或绕组的电流，才有相应的磁场。为采用霍尔效应制成霍尔电压传感器，首先应将被测电压换成电流，以产生霍尔元件所需的磁场。目前的霍尔电压传感器受体积限制，市场提供的产品一般只能做到6000V，因此在电力系统中的应用不如霍尔电流传感器广泛。

**4. 光学电流、电压互感器**

光学电流互感器（Optical Current Transformer，OCT）和光学电压互感器（Optical Potential Transformer，OPT）是近年发展比较快的一类新型电量传感器，它也是目前电气工程领域流行的前沿研究课题之一。

（1）光学电流互感器　光学电流互感器以光学元件作为电流传感头，多采用法拉第磁光效应、磁致伸缩效应、自然旋光效应或光干涉原理来实现电流的测量。基于磁致伸缩原理的光学电流互感器在一段时间内曾受到相当的重视，但由于该方法受光学元件本身长期性能稳定性和可靠性以及外界干扰等因素的制约比较严重，工业化应用的进展缓慢。同样原因未能使研究应用得以深入的还有基于热变效应的温度型光纤电流互感器。当前，光学电流互感器中实用化程度最高，也是人们研究得最多的是基于法拉第磁光效应原理的光学电流互感器。法拉第磁光效应即磁场与光相互作用所产生的一种效应，如图3-13所示。

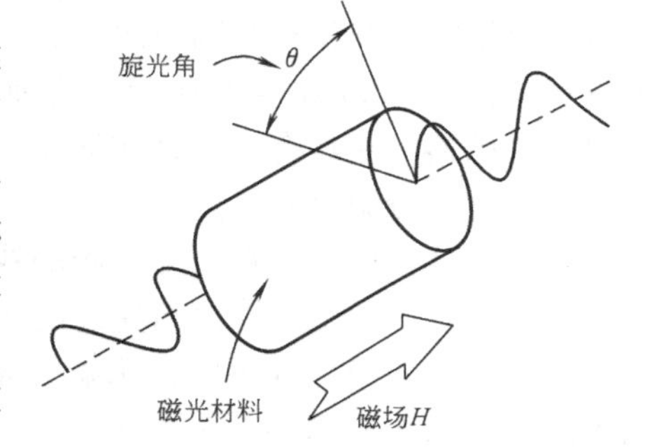


图3-13　法拉第磁光效应原理

磁光效应测量电流的基本原理是：当一束线偏振光通过置于磁场中的磁光材料时，线偏振光的偏振面将会线性地随着平行于光线方向的磁场大小发生旋转，通过测量通流导体周围线偏振光偏振面的变化，就可以间接地测量出导体中的电流值。用算式表示为

$$\theta = \nu\int_l \boldsymbol{H} \cdot \mathrm{d}\boldsymbol{l} \tag{3-23}$$

式中，$\theta$为线偏振光偏振面的旋转角度；$\nu$为磁光材料的费尔德（Verdet）常数；$l$为光通过的路径；$H$为被测电流在光路上产生的磁场强度。为了使实际测量电流时不受载流母线位置变化及另外两相电流产生的磁场影响，依安培环路定律使磁光材料内的光束在被测电流周围形成环路，此时有

$$\theta = \nu\int_l \boldsymbol{H} \cdot \mathrm{d}\boldsymbol{l} = \nu i \tag{3-24}$$

式中，$i$为载流导体中流过的交流电流。由于目前尚无高精确度测量偏振面旋转的检测器，通常将线偏振光的偏振面角度变化的信息转化为光强变化的信息，一般用检偏器来实现将角

度信息变化为光强信息。基本结构如图3-14所示。调节起偏器和检偏器的偏振轴夹角为45°，以获得最大的测量灵敏度。当有电流通过母线棒时，根据马吕斯定律且当$\theta$很小时有

$$\begin{aligned} P &= P_0\cos^2(45° - \theta) = P_0(1 + \sin 2\theta)/2 \\ &\approx P_0(1 + 2\theta)/2 = P_0(1 + 2\nu i)/2 \end{aligned} \tag{3-25}$$

式中，$P_0$为入射光经过起偏器后的光强；$P$为检偏器输出光强。经光电变换、滤波等环节，式（3-25）中，$P$可分解为直流分量$P_{DC} = P_0/2$和交流分量$P_{AC} = P_0\nu i$，令$g = P_{AC}/P_{DC}$，则

$$g = ki \tag{3-26}$$

式中，$k$为比例系数，与所采用的电路有关。可见，$g$与被测电流呈线性关系，这样就可以利用偏光干涉原理来实现对电流信号的测量。

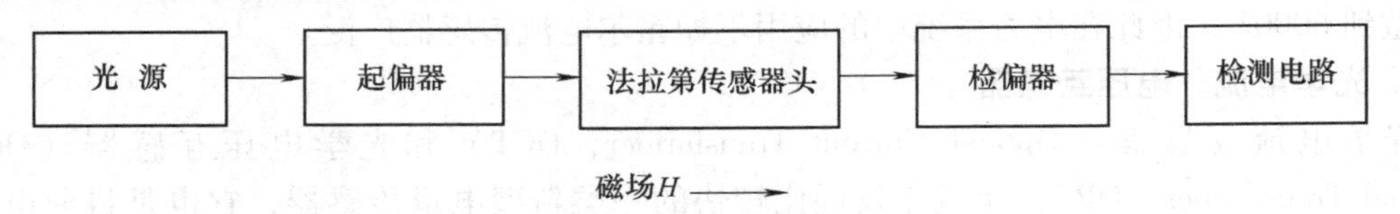


图3-14 光学电流互感器结构示意图

目前，一般光学电流互感器把光纤同时作为光信号的传输介质和磁光变换材料，光纤环绕在导体上，光路从光纤中通过，灵敏度由光纤环绕圈数决定，法拉第效应在环绕光纤的导体中产生，如图3-15所示。这种OCT称为全光纤型光学电流互感器，它具有光路结构简单、便于加工、灵敏度可按光纤长度进行调节等优点。

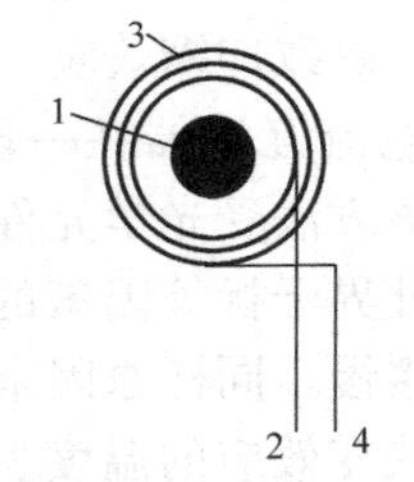


图3-15 全光纤光学电流传感头

1—母线 2—输入光纤

3—传感头 4—输出光纤

由以上分析可知，在产生磁场的线圈匝数和磁场内的光纤长度确定后，传感器输出与光纤的Verdet常数有关。但由于所谓“线性双折射现象”的影响，光学电流互感器中等效的Verdet常数实际是一个随机变量，与光纤的形变、内部应力、光源光波长、环境温度、弯曲、扭转、振动等许多因素有关，受到这些量的影响，输出补偿相当困难，从而影响了光学电流互感器测量精度长期的稳定性和可靠性。经过20多年的探索，光学电流互感器已经从纯粹的理论研究进入实际应用的开发研究。尽管在这方面已经取得了一些成就，但是线性双折射现象对测量精度的影响仍未完全消除，光学电流互感器要真正投入大规模工程应用，还需要科技人员做出艰苦的努力。由于器件简单，且被测一次电路与检测设备之间用光纤连接，具有极好的电气隔离，光学电流互感器在电力系统中具有非常诱人的应用前景。如果工程应用产品开发成功，将具有很大的市场潜力。

（2）光学电压互感器 光学电压互感器采用光学元件作传感头，利用光电子技术实现电压测量。其基本原理大体上可以分为两种：泡克耳斯（Pockels）效应和逆压电效应，目前研究得比较多、比较成熟的是基于Pockels效应。

Pockels效应是指在外加电场作用下透过某些物质（如电光晶体）的光会发生双折射，沿感应主轴方向分解的两束光由于折射率不同导致在晶体内的传播速度不一样，从而形成了相位差$\Delta\varphi$：

$$\Delta\varphi=\frac{2\pi}{\lambda}n_0^3\gamma EL=\frac{2\pi}{\lambda}n_0^3\gamma U=\frac{\pi U}{U_\pi} \tag{3-27}$$

式中，$U_\pi$ 为使得两束光产生 π 相位所需要施加的电压，称为半波电压，$U_\pi=\dfrac{\lambda}{2n_0^3\gamma}$；$L$ 为光在晶体内传播的光程；$\gamma$ 为晶体的电光系数；$n_0$ 为晶体的寻常折射率；$\lambda$ 为光波长；$U$ 为待测的电压，与 $\Delta\varphi$ 成正比。式（3-27）表明，只要测出相位差 $\Delta\varphi$ 的大小就可以测定 $E$ 或 $U$。在目前的技术条件下，要对这个相位差进行精确的直接测量，需要引入精密的光学仪器，不便集成为实用方便的测量设备。而光强的测量技术非常成熟，故一般都是考虑采用干涉的方法将通过晶体的相位调制光变成振幅调制光，通过光强的检测来间接达到相位检测的目的，其解调过程与基于 Farady 效应的 OCT 的解调过程相似，如图 3-16 所示。具有电光效应的物质很多，但能够稳定地用于高电压测量的电光晶体并不多。常用的 Pockels 晶体主要有铌酸锂（$LiNbO_3$，简称 LN）、硅酸铋（$Bi1_2SiO_20$，简称 BSO）和锗酸铋（$Bi_4Ge_3O_{12}$，简称 BGO）。由于 BGO 晶体在电压传感方向的优良性能，如透过率高、无自然双折射和自然旋光性、不存在热电效应等，使它成为目前电压、电场传感领域最为理想的材料之一。

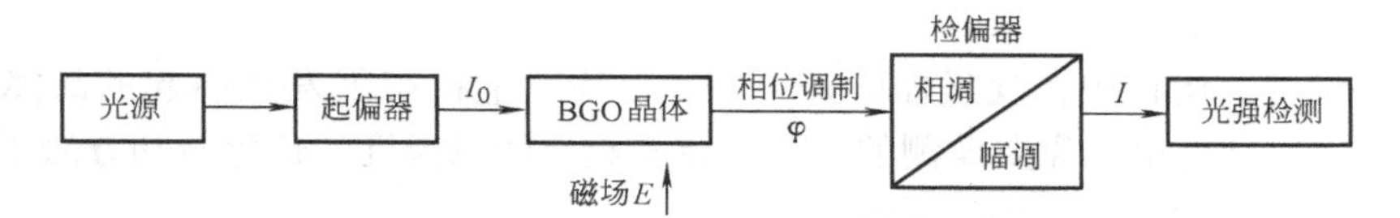


图 3-16　偏振光干涉装置示意图

基于电光效应的光学电压互感器从调制方式上可以分为横向调制式和纵向调制式，如图 3-17 所示。横向调制式结构中，通光方向与电场方向一致。横向调制式的半波电压与晶体的尺寸有关，可以通过减小晶体的厚度，加大晶体通光方向的长度来减小半波电压，提高灵敏度。这一结构比较简单，对电极无特殊要求，便于实现批量化。对于不同电压等级的测量，可以通过调整电极间的距离，改变晶体上的电场强度，达到测量的目的，而不需要改变传感器的结构和尺寸，因此应用很广。其难点是存在自然双折射引起的相位延迟，并且后者随晶体温度的变化而变化，影响传感器工作的稳定性。

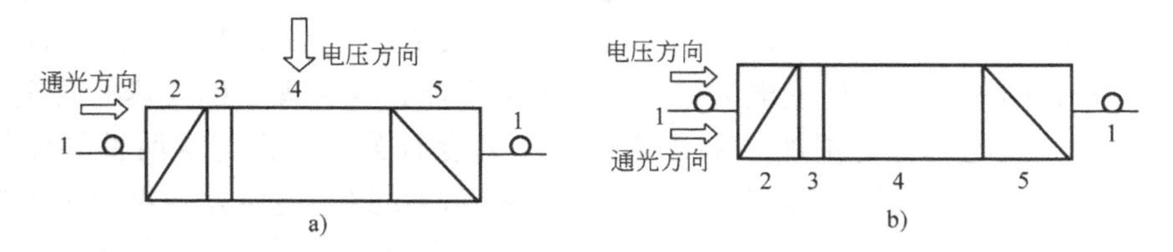


图 3-17　横向调制式与纵向调制式传感头的结构

a）横向调制式结构　b）纵向调制式结构

1—光纤　2—起偏器　3—1/4 波片　4—电光晶体　5—检偏器

纵向调制式结构是传光方向与电场方向一致的一种调制方式。根据两点间电压差就是强度沿任意路径的线积分的定义，两电极之间的电压与电场的分布无关。因此，这种调制方式可排除极间外电场的干扰及杂散电容的影响，提高测量精度。此外，纵向调制式的半波电压只与晶体的电光性能有关，而与晶体的尺寸无关。因此，可以通过增加晶体的长度来提高系统的灵敏度。但是，由于纵向调制式的通光方向与外施电压方向一致，需要透明电极，因此其制造工艺较为复杂，当测量电压大于晶体的半波电压时，信号解调也比较困难。

现在很多国家已研制出可用于测量高达500kV电压的系列光学电压互感器，但其稳定性与可靠性还存在相当大的问题。一个重要原因是运行环境温度对光学电压互感器采用的光学晶体、光路结构、绝缘结构和光源的影响还没有解决，需要经过大量的研究、实践，光学电压互感器才能在电力系统真正投入使用。

### 3.2.2　非电量传感器

对某些非电参数（如线路、变压器绕组和电机绕组的绝缘，变压器和电机的温升，变压器内部的气体压力等）以及智能电器本身工作的环境和状态进行监测，这就要求智能电器的检测单元同时具有监控各种相关非电量，如温度、湿度、气体密度、压力、速度、加速度、绝缘强度等功能。这些参数本身都不是电信号，不能直接检测，必须通过相应的传感器，将它们变成电压信号，才能输入检测单元进行处理和显示，并根据结果输出不同的信息。本节介绍一些智能电器中常用的非电量传感器及其测量电路的设计方法。

**1. 温度检测传感器**

在输配电设备的运行中，变压器、开关柜、母线、电机等因发热引起的故障是很常见的，因此，温度是智能电器需要监测的一个重要参数。测量温度的传感器和方法很多，下面介绍几种智能电器检测单元常用的测温方法。

（1）热敏电阻温度传感器　热敏电阻是利用半导体的电阻值随温度显著变化这一特性制成的一种热敏元件。它是由某些金属氧化物（主要用钴、锰、镍等的氧化物）根据产品性能不同，采用不同比例配方，经高温烧结而成的。大多数半导体热敏电阻具有负温度系数（Negative Temperature Coefficient，NTC），可称为NTC型热敏电阻。其阻值与温度的关系可表示为

$$R = R_0 e^{B(1/T - 1/T_0)}$$

式中，$R_0$ 为环境温度为 $T_0$ 时的电阻值；$B$ 为热敏电阻的材料常数，一般在1500～6000K之间。半导体热敏电阻与金属热电阻相比较，具有灵敏度高、体积小、热惯性小、响应速度快等优点，存在的主要缺点是非线性严重、稳定性稍差，适用于检测电器设备的环境温度。

（2）热电偶　两种不同的导体两端相互紧密地连接在一起，组成一个闭合回路，当两接点温度不等时，回路中就会产生电动势，从而形成电流，这一现象称为热电效应。该电动势称为热电动势。该电动势与不加热部位测量点的温度有关，并且与这两种导体的材质有关。这种现象可以在很宽的温度范围内出现，如果精确测量这个电位差，再测出不加热部位的环境温度，就可以准确知道加热点的温度。由于它必须有两种不同材质的导体，所以称之为“热电偶”。由于构成热电偶的金属材料可以耐受很高的温度，例如钨铼热电偶能够工作在2000℃以上的高温，常常用来检测高温环境的热物理参数。还有的材料能够在低温下工作，例如金铁热电偶能够在液氮的温度附近工作。可见，热电偶传感器能够在很广泛的温度范围内工作。热电偶传感器有自己的优点和缺陷，它灵敏度比较低，容易受到环境干扰信号的影响，也容易受到前置放大器温度漂移的影响，因此不适合测量微小的温度变化。常用热电偶有铂铑-铂热电偶、镍铬-镍硅热电偶、铜-康铜热电偶等。

（3）红外温度传感器　红外温度传感器属于非接触式温度测量器具，可以对高电压、

大电流工作条件下的部件进行测量。该传感器可组成远红外测温仪、便携式红外测温仪、红外热测温仪等，高精度，非接触，无需电源，信号输出有热电偶和各种标准模拟信号。该传感器有各种距离系数，最小到300：1；发射率有可调和固定类型；有手持式和现场应用等类型。如IRt/c.01型红外温度传感器，测温范围为−45~290℃，最小探点尺寸为8mm，光谱响应为6.5~14μm，输出阻抗为3kΩ，信号输出可对应热电偶的毫伏信号。

（4）集成温度传感器　集成温度传感器是利用在一定电流条件下，PN结的正向电压与温度有关这一特性制成的PN结型温度传感器，其体积小、反应快，而且线性比热敏电阻好很多；把感温晶体管和其外围电路（放大电路、线性化电路等）一起集成在同一芯片上制成的集成温度传感器，实现了传感器的小型化，克服了分立元件PN结型温度传感器存在的互换性和稳定性不够理想的缺点，而且线性好、灵敏度高、性能比较一致、使用方便，目前已广泛应用于温度测量、控制和温度补偿等方面。由于PN结受耐热性能和工作温度范围的限制，PN结型和集成温度传感器的典型工作温度范围是−50~150℃。

**2. 湿度检测传感器**

（1）湿敏元件　湿敏元件是最简单的湿度传感器。湿敏元件主要有电阻式、电容式两大类。

1）湿敏电阻。湿敏电阻的特点是在基片上覆盖一层用感湿材料制成的膜，当空气中的水蒸气吸附在感湿膜上时，元件的电阻率和电阻值都发生变化，利用这一特性即可测量湿度。湿敏电阻的种类很多，例如金属氧化物湿敏电阻、硅湿敏电阻、陶瓷湿敏电阻等。湿敏电阻的优点是灵敏度高，主要缺点是线性度和产品的互换性差。

2）湿敏电容。湿敏电容一般是用高分子薄膜电容制成的，常用的高分子材料有聚苯乙烯、聚酰亚胺、醋酸纤维等。当环境湿度发生改变时，湿敏电容的介电常数发生变化，使其电容量也发生变化，其电容变化量与相对湿度成正比。湿敏电容的主要优点是灵敏度高、产品互换性好、响应速度快、湿度的滞后量小、便于制造、容易实现小型化和集成化，其精度一般比湿敏电阻要低一些。国外生产湿敏电容的主要厂家有Humirel公司、飞利浦（PHILIPS）公司、西门子（SIEMENS）公司等。以Humirel公司生产的SH1100型湿敏电容为例，其测量范围是（1%~99%）RH，在55%RH时的电容量为180pF（典型值）。当相对湿度从1%RH变化到99%RH时，电容量的变化范围是163~202pF，温度系数为0.04pF/℃，湿度滞后量为±1.5%，响应时间为5s。

除电阻式、电容式湿敏元件之外，还有电解质离子型湿敏元件、重量型湿敏元件（利用感湿膜重量的变化来改变振荡频率）、光强型湿敏元件、声表面波湿敏元件等。湿敏元件的线性度及抗污染性差，在检测环境湿度时，湿敏元件要长期暴露在待测环境中，很容易被污染而影响其测量精度及长期稳定性。

（2）集成湿度传感器

1）线性电压输出式集成湿度传感器。其主要特点是采用恒压供电，内置放大电路，能输出与相对湿度呈比例关系的伏特级电压信号，响应速度快、重复性好、抗污染能力强。

2）线性频率输出式集成湿度传感器。采用模块式结构，属于频率输出式集成湿度传感器，在55%RH时的输出频率为8750Hz（典型值），当相对湿度从10%RH变化到95%RH时，输出频率就从9560Hz减小到8030Hz。这种传感器具有线性度好、抗干扰能力强、便于配数字电路或单片机、价格低等优点。

3）频率/温度输出式集成湿度传感器。除具有上述功能以外，还增加了温度信号输出端，利用负温度系数（NTC）热敏电阻作为温度传感器。当环境温度变化时，其电阻值也相应改变并且从NTC端引出，配上二次仪表即可测量出温度值。

**3. 气体密度/压力传感器**

我们通常使用的压力传感器主要是利用材料的压电效应制造而成的，这样的传感器也称为压电传感器。某些晶体介质当沿着一定方向受到机械力作用发生变形时，就会产生极化效应；当机械力撤掉之后，又会重新回到不带电的状态，也就是受到压力的时候，某些晶体可能产生出电的效应，这就是所谓的压电效应。科学家就是根据这个效应研制出了压力传感器。

压电传感器中主要使用的压电材料有石英、酒石酸钾钠和磷酸二氢铵。其中石英（二氧化硅）是一种天然晶体，压电效应就是在这种晶体中发现的，在一定的温度范围之内，压电性质一直存在，但温度超过这个范围之后，压电性质完全消失（这个高温就是所谓的“居里点”）。由于随着应力的变化电场变化微小（也就是说压电系数比较低），所以石英逐渐被其他的压电晶体所替代。而酒石酸钾钠具有很大的压电灵敏度和压电系数，但是它只能在室温和湿度比较低的环境下才能够应用。磷酸二氢铵属于人造晶体，能够承受高温和相当高的湿度，已经得到了广泛的应用。

压电效应也应用在多晶体上，比如现在的压电陶瓷，包括钛酸钡压电陶瓷、锆钛酸铅压电陶瓷（PZT）、铌酸盐系压电陶瓷、铌镁酸铅压电陶瓷等。

压电效应是压电传感器的主要工作原理，压电传感器不能用于静态测量，因为经过外力作用后的电荷，只有在回路具有无限大的输入阻抗时才得到保存。

压电传感器主要应用在加速度、压力和力等的测量中。压电式加速度传感器是一种常用的加速度计。它具有结构简单、体积小、重量轻、使用寿命长等优异的特点。

除了压电传感器之外，还有利用压阻效应制造出来的压阻传感器和利用应变效应的应变式传感器等，这些不同的压力传感器利用不同的效应和不同的材料，在不同的场合能够发挥它们独特的用途。

图3-18所示压力变送器主要利用液体或气体在检测器件上形成的压力来检测液体或者气体的流量或压强，把这种压力信号转变成标准的0~10V或者4~20mA电信号，以便控制使用。

图3-18 压力变送器

### 3.2.3 开关量检测方法

在电力设备，尤其是开关电器设备运行中，必须采集许多位置信号以保证机械和电气性能的安全性，这些位置信号被用来控制设备、指示位置状态以及用于开关装置之间的联锁。举例来说，当操动机构到达其终点位置时，隔离开关和接地开关的驱动电动机必须断电停止；开关柜内的接地开关必须与隔离开关联锁，而隔离开关又必须与断路器联锁。这些位置信号只有两个状态，即到位或未到位，是一种开关量。在传统开关电器中，这种位置信号是通过辅助开关来获得的。辅助开关、联锁及其机械联动装置必须长期保持没有形变，可靠动作。要做到这些，机械结构的成本相当高，而辅助开关的接线成本则更高。现在，采用无触点式传感器可以避免所有这些缺点。在智能电器中越来越多地采用接近传感器（或称接近开关）替代辅助开关获得位置信号。根据其工作原理，常见的有电容式、电感式、光电式和超声波式几种。

**1. 电容式接近开关**

电容式接近开关属于一种具有开关量输出的位置传感器，它的测量头通常是构成电容器的一个极板，而另一个极板是物体本身。当物体移向接近开关时，物体和接近开关的介电常数发生变化，使得和测量头相连的电路状态也随之发生变化，由此便可控制开关的接通和关断。这种接近开关的检测物体，并不限于金属导体，也可以是绝缘的液体或粉状物体，如玻璃、陶制品、塑料、木材、油、水、卡片和纸。其工作流程如图 3-19 所示。

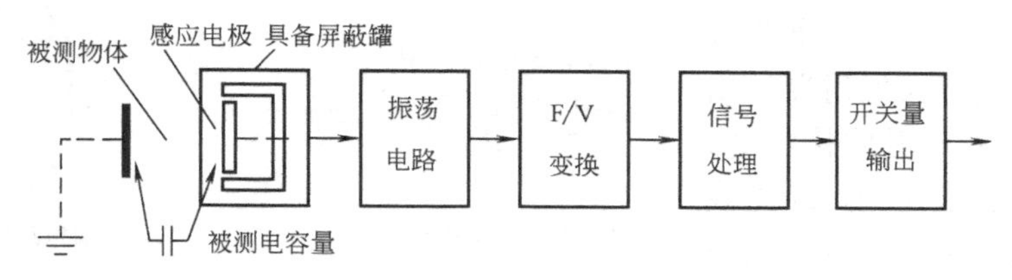


图 3-19　电容式接近开关工作流程图

**2. 电感式接近开关**

电感式接近开关专门用于探测金属物体。外界的金属性物体对传感器的高频振荡器产生非接触式感应作用，振荡器即是由缠绕在铁氧体磁心上的线圈构成的 *LC* 振荡电路。振荡器通过传感器的感应面，在其前方产生一个高频交变的电磁场。当外界的金属性导电物体接近这一磁场，并到达感应区时，在金属物体内产生涡流效应，从而导致 *LC* 振荡电路振荡减弱，振幅变小，即称之为阻尼现象。这一振荡的变化，即被开关的后置电路放大处理并转换为一确定的输出信号，触发开关并驱动控制器件，从而达到非接触式目标检测的目的。图 3-20 为西门子公司 BERO 系列电感式接近开关的工作原理图。

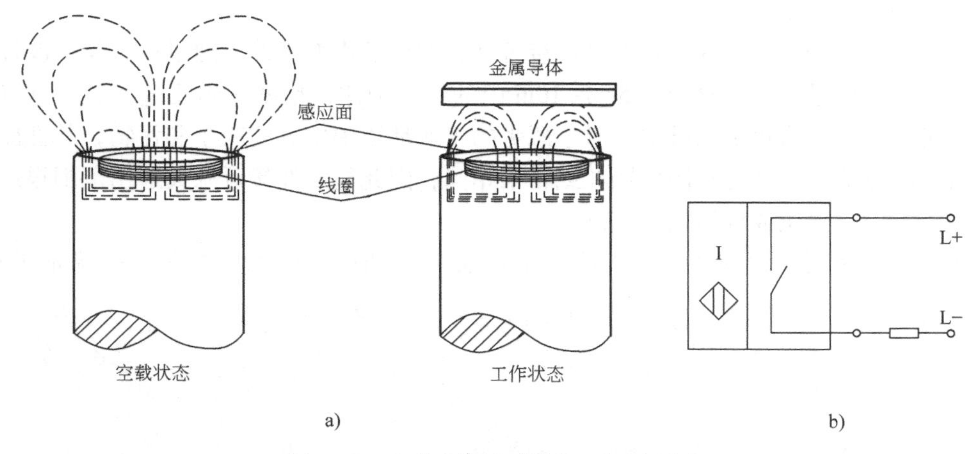


图 3-20　电感式接近开关的工作原理图

**3. 光电式接近开关**

光电接近开关利用被检测物体对红外光束的遮光或反射，由同步回路选通而检测物体的有无，其物体不限于金属，对所有能反射光线的物体均可检测。根据检测方式的不同，红外线光电开关可分为以下几种：

（1）漫反射式光电开关 漫反射光电开关是一种集发射器和接收器于一体的传感器，当有被检测物体经过时，将光电开关发射器发射的足够量的光线反射到接收器，于是光电开关就产生了开关信号。如图3-21所示。当被检测物体的表面光亮或其反光率极高时，漫反射式的光电开关是首选的检测模式。

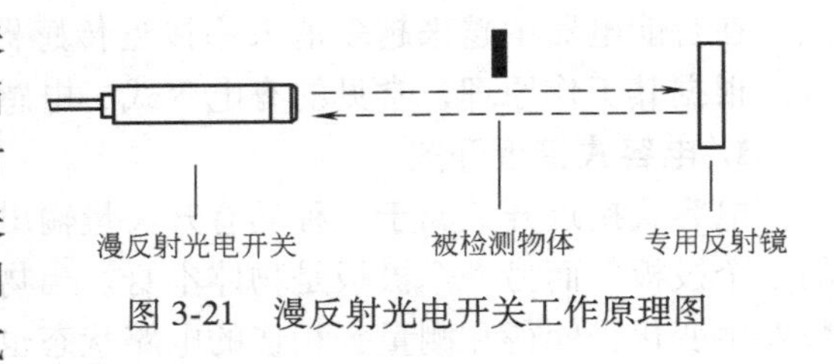

图3-21 漫反射光电开关工作原理图

（2）镜反射式光电开关 镜反射式光电开关亦是集发射器与接收器于一体，光电开关发射器发出的光线经过反射镜反射回接收器，当被检测物体经过且完全阻断光线时，光电开关就产生了检测开关信号。镜反射式光电开关的工作原理如图3-22所示。

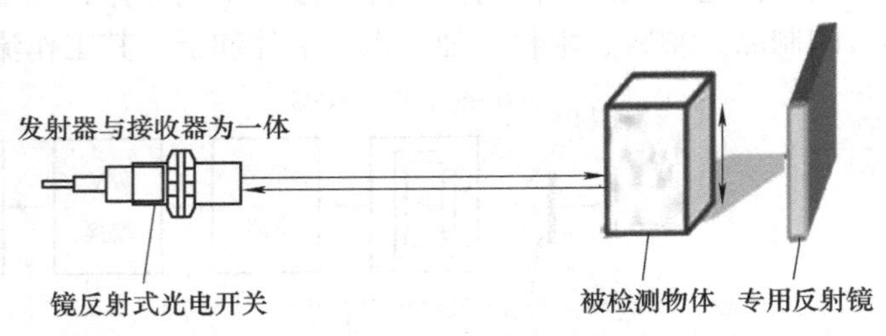

图3-22 镜反射式光电开关工作原理图

（3）对射式光电开关 对射式光电开关包含在结构上相互分离且光轴相对放置的发射器和接收器，发射器发出的光线直接进入接收器。当被检测物体经过发射器和接收器之间且阻断光线时，光电开关就产生了开关信号，如图3-23所示。当检测物体不透明时，对射式光电开关是最可靠的检测模式。

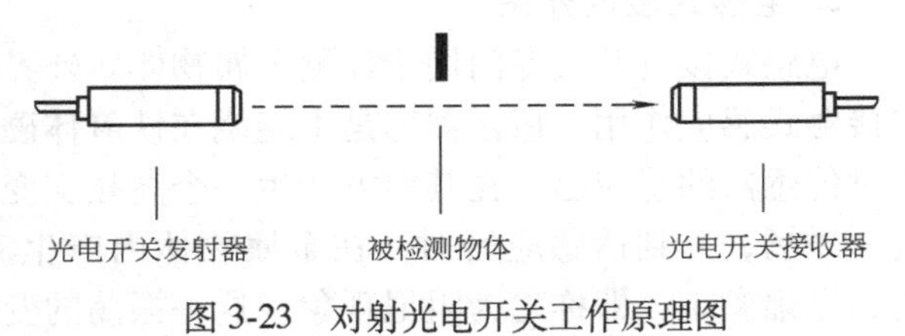

图3-23 对射光电开关工作原理图

**4. 超声波式接近开关**

超声波式接近开关的原理是：超声波接近开关发出超声波脉冲，通过接收反射波计算出距离并转换输出信号。它可检测2.5cm～10m内的任何物体，精度达到几毫米级，具有很好的重复精确性，并只需很少的维护。对于恶劣的工业环境中常见的灰尘和污物，其性能不受影响。对于液体的探测精度与固体颗粒或粉末相同，因此超声波接近开关适用范围很广，可用于液面、定位、限位或堆垛探测控制。

图3-24为几种接近开关外形图。接近开关的外形一般为一个金属柱体，一端是灵敏的

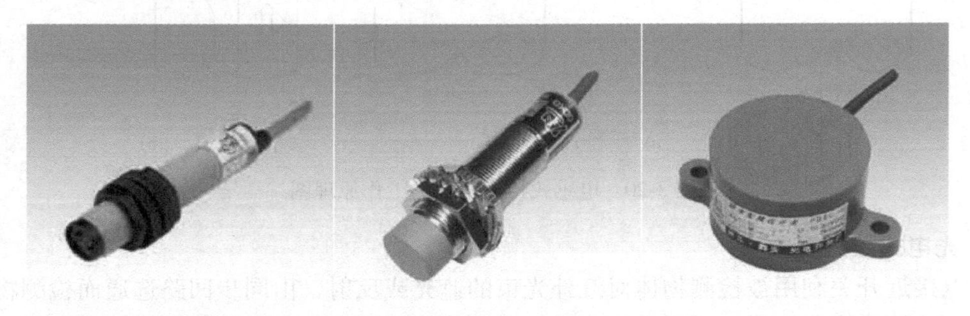
图3-24 几种接近开关外形图

“开关表面”，另一段引出连接线，目前市场提供的接近开关一般都将信号处理电路集成在传感器内，引出线输出的直接是逻辑开关量，可以直接送入智能电器检测单元输入端口，有的传感器还带有总线输出，所以可以很方便地在智能电器中应用。图3-25为接近开关的各种应用。

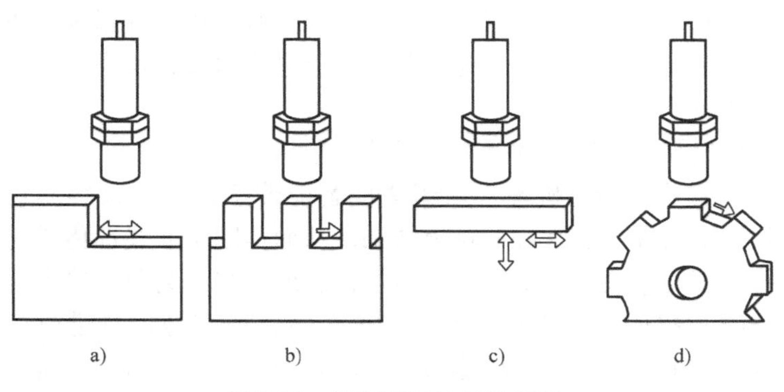


图3-25 接近开关的各种应用

### 3.2.4 传感器技术的发展及新型传感器的应用

当前传感器技术还面临着多种问题，这既是机遇也是挑战。随着人们对于信息的获取要求越来越高，传感器感知信息的滞后已经影响到智能化的发展，因此传感器技术在智能化、网络化方面的要求越来越高，这需要科技工作者不断加强对新型传感器的开发和应用。采用纳米技术、机电和纳米机构相结合的微电子技术及智能传感器技术，将多个传感器高度集成在一起，使其朝着多功能化、数字化、智能化、系统化和网络化的多功能集成传感器方向发展，极大地提高传感器的性能。

纳米传感器即是形状大小或者灵敏度达到纳米级，或者传感器与待检测物质或物体之间的相互作用距离是纳米级的。纳米传感器按照材料可以分为纳米生物化学传感器、纳米气敏传感器和压力温度等其他类型纳米传感器。

（1）生物化学传感器　纳米技术引入化学和生物传感器领域后，提高了化学和生物传感器的检测性能，并促进了新型化学和生物传感器的研究。因为具有了亚微米的尺寸、换能器、探针或者纳米微系统，该种传感器的化学和物理性质和其对生物分子或细胞的检测灵敏度大幅提高，检测的反应时间也得以缩短，并且可以实现高通量的实时检测分析。

（2）纳米气敏传感器　气敏传感器上和敏感气体接触的表面附着了一层纳米涂层作为敏感材料，用于改善传感器的灵敏度和性能。用零维的金属氧化物半导体纳米颗粒、碳纳米管及二维纳米薄膜等都可以作为敏感材料构成气敏传感器。

（3）其他类型纳米传感器　电阻应变式纳米膜压力传感器的测量精度和灵敏度高、体积小、重量轻、安装维护方便，可稳定和可靠地测量压力参数；在光纤传感器基础上发展起来的纳米光纤生物传感器传输损耗低、灵敏度高、信号频带宽，同时由于其体积大大减小，响应时间大大缩短，满足了测量要求实现的微创实时动态测量。

纳米传感器因其功耗小、体积小和灵敏度高等特点，站在原子尺度上，极大地丰富了传感器的理论，将在生物、化学、机械、航空、军事等方面获得更广泛的应用。加快纳米传感器乃至整个纳米技术的发展，具有重要意义。

集成智能传感器是现代传感器发展的必然趋势，其演进的步伐紧跟集成电路的发展道路。集成智能传感器是指利用现代微加工技术，将敏感单元和电路单元制作在同一芯片上的换能和电信号处理系统。目前系统级封装（SIP）是实现集成传感器的最佳方法，即将多个具有不同功能的模拟电路、数字电路、射频无源器件以及微机电系统（MEMS）传感器、半导体传感器或其他器件优先组装到一起进行封装，实现一定功能的单个标准装件，形成一个系统或者子系统。

集成智能传感器的四大研发热点包括：

（1）物理转化机理　由于集成智能传感器可以很容易对非线性的传递函数进行校正，得到一个线性度非常好的输出结果，从而消除了非线性传递对传感器应用的制约，因此稳定性好、精确度高、灵敏度高的转换机理或材料成为研究热点。

（2）数据融合理论　即对多个传感器或多源信息进行综合处理，从而得到更为准确、可靠的结论。对于多个传感器组成的阵列，数据融合技术能够充分发挥各个传感器的特点，利用其互补性、冗余性，提高测量信息的精度和可靠性，延长系统的使用寿命。

（3）互补金属氧化物半导体（CMOS）工艺兼容　在研究二次集成技术的同时，集成智能传感器在工艺上的研究热点集中在研制与CMOS工艺兼容的各种传感器结构及制造工艺流程，探求在制造工艺和微机械加工技术上有所突破。

（4）传感器的微型化　集成智能传感器的微型化决不仅仅是尺寸上的缩微与减少，而是一种具有新机理、新结构、新作用和新功能的高科技微型系统，并在智能程度上与先进科技融合。

传感器的多功能、网络化通过计算机互联网来实现更多感知、更广泛互联互通的核心技术，传感器网络是由多种类传感器节点组成的网络实现对物理世界协同感知，因此传感器网络可以在包括智能电网、环境监测、精细农业、节能减排等各个方面得到广泛应用。

## 3.3 信号输入通道设计

智能电器及开关设备在运行时需要监测各种现场模拟量、一次开关元件状态及各种闭锁信号等开关量。如上所述，需测量的现场模拟参量类型很多，通过不同的传感器变换后输出的电量信号种类不同，有电压、电流，甚至是电荷，信号大小也不同。此外，被测的现场开关量通常都由一次元件或系统中其他开关电器接点的通、断状态给出，所有这些信号都不能被中央处理模块接收和处理。因此在智能检测单元中必须经被测量的输入通道，把传感器输出的大小不同、种类不同的模拟量信号，变成数字信号，或者把接点状态变成与中央控制单元输入电平兼容的逻辑信号，以便检测单元的中央处理模块接收和处理。

### 3.3.1 输入通道的基本结构

**1. 模拟量输入通道基本结构**

实际应用中需要监测的现场模拟量往往不止一个，而是很多个，输入通道有以下两种电路结构。

（1）多个独立的单通道组成　在这种结构中，每个通道就是一个完整的单输入模拟通道，有独立的采样/保持（S/H）器和模/数（A/D）转换器，如图3-26所示。由于各通道完全独立，这种结构允许其中所有通道同时转换，通道数据保持同步。因为每个通道必须有采样/保持器和模/数转换器，这种模拟量输入结构价格较高，与中央处理模块接口的电路比较复杂，主要用于高速数据采集的场合。

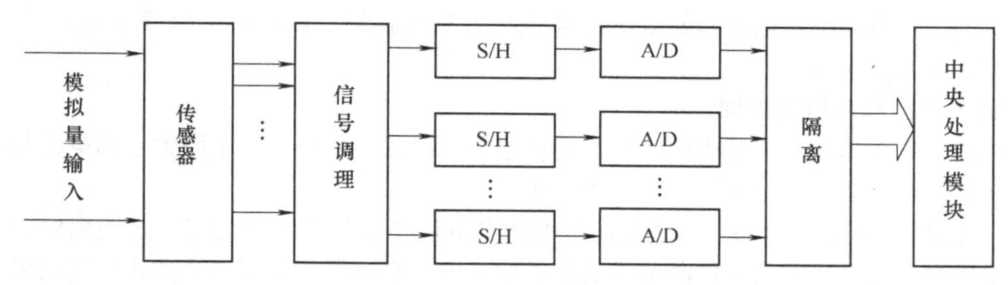


图 3-26 多个独立的单通道组成的模拟量输入通道

(2) 多路模拟信号共用 S/H 和 A/D 如图 3-27 所示结构中，各模拟信号有独立的传感器和调理电路，但都使用同一个采样/保持（S/H）器和 A/D 转换器。经过调理后的所有模拟信号被分别送到多路转换器的各输入端，其共用的输出端接至共用的采样/保持器。中央控制模块按要求一次选通多路开关中的一条，只有被选中的那一路模拟信号才能得到采样和处理。这种结构电路元件减少，结构简化，价格也较低，但每次只能采集一路模拟量，各通道数据不能同步，采样周期较长，多用于模拟信号变化较慢、采样周期比中央控制模块处理周期短得多的场合。

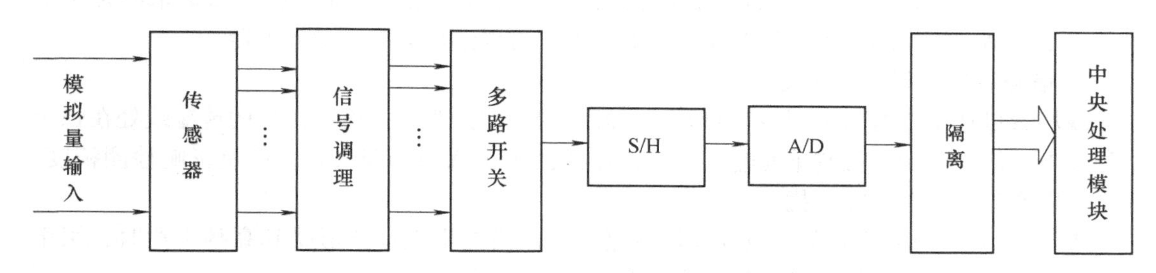


图 3-27 多路模拟信号共用 S/H 和 A/D 的模拟量输入通道

**2. 开关量输入通道的结构**

开关信号的电气接点一般都处在高压环境中，电磁干扰也较强，为了隔离高压，同时避免干扰，在接点与中央处理模块之间还需要可靠的电隔离，图 3-28 给出了最常用的开关量输入电路，该电路不仅完成了接点状态到逻辑信号的变换，而且通过光电耦合器（Light Electro-Coupler，LEC）实现了光电隔离。如果采用前述的接近开关获得接点位置，因为市场提供的接近开关一般都把处理电路集成在传感器中，其输出的一般都是与中央处理模块输入端兼容的 TTL 电平信号，则不需做处理了；如果是非 TTL 电平信号，则需经过整形及电平变换，变成 TTL 电平信号。

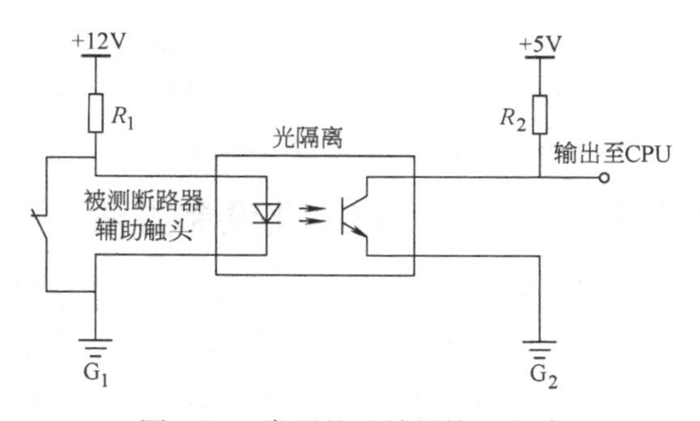


图 3-28 常用的开关量输入电路

## 3.3.2 模拟量输入通道中的信号调理电路

在模拟信号传输通道中，一般要设置信号调理电路，使传感器输出的各类信号在滤除干扰后，能变成幅值大小变化适当的电压信号送入A/D转换器，以便中央处理模块采样处理。信号调理主要有以下两种。

**1. 信号类型和幅值的调理**

就是用集成运算放大器组成的电路，把传感器输出的不同类别、不同大小的电信号变换成幅值和极性符合A/D转换器模拟输入的电压。

（1）电流/电压变换电路　当现场运行被测参量传感器与检测单元有一定距离时，为了减小传输导线上的电压损耗，提高信号的抗干扰能力，有时需要采用电流方式传送信号。各传感器生产厂商提供了各种类型的电流输出变送器。这种情况下，需要采用电流/电压（I/V）变换电路将电流信号变换成电压信号。

（2）被测参量极性变换电路　如将传感器输出的双极性电压信号变换成正极性电压，提供给只接收正极性模拟输入的A/D转换器。通常是在交流电压信号上叠加一个标准直流电压信号。

（3）幅值调理电路　实际就是各种电压放大器，信号幅值调理到A/D转换器接受的范围。常用的有反相比例放大器、同相比例放大器、差动放大器。在多通道或多参数数据采集系统中，为了使用一个放大器来满足不同的模拟输入通道的不同增益要求，可选用可编程增益放大器，用软件控制通道切换的同时改变放大器的增益数值。如果传感器送来的是小信号，为了提高共模抑制比和保证有高的增益精度，可以选用集成测量放大器。

**2. 信号波形调理——滤波**

现场参量从传感器输出到检测单元，一般都有相当的距离，模拟信号的传输线处在强干扰环境下，信号在到达检测单元输入端时，往往由于干扰而出现失真，严重影响检测精度。通常可以通过滤波器去除干扰。

*RC*无源滤波的电路简单，但频率特性差，一般只在模拟量波形受到高频干扰时，用于消除由此叠加在被测参量信号上的“尖峰”。

有源滤波器由集成运算放大器和*R*、*C*等无源器件构成，目前市场上提供了很多通用集成滤波器芯片，一般都是高阶滤波器，接上少量的外接元器件，就可以构成各种函数类型（低通、高通、带通）、响应类型（Butterworth、Bessel等）及特定应用的截止频率，且具有比较好的幅频和相频特性的滤波器。

### 3.3.3 模拟信号数字化调制方法

智能电器及开关设备的所有现场参量信号在进入检测单元后，都将由中央处理模块进行数字处理，因此现场的模拟量在经过传感器、调理电路处理后，必须进行模/数转换。如前所述，现场的被测模拟参量种类较多，有的变化频率高，如电压、电流，有的变化则很缓慢，如温度、湿度、压力等。而智能电器监控和保护的对象对现场模拟参量的要求也不一样，有些信号需要实时采集，如用作保护的电流、电压信号，有些则不需要实时采集，如环境温度等。根据具体情况，我们可以选择不同的模/数转换方式，将模拟量转换成数字量。在智能电器中，常用的模/数转换方法有A/D转换、V/F转换和V/I转换。

**1. A/D转换器**

A/D转换芯片种类繁多，按其变换原理分类，主要有双积分式、量化反馈式、并行式和逐次比较式A/D转换器。双积分式A/D转换是一种间接A/D转换技术。首先将模拟电压转换成积分时间，然后用数字脉冲计时方法转换成计数脉冲数，最后将此代表模拟输入电压大小的脉冲数转换成二进制或BCD码输出，因此，双积分式A/D转换器的转换时间较长，一般要大于40ms且小于或等于50ms。并行式A/D转换技术或称瞬时比较—编码式A/D转换。这是一种转换速度最快、转换原理最直观的A/D转换技术。并行式A/D转换需要大量的低漂移电压比较器，在实际中不易实现。逐次比较式A/D转换器是目前种类最多、数量最大、应用最广的A/D转换器。由于这种转换器的转换过程不是一次完成的，而是进行多次比较的结果，所以其转换速率比并行式慢，它更多地用于中速转换领域。

在智能电器的检测单元中，选择A/D转换器的主要原则有以下两个：

（1）测量和保护的速度与精度　主要考虑A/D转换器的如下一些性能：转换器的转换时间与速率，即采样速率；转换器的分辨率，即A/D芯片的位数；转换线性度等。

（2）与检测单元中央处理器的接口方法　A/D转换器件在工业与现场的控制中，特别是在电力系统的应用中，主要需解决系统的抗干扰能力问题，我们可以通过硬件和软件的措施使应用系统满足设计指标。

**2. V/F转换信号调制与解调原理**

使用V/F转换来代替通常的A/D转换是另一种选择。V/F转换是将输入信号转换成与其成比例的频率脉冲信号，通过测量频率以获得变换结果。频率测量本身是一个计数过程，所以这种转换基于积分原理，因而能对噪声或变化的输入信号进行平滑处理，这可大大简化前向通道。另外，在电力系统中，很多场合要求实现高、低压端的隔离，V/F转换很容易实现这一点。将高压端的输出脉冲信号调制成光脉冲，使用光纤传送到低压端，可方便实现高、低压端的隔离。正是由于V/F转换具有前向通道简单、抗干扰能力强、可靠性高、接口电路简单、软件开销少等优点，近年来在电力系统的保护、监控等方面得到了应用，在一些实时性要求不高或采样速率要求不高的场合，倾向于使用V/F转换来代替通常的A/D转换。下面介绍V/F转换原理及解调方法。

将模拟电压转换成频率的方法很多，一般的转换器都是基于电荷平衡原理。典型的电荷平衡式V/F转换器的电路结构如图3-29a所示。$A_1$和$RC$组成积分器，$A_2$为零电压比较器。恒流源$I_R$与模拟开关S提供积分器以及反充电回路。每当单稳态定时器受触发而产生一个$t_0$脉冲时，模拟开关S接通积分器的反充电回路，使积分器$C$充入一定量的电荷$Q_C=I_R t_0$。整个电路可视为一个振荡频率受输入电压$V_{in}$控制的多谐振荡器。其工作原理如下：当积分器的输出电压$V_{INT}$下降到0时，零电压比较器发生跳变，触发单稳态定时器，使之产生一个$t_0$宽度的脉冲，使S导通$t_0$时间。由于电路设计成$I_R > V_{inmax}/R$，因此，在$t_0$期间，积分器一定以反充电为主，使$V_{INT}$线性上升到某一电压。$t_0$结束时，由于只有正的输入电压$V_{in}$作用，使积分器负积（充电），输出电压$V_{INT}$沿斜线下降。当$V_{INT}$下降到0时，比较器翻转，又使单稳态定时器产生一个$t_0$脉冲，再次反充电，如此反复进行下去振荡不止。于是在积分器输出端和单稳态定时器输出端产生了如图3-29b所示波形。

根据反充电电荷量与充电电荷量相等的电荷平衡原理，可以得出

$$I_R t_0 = \frac{V_{in}}{R}T \tag{3-28}$$

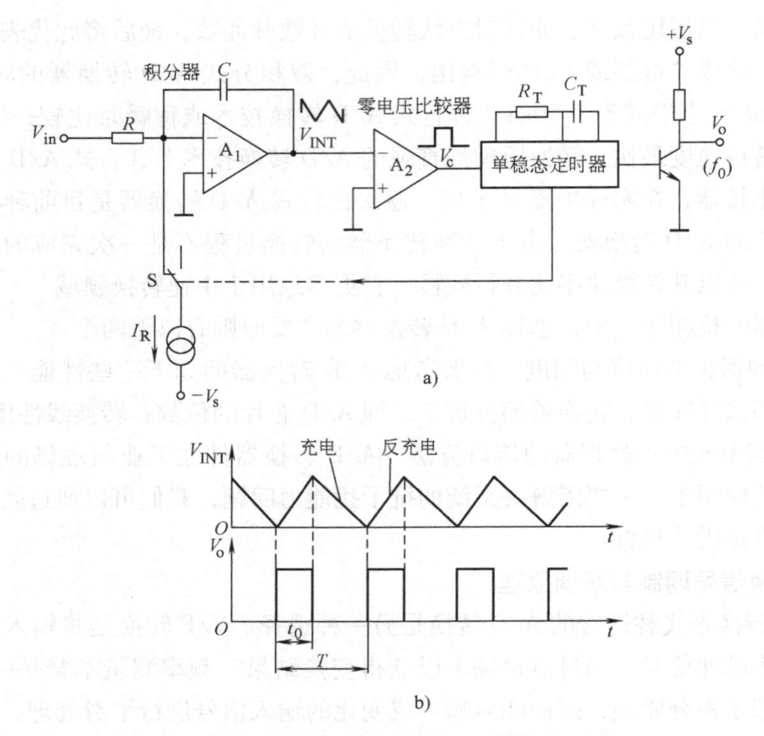


图 3-29 电荷平衡式 V/F 转换

a）电路结构 b）积分器与单稳态定时器输出波形

因此输出振荡频率为

$$f = \frac{1}{T} = \frac{1}{I_R R t_0} V_{in} \tag{3-29}$$

即输出电压频率$f$与输入模拟电压$V_{in}$成正比。

上述频率信号经功率放大、光电耦合进行隔离，送入中央处理模块，采用计数器测量频率，实现信号的解调。从频率信号中恢复模拟电压信号的解调原理如下：

设 V/F 转换器为理想器件，输入/输出特性如图 3-30 所示。图中，中心频率为$f_0$，最高工作频率为$f_{max}$，最低工作频率为$f_{min}$，单位均为 Hz；输入电压$u(t)$，单位为 V。直线方程为

$$f = f_0 + k(f_{max} - f_0)u(t)$$

系数$k$由电路决定。在$t_i \sim t_j$期间对输出频率信号计数，实际上是一个积分过程，其计数值为

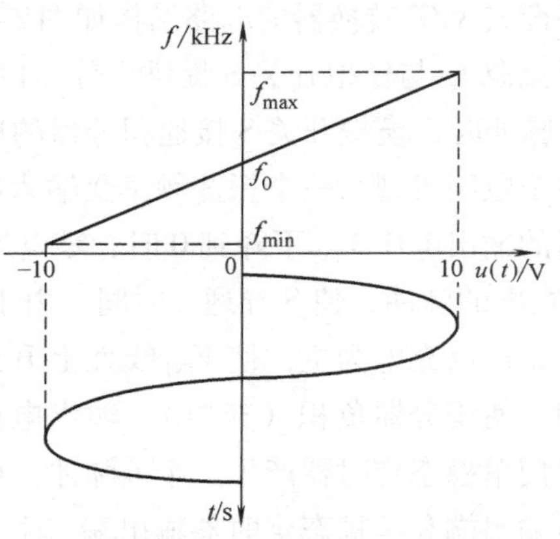


图 3-30 V/F 转换输入/输出特性

$$\begin{aligned} Y_{ji} &= \int_{t_i}^{t_j} f \mathrm{d}t \\ &= \int_{t_i}^{t_j} f_0 \mathrm{d}t + k(f_{max} - f_0)\int_{t_i}^{t_j} u(t) \end{aligned}$$

$$=f_0(t_j-t_i)+k(f_{\max}-f_0)\int_{t_i}^{t_j}u(t) \tag{3-30}$$

$Y_{ji}$ 是通过计数器读出的，为已知，可得

$$\int_{t_i}^{t_j}u(t)\,\mathrm{d}t=\frac{Y_{ji}-f_0(t_j-t_i)}{k(f_{\max}-f_0)} \tag{3-31}$$

式（3-31）等号左边是对输入信号在 $t_i \sim t_j$ 期间的积分，积分值为其时间对应曲线下的面积。若 $u(t)$ 在 $t_i \sim t_j$ 间的变化较小，或者采样周期 $T_c=t_j-t_i$ 较小，可以用等面积矩形的高来近似 $t_j$ 时的 $u(t)$，即

$$u(t_j)\approx\frac{\int_{t_i}^{t_j}u(t)\,\mathrm{d}t}{t_j-t_i} \tag{3-32}$$

所以有

$$u(t_j)=\frac{1}{t_j-t_i}\frac{Y_{ji}-F_0(t_j-t_i)}{k(F_{\max}-F_0)} \tag{3-33}$$

式（3-33）是 V/F 转换应用的基本方程式。

**3. V/I 转换器**

电压/电流转换即 V/I 转换，是将输入的电压信号转换成满足一定关系的电流信号，转换后的电流相当于一个输出可调的恒流源，其输出电流应能够保持稳定而不会随负载的变化而变化。一般来说，V/I 转换电路是通过负反馈的形式来实现的，可以是电流串联负反馈，也可以是电流并联负反馈，主要用在工业控制和许多传感器中。

## 3.3.4 隔离的概念及措施

**1. 现场与检测单元之间的隔离**

对来自一次电路的电压、电流等电参量，各类电压、电流传感器就是最常用也是最有效的隔离设备，当传感器不能将一次电路与智能电器检测单元隔离开来时，则必须选用集成隔离运算放大器，实现一次系统与智能电器检测单元的隔离，即一次系统的“地”一定要与检测单元的信号“地”隔离，以免一次系统的干扰影响检测单元。对于非电量模拟信号，由于其本身并无电位，所以在进入检测单元前一般不需隔离。被测量为开关量时，除了用上述的隔离器外，当现场参量与检测单元距离较远时，还可以采用继电器隔离，如图 3-31 所示。

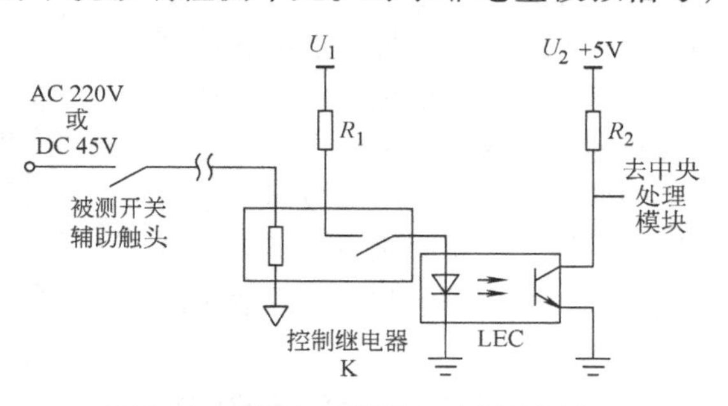


图 3-31　现场与检测单元之间的隔离

**2. 输入通道与中央处理模块之间的隔离**

被测参量在经过输入通道进入中央处理模块之前，有时还需要再经过一次隔离。隔离的目的主要有两点：一是把模拟通道供电电源与中央处理模块电源分开，使中央处理模块的电源地线“全浮空”，提高中央处理模块的抗干扰能力；二是把从一次元件接点取得的信号与检测单元电路分开，以保证检测单元的

安全运行。基本措施就是使用隔离器或集成隔离运算放大器。

# 3.4　现场参量的信号分析与处理

在智能电器的中央处理模块中，对采样来的信号通常要做的处理有：数字滤波，对非线性传感器的测量结果进行数字化处理；根据对被监控和保护对象的要求，分析和计算一些电量，如电压和电流有效值、有功功率、无功功率等，有时还要进行保护计算。

## 3.4.1　数字滤波器

在智能电器对采样信号的处理中，主要有两种形式的滤波器可供选择，一种是传统的模拟滤波器，另一种是数字滤波器。在采用模拟式滤波器时，模拟量输入信号首先经过滤波器进行滤波处理，然后对滤波后的连续型信号进行采样、量化和计算。而采用数字式滤波器时，则是直接对输入信号的离散采样值进行滤波计算，形成一组新的采样值序列，然后根据新的采样值序列进行参数计算。目前，数字式滤波器得到了最为广泛的应用，这主要因为数字滤波器与模拟滤波器相比有滤波精度高、具有高度的灵活性、稳定性高、便于分时复用等优点。

所谓数字滤波器通常是指一种计算程序或算法，通过这种数值运算，达到改变输入信号中所含频率分量的相对比例，或者滤除某些频率分量。数字滤波器的运算过程可用下述常系数线性差分方程组来表述：

$$y(n)=\sum_{i=0}^{m}a_i x(n-i)+\sum_{j=0}^{m}b_j y(n-j) \tag{3-34}$$

式中，$x(n)$ 和 $y(n)$ 分别为滤波器的输入值和输出值序列；$a_i$ 和 $b_j$ 为滤波器系数。

通过选择滤波系数 $a_i$ 和 $b_j$，可滤除输入信号序列 $x(n)$ 中的某些无用频率部分，使滤波器的输出序列 $y(n)$ 能更明确地反映有效信号的变化特征。就数字滤波器的运算结构而言，以系数 $b_j$ 是否全为0，可将数字滤波器分为非递归型和递归型两种基本形式。

数字滤波器的滤波特性通常可用它的频率响应特性来表征，包括幅频特性和相频特性。幅频特性反映的是不同频率的输入信号经过滤波计算后，其幅值的变化情况。而相频特性则反映的是输入信号和输出信号之间相位的变化大小。数字滤波器和模拟滤波器一样，按频率响应分类可以分为低通、高通、带通和带阻等数字滤波器。

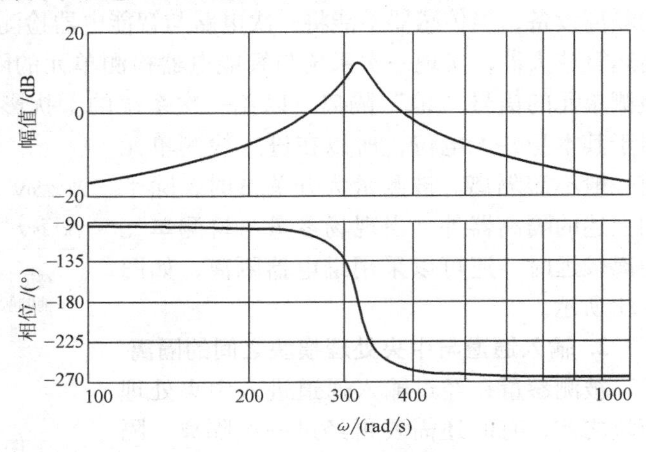


图3-32　典型二阶带通数字滤波器的幅值和相位的频率响应特性曲线

在实际应用中，数字滤波器的频率响应特性通常是采用频域上的频率响应特性曲线来描述。图3-32给出了某二阶带通数字滤波器的幅值和相位的频率响应特性曲线，该曲线直观地反映了滤波器对不同频率信号的滤波能力。由图可以看出，带通数字滤波器具有很好的选频特性，可以有效抑制信号中的高频脉冲分量。

## 3.4.2 非线性传感器测量结果的线性化处理

有些传感器的输出与被测物理量之间的关系是非线性的，一般情况下，如果在整个测量范围内非线性程度不是特别严重，或者说非线性误差可以忽略，那么就可以简单地采用线性逼近的办法将传感器的输出近似地用线性关系代替。这里的线性逼近方法有许多种，如端点法、最小二乘法等。

但对于在整个测量范围内非线性程度非常严重，或者说非线性误差不可忽略的情况下，就需要采用另外的非线性误差补偿手段，这里将介绍几种常用的非线性补偿方法。线性化处理方法很多，目前一般可分成两大类：一类是模拟线性化；另一类是数字线性化。

**1. 模拟线性化**

模拟线性化方法主要包括开环补偿法和闭环补偿法。

（1）开环补偿法　开环补偿法就是在传感器信号之后串接一个适当的补偿环节（又称为线性化器），补偿环节本身输出输入关系是非线性的，电路利用补偿环节的非线性特性，将来自传感器的非线性特性的输入信号变换为呈线性特性的输出信号。电路中，补偿环节仅仅接收非线性输入信号，输出线性化信号，电路中的各个环节相互独立。

开环补偿的结构框图如图3-33所示。图中传感器是非线性的，因此，传感器的输出 $U_1$ 与外界物理量 $x$ 之间的关系是非线性函数

$$U_1 = f(x) \tag{3-35}$$

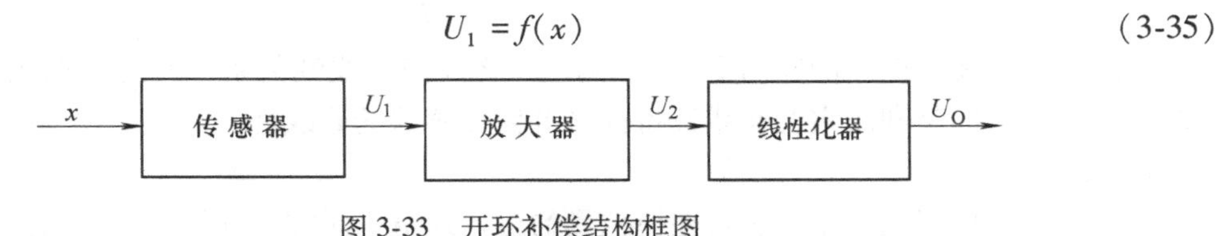


图3-33　开环补偿结构框图

$U_1$ 经放大器放大后可获得一个电平较高的电量 $U_2$，假设电路采用的是线性度很好的放大器，放大器的放大倍数为 $K$，那么

$$U_2 = a + KU_1 \tag{3-36}$$

$U_2$ 与 $x$ 仍然是非线性关系，$U_2$ 作为线性化器的输入，从线性化器输出的电量 $U_O$ 与物理量 $x$ 之间则是线性关系的，即

$$U_O = b + Sx \tag{3-37}$$

联立式（3-36）和式（3-37），消去中间变量 $U_1$ 和 $x$，可得线性化器的输入输出关系表达式为

$$U_2 = a + Kf\left(\frac{U_O - b}{S}\right) \tag{3-38}$$

根据式（3-38）来设计线性化器，就可以将传感器的非线性输出转换为电路输出电压 $U_O$ 随物理量 $x$ 呈线性关系的变化。

例如，前面所介绍的 Rogowski 电流传感器的输出信号为感应电动势，与被测电流为微分关系，可在输出接一个积分器作为线性化器，可使输入电流信号变换为呈线性特性的输出

电压信号。

(2) 闭环补偿法　图3-34为闭环非线性补偿电路结构框图。与开环补偿不同的是，闭环补偿具有反馈网络，且放大器的放大倍数足够大，有限的输出 $U_0$ 要求放大器输入 $\Delta U$ 足够小，这样，$U_1$ 与 $U_F$ 十分接近，从而使得带有闭环反馈网络的放大器输出 $U_0$ 与输入 $U_1$ 之间的关系主要由反馈网络来决定。

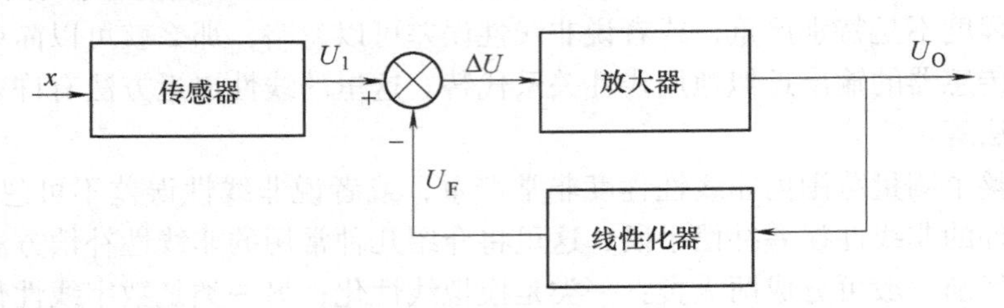


图3-34　闭环补偿结构框图

设传感器的输出 $U_1$ 与外界物理量 $x$ 之间的关系是非线性函数 $U_1 = f(x)$，放大器的输入输出关系为

$$U_0 = K\Delta U$$

式中，$\Delta U = U_1 - U_F$。则当电路输出的电量 $U_0$ 与物理量 $x$ 之间是线性关系，即 $U_0 = Sx$。

联立以上式子，消去中间变量 $x$、$\Delta U$、$U_1$，可以得到所求的非线性反馈环节的表达式为

$$U_F = f\left(\frac{U_0}{S}\right) - \frac{U_0}{K} \tag{3-39}$$

显然，为了使得电路的输出 $U_0$ 与被测量 $x$ 之间满足线性关系，有意将反馈网络设计成非线性的，其目的是利用它的非线性特性来补偿传感器的非线性。

**2. 数字线性化**

上面介绍的模拟线性化方法是在模拟量的输入通道中添加非线性补偿电路。采用这种方法，电路的设计和调试都比较复杂。在智能化电器的测量系统中，信号大多已被转换为数字信号，非线性校正环节可以放在A/D转换之后，利用软件进行传感器特性的非线性补偿，使输出的数字量与被测的物理量之间呈线性关系，这就是数字线性化方法。这种方法有许多优点：首先，它可省去复杂的硬件补偿电路，简化了装置，提高了检测的准确性和精度；其次，通过适当改变软件内容，可以对不同性质的传感器特性进行补偿，并可以同时对多个通道、多个参数进行补偿。采用软件实现数据线性化，常用方法有计算法、查表法、插值法和拟合法等，下面分别予以介绍。

(1) 计算法　当传感器的输出量与输入量之间有确定的数学表达式时，就可采用计算法进行非线性补偿。计算法就是在软件中编制一段实现数学表达式的计算程序，当被测参量经过放大、滤波和A/D转换后，直接用计算程序对其进行计算，计算后的数值即为经过线性化处理的输出量。

(2) 查表法　当传感器的输出与输入为非线性关系，且无法用一个数学表达式来描述时，就不能采用上述方法。有时虽然有数学表达式，但涉及指数、对数、三角函数等较复杂的计算，用计算法不仅程序冗长，而且费时，更何况有时微机没有现成的程序可调用（如单片机、单板机等），在这些情况下可采用查表法。

查表法就是把测量范围内参量变化分成若干等分点，然后，由小到大顺序计算或测量出这些等分点相对应的输出数值。这些等分点和其对应的输出数据组成一张表格，把这张数据表格存放在计算机存储器中。软件处理方法是在程序中编制一段查表程序，当被测参量经采样等转换后，通过查表程序，直接从表中查出对应的输出数值。

在实际测量时，输入参量往往并不正好与表格数据相等，一般介于某两个表格数据之间，若不做插值计算，仍按其原相近的数据所对应的输出数值作为结果，必然有较大的误差，所以查表法大都用于测量范围比较窄、对应的输出量间距比较小的列表数据，例如室温用数字式温度计等。不过，此法也常用于测量范围较大，但对精度要求不高的情况下。应该指出，这是一种常用的基本方法。查表法的优点是速度快、编程简单。但查表法的转换精度与表格的密度直接相关，表格越密、数据越多，则精度越高；反之则误差较大。另外，表格的密度高、数据多，就要占用相当大的内存，会使前期的表格制作工作量很大。因此，工程上常采用插值法代替单纯查表法，以减少标定点，对标定点之间的数据采用各种插值计算来减少误差，提高精度。

（3）分段补偿法　分段补偿法是将传感器输出特性分解成若干段，然后分别将各段修正到希望的输出状态。常用的分段补偿方法有线性插值法、抛物线插值法（二次插值法）及曲线拟合法。

分段补偿法是计算法和查表法的结合，是使用较多的一种方法。假设传感器的输出-输入特性呈非线性关系曲线，根据精度的要求，可把曲线分为 $n$ 段，用实验或计算的方法得到各分段点输出和输入的对应值（坐标值）。将这些对应值编制成表格存储起来。实际的传感器输出值一定落在某个区间之内。分段补偿法就是用一段简单的曲线，近似代替这段区间里的实际曲线，随后由简单曲线的表达式计算出被测量。

具体来说，线性插值法是用两点间的直线来近似代替两点间的函数曲线。由于线性插值法仅仅利用两个结点上的信息，一般精度较低。为了在不增加分段数的条件下改善精度，可以采用抛物线插值法（二次插值法）。它的基本思想是利用 $n$ 段抛物线（每段抛物线通过三个相邻的插值结点）替代原函数曲线，从而实现非线性校正。它和线性插值不同之处，仅仅在于用抛物线代替直线，这样做的结果是计算值有可能更接近实际的函数值。曲线拟合法则是用一个 $n$ 次多项式曲线来逼近非线性曲线，其多项式系数可采用最小二乘法来确定。

以上所介绍的方法均用软件进行线性化处理，可见，不论采用哪种方法，都要花费一定的程序运行时间，因此，这种方法也并不是在任何情况下都是优越的。特别是在智能化电器系统需要非常高的实时性要求时，采用模拟线性化，用硬件处理是合适的。一般说来，如果允许线性化处理的时间足够时，应尽量采用数字线性化方法，即采用软件方法，从而大大简化硬件电路。总之，对传感器的非线性补偿方法，应根据系统的具体情况来决定，有时也可采用硬件和软件兼用的方法。

### 3.4.3　常用电参量的计算

智能电器对电参量的测量是根据对被测参量的采样结果，实时地计算出被测量的当前值。被测电参量包括电压和电流的有效值、有功功率、无功功率和功率因数。

正弦波情况下，有功功率为 $P=UI\cos\varphi$ 。非正弦波情况下，电力电子和其他非线性元件的应用，使电流、电压包含各种谐波，产生波形畸变，此时的有功功率定义为

$$P = \frac{1}{T}\int_0^T ui\mathrm{d}t \tag{3-40}$$

电压、电流的有效值定义为

相电压的有效值：

$$U = \sqrt{\frac{1}{T}\int_0^T u^2\mathrm{d}t} \tag{3-41}$$

相电流的有效值：

$$I = \sqrt{\frac{1}{T}\int_0^T i^2\mathrm{d}t} \tag{3-42}$$

对信号 $u(t)$、$i(t)$ 进行离散化采样，得离散化序列 $\{u_K\}$、$\{i_K\}$，则

$$U \approx \sqrt{\frac{1}{T}\sum_{K=0}^{N-1} u_K^2 \Delta T_K} \tag{3-43}$$

式中，$\Delta T_K$ 为相邻两次采样的时间间隔；$u_K$ 为第 $K$ 个时间间隔的电压采样瞬时值；$N$ 为1个周期内的采样点数。

若相邻两次采样的时间间隔相等，即 $\Delta T_K$ 为时间常数 $\Delta T$，$N = \dfrac{T}{\Delta T}$，则

$$U = \sqrt{\frac{1}{N}\sum_{K=0}^{N-1} u_K^2} \tag{3-44}$$

同理可得电流有效值公式为

$$I = \sqrt{\frac{1}{N}\sum_{K=0}^{N-1} i_K^2} \tag{3-45}$$

以式（3-40）为基础，将1个周期 $T$ 进行 $N$ 等分，使 $\Delta t = T/N$，当 $N$ 足够大时，$\Delta t$ 足够小，式（3-40）可写成

$$P = \frac{1}{T}\sum_{K=0}^{N-1}(u_K i_K \Delta t) \tag{3-46}$$

则单相有功功率离散化后可得

$$P = \frac{1}{N}\sum_{K=0}^{N-1} u_K i_K \tag{3-47}$$

三相总的有功功率

$$P = \frac{1}{N}\left(\sum_{K=0}^{N-1} u_{AK} i_{AK} + \sum_{K=0}^{N-1} u_{BK} i_{BK} + \sum_{K=0}^{N-1} u_{CK} i_{CK}\right) \tag{3-48}$$

视在功率

$$S = U_A I_A + U_B I_B + U_C I_C \tag{3-49}$$

功率因数

$$\cos\varphi = \frac{P}{S} \tag{3-50}$$

## 3.5 信号检测系统误差

智能电器现场参量测量的精确度是衡量测量特性的主要指标，也是决定控制效果好坏的

重要条件。智能电器测量系统的测量误差分为系统误差、条件误差和随机误差，它们存在于测量的各个环节之中。系统误差具有不变特性，且与测量系统有关，系统误差主要有放大器的失调、传感器的非线性特性和不希望有但仍需确定的定标因数等，可以通过自动调零或进行校准来消除。条件误差来自检测系统外部影响，如电磁干扰（EMI）和电磁脉冲（EMP）引起的误差。条件误差可通过对干扰源进行隔离、保护、补偿等措施来消除。随机误差则以噪声、外部气压、材料温度等参数变化为代表，可通过采用各种降噪技术来减小其影响。下面主要讨论检测系统误差。

智能电器检测系统误差主要来源于两方面：系统的硬件电路误差和计算误差。硬件电路误差主要有传感器误差、调理电路误差和A/D转换误差。而计算误差主要有算法误差（截断误差）和CPU的舍入误差等。

**1. 传感器误差**

传感器负责对智能电器在运行现场需要的各种参量进行测量。由于传感器本身存在非线性，将给测量结果带来幅值和相位的误差。误差大小可以根据传感器的具体使用手册进行估计。在设计智能电器的控制系统时，必须注意选择所采用的传感器精度，尽量选用高精度的传感器，以保证整个系统的精度。

例如，作为电量传感器的电压和电流传感器，造成的传变误差主要是由互感器铁心中的励磁电流和漏磁压降等因素造成的。近年来，由于铁磁材料的质量、加工工艺等方面均有了明显改善，参数配备也趋于合理，线性度大为改善。采用高磁导率的环形变换器，当二次负载较轻（电压传感器负载电阻大于100kΩ，电流传感器负载电阻小于100Ω），输入信号在额定值的1%~120%范围内变化时，变换的误差不超过1%，且具有良好的线性度。

**2. 信号调理电路误差**

调理电路用来对传感器变换后的信号进行加工和处理，电路中的元器件主要有运算放大器和各类阻容元件。运算放大器的输出误差主要受失调电压和失调电流的影响，此外，还有输入失调电压温漂和输入失调电流温漂的影响。应该注意的是，由于温漂产生的输出误差难以用人工调零或补偿方法来抵消，尤其是在进行积分运算时，积分漂移会导致放大器进入饱和工作状态，而无法进行正常的积分运算。因此，在积分电路中，常选用失调和温漂小的集成运放。

电阻、电容等无源元件通常会受到温度的影响和使其数值发生变化。因此，对于高精度的智能检测系统应该选用精度高的元器件。

**3. A/D转换误差**

影响A/D转换误差的因素主要有量化误差和非线性误差、交流电压和电流的频率偏移引起采样不同步误差、满量程误差、参考电压精度引起的误差等。根据需要，可选用合适的A/D转换器件。

**4. 计算误差**

智能电器的微机系统主要负责完成各种测量算法，按要求计算所需的电气量。与该部分有关的误差主要取决于CPU的字长、选用的算法、采用的频率能否跟踪系统频率的变化等因素。因此，在软件设计中，应该综合考虑上述因素来进行，以保证检测系统的精度。

1. 智能电器的现场参量的类型有哪些？

2. 电量传感器的主要技术参数有哪些？对输出功率有什么要求？

3. 简述罗柯夫斯基线圈测量电流信号的基本原理。采用罗柯夫斯基线圈测量电流信号有哪些优点？

4. 开关量的检测主要有哪些方法？其工作原理有何不同？

5. 信号输入通道的基本结构是什么？信号调理电路主要有哪些？

6. 简述V/F方式信号调制与解调原理。

7. 现场检测单元的隔离措施主要有哪些？

8. 什么是数字滤波器？叙述其基本设计方法。

9. 非线性传感器测量结果的线性化处理有哪些方法？它们之间有什么区别？

10. 智能电器信号检测系统误差主要有哪些来源？可采取哪些相应措施来解决？

## 参考文献


[1] 万隆，巴奉丽．单片机原理及应用技术［M］.2版．北京：清华大学出版社，2015.

[2] 江征风．测试技术基础［M］.2版．北京：北京大学出版社，2010.

[3] 索雪松，纪建伟．传感器与信号处理电路［M］．北京：中国水利水电出版社，2008.

# 第4章 智能电器的控制系统

智能电器的控制系统又可称为智能控制器，是智能电器的大脑与心脏，其性能关系到智能电器的参数和工作可靠性。如前所述，功能完备的智能电器必须具备灵敏准确的感知功能、正确的思维与判断功能以及行之有效的执行功能。思维和判断就是控制器的任务。随着大规模集成电路技术的发展，微控制器和各种外围电路的功能和集成度不断提高，为智能电器控制器的设计和开发提供了良好的硬件环境和条件。而计算机软件系统方面的发展提供了适应速度和精度要求的控制策略和算法，网络通信系统则提供了数据的可靠远距离传输和控制。本章主要介绍智能电器控制器的基本结构和组成，详细讨论控制器的典型硬件系统和软件系统，以及其通信系统。

## 4.1 控制器的基本结构与组成

智能电器控制器的任务是将现场测量信号提供给主控单元，由其发出指令，对被监控和保护的对象及智能电器自身执行正确的操作。为此，必须首先取得与被监控和保护的对象有关的信息，基于这些信息，根据不同的原理，进行综合和逻辑判断，最后做出决断，并付诸执行。因此，控制器的基本结构大致上可以分为三个部分：

1）信息的获取与预处理。

2）信息的综合、分析与逻辑加工、决断。

3）决断结果的执行。

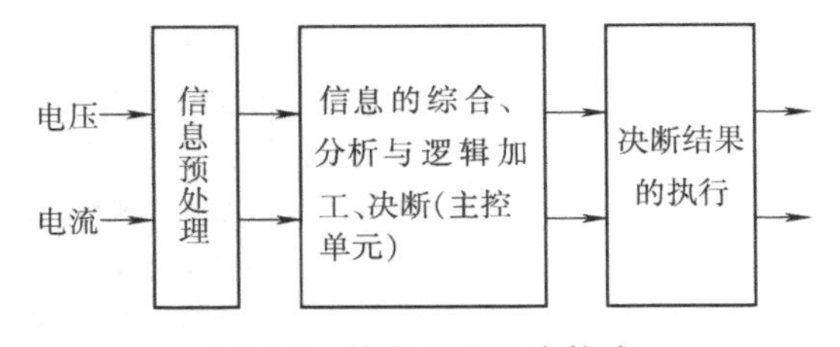

图4-1　控制器的基本构成

这三个部分的关系如图4-1所示。信息要通过电量或非电量传感器来获得最终的电流或电压信号，有时还通过一些开关量传递。信息预处理环节实际包括对现场参量的提取与处理，已经在第3章进行了详细论述。对于进行预处理以后的信号，送至主控单元进行综合、分析与逻辑加工、决断。智能电器的控制器是依靠硬件和软件系统来完成这些功能的。硬件系统主要包括中央处理模块在内的各种集成功能模块器件与硬件电子电路，而软件系统则通过预先按一定的规则（语言）制定的计算程序（控制策略）进行，通过软件来实现信息的数字和逻辑计算。也就是说，智能控制器实际上是由“硬件”和“软件”两部分组成的，硬件是实现智能电器各种功能的基础，而其控制策略则直接由软件，即由计算程序来实现，程序的不同可以实现不同的控制策略与方法。当然，程序的好坏、正确与否都直接影响着智能电器工作性能的优劣、正确与错误。

从计算机的应用角度出发，可将智能电器控制器看成是面向实时过程的计算机系统。面向实时过程的计算机也称过程计算机或监测控制计算机（简称监控计算机），它除具有通用计算机的一些共同特性外，在系统结构、硬软件组成、设计思想、开发工具、使用方法等方面与通用计算机有许多不同，其主要差别可归纳为：

1）丰富的过程输入/输出（I/O）接口。

2）多样的人机接口。

3）严格的可靠性措施。

4）实时操作系统或保证实时性的软件技术。

监测控制计算机所含的硬软件根据实际应用的需要而不相同，图4-2给出了一种典型的

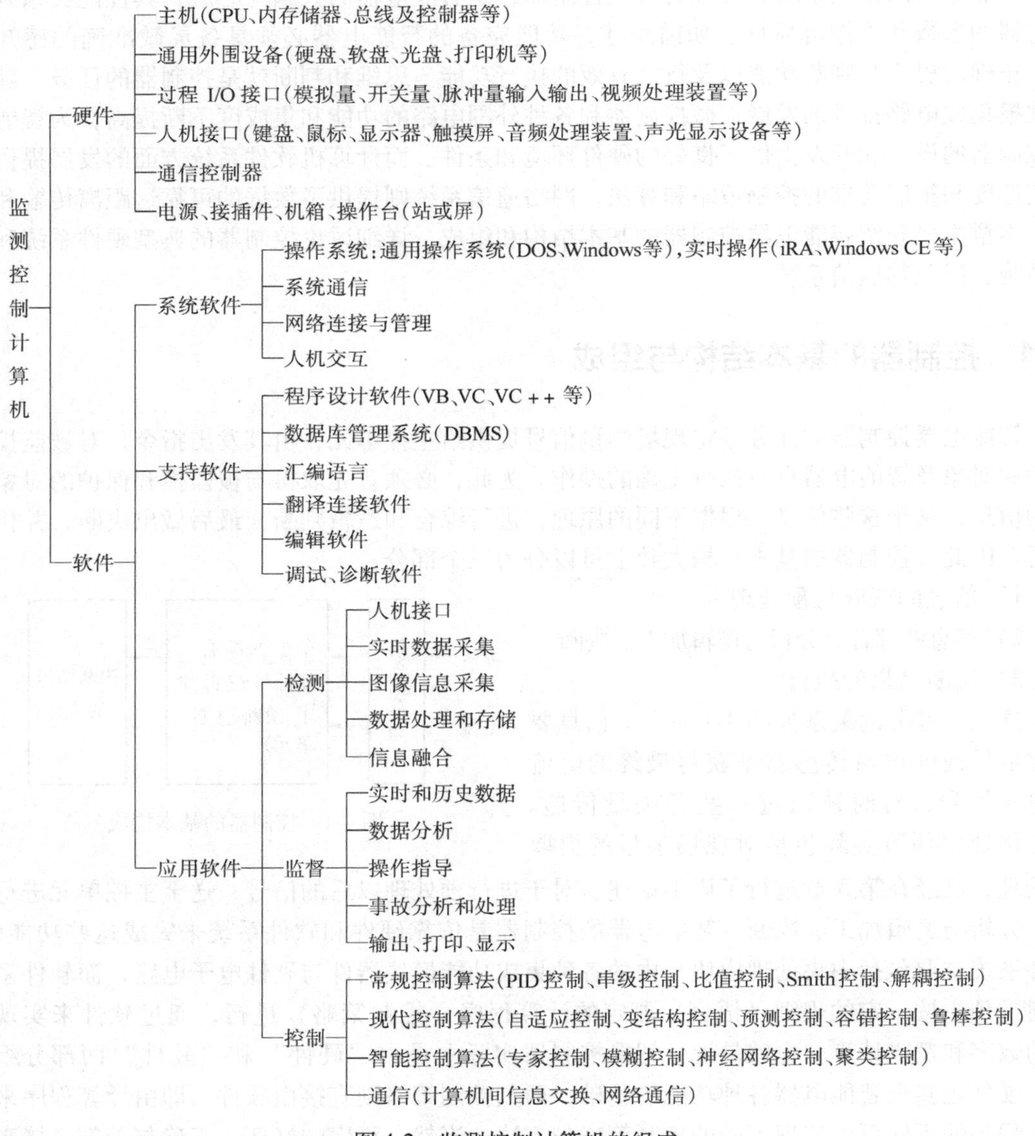


图4-2 监测控制计算机的组成

分类。一个具体的监测控制计算机可以包括其中的某些部分。在实际应用中，监测控制计算机的种类很多。在我国，应用得较多的有下述几种类型：

（1）数字控制器　它可分为两类。一类是专用的小型控制器，它一般是针对某些或某类应用系统专门设计制造的，优点包括性能专一、针对性强、操作简单、方便实用，因而有一定的应用范围。各个厂家有自己的型号，通用性不强。另一类是可编程序控制器（Programmable Controller），也称可编程序逻辑控制器（Programmable Logic Controller，PLC）。现代的PLC除具有逻辑、计时、计数等功能外，还充分应用了计算机技术，增加了运算、数据传送和处理、通信等功能，使其性能大大提高。PLC以标准模块的形式提供给用户，如中央处理模块、数字和模拟的输入输出模块、典型工业对象的控制功能模块、通信处理模块、测试模块等，并提供相应的PLC编程语言和组态工具，使用起来十分方便。

（2）工业控制计算机　现在市场上有各种总线的工业控制计算机产品，例如，VME总线工控机、MuitiBus工控机、STD总线工控机、IPC总线工控机等。PC总线工控机（Industial Personal Computer，IPC）发展最快，已成为当前工控机的主流。IPC有严格的标准和丰富的外围接口板，有的还配有功能颇强的组态软件或工业控制软件包，给用户提供了良好的开发和应用条件。

（3）嵌入式PC　这是一种近年来发展起来的超小型化的PC，功耗小，无需机箱和底板就可以将有关的模块直接叠装组合成各种系统。目前嵌入式PC处在迅速发展之中，产品种类很多，规格型号不统一，有代表性的产品是PC/104。

## 4.2　控制器的基本功能与特点

### 4.2.1　控制器的基本功能

智能电器的控制器以监测控制计算机为主体，加上信号预处理电路和输入/输出接口，形成一个整体。图4-3示出了一个典型的智能电器控制系统。在这个系统中，计算机直接参与电器状态的检测(Monitor)、监督(Supervise)和控制(Control)，或者说具有下述三方面的功能：

（1）采集与预处理功能　主要是对智能电器的现场参数进行检测、采样和必要的预处理，并以一定的形式输出(如打印制表和CRT屏幕显示)，为工作技术人员提供详实的数据，以便于他们分析、了解和监视智能电器的工作情况。

（2）监督功能　将检测的实时数据、人工输入的数据等信息进行分析、归纳、整理计算等二次加工，并制成实时和历史数据库加以存储。根据实际的需要及系统实时的情况，进行工况分析、故障诊断、状态预测，并以图、文、声等多种形式及时做出报道，以进行操作指导、事故报警。监督系统的输出一般都不直接作用于智能电器本身，而是经过生产运行人员的判断后再由操作人员对智能电器的工作进行干预。

（3）控制功能　在检测的基础上进行信息加工，根据事先决定的控制策略形成控制输出，直接作用于智能电器的操动机构或一次系统。

完整的计算机监测控制系统是上述三种功能的综合集成，它利用计算机高速度、大容量和智能化的特点，可以把一个复杂的智能电器系统组织管理成为一个综合、完整、高效的自

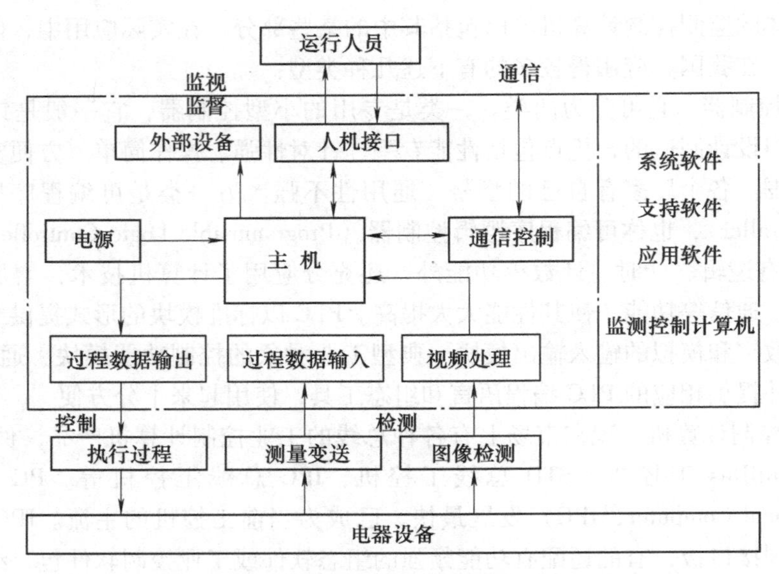


图 4-3 典型智能电器控制系统示意图

动化整体。当然，在实际使用中，可以根据实际对象的需求情况，系统只具有上述一项或两项功能或是以某一项为主，而辅以其他的功能即可。这样可以更针对实际应用的需要，以降低成本、减少复杂性、增强可维护性。

### 4.2.2 控制器的基本特点

#### 1. 实时性

智能电器的控制器是一个实时计算机监测控制系统，实时性是它区别于普通（通用）计算机系统的关键特点，也是衡量计算机监测控制系统性能的一个重要指标。实时性有下述几层含义：

首先，是系统对外界激励（事件）及时做出响应的能力，即系统能在多长时间内响应外部事件的发生。这一含义常用“系统响应时间”来衡量。智能电器的计算机监控系统要直接从现场中采集各种信号，“不失时机”地获得随机的突发信号。及时地响应这些信号，是计算机监测控制系统必不可少的基本任务。

第二，系统在所要求的时间内完成规定的任务的能力。计算机监控系统工作的正确性不仅依赖于它计算、推理结果的逻辑正确性，而且还依赖于得出结果的时间。

第三，实时是与分时相对应的。在分时系统中，各种操作是按预先分好的时间片来处理的；实时系统中，各种操作具有不同优先级，在正常的工作情况下，如果高优先级的操作条件得到满足，系统将及时中断正常的运行而去执行高优先级的操作。

在实际工作中，不同的应用情况对智能电器的实时性有不同的要求。例如，同步开关技术中操动机构动作速度与环境温度有关，由于温度变化的时间常数相对较大，对其中温控单元实时性的要求相对不高，系统响应时间一般为秒级即可。但另一些应用中，如电力系统发生短路故障时，要求智能电器迅速动作，此时现场参量信号变化频率非常快，要求计算机系统在几毫秒甚至几微秒内采集一个数据，并记录保存它，并根据控制策略进行相应判断，做出正确的操作；在电力系统无功补偿控制系统中，要实时测量多处的电力负荷，分析无功情况，进行正确的补偿。如果响应时间过长，往往会引起“失时”，造成“失控”，从而带来严重的后果，这时必须选用实时性非常好的监测控制系统。

实时性与以下诸多因素有关。

1）在系统硬件方面，与 CPU 的时钟频率、中断优先级的处理电路等有关，也与字长、指令有关。

2）在系统软件方面，主要取决于操作系统对程序运行的调度方法。实时操作系统有实时调度管理功能、中断管理功能，并能根据各任务的实时性要求来划分优先级别。在实时要求高的系统中，应首选实时操作系统为计算机的操作系统。

3）在支持软件方面，合理地选用编程语言或采用混合语言编程，可以提高程序的响应和处理速度。某些要求实时性很高的模块，用汇编语言编程可以得到好的效果。

4）在应用软件方面，程序结构、数据处理方法以及控制算法对程序的执行速度有很大影响，应当综合考虑，尽可能简化算法。有时为了保证实时性而不得不对一些理论上优秀但耗时较大的算法“割爱”。

**2. 可靠性**

智能电器计算机监控系统的可靠性是指系统无故障运行的能力。当电力系统在连续运行时，智能电器也必须同步连续运行，对过程进行监测和控制。即使系统由于其他原因出现故障错误，智能电器的控制器仍能做出实时响应并记录完整的数据。

可靠性常用“平均无故障运行时间”即平均的故障间隔时间（Mean Time Between Failures，MTBF）来定量地衡量。当今，一般计算机生产厂家给出主机板或计算机的 MTBF 指标但并不是指整个系统的 MTBF，它是厂家在一种标准测试条件下测得，然后按标准算法转换到标准工业环境而获得的。工业环境相对来说条件要恶劣得多，它包括高低温、振动、冲击、腐蚀、尘埃等诸多因素。

我国《计算机通用规范　第 1 部分：台式微型计算机》（GB/T 9813.1—2016）规定，微型计算机机产品的 MTBF 值不得低于 10000h。工业控制计算机的 MTBF 就大得更多，例如，Prolog 公司的 STD System Ⅱ的 MTBF 大于 12 年，Intel 公司的工业 PC 主机系统的 MTBF 是 $1.6\times10^5$h，即大于 18 年。

可靠性与硬件、软件、系统组成及使用等诸多因素有关，现分述如下。

（1）在电气硬件方面

1）从元器件选型到整机出厂的各个环节，其质量标准就设定在比一般商用计算机更高、更严的层次上。工业级的元器件经过严格的挑选、老化，印制电路板的设计、制造经过周密考虑；整机的安装、调试、测试等都要保证高水平的生产工艺和严格的质量标准。

2）降低元器件的负荷率，特别是降低 CPU 负荷率是保证可靠性的有效措施之一。为了可靠，各 CPU 负荷率应小于 60%。有些重要的系统采用双处理器或多处理器结构 CPU 分担负荷。

3）增大系统内存，减少内存覆盖面和虚拟内存，以提高数据的准确可靠性。

4）各种与现场有关的信号都要经过隔离后再送入计算机。

5）计算机的电源对系统可靠性起着重要作用。一般都采用特殊设计的高可靠专用电源。它应能适应较宽的电网电压波动，还可承受瞬间浪涌冲击；电源的容量要有足够的富裕，例如正常运行时只用到其额定值的1/2，现场的干扰很大一部分是通过电源进来的，电源系统要有可靠的防干扰措施，以保证在电网不稳、电气干扰强烈的环境中可靠运行。

（2）在机械结构方面　高强度全钢抗震防磁结构是当前工控计算机的主流结构。工业环境往往很恶劣，如电磁干扰强、温度高、湿度大、含腐蚀性物质、尘土多、颠簸振动厉害等。为防电磁干扰，要求机箱屏蔽性能好，将机箱做成全钢的；为适应温度高、湿度大，甚至空气中含腐蚀性物质的环境，采用不锈钢材料或抗腐蚀涂层加工机箱；为抵御尘土，机箱加滤网以过滤进入机箱内的空气，并采用双冲风扇；为消除颠簸、振动的影响，将机箱加固，机箱内各电路板应安装可调整的弹性压条，使其抗冲击和振动性能提高。

（3）在系统组成方面　采用冗余结构。

1）双机热备份。两套系统同时运行，正常情况下，备用机也随时在采集并保留实时数据，一旦主系统出现故障，切换装置立即把主控权切换到备用机使其成为主系统。双机热备份中还可采用带电拔插部件，维修快捷方便，减少断电带来的影响，使系统故障后能尽早恢复双机热备份状态。

2）双机冷备份。一套工作，保留另一套作备用。工作组不正常时，备用组可立即投入运行。

3）部分硬件冗余。例如硬磁盘等存储器比其他部件寿命短（正常读写寿命平均为5000h），可采用硬盘镜像方式，即用双硬盘来保留同样的数据，有时还采用磁盘阵列形成冗余结构，其中个别硬盘损坏，不影响系统正常运转。

（4）在软件设计方面

1）应用软件编写的质量、操作系统对资源的管理方法、异常处理程序的检错纠错能力等，对系统可靠性影响极大。应用软件中，需要编写各种异常处理程序、适用的通信与容错支持程序、自诊断和自恢复程序等来提高系统的可靠性。

2）容错设计是实时系统提高可靠性的一个重要手段。容错指当系统内某些软、硬件出现故障时，系统仍能正常运转，以完成预定的任务或某些重要的不允许间断的任务。容错能力包括系统自诊断、自恢复、自动切换等多方面能力，一般由软、硬件共同采取措施才能实现。

3）安全性控制是系统对自身文件和用户文件的存取合法性的控制，防止对应用系统的有意或无意的破坏。通常采用一些软件控制方法来保证系统安全性，如标记检查、多级口令设置、加密等。

**3. 可维护性**

可维护性是指进行维护工作时的方便快捷程度。计算机监测控制系统的故障会影响工业生产过程的正常操作，有时会大面积地影响生产过程的进行，甚至使整个生产瘫痪。因此，方便地维护监测控制系统的正常运行，在最短时间内排除它的故障成为计算机监测控制系统的一个重要特点。可维护性也与诸多因素有关。

（1）在硬件方面

1）系统的整体结构要便于装卸和维修。例如，模板应从侧面插入机笼，机笼固定在机体中，机柜从侧面开门。这种结构装卸模板就很方便：打开机柜侧门→拧开固定螺钉→抽出或插入模板。比普通的PC结构便于维修和处理故障。

2）尽可能使用拔插式模板结构，便于及时更换出故障的模板。所用的板级产品要具有较高的一致性。更换模板后，不必做过多的调整，能保证系统运行状态和性能不受影响。

3）要有足够的信号显示出模板和部件的运行状态，并具有比较完善的诊断功能，以便于准确查找故障，减少故障时间。

4）尽可能使用能带电拔插的模块和部件。

（2）在软件方面

1）软件的可维护性，主要包括语言选用、程序结构、程序编写、规范制定、软件模块组成和接口等，应当使应用程序易阅读、易理解、易修改、易扩充、易移植，随着软件规模的日趋庞大，软件的可维护性更显重要，从软件开发阶段起就必须高度重视、仔细分析、精心设计，建立完整的资料文档。

2）监测控制软件应具有在线实时诊断程序，可以在不影响系统运行的情况下及时发现故障。

**4. 过程量采集及输出**

智能电器监测控制系统的一个突出的特点是具有强大的I/O功能，即大量的现场信息要直接从现场采集并送入计算机中。从当前已有的应用来看，有两大类信息：

（1）数据信息　主要有三种类型的数据输入信号：模拟量输入(AI)、开关量输入(SI)、脉冲量输入(PI)。模拟量输入通道接收现场连续变化的信息(如电压、电流、电阻等)，其输入要经过放大、隔离、A/D转换等处理后，变成数字量才能进入计算机。开关量输入通道接收现场“通/断”两个状态信息（如表示阀门开关、设备起停、刀闸分合等状态的无触点开关或继电器开关)。脉冲量输入不是开关状态，也不是连续变化的模拟量，而是脉冲序列。脉冲量输入通道通常具有计数功能以接收脉冲序列信号，这种信号有时直接代表某些物理量(如转速)，有时是它的累计值表示某些物理量(如V/F转换中的电量)。

对应于三种类型的数据输入信号，有三种类型的数据输出信号：模拟量输出(AO)、开关量输出(SO)、脉冲量输出(PO)。它们用来控制智能电器的执行机构，或送到有关的显示、报警、记录设备中。

（2）图像信息　由于多媒体技术和信息处理技术的进步，近年来，图像信息也进入智能电器控制领域，而且起着数据信息不能替代的作用。最常用的获取图像信息的设备是工业摄像机，它摄取的视频图像通过视频处理卡后可直接进入计算机。在常规使用中，视频图像是直接输出到屏幕上进行显示的。最近的技术发展中，视频图像经图像处理后再进行显示；或再与数据信息进行融合后作为控制信号使用。

**5. 人机交互**

在智能电器的控制器中，人机交互方式比较丰富。特别是在复杂、大型、综合、连续的电力系统监控过程中，操作人员要在短时间内接收多个信息，进行分析判断，完成有关操作，因此要求监测控制系统具有多种而不是单一的人机交互方式。除常规的键盘、鼠标、CRT显示器外，通常还有触摸屏、专用键盘、大屏幕显示、语音等。

**6. 通信功能**

这里所说的通信，主要是指在监测控制系统中，计算机与计算机之间、相同类型或不同类型总线之间以及计算机网络之间的信息传输。在实际应用中，往往有多种类型的多台监测控制计算机在一起联合工作，这时就需要在计算机之间进行通信，实时、可靠地传递信息。特别在分级计算机监测控制系统、分布式计算机监测控制系统中，通信是一个非常重要的问题。

**7. 信息处理和控制算法**

在设计控制器时，信息处理和控制算法的设计、开发、调试是最为核心的内容，也是最花费时间的工作，它占据了开发调试的大部分工作量。信息处理和控制算法主要是软件工作，这些软件的开发编制除了和采用的操作系统、软件开发工具有关外，还和硬件（特别是接口部件）以及电力系统对智能电器控制器的要求有密切关系。正因为如此，监测控制系统的软件开发往往难度更大，它要求开发设计人员具有更全面和广泛的知识。

# 4.3 控制器的系统设计

## 4.3.1 控制器系统设计的基本要求

对于不同的应用对象有不同的具体要求，但对大多数监测控制系统的设计来说，运行上可靠、技术上先进、使用上方便、应用上灵活、时间上节省、经济上合理是共同的基本要求。

**1. 运行可靠**

这是最基本也是最重要的要求。这首先是由于计算机监测控制系统的运行环境一般都相对恶劣，能否适应这种环境是系统不可避免要面临的考验；其次，计算机监测控制系统往往负担着重要的任务，它一旦出现故障，将造成整个被监控过程的混乱，引起严重的后果，由此造成的经济损失往往远非计算机监测控制系统本身的造价所能比拟。所以，能否确保长期可靠地运行成为计算机监测控制系统设计中首要考虑的问题。特别是电力系统的监控和操作不允许故障率高的系统存在。如4.2.2节所述，系统的可靠性与诸多因素有关，必须在整个过程中（包括设计、安装、调试、运行），从各个方面（包括器件、部件、系统构成、软件编制、环境配置等）综合考虑。

**2. 技术先进**

计算机监测控制是一个综合性、交叉性强的技术领域，它综合了计算机技术、自动控制、信息处理和通信、检测技术和仪表以及生产过程和管理方面的知识，其技术先进性概括来说体现在硬件设备、软件平台和工具、信息处理和控制策略这三个方面。前两个方面易为人们所认识，而第三个方面却常为工程界所不注重。而正是它应用得当，有时可望获得事半功倍的效果，甚至可能解决常规方法所达不到的效果或解决不了的问题。

计算机监测控制系统设计的一个原则应当是不盲目追求新技术，而是在技术成熟的前提下尽量采用先进的技术。首先，先进的技术可以获得更好的监测控制效果，从而可能获得更高的经济效益，因此在保证可靠性和经济上允许的前提下，应尽可能采用先进的技术；第二，计算机技术发展十分迅速，硬件和软件更新换代的周期越来越短，采用先进的技术意味着延长系统的生命期限；第三，计算机监测控制系统大多作为整套生产设备的一部分出现，而高技术含量往往又体现在控制系统上，先进技术的采用可以大大提高整套设备的附加值，带来可观的经济和社会效益。

**3. 使用方便**

这包括三方面的含义：其一，操作方便，尽可能降低对操作人员的专业技术知识的要求，使他们在较短的时间内通过说明书来掌握和熟悉操作使用。操作的内容尽可能简单明了，操作的顺序清晰简明，便于记忆。其二，排错方便。硬件的排列和安装合理，配有明显的指示或信号显示，并配有查错、诊断、故障报警程序，在故障出现时能及时对它定位并排除。其三，维护方便。应尽量采用标准零部件，便于硬件的更换。

**4. 应用灵活**

一个优良的计算机监测控制系统应当适用于不同的设备和不同的控制对象，即应具有良好的通用性，能灵活地扩充、修改和升级。当应用对象不同时（例如电力系统要求有改变，或系统应用于另外一种完全不一样的情况），只需在基本系统中做适当的改动，增减某些硬软件模块，便可满足对象的要求。为此，在系统的总线结构、通信规约上要标准化，采用国际、国内的统一标准和规范；设计指标要留有一定余地，如输入/输出通道数不应用满。软件的设计也应规范化、模块化。模块要易于连接和组织。程序应可读性强，清除多余语句，并有适量的说明注释，以便于修改。

**5. 时间节省**

这里主要是指设计（准确地说还应包括生产、安装、调试、投运等环节）的时间应尽量短。一方面可以以更快的速度满足用户的要求，更快地产生经济效益，这在市场竞争的环境下尤为重要；另一方面，计算机硬、软件的技术发展十分迅速，更新换代很快，而其价格又呈下降趋势，要保持性能/价格比高的优势，时间是一个重要的因素。第三，尽量缩短设计周期，可以降低整个系统的开发费用。

**6. 经济合理**

这是一个综合性很强的内容，应当进行全面的经济技术权衡。而这又与具体应用对象有密切的关系，应当根据应用对象的要求和当前的市场情况进行具体的分析。一般来说，可靠、方便、价廉是用户方面最起码和最重视的内容，而先进、灵活、节省则是设计人员方面更多考虑的内容。巧妙地将这两个方面、六项内容结合起来是设计一个良好的计算机监测控制系统的关键。

## 4.3.2 控制器系统设计的主要步骤

**1. 制定系统目标**

（1）确立项目　项目的确立或出于市场的需求（经过市场调研），或由用户提出，或基于有关部门的计划。对项目的来源和要求基本了解后，进一步研究以明确建立该计算机监测控制系统的目的、系统适应的对象（哪一类或哪些类）、设计开发的周期、总的投资预算等。

（2）产品调研　调研当前市场上是否有类似的系统，它们的水平、特点、问题；与本系统有关的硬件（材料、元器件、部件、设备等）及软件（操作系统、工具软件、应用软件等）的性能、价格、供销等信息和资料。

（3）工艺调研　结合具体应用对象，到有关的生产企业和应用部门详细了解控制对象的工作过程和工艺流程、设备情况、工艺参数的范围。明确各项监测控制要求，定量地确定有关的指标。

在上述工作的基础上，制定设计任务说明书，并与用户或有关部门讨论，得到统一的意见并得到他们的认可。最后确定的设计说明书作为整个系统设计的依据。

**2. 确定总体方案**

在这一步中，应根据设计说明书，参照过去工程的经验和现有系统的资料、考虑当前技术主流并顾及今后的发展趋势，确定系统中关键的技术内容。这些内容还是总体性的、原则性的，主要包括以下方面：

1）计算机监测控制系统的系统结构。

2）计算机类型、总线形式以及通用外围设备。

3）过程输入输出通道的类型和数目。

4）标准的和非标准（自行开发设计）的部件。

5）信息处理和控制策略及其相应的算法。

6）通信的方式和规范。

7）操作系统、开发平台、编程语言。

8）操作方式及操作界面。

9）抗干扰措施及特殊需求。

10）设备的整体布置及环境安排。

在上述工作的基础上，制定出总体技术方案说明书，并在设计工作组内充分讨论认可，以便分工设计时能配合默契。

**3. 制定性能规范**

系统的性能规范是从应用该系统的角度，从外部对该系统的描述，说明该系统是什么样的，它具有什么性能，应该完成什么工作等。对一般的系统来说。主要包括下述几方面：

（1）功能描述

1）信号处理功能。输入输出信号；模拟量AI/AO、开关量DI/DO、脉冲量PI/PO的输入输出路数、信号类型、信号等级、信号特性、隔离要求、信号工作频率、信号处理精度；外部中断信号；中断源数目、中断信号性质、中断响应时限。

2）监督功能。分析计算的内容、计算公式；当前及历史数据的处理数目、数据时间间隔、存储时间；事故报警、故障诊断、故障预测预报的方式和要求。

3）控制功能。控制回路数、被控量及其变化范围、控制精度及时间等方面的要求。

4）显示功能。显示设备（屏幕、数码、信号灯），显示方式（图、文、声），画面种类和显示内容。

5）打印功能。打印内容、表格形式、打印方式。

6）操作功能。操作设备（键盘、鼠标、按键、触摸屏）、操作方式、操作地点、紧急情况下的处理方式。

7）管理功能。管理内容和要求。

8）通信功能。通信介质、通信方式和通信协议。

9）保护功能。设备冗余方式、切换方式、异常情况（电源故障、设备故障）紧急处理要求。

10）维护功能。硬件的备用和扩充，软件的修改、扩充、升级。

（2）配置描述

1）系统物理结构。机柜、机架、机箱形式及尺寸、走线方式。

2）系统各部分（子系统）的划分、各部分的分工和关系。

3）系统各部分的布置、安放地点、连线方式。

（3）环境描述

1）环境温度与湿度范围、工作温度与湿度范围。

2）电源电压、电源频率波动范围。

3）防尘、防振、抗冲击、防电磁干扰的要求，接地的要求。

性能规范以系统性能说明书的形式表达出来，其中应有尽可能全的定量数据。它是进行具体设计的重要技术依据，应当在设计工作组内充分讨论认可，它也是提交给用户的设备总体说明，应与用户讨论得到认可。

**4. 进行具体设计**

具体的设计工作包括硬件和软件两大部分，设计工作的进行方式和设计的结果与具体的设计人员有很大关系。他们的学识、经验、习惯、性格都有作用。下面是在具体设计中通常要注意的几个问题：

（1）尽量选用标准模块　对于通用的计算机和标准的总线，目前市场上已有丰富的标准模块，特别是对于各种输入输出接口已相当成熟，可以选择工业化生产和检验、有应用经验、能长期供货的产品。这些模块往往提供各种语言的驱动程序和调试程序，使用起来十分方便。

（2）处理好硬件和软件的关系　这包含两方面的含义：其一，硬软件合理分工。有时系统中的某些功能可以用硬件来实现，也可以用软件来实现。到底用哪一种，要结合具体工程的情况进行分析。一般的原则是，在保证性能相近的前提下用软不用硬。只有在处理速度要求很快，非硬件莫属，或其功能用软件实现规模庞大耗时耗力的情况下，才用硬件实现。其二，硬软件密切配合。软件和硬件相互间是不可截然分割的，在选购或研制硬件时要有软件设计的总体构思，在具体设计软件时要了解清楚硬件的性能和特点。硬软件彼此间都要留有一些余地（例如端口地址、访问周期等）。尤其硬件和软件设计人员不是一个人时，更需强调此点。

（3）新设计的硬软件要经过试验和仿真　大量的经验表明，新设计的硬件或软件都不会是一次成功的，往往要经过反复的试验、调试、修改。因此，人们强调控件尽量采用标准部件或已用过的部件，而新设计的硬件必须经过研制和模拟试验。完全采用标准的或已应用过的软件的情况是很少的，但软件的开发可以借助于已有的类似系统和资料进行扩充修改，设计好的模块和系统应当逐个使用仿真工具（例如微机开发系统、系统仿真软件等）进行仿真、调试、修正。

（4）规范化设计

这包含三方面的含义：

1）采用国际通用或国家颁布的标准进行设计。国际标准化组织（ISO）已颁布了许多电气方面的标准，如总线标准、通信协议、网络连接协议等，人们在设计中应当尽量采用，以使所设计的系统能与其他系统或部件互联或兼容，与国际接轨。

2）采用软件工程学的思想和方法进行软件设计。随着硬件的结构化、标准化程度不断提高，计算机监测控制系统的设计工作量主要集中在软件上。而随着系统功能和要求日趋大型、综合、复杂，软件的规模、复杂性和工作量也越来越大，并不像过去的简单系统中，一张纸、一支笔、一个脑袋就能完成。采用软件工程学的方法可以高效地进行软件设计，获得优质的软件产品。对于自动化的工程技术人员，学习一些软件工程的知识是很有必要的。

3）设计文件的规范化。对于硬件，要有符合国家标准的电气结构图和设计说明书等文件。对于软件，也要有完整的说明书，包括软件系统组成、框图、模块功能说明、整理完成后的源程序及必要的注释等。

## 4.4 智能电器控制器的硬件系统

智能化电器系统的硬件系统各部分组成尽管多种多样，各不相同，但它们一般由CPU、存储器、定时器/计数器、监视定时器（WatchDog Timer，WDT）、输入输出设备系统等组成。

### 4.4.1 中央处理器

**1. 8位微处理器**

8位微处理器被推出时，微型机技术已经比较成熟。因此，在8位微处理器基础上构成的微型机系统通用性比较强，它们的寻址能力可以达到64KB，有功能灵活的指令系统和较强的中断能力。另外，8位微处理器有比较齐备的配套电路。上述因素使8位微处理机的应用范围很宽，广泛应用于事务管理、工业控制、教育、通信领域。较早的微处理器有英特尔（Intel）公司的8080/8085。

Intel 8×C251TA/TB/TP/TQ和8×C251SA/SB/SP/SQ具有相同的基于改进寄存器的CPU结构和流水线操作指令执行单元。它们具有增强型的8位、16位和32位存取指令的、功能强大的MCS-251微控制器指令集。这种新型的微控制器也是为有效地执行C代码而设计的。

摩托罗拉（Motorola）公司生产的8位微控制器主要有M68HC05/M68HC08/M68HC11三个系列。

（1）M68HC05系列　M68HC05系列是Motorola公司推出的采用高密度互补金属氧化物半导体（HCMOS）技术的8位单片微控制器。它的典型代表为MC68HC795C8A，它有8位CPU、8KB EPROM、304B RAM、16位多功能定时器、34根I/O口线（31根双向I/O口线，3根中断和定时器输入/输出线）、串行通信口、串行扩展口、WDT、5个中断向量（9个中断源）。M68HC05系列有几十种型号，它们的程序存储器（ROM、EPROM）和RAM容量、引脚封装、存储空间分配、I/O功能各不相同，以适应各种应用场合的不同需要。

（2）M68HC08系列　M68HC08系列是Motorola公司推出的8位新型单片微控制器，也是Motorola公司大力推广的产品之一，以代替M68HC05系列单片微控制器。它的典型代表是MC68HC908AZ60A，它有8位CPU、6KB的Flash存储器、2KB RAM、1KB EPROM、飞思卡尔控制器局域网（MSCAN）接口、串行通信接口（SCI）/串行外设接口（SPI）串行总线、A/D转换器、脉冲宽度调制（PWM）输出、定时器、52根I/O口线等。

**2. 16位微处理器**

Intel公司推出的16位嵌入式微控制器有MCS-96系列及MCS-296系列。

（1）Intel 8×C196K×主要包括Intel 8×C196KB、8×C198、8×C196KC、8×C196KT、8×C196KS、8×C196KR。

（2）Intel 8×C196MC/MH　这是MCS-96电动机控制系列中的一款。该器件有一外围设置功能，最适用于三相交流感应、直流无刷电动机控制和电源逆变器。8×C196MC 有 488B 的 RAM 寄存器、16KB 的 ROM 或 OTPROM，RAM 仅在 CPU 内是可用的。而 8×C196MH 有 744B 的 RAM 寄存器、32KB 的 ROM 或 OTPROM，RAM 也是仅在 CPU 内是可用的。

（3）Intel 8×C196MD　包括所有的 8×C196MC 特性，且增强以下功能：①频率发生器允许产生可编程频率的方波，可用于红外遥控通信中；②在事件处理器阵列中，增加了两个附加的捕获/比较模式，从而增加了附加事件的捕获和产生能力；③增加了 8 个 I/O 引脚、两个单输入口和一个模拟/数字输入引脚。

Motorola 公司 16 位微控制器主要由 HCS12 系列、M68HC12 系列、DSP56800 系列、M68HC16 系列组成。

（1）HCS12 系列　HCS12 系列是 Motorola 公司最新推出的全部具有内部 Flash 存储器的可编程 16 位单片微控制器。典型产品是 MCS12D64，它有 16 位 CPU、64KB Flash 存储器、1000B EEPROM、4000B RAM，具有智能接口卡（SIC）、$I^2C$、SPI、CAN 2.0A/B 串行接口，8 通道定时器，总线频率为 25MHz，工作电压为 5V，8 通道 A/D 转换器，8 通道 16 位 PWM，59 根 I/O 口线。

（2）M68HC12 系列　M68HC12 系列是 Motorola 公司推出的可编程 16 位单片微处理器。典型产品是 MC68HC912BC32，它有 16 位 CPU、3200B Flash 存储器、1000B RAM、768B EEPROM、4000B RAM，具有 MSCAN、SCI、SPI 串行接口，8 通道定时器，总线频率为 8MHz，工作电压为 5V，8 通道 10 位 A/D 转换器，8 位或 16 位 PWM，60 根 I/O 口线。

**3. 32 位微处理器**

Intel 公司典型产品为 Intel 80386/80486/Pentium，其中一款嵌入式微控制器 Intel 80386EX 在计算机测控系统中得到了广泛的应用。在 80386EX 嵌入式微控制器的内部集成了 Intel 8255 可编程并行 I/O 口，Intel 8254 可编程定时器/计数器、Intel 8250 可编程中断控制器及直接内存存取（DMA）控制器等。

Motorola 公司 32 位微控制器主要由 68K M683××系列、M * Core 系列、MPC500 系列、MCF5×××系列组成。

（1）68K M683××系列　68K M683××系列是 Motorola 公司推出的 32 位微处理器。典型产品是 MC68332，它有 32 位 CPU，工作频率最高为 25MHz，核心工作电压为 5V 或 3.6V，I/O 工作电压为 5V 或 3.6V，2KB 内部 RAM。

（2）M * Core 系列　M * Core 系列是 Motorola 公司推出的 32 位微处理器。Motorola 公司已经推出基于 M * Core M210 中央处理单元（CPU）的、通用目的的 32 位微处理器系列中的两个新成员。MMC2113 和 MMC2114 取代现有的 MMC2107，对于希望更多或改进片内存储器的用户，其性能有很多改进。典型产品是 MMC2114，它有 32 位 CPU，指令执行速度为 32MIPS，工作频率为 33MHz，核心工作电压和 I/O 工作电压均为 3.6V，工作温度为-40～85℃，集成的 SRAM 控制器，256KB 内部 RAM，32KB 内部 Flash 存储器。

**4. 其他公司产品**

智陆（Zilog）公司生产的 8 位微处理器 Z80-CPU 及相关外围器件在 20 世纪 80 年代初期就进入我国，无论是在国内的工业领域还是教育领域均得到了普及应用，由于 Intel 公司 MCS-51 系列、MCS-96 系列和其他公司的单片微控制器的推出，加上 Z80 系列产品开发工具不完善，在 20 世纪 80 年代末 90 年代初逐步退出我国市场。但近几年，Zilog 公司相继推出较高性能的微处理器，完善了开发工具，其产品又逐渐打入我国市场。

日本电气（NEC）股份有限公司是生产微控制器及微处理器的著名公司，推出的产品种类繁多，适合于消费类电子、工业、通信、办公自动化等不同领域的应用。NEC公司不仅生产4位、8位、16位、32位单片微控制器，而且还生产32位、64位微处理器。

日立（HITACHI）公司也是世界上生产微处理器的著名公司，推出适用不同领域的产品，如消费类电子、工厂自动化、电动机控制、办公自动化等领域。HITACHI公司生产的微控制器分4位、8位、16位和32位四类。

爱特梅尔（Atmel）公司推出的51内核的单片微控制器是目前应用较广泛的8位单片微控制器，Atmel公司成功推出AT89系列Flash单片微控制器和AT90系列AVR单片微控制器后，又成功推出AT91系列微控制器，它采用安谋（ARM）科技公司的ARM 7 TDMI处理器内核。

（1）AT89系列Flash微控制器　该系列微控制器主要由Web产品，C251结构，在系统编程（ISP）Flash，可重编程Flash，一次可编程（OTP），ROM/ROMless结构组成。

（2）AT90系列微控制器　该系列微控制器包括AVR 8位RISC如下产品：AVR、mega AVR、tiny AVR。

AVR典型产品是AT90C8534，其特点是：8KB ISP程序存储器，288B SRAM，512B EEPROM，8通道10位A/D转换器，在1MHz指令下执行速率为1MIPS，工作电压为3.6~5.0V。

AT91系列的典型产品是AT91M42800A，其特点是：8KB片内SRAM，一个外部总线接口，6通道定时器/计数器，2通道通用异步收发传输器（UART），2通道主/从SPI，3个系列定时器，一个高级电源管理控制器。

基于ARM 7内核基础，ARM公司研发生产了ARM 9内核处理器，其中Cortex-R系列为衍生系列中体积最小的ARM处理器，Cortex-R处理器针对高性能实时应用，例如硬盘控制器（或固态驱动控制器）、企业中的网络设备和打印机、消费电子设备（例如蓝光播放器和媒体播放器）、汽车应用（例如安全气囊、制动系统和发动机管理）。主流的产品主要分为四代：

1）Cortex-R4。作为Cortex-R系列第一款产品，Cortex-R4非常适合汽车应用。Cortex-R4主频可以高达600MHz（具有2.45DMIPS/MHz），配有8级流水线，具有双发送、预取和分支预测功能，以及低延迟中断系统，可以中断多周期操作而快速进入中断服务程序。Cortex-R4还可以与另外一个Cortex-R4构成双内核配置，一同组成一个带有失效检测逻辑的冗余锁步（Lock-step）配置，从而非常适合安全攸关的系统。

2）Cortex-R5。对于ARM R系列强调功能安全的RCortex-R5来说，能够很好地服务于网络和数据存储应用，它扩展了Cortex-R4的功能集，从而提高了效率和可靠性，增强了可靠实时系统中的错误管理。其中的一个系统功能是低延迟外设端口（LLPP），可实现快速外设读取和写入（而不必对整个端口进行“读取-修改-写入”操作）。Cortex-R5还可以实现处理器独立运行的“锁步”双核系统，每个处理器都能通过自己的“总线接口和中断”执行自己的程序。这种双核实现能够构建出非常强大和灵活的实时响应系统。

3）Cortex-R7。Cortex-R7极大扩展了R系列内核的性能范围，时钟速度可超过1GHz，性能达到3.77DMIPS/MHz。Cortex-R7上的11级流水线现在增强了错误管理功能，以及改进的分支预测功能。多核配置也有多种不同选项：锁步、对称多重处理和不对称多重处理。Cortex-R7 还配有一个完全集成的通用中断控制器（GIC）来支持复杂的优先级中断处理。不过，值得注意的是，虽然 Cortex-R7 具有高性能，但是它并不适合运行那些特性丰富的操作系统（例如 Linux 和 Android）的应用，Cortex-A 系列才更适合这类应用。

4）Cortex-R8。2016 年 2 月，ARM 推出新款实时处理器 Cortex-R8，所谓实时处理器，主要是为要求高可靠性、高可用性、高容错性、高维护性、实时响应的嵌入式系统提供高性能计算解决方案。

Cortex-R8 在架构设计上基本延续了 Cortex-R7 的特点，仍然是 11 级乱序流水线，ARMv7-R 指令集，向下兼容，不过 Cortex-R8 支持最多四个核心，比上代翻一番，而且各个核心可以非对称运行，有自己的电源管理，所以能单独关闭以省电。每个核心还可以搭配最多 2MB 低延迟的紧耦合缓存（TCM），包括 1MB 指令、1MB 数据，整个处理器最多 8MB。相比之下，Cortex-R7 每个核心最多只有 128KB 指令/数据缓存。Cortex-R8 可以采用 28/16/14nm 等不同工艺制造，其中在 28nm HPM 工艺下主频最高可达 1.5GHz，性能最高 15000 Dhrystone MIPS，是现在 Cortex-R7 的两倍，而核心面积最小可以做到仅仅 0.33mm$^2$。

Philips 公司推出的基于 51 内核的微控制器，以其优良的性能得到了广泛的应用。主要产品有标准的 80C51 系列，6-CLOCK 及 12-CLOCK 80C51 系列，16 位 XA 系列。

微芯（Microchip）公司推出的低功耗、低电压、低价格、多品种的单片微控制器在国内外得到了较为广泛的应用。其主要产品由 PIC12 系列、PIC14 系列、PIC16 系列、PIC17 系列、PIC18 系列微处理器组成。

东芝（TOSHIBA）公司不仅生产 MOS 存储器、通用逻辑 IC、通用线性 IC、通信设备用 IC、分立器件，而且还生产 4 位、8 位、16 位微处理器。

华邦（Winbond）公司是台湾著名的半导体公司，其产品涉及消费类 IC、个人计算机及外围设备 IC、网络存取 IC、混合信号 IC、DRAM 和 SRAM、非易失性存储器等。Winbond 公司生产与 C51 兼容的 8 位微处理器，主要由标准系列、宽工作电压系列、Turbo-51 系列和工业级别系列组成。

台湾义隆（Elan）公司生产的 8 位微控制器品种较少，与 Microchip 公司的 8 位微控制器二进制代码兼容。典型产品如 EM78P458/459，其特点是：4KB OTP 程序存储器、96B RAM，16 根 I/O 口线，8 通道 8 位 A/D 转换器、3 个 8 位定时器，WDT，2 位 PWM，EM78P458 为 20 引脚封装，EM78P459 为 24 引脚 DIP 封装。

德州仪器（TI）公司目前推出的超低功耗 16 位微控制器 MSP430 系列在多功能仪表、手持仪器和智能传感器的设计中得到了广泛的应用。产品主要有基于 F1××的 Flash 系列、基于 F4××带 LCD 驱动器的 Flash 系列和基于 X3××带 LCD 驱动器的 ROM/OTP 系列。

**5. 数字信号处理器（DSP）技术**

数字信号处理器（Digital Signal Processor，DSP）是 20 世纪 80 年代末发展起来的一门现代信号处理技术，特别是近十年来，国内外的研究极为盛行，发展很快，应用领域越来越宽，成为现代信息处理技术的重要学科。DSP 是伴随着数字信号处理技术的发展，为适应数字信号处理技术中所要求的快速实时处理、处理数据量大、处理精度高等特点而开发的一种专用单片微处理器。DSP 自 20 世纪 80 年代诞生以来，得到了迅速发展。由于它既具有独特的高速数字信号处理能力，又具有实时性强、低功耗、高集成度等嵌入式微处理器的特点，

DSP已广泛应用于图像处理技术、语音处理、通信、航空、航天、雷达、智能化仪器仪表及自动控制系统、网络及家用电器等各个领域，成为最有发展潜力的技术、产业和市场之一。

TI公司是当今世界上最大的DSP供应商，其产品占全球市场的44%以上。TI公司于1982年推出的TMS320系列是目前世界上最有影响的主流DSP产品，它主要包括C2000系列、C5000系列、C6000系列。除TI公司外，美国的模拟器件公司（ADI）也推出了性能优良的DSP，如ADSP-218×M/N系列、ADSP-219×系列。

（1）C2000系列 TI公司推出的TMS320 C2000系列是目前应用较多的产品，它属于16位定点DSP，它的速度高达30MIPS，片内配置有双口数据存储器DPRAM和ROM/Flash等程序存储器，片外可寻址64K字数据存储器、64K字程序存储器和64字I/O，并具有丰富的片内外围设备，其性价比高，特别适用于小批量、多品种的家电产品、数字相机、电话、仪器仪表等，还可以广泛应用于数字电动机控制、工业自动化、电力系统自动化、空调控制等。

（2）C5000系列 TI公司推出的TMS320 C5000系列是低功耗高性能的16位定点DSP，速度为40~200MIPS，主要应用于有线通信和无限通信设备中，如IP电话、PDA、网络电话、服务器、寻呼机、多种便携式信息系统以及消费类电子产品等。

（3）C6000系列 TI公司推出的TMS320 C6000系列是高性能的DSP，其中，C62×为16位定点DSP，速度为1200~2000MIPS，可用于无线基站、Modem、网络系统、中心局交换机、数字音频广播设备等；C67×是32位浮点DSP，速度为1G FLOP，可用于基站数字波束形成、语言识别、医学图像处理和3D图形等。

近几年来，科技不断发展，新的DSP技术应运而生，TI公司8核DSP TMS320C6678，每个C66×内核频率为1.25GHz，提供高达40GB/s MAC定点运算和20GB FLOP浮点运算能力；1片8核的TMS320C6678提供10GHz的内核频率，单精度浮点并行运算能力理论上可达160GB FLOP，是TS201S的50倍、C67×+的115.2倍，适合于对定浮点运算能力及实时性有较高要求的超高性能计算应用。

TMS320C6678芯片的每个运算核拥有独立的32KB L1P Cache、32KB L1D Cache以及512KB L2 RAM；内4 MB共享缓存，以及片外DDR3存储器；片内一组SRIO×4支持8个核互斥使用；Network Coprocessor也支持8个核互斥使用。

多核DSP的处理模式包括串行模式和主从模式。串行模式适用于一个算法分解给多个核串行执行；主从模式指芯片内一个核作为主控核，其他核作为被控核，这种方式更适用于各个核执行独立的算法任务。

**6. FPGA技术**

现场可编程门阵列（Field-Programmable Gate Array，FPGA）是在PAL、GAL、CPLD等可编程器件的基础上进一步发展的产物。它是作为专用集成电路（ASIC）领域中的一种半定制电路而出现的，既解决了定制电路的不足，又克服了原有可编程器件门电路数有限的缺点。

FPGA芯片主要由七部分完成，分别为可编程输入输出单元、基本可编程逻辑单元、完整的时钟管理、嵌入块式RAM、丰富的布线资源、内嵌的底层功能单元和内嵌专用硬件模块。

（1）可编程输入输出单元（IOB） 可编程输入/输出单元简称I/O单元，是芯片与外界电路的接口部分，完成不同电气特性下对输入/输出信号的驱动与匹配要求。

（2）可配置逻辑块（CLB） CLB是FPGA内的基本逻辑单元。CLB的实际数量和特性会依器件的不同而不同，但是每个CLB都包含一个可配置开关矩阵，此矩阵由4或6个输入、一些选型电路（多路复用器等）和触发器组成。

（3）数字时钟管理模块（DCM） 业内大多数FPGA均提供数字时钟管理[赛灵思（Xilinx）公司的全部FPGA均具有这种特性]。Xilinx公司推出最先进的FPGA提供数字时钟管理和相位环路锁定。相位环路锁定能够提供精确的时钟综合，且能够降低抖动，并实现过滤功能。

（4）嵌入式块RAM（BRAM） 块RAM可被配置为单端口RAM、双端口RAM、内容地址存储器（CAM）以及FIFO等常用存储结构。

（5）丰富的布线资源 布线资源连通FPGA内部的所有单元，而连线的长度和工艺决定着信号在连线上的驱动能力和传输速度。

（6）底层内嵌功能单元 内嵌功能模块主要指延迟锁相环（Delay Locked Loop，DLL）、锁相环（Phase Locked Loop，PLL）、DSP和CPU等软处理核（SoftCore）。越来越丰富的内嵌功能单元，使得单片FPGA成为了系统级的设计工具，使其具备了软硬件联合设计的能力，逐步向SOC平台过渡。

（7）内嵌专用硬核 内嵌专用硬核是相对底层嵌入的软核而言的，指FPGA处理能力强大的硬核（Hard Core），等效于ASIC电路。为了提高FPGA性能，芯片生产商在芯片内部集成了一些专用的硬核。

### 4.4.2 译码与存储器系统

#### 1. 译码集成电路

在组成一个计算机测控系统时，CPU为了访问存储器和区分不同的外设，需要给存储器和外设分配地址，因此需要译码。实现译码的电路方式很多。

常用的简单译码集成电路有74HC138、74HC139、74HC154、CD451/4515、74HC688；另外，还有74HC00四个2输入与非门、74HC04六反相器、74HC08四个2输入与非门、74HC14施密特六反相器、74HC30八输入与非门、74HC32四个2输入或门等。

#### 2. 存储器

（1）常用程序存储器芯片EPROM 常用EPROM有以下几种：27（C）64、27（C）128、27（C）256、27（C）512。根据所编程序量的大小，可选择不同容量的EPROM，但还要考虑到芯片的价格。

（2）地址存储器及其应用 由于大部分微处理器和微控制器的地址总线与数据总线是分时使用的，由ALE信号分离出地址，因此需要锁存器。

常用的锁存器有74HC273带清除端的8D锁存器、74HC373三态缓冲输出的8D锁存器等。

（3）数据存储器 数据存储器主要有6264、62256、628128等。根据所需数据存储区的大小，选择适当信号的RAM。目前，作为单片微控制器的数据存储器，一般选用静态RAM。就现在的几个静态RAM来看，大容量比小容量的价格要高，考虑到应用系统的兼容性及可扩展性，应综合选用RAM。

（4）Flash存储器 Flash存储器的种类较多，常用的有Winbond公司的W29EE系列及Atmel公司的AT29C系列等。

### 4.4.3 基本输入输出系统

**1. I/O接口电路的扩展方法**

在计算机测控系统的设计中，采用TTL电路或CMOS电路锁存器、三态缓冲器等，可以构成各种类型的简单I/O出口。这种I/O接口一般均通过数据总线扩展，具有电路简单、成本低、配置灵活方便等特点，因此在计算机测控系统的设计中得到广泛的应用。

另外，可用锁存器扩展简单的输出口，常用的锁存器包括74HC74、74HC174、74HC175、74HC273、74HC374、74HC573、74HC574等。同时，可以用三态缓冲器扩展简单的输入口，常用的三态门包括74HC125、74HC240、74HC244、74HC245等。

用移位寄存器扩展I/O接口，MCS51系列及其兼容单片微控制器和MCS96系列单片微控制器的串行口工作在方式0时，使用移位寄存器集成电路可以扩展一个或多个8位并行I/O接口。如果应用系统中不占用串行口，则可用来扩展并行I/O接口，如果串行口已被占用，可用一般I/O接口进行信号模拟。这种扩展方法不会占用片外RAM地址，并节省硬件开销，但速度较慢。

扩展方法包括用移位寄存器扩展输入口，用移位寄存器扩展输出口，用带输出允许的移位寄存器扩展输出口。

**2. 可编程并行接口8255A**

8255A是Intel公司生产的可编程输入输出接口芯片，它具有3个8位的并行I/O口，具有三种工作方式，可通过程序改变其功能，因而使用灵活方便，通用性强，可作为微处理器或微控制器与多种外围设备连接时的中间接口电路。

**3. 可编程计数器/定时器8253**

Intel 8253是使用NMOS工艺制造的可编程计数器/定时器，最高计数速率为2.6MHz。另外，与8253引脚兼容的产品还有8254、82C54，最高计数速率为8MHz；8254-2、82C54-2，最高计数器速率为10MHz。8254、8254-2用NMOS工艺制造，82C54、82C54-2用CMOS工艺制造。

**4. 数字量与脉冲量接口技术**

（1）光电耦合器 光电耦合器又称光隔离器，是计算机测控系统中常用的器件。它能实现输入与输出之间隔离，光电耦合器的输入端为发光二极管，输出端为光电晶体管。当发光二极管中通过一定值的电流时发出一定的光，被光电晶体管接收，使其导通，而当该电流撤去时，发光二极管熄灭，光电晶体管截止，利用这种特性即可达到开关控制的目的。不同的光隔离器，其特性参数也有所不同。主要区别在：①导通电流和截止电流；②频率响应；③输出端工作电流；④输出端暗电流；⑤输入输出压降；⑥隔离电压。

光电耦合器的优点是能有效地抑制尖峰脉冲及各种噪声干扰，从而使传输通道上的信噪比大大提高。

（2）数字量输入通道 数字量输入通道将现场开关信号转换成计算机需要的电平信号，以二进制数字量的形式输入计算机，计算机通过三态缓冲器读取状态信息。数字量输入通道主要由三态缓冲器、输入调理电路、输入口地址译码电路等组成。

（3）数字量输出通道　数字量输出通道将计算机的数字输出转换成现场各种开关设备所需求的信号。计算机通过锁存器输出控制信息。数字量输出通道主要由锁存器、输出驱动电路、输出口地址译码等电路组成。

（4）脉冲量输入输出通道　脉冲量输入输出通道与数字量输入输出通道没什么本质的区别，实际上是数字量输入输出通道的一种特殊形式。脉冲量往往有固定的周期或高低电平的宽度固定、频率可变，有时高低电平的宽度与频率均可变。脉冲量是工业测控领域较典型的一类信号，如工业电度表输出的电能脉冲信号，档案库房、图书馆、公共场所人员出入次数通过光电传感器发出的脉冲信号等，处理上述信号的过程称为脉冲量输入输出通道。如果脉冲量的频率不太高，其接口电路与数字量输入输出通道的接口电路相同；如果脉冲量的频率较高时，应该使用高速光电耦合器。

**5. 键盘和打印机接口技术**

在计算机测控系统中，为了实现人机对话或某种操作，需要一个人机接口（Human Machine Interface，HMI 或 Man Machine Interface，MMI），通过设计一个过程运行操作台（或操作面板）来实现。由于生产过程各异，要求管理和控制的内容也不尽相同，所以操作台（面板）一般由用户根据工艺要求自行设计。

操作台（面板）的主要功能如下：①输入和修改源程序；②显示和打印中间结果及采集参数；③对某些参数进行声光报警；④启动和停止系统的运行；⑤选择工作方式，如自动/手动（A/M）切换；⑥各种功能键的操作；⑦显示生产工艺流程。

为了完成上述功能，操作台一般由数字键、功能键、开关、显示器和各种输入输出设备组成。键盘是计算机测控系统中不可缺少的输入设备，它是人机对话的纽带，它能实现向计算机输入数据、传送指令。

（1）独立式键盘接口设计　独立式按键就是各按键相互独立，每个按键各接一根输入线，一根输入线上的按键工作状态不会影响其他输入线上的工作状态。因此，通过检测输入线的电平状态可以很容易判断哪个按键被按下了。

独立式按键电路配置灵活，软件结构简单。但每个按键需占用一根输入口线，在按键数量较多时，输入口浪费大，电路结构显得很复杂，故此种键盘适用于按键较少或操作速度较高的场合。

（2）矩阵式键盘接口设计　矩阵式键盘适用于按键数量较多的场合，它由行线和列线组成，按键位于行、列的交叉点上。在按键数量较多的场合，矩阵键盘与独立式按键键盘相比，要节省很多的 I/O 口。

（3）DIP 开关与拨码盘接口设计　DIP 开关主要是根据开关的状态执行一些重要的功能。比如，有些测控系统中的 RAM 是掉电保护的，其中有很多重要的数据。对这些数据的清除复位操作一般很少在键盘上进行，通常通过拨码开关实现，以防键盘的误操作而引起重要数据的丢失。还有一些测控系统，通过设定开关的状态执行相应的功能模块，以完成不同的功能。

在某些测控系统中，有时需要输入一些控制参数，这些参数一经设定将维持不变，除非给系统断电后重新设定。这时使用数字拨码盘既简单直观又方便可靠。

（4）打印机接口电路设计　在计算机测控系统中，打印机是重要的外设之一。随着计算机本身性能的不断完善和用户要求的提高，打印机技术正在往高速度、低噪声、字迹清晰美观、彩色化、图形化方向发展。

打印机的种类很多，从与计算机的接口方法上，可以分为并行打印机和串行打印机；从打印方式上，有打击式打印机和非打击式打印机之分；从打印的形式上，有点阵式和非点阵式之分。

**6. 显示接口技术**

（1）显示技术 在人们经各种感觉器官从外界获得的信息中，近2/3的信息是通过眼睛获得的，所以图像显示成为信息显示中的重要方式。

电子显示器可分为主动发光型和非主动发光型两大类。前者是利用信息来调制各像素的发光亮度和颜色，进行直接显示；后者本身不发光，而是利用信息调制外光源而使其达到显示的目的。按显示原理分类，其主要类型有发光二极管（LED）显示、液晶显示（LCD）、阴极射线管（CRT）显示、等离子显示板（PDP）显示、电致发光显示（ELD）、有机发光二极管（OLED）显示、真空荧光管显示（VFD）和场致发射显示（FED）。

（2）LED显示驱动器MAX7219 MAX7219/7221是集成的串行输入/输出共阴极显示驱动器，可驱动八位七段数字型LED或条形图显示器或64只独立LED。MAX7219/7221内置一个BCD码译码器、多路扫描电路、段驱动器和位驱动器。此外，其内部还含有8×8位静态RAM，用于存放8个数字的显示数据。对所有的LED来说，只需外接一个电阻，即能控制段电流。MAX7221和SPI、QSPI、Microwire是兼容的，并且可限制压摆率，以减少电磁干扰，这点与MAX7219不同。

MAX7219/7221内有一个150μA的低功耗掉电模式，可实现模拟和数字亮度控制，一个允许用户从一位数显示到八位数显示选择的扫描界线寄存器和一个强迫所有LED接通的测试模式；还允许用户为每一位选择BCD译码或不译码。该器件可广泛应用于条形图显示、七段显示、工业控制、仪表控制面板和LED模型显示等领域。

（3）点阵液晶显示控制器T6963C T6963C除了具备液晶显示控制器的一般特征外，还有其独有的功能特征，其特征有：

1）T6963C适配于Intel总线系列CPU的接口信号，并且具有$\overline{\text{RESET}}$（复位）信号输入端和HALT（间歇）信号输入端，用于CPU系统硬件控制T6963C及其管理的液晶显示模块。

2）T6963C具有独特的硬件初始值设置功能和丰富的指令功能，可以设置字符方式与图形方式的合成显示，字符方式下的特征显示以及可以像CAD那样的屏复制操作等。

3）T6963C具有管理64KB显示缓冲区及字符发生器CGRAM的能力，它允许CPU随时间访问显示缓冲区，甚至可以进行位操作。

4）T6963C驱动用的数据传输线可以分别向双屏电极引线结构的列驱动器同时发送数据，T6963C可以控制640×128点阵单屏结构的点阵液晶显示器件，还可控制640×256点阵双屏结构的点阵液晶显示器件，占空比可以为1/16~1/128，显示字符的字体可以为5×8~8×8点阵的四种字体之一。

（4）DMF5000N系列点阵液晶显示模块 该系列点阵液晶显示模块由DMF5001N、DMF5002N、DMF5005N几种型号组成，是日本京瓷（OPTREX）公司的产品。DMF5002与DM5001N接口配置完全相同，DM5001N点阵液晶显示模块由一块160×128点阵单屏结构的液晶显示器件、两片T6961B行驱动器、两片T7778A列驱动器、一片T6963C、8KB RAM及配套电路组成。

## 4.5 智能电器控制器的软件系统

如前所述，智能化电器的控制器是采用硬件和软件系统来完成整个环节的功能。软件系统通过预先按一定的规则（语言）制定的计算程序（控制策略）进行，通过软件来实现信息的数字和逻辑计算。这往往要涉及专家系统、模糊逻辑、神经网络、信息融合、模式识别及聚类分析等多个学科，要进行智能电器控制器的设计必须掌握这些学科的有关知识。

### 4.5.1 专家系统设计基础

专家系统是一种能在某个领域内，以人类专家的知识和经验来解决该领域中高水平的困难任务的计算机系统。它的主体是一个基于知识的计算机程序系统。其内部具有某个领域中大量专家水平的知识与经验，能够利用人类专家的知识和解决问题的方法来解决该领域的问题。专家系统所要解决的问题一般没有算法解，并且往往要在不精确、不确定或不完全的信息基础上进行推理，做出结论。专家系统应用人工智能技术和计算机技术，进行推理和判断，模拟人类专家解决问题和进行决策的过程。专家系统的独到之处是能求解那些需要人类专家才能求解的高难度复杂问题。

专家系统在实际应用中最有吸引力也是难度颇大的领域之一是专家控制。专家控制可以看成是对一个“控制专家”在解决控制问题或进行控制操作时的思路、方法、经验、策略的模拟。控制专家在完成控制任务时主要进行三件工作：观察、检测系统中的有关变量和状态；综合运用自己的知识和经验判断当前系统运行的状态；分析比较各种可以采用的控制策略并选择其中最优者予以执行，用计算机予以实现（模拟）。这三个基本功能就构成了最基本的专家控制系统。

图4-4表示专家系统的基本结构。在实际使用的专家系统中，根据具体问题可能会进行某些增删：简化、删除、细化，或增加某些部分。在基本结构中，专家系统主要包括下述几个部分：

（1）知识库　知识库用于存取和管理问题求解需要的专家知识和经验，包括事实、可行操作与规则等。如与领域问题有关的理论知识、常识性知识；作为专家经验的判断性知识、启发式知识；描述各种事实的知识，如与该领域有关的定义、定理和确定的或不确定的推理法则等。知识库具有知识存储、检索、编辑、增删、修改和扩充等功能。一个专家系统的能力很大程度上取决于其知识库中所含知识的数量和质量。知识库的建造包括知识获取以及知识表达。知识获取要解决的问题是如何从专家那里获得专门知识；知识表达的核心是选择计算机能理解的形式，表达所获取的专家知识并存入知识库中。

（2）全局数据库　全局数据库也称综合数据库、动态数据库、工作存储区或简称数据库，它是问题求解过程中符号或数据的集合，有时也统称为事实。它用于存放所需的原始数据和推理过程中产生的中间信息（数据），包括原始信息、推理的中间假设和中间结果、推理过程的记录等。因此数据库中的事实可以而且也是在经常变化的。

在实时专家系统中，过程中的实时信息通过过程接口装置（包括硬件和软件）送入数据库，实时地增加和删改数据库的内容。

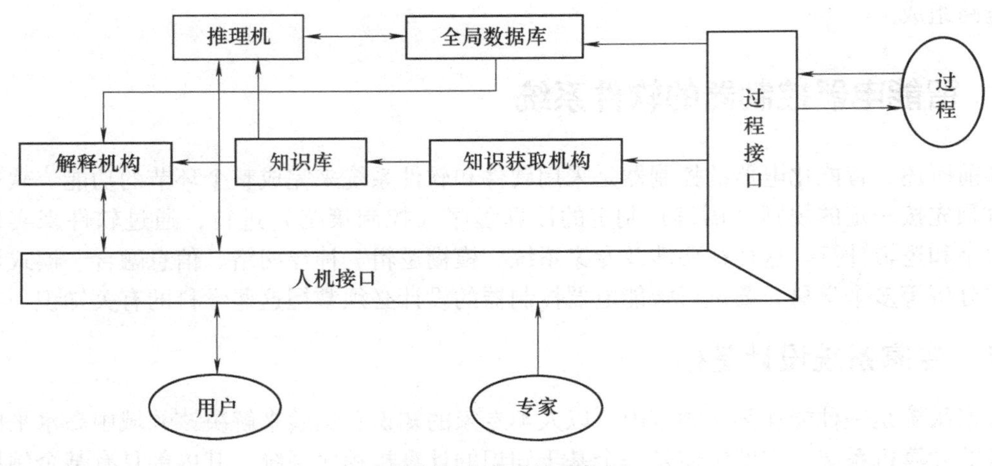


图 4-4 专家系统结构图

（3）推理机 推理机是专家系统的组织控制机构，在它的控制和管理下，使整个专家系统能够以逻辑方式协调地工作。它在一定的推理策略下，根据数据库的当前状态，按照类似专家水平的问题求解方法，调用知识库中与当前问题有关的知识进行分析、判断和决策，推出新的事实或结论，或者执行某个操作。推理机的程序与知识库的具体结构和组成无关，即推理机与知识库是相分离的，这是专家系统的主要特征。它的优点是对知识库的修改和扩充无需改动推理机。对于复杂问题，应能根据问题求解的情况随时调整推理的策略。

（4）解释机构 解释机构负责对求解过程做出说明和解释，回答用户提出的问题，对用户输出推理的结果。解释机构的工作通常要用到数据库中推理过程的中间结果、中间假设和记录，以及知识库中的知识。系统的透明性主要取决于解释机构的职能。在故障诊断、生产操作指导等实时专家系统中，解释机构成为重要的输出通道。

（5）知识获取机构 知识获取机构负责建立、修改与扩充知识库，以及对知识库的一致性、完整性等进行维护。知识获取机构具有知识变换手段，能够把与专家的对话内容交换成知识库中的内部知识，或用以修改知识库中已有的知识。知识库中的知识通常是通过“人工移植”的方法获得，即专家系统的设计者与专家面谈，将专家的知识经过分析整理后，以计算机能理解的形式输入知识库。近年来，开始采用机器学习等方法来自动获取知识。

在某些高性能的专家系统中，知识获取机构能通过用户对每次求解的反馈信息（实时专家系统中还包括实时检测到的过程信息和控制结果），自动进行知识库的修改和完善，并可在系统求解过程中自动积累，形成一些有用的中间知识，自动追加到知识库中去，实现专家系统的自学习。

（6）接口 广义地说，接口包括人机接口与过程接口两方面。人机接口是用户与系统的信息传递纽带，负责用户到专家系统、专家系统到用户的双向信息转换，即信息的计算机内部形式和人可以接受的形式之间的转换。它使系统与用户间能够进行对话。用户能够输入数据，提出问题，了解推理过程及推理结果；系统可通过人机接口，要求用户回答问题，进行必要的解释。现在，多媒体的人机接口是最有效的形式。

过程接口主要用在实时专家控制系统中，包括与过程的输入接口和与被控对象的输出接口。它完成专家系统到实时过程、实时过程到专家系统间的信息变换，增删数据库和知识库的内容，将推理的结果以控制策略的形式送到被控过程中。

从专家系统的组成可以看出，它的核心部分是知识库、数据库和推理机构。设计一个专家系统主要也是要解决这两方面的问题。

### 4.5.2 模糊逻辑设计基础

模糊逻辑是一种数学方法，用来描述和处理自然界和人类社会中出现的不精确、不完整的信息，例如人类的语言和图像。它由美国科学家扎德（L. A. Zadeh）在1965年首先提出，1974年曼丹尼（Mamdani）首先用模糊逻辑和模糊推理实现了第一台试验性的蒸汽机控制，开始了模糊控制在工业中的应用。下面从应用的角度出发，介绍模糊理论的基本概念。

**1. 模糊集合和隶属度函数**

在客观世界中，许多事物彼此间的差异在中间过渡阶段的界限（或者称为边界、外延）是不分明的，即它们具有外延不分明的特点，人们称外延不分明的概念为模糊概念。人类的语言和思维的一个显著特征就是在其中包含了许多模糊概念。例如“锅炉温度低”（简称炉温低）、“电厂排放废气浓”，这里的“低”和“浓”就是模糊的，它们的相对于“高”和“淡”来说的。而在“低”和“高”、“浓”和“淡”中间的过渡，也没有一个明确的、截然分明的界限。

模糊集合从数学上描述了这种外延不明确的概念。为了说明模糊集合，先引入下述概念：

（1）论域　所论问题的范围称为论域。例如研究某锅炉的炉温，将温度讨论的范围限制在500℃至1000℃之间，则该问题的论域为［500℃，1000℃］。

（2）元素　论域中的每个对象称为元素。如关于炉温的问题中，500℃，525℃，…，900℃，1000℃等均是论域中的元素。

（3）集合　论域中具有某种相同属性的而又可以彼此区别的元素的全体称为集合。集合是论域的某一部分，元素是集合中的成员。没有任何元素的集合称之为空集。

在普通集合（分明集合）中，元素 $a$ 和集合 $A$ 的关系只有两种：$a$ 属于 $A$（$a \in A$ 为真）；$a$ 不属于 $A$（$a \in A$ 为假）。普通集合是常规的二值逻辑，处理“非此即彼”的问题。而模糊逻辑是多值逻辑，引入隶属度的概念，描述介于“真”与“假”中间的过渡阶段，处理“亦此亦彼”的问题。在模糊逻辑中，给每一个元素赋予一个0和1之间的实数，来描述其属于某个集合的程度（也称强度）。该实数称为此元素属于某集合的隶属度。集合中所有元素的隶属度全体构成集合的隶属度函数。例如，集合“炉温低”的隶属度函数为：

$$\mu_{炉温低}(T) = f(T) \qquad 0 \leqslant f(T) \leqslant 1 \tag{4-1}$$

如果在实际问题中，当 $T = 720℃$ 时，$f(T) = 0.75$，则元素（此处是 $T = 720℃$）属于集合“炉温低”的强度为75%。“炉温低”这个集合称为模糊集合，或简称模糊集。模糊集就是以不同强度（隶属度）具备某种特征的所有元素的全体。在模糊逻辑中，每个元素或多或少地都属于某一个集合。两个极端情况是：隶属度为1，则完全属于；隶属度为0，则完全不属于。

通常，为了强调模糊概念，在相应字母上冠以~表示模糊。模糊集的一般数学表达式为

$$\tilde{A}=\{(x,\ \mu_{\tilde{A}}(x)),\ x\in X\} \tag{4-2}$$

式中，$\mu_{\tilde{A}}(x)$ 为元素 $x$ 属于模糊集 $\tilde{A}$ 的隶属度函数；$X$ 为元素 $x$ 的论域。在本书下面的章节中，表示不同的模糊集时，论域 $X$ 和其元素 $x$ 可能换成对应的符号，但式（4-2）的含义仍不变。

当论域中的元素 $x_1$，$x_2$，$x_3$，…，$x_n$ 为离散型且有限时，模糊集 $\tilde{A}$ 通常可表示为

$$\tilde{A}=[(x_1,\ \mu_{\tilde{A}}(x_1)),\ (x_2,\ \mu_{\tilde{A}}(x_2)),\ \cdots,\ (x_n,\ \mu_{\tilde{A}}(x_n))] \tag{4-3}$$

这也是模糊集的向量表示。

模糊集 $\tilde{A}$ 的另一种常用表示法是

$$\tilde{A}=\frac{\mu_{\tilde{A}}(x_1)}{x_1}+\frac{\mu_{\tilde{A}}(x_2)}{x_2}+\cdots+\frac{\mu_{\tilde{A}}(x_n)}{x_n} \tag{4-4}$$

式中的 $\frac{\mu_{\tilde{A}}(x_i)}{x_i}$（有时写成 $\mu_{\tilde{A}}(x_i)/x_i$）并不表示分数，而是表示论域中的元素 $x_i$ 及其隶属度 $\mu_{\tilde{A}}(x_i)(i=1,\ \cdots,\ n)$ 之间的对应关系；而“+”号也并不是加法，而是把模糊集 $\tilde{A}$ 看作一个整体。

一个模糊集合是完全以隶属度函数来描述的。隶属度的概念是整个模糊集合的基石。在不致引起误解的情况下，对模糊集 $\tilde{A}$ 和它的隶属度函数 $\mu_{\tilde{A}}(x)$ 将不加区分地使用。

**2. 模糊变量**

如果再用上面相同的方法定义两个模糊集：“炉温中”“炉温高”，它们都可用来描写炉温 $T$，即模糊集“炉温低”“炉温中”“炉温高”均有可能成为炉温的模糊值，则称炉温为模糊变量，记为

$$炉温\ \tilde{T}=\{炉温低，炉温中，炉温高\}$$

或将“炉温”两字略去，简记为

$$\tilde{T}=\{低，中，高\}$$

**3. 模糊算子**

实际工程问题中常常要求考虑两个或多个模糊集，这就产生了模糊集之间的运算问题。模糊算子就是进行模糊集运算的符号。模糊集由隶属度函数定义，其运算也可用隶属度函数来完成。经常用到的模糊算子有以下几种。

（1）并运算OR　模糊集 $\tilde{A}$ 和 $\tilde{B}$ 的并集（$\tilde{A}$ OR $\tilde{B}$）也是一个模糊集，记为 $\tilde{A}\cup\tilde{B}$，其中隶属度函数为 $\tilde{A}$ 和 $\tilde{B}$ 隶属度函数的最大值：

$$\mu_{\tilde{A}\cup\tilde{B}}(x)=\mu_{\tilde{A}}(x)\vee\mu_{\tilde{B}}(x)=\max\{\mu_{\tilde{A}}(x),\ \mu_{\tilde{B}}(x)\} \tag{4-5}$$

式中，∪ 为并运算符；∨ 为析取（求大）运算符；max 为求大函数。

（2）交运算AND　模糊集 $\tilde{A}$ 和 $\tilde{B}$ 的交集（$\tilde{A}$ AND $\tilde{B}$）记为 $\tilde{A}\cap\tilde{B}$，其隶属度函数为 $\tilde{A}$

和 $\tilde{B}$ 隶属度函数的最小值：

$$\mu_{\tilde{A}\cap\tilde{B}}(x)=\mu_{\tilde{A}}(x)\ \wedge\ \mu_{\tilde{B}}(x)=\min\{\mu_{\tilde{A}}(x),\ \mu_{\tilde{B}}(x)\} \tag{4-6}$$

式中，∩ 为交运算符；∧ 为合取（求小）运算符；min 为求小函数。

（3）补运算 NOT　模糊集 $\tilde{A}$ 的补集 $\tilde{A}^{C}$ 的隶属度函数为 1 减 $\tilde{A}$ 的隶属度函数：

$$\mu_{\tilde{A}^C}(x)=1-\mu_{\tilde{A}}(x) \tag{4-7}$$

**4. 模糊关系**

在人类社会和工程问题中经常要处理两个或多个事物之间的关系。所谓关系，是指元素之间的关联。这些关系，有些非常明确，如“如果温度达0℃水就结冰”；而有些却是模糊的，如“如果水流量不足则阀门开大”。模糊关系用来描述两个或多个模糊集合的元素之间关联程度的多少，它在模糊逻辑中，特别是在模糊控制、故障诊断、模式识别中占有重要的地位。人类思维判断的基本形式是一种模糊的因果形式：

$$\tilde{R}:\quad \text{IF}\quad \tilde{A}\quad \text{THEN}\quad \tilde{B} \tag{4-8}$$

或写成

$$\tilde{R}:\quad \tilde{A}\rightarrow\tilde{B}$$

式中，$\tilde{A}$ 和 $\tilde{B}$ 是模糊集，其含义仍由式（4-2）定义，只是论域 $X$ 及其元素 $x$ 相应换成 $A$，$a$ 及 $B$，$b$。$\tilde{R}$：表示模糊关系；→表示对应“IF…THEN…”（如果……则……）。

式（4-8）定义了从 $\tilde{A}$ 到 $\tilde{B}$ 的一个模糊关系，这是一个二阶模糊关系。模糊关系也是一个模糊集合，因此，它也由其隶属度函数 $\mu_{\tilde{A}\times\tilde{B}}(a,\ b)$ 来完全刻划。在模糊理论中，式（4-8）的模糊关系用叉积来表示：

$$\tilde{R}:\quad \tilde{A}\times\tilde{B}\rightarrow[0,\ 1] \tag{4-9}$$

式（4-9）表示，每一对序偶（$a$，$b$）都对应于［0，1］中的一个实数，此实数描述了该序偶的两个数相互之间关系的强弱，这也就是模糊关系 $\tilde{A}\times\tilde{B}$ 的隶属度 $\mu_{\tilde{A}\times\tilde{B}}(a,\ b)$。在模糊逻辑中，叉积用最小算子运算：

$$\mu_{\tilde{A}\times\tilde{B}}(a,\ b)=\min\{\mu_{\tilde{A}}(a),\ \mu_{\tilde{B}}(b)\} \tag{4-10}$$

可见，式（4-8）的 IF…THEN 关系可用条件和结论的叉积来表示，叉积的隶属度函数是条件和结论的隶属度函数的最小值。

若 $\tilde{A}$，$\tilde{B}$ 是由有限个元素组成的集合，其隶属度函数写成向量形式：

$$\mu_{\tilde{A}}=[\mu_{\tilde{A}}(a_1),\ \mu_{\tilde{A}}(a_2),\ \cdots,\ \mu_{\tilde{A}}(a_n)] \tag{4-11}$$

$$\mu_{\tilde{B}}=[\mu_{\tilde{B}}(b_1),\ \mu_{\tilde{B}}(b_2),\ \cdots,\ \mu_{\tilde{B}}(b_m)] \tag{4-12}$$

则其叉积运算为

$$\mu_{\tilde{A}\times\tilde{B}}(a,\ b)=\mu_{\tilde{A}}^{T}\circ\mu_{\tilde{B}} \tag{4-13}$$

式中，“∘”为模糊向量乘积符号；“T”为转置矩阵符号。

模糊向量的乘法也称模糊向量的合成。由式（4-13）可见，由 $n$ 和 $m$ 个元素组成的集合的二阶模糊关系是一个 $n\times m$ 阶矩阵。

**5. 模糊关系的运算**

由于$\tilde{A}$和$\tilde{B}$之间的模糊关系是定义在$\tilde{A}\times\tilde{B}$上的模糊子集，因此模糊集的运算能够直接应用到模糊关系的运算上来。设$\tilde{G}$，$\tilde{S}$是定义在$\tilde{A}\times\tilde{B}$上的两个模糊关系，则模糊集的运算如下：

（1）并运算 OR

定义
$$\tilde{G}\cup\tilde{S}:\ \tilde{A}\times\tilde{B}\rightarrow[0,\ 1] \tag{4-14}$$
$$\mu_{\tilde{G}\cup\tilde{S}}(a,\ b)=\mu_{\tilde{G}}(a,\ b)\vee\mu_{\tilde{S}}(a,\ b)=\max\{\mu_{\tilde{G}}(a,\ b),\ \mu_{\tilde{S}}(a,\ b)\} \tag{4-15}$$

（2）交运算 AND

定义
$$\tilde{G}\cap\tilde{S}:\ \tilde{A}\times\tilde{B}\rightarrow[0,\ 1] \tag{4-16}$$
$$\mu_{\tilde{G}\cap\tilde{S}}(a,\ b)=\mu_{\tilde{G}}(a,\ b)\wedge\mu_{\tilde{S}}(a,\ b)=\min\{\mu_{\tilde{G}}(a,\ b),\ \mu_{\tilde{S}}(a,\ b)\} \tag{4-17}$$

（3）补运算 NOT

定义
$$\tilde{G}^{\mathrm{C}}:\ \tilde{A}\times\tilde{B}\rightarrow[0,\ 1] \tag{4-18}$$
$$\mu_{\tilde{G}^{\mathrm{C}}}(a,\ b)=1-\mu_{\tilde{G}}(a,\ b) \tag{4-19}$$

（4）合成运算　模糊关系的合成有多种，下面是一种常用的 max-min 合成运算：设$\tilde{G}$，$\tilde{S}$分别是$\tilde{A}\times\tilde{B}$和$\tilde{B}\times\tilde{C}$上的模糊关系，则$\tilde{G}$和$\tilde{S}$的合成$\tilde{G}\circ\tilde{S}$是一个定义在$\tilde{A}\times\tilde{C}$上的模糊关系：
$$\tilde{G}\circ\tilde{S}:\ \tilde{A}\times\tilde{C}\rightarrow[0,\ 1] \tag{4-20}$$
$$\begin{aligned}\mu_{\tilde{G}\circ\tilde{S}}(a,\ b)&=\bigvee_{b\in\tilde{S}}\{\mu_{\tilde{G}}(a,\ b)\wedge\mu_{\tilde{S}}(b,\ c)\}\\&=\max_{b\in\tilde{S}}\{\min(\mu_{\tilde{G}}(a,\ b),\ \mu_{\tilde{S}}(b,\ c))\}\end{aligned} \tag{4-21}$$

**6. 模糊控制的设计**

模糊控制是模糊逻辑理论在控制工程中的应用。它的基本思想是用语言归纳操作人员的控制策略（包括知识、经验和直觉等），运用语言变量和模糊集合理论形成控制算法。它在一定的程度上模仿了人在操作控制过程中的思维和逻辑推理。模糊控制不需要建立控制对象精确的数学模型，只要求把现场操作人员的经验和数据总结成较完善的语言控制规则，因此它能绕过对象的不确定性、不精确性、噪声以及非线性、时变性、时滞等影响。系统的鲁棒性强，尤其适用于非线性、时变、滞后系统的控制。模糊控制系统的基本结构如图 4-5 所示。模糊控制器是整个系统的核心，其中包括知识库存储控制规则（常以 IF…THEN 形式构成）、隶属度函数以及有关的参数等。模糊控制的设计包括三个基本过程：模糊化→模糊推理→去模糊化，现从工程设计的角度简述如下：

（1）模糊化　模糊化的主要任务是将实际工程中精确的、连续变化的输入量转化成模糊量进行下一步的模糊推理。其主要内容有：

1）选择输入/输出量及其离散论域。在实际工业控制中，对控制过程起作用最大的是系统误差$E$和误差变化率$\dot{E}$，用这两个量可较完整地表述系统的运动特性，常选它们为模糊控制的输入量。输出量通常取为作用在被控过程的控制量$U$。取两个输入量构成的模糊控制称为二维模糊控制，因其处理的变量是二维而得名。维数太高，计算太复杂；维数太低，性能得不到保证。二维模糊控制是应用得最为广泛的。

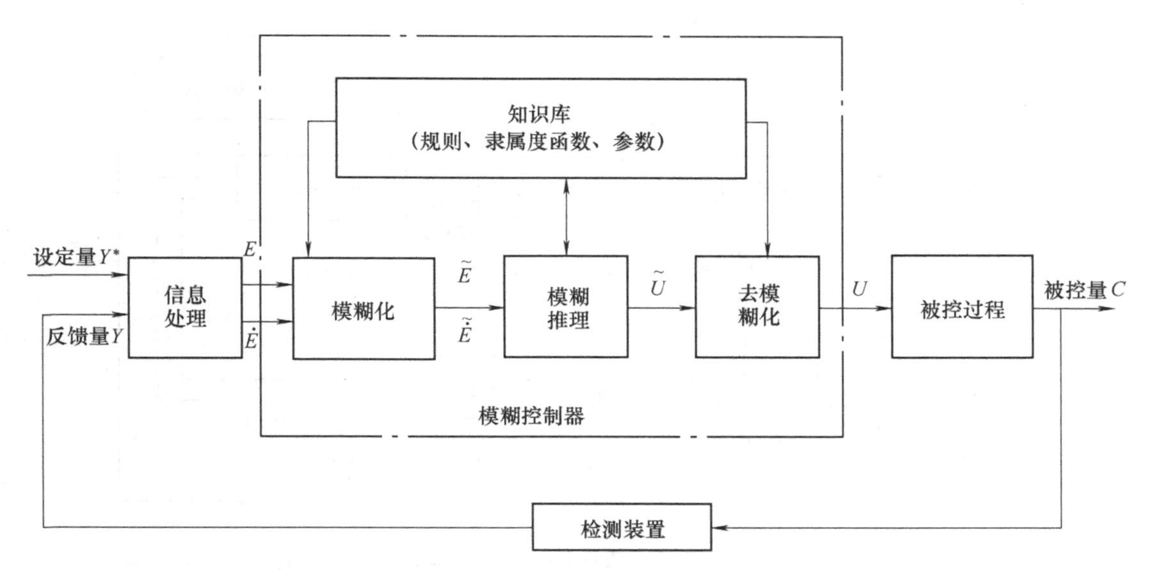


图 4-5　模糊控制基本结构图

2）定义模糊集及模糊变量。$E$、$\dot{E}$、$U$的模糊集常以语言值表示。按人们的语言和思维习惯，通常总是将各种事物分为大、中、小三个等级，每一等级又有两个表示方向（正、负）的状态，再考虑一个表示平衡（稳态）的零状态。有时为提高稳态精度，零状态再分为正零和负零。

3）确定隶属度函数。隶属度函数的形状可根据实际系统来决定。在实际控制问题中，常选为三角形或梯形。这是因为它们的数学表达式简单，便于计算，所占内存空间小。应用经验表明，对许多实际工程问题，采用三角形或梯形与采用其他复杂形状的隶属度函数相比，在达到控制要求方面结果相差并不大。

隶属度函数应覆盖整个取值范围，通常它们在整个取值范围内均匀分布，有时也可在某一区域（如零附近）分布较密、形状较尖，使得在该范围内控制灵敏度较高；各隶属度函数之间应有一定程度的重叠，一般重叠25%~50%，以提高其鲁棒性。

（2）模糊推理　模糊推理的主要任务是利用知识库的控制规则对模糊量进行运算，以求出模糊控制输出。知识库中的模糊控制规则总结了操作人员对工业过程操作控制的方法和经验，一般以 IF…THEN 的形式给出。一般情况下，这种形式包含$M \times N$条规则，各条规则是并列的，即它们是以 OR 的形式连接起来的。

模糊推理由条件聚合、推断、累加、合成四个步骤完成。

（3）去模糊化　去模糊化的任务是将模糊推理得到的模糊输出转换成非模糊值（清晰值），以便形成精确的控制量去控制被控过程。去模糊化方法也有多种，其中应用得最多的方法有最大隶属度法和加权平均法。

上述模糊化、模糊推理以及去模糊化的运算工作量很大，特别是模糊推理，要进行许多烦琐的矩阵运算，在线时计算会影响系统的实时性能甚至不能完成。为此，在实际工程设计中，往往将这些大量的计算工作离线完成，得到模糊控制器输入量的量化等级$e$、$\dot{e}$与输出控制量的量化等级$u$之间的确定关系（参见图 4-6）。这种关系通常称为模糊控制表。

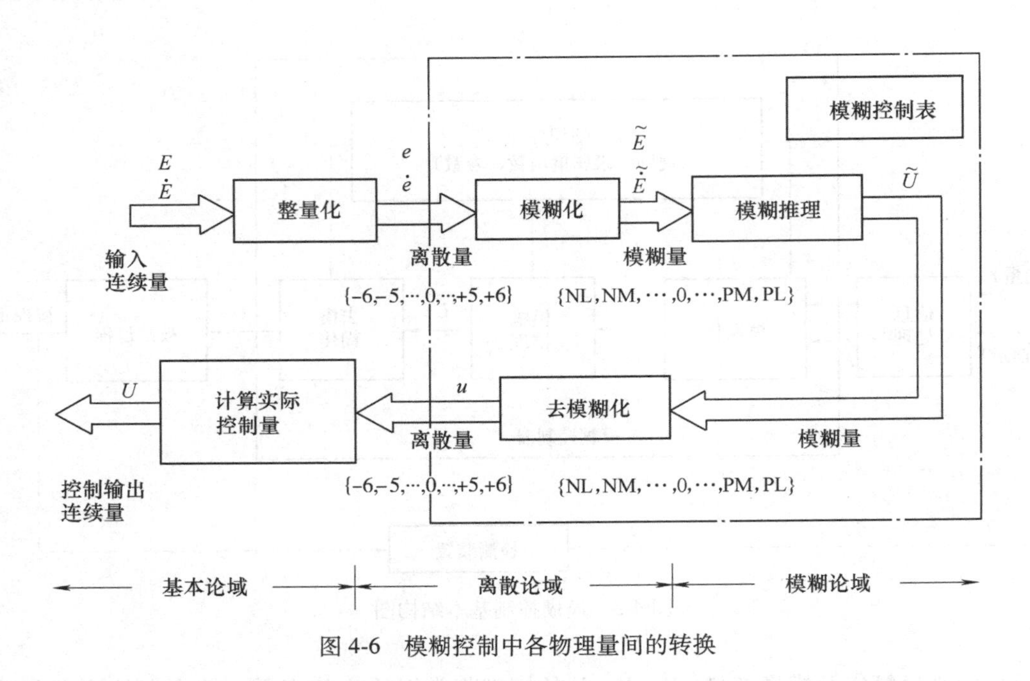


图 4-6 模糊控制中各物理量间的转换

将离线求出的控制表存储在计算机中，计算机实时控制时只要将连续变化的误差 $E$ 和误差的变化 $\dot{E}$ 进行量化，得到其等级 $e$、$\dot{e}$，然后从计算机的存储器中直接查控制表，获得相应的控制量等级 $u$，再计算出实际的精确控制量。采用控制表的方法也称查表法，这是实际工程中常用的方法，特别是在一些采用单片机实现的模糊控制系统中。

## 4.5.3 神经网络基础

### 1. 生物神经元模型

神经元是脑组织的基本单元。人体内神经元的结构形式有多种，其间的差别也很大。图 4-7a 是它们所具有的一些共同形式。神经元主要由三部分组成：细胞体、树突和轴突。每一部分虽各具其功能，但它们之间又是互存互补的。

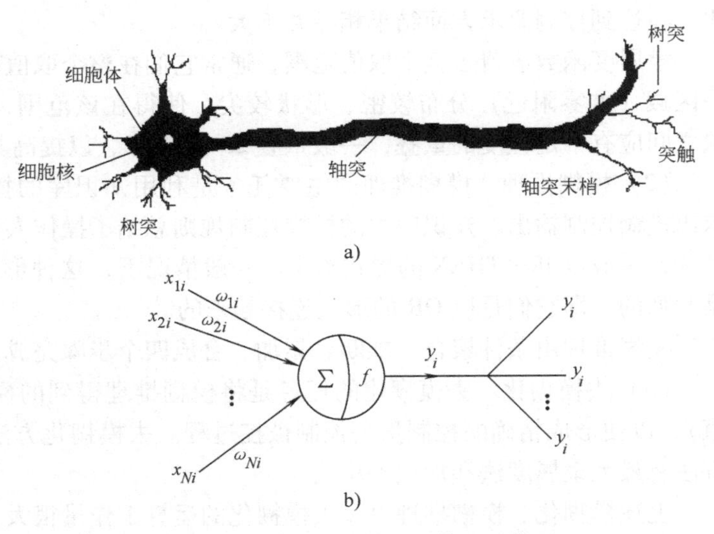


图 4-7 生物神经元和人工神经元模型

a）生物神经元 b）人工神经元

细胞体是神经元的主体部分，在其中心埋藏着一个细胞核，整个细胞的外部叫作细胞膜。从细胞体中伸出许多树突和一条长的轴突。各神经元在物质上并不相连，而是被极小但可以分辨出的距离分隔开来。各个神经元间相互连接从而进行信息交换的部位（结点）

称为突触。

树突是细胞的输入端，通过突触接收与之相连的细胞传出的神经冲动；轴突相当于细胞的输出端，其端部的众多神经末梢为信号的输出端，用于传出神经冲动。

神经元具有两种工作状态：兴奋和抑制。当传入的神经冲动使细脑膜电位升高到阈值（约40mV）时，细胞膜即进入兴奋状态，产生神经冲动，由轴突进行输出；相反，若传入的神经冲动使细胞膜电位下降到低于阈值时，细胞膜即进入抑制状态，没有神经冲动输出。

**2. 人工神经元模型**

人工神经元模型是对生物神经元模型的简化、抽象和模拟，它是神经网络的基本处理单元。在这个简化抽象过程中，从不同的角度来考虑神经元及其网络所模拟的对象特点以及用现有技术实现的可能性，就产生了形式各异的神经元模型。图4-7b示出了一种最常用的M-P模型，它是一个多输入、单输出的非线性元件。其输入与输出的关系可描述为

$$
\begin{aligned}
I_i &= \sum_{j=1}^{N} \omega_{ji} x_j - \theta_i \\
y_i &= f(I_i)
\end{aligned}
\tag{4-22}
$$

式中，$x_j$ 为从其他神经元传来的输入信号，$j=1$，…，$N$；$\theta_i$ 为神经元的阈值；$\omega_{ji}$ 表示从神经元 $j$ 到神经元 $i$ 的突触耦合系数（连接权值）；$f(I_i)$ 称为神经元特性函数（传递函数）。

常用的特性函数有如下几种：

阶跃函数
$$
f(x)=\begin{cases}1 & x \geqslant 0 \\ 0 & x < 0\end{cases}
\tag{4-23}
$$

分段线性函数
$$
f(x)=\begin{cases}1 & x \geqslant B \\ ax+b & A \leqslant x < B \\ 0 & x < A\end{cases}
\tag{4-24}
$$

S（Sigmoid）型函数
$$
f(x)=\frac{1}{1+\mathrm{e}^{-\beta x+C}} \qquad \beta > 0
\tag{4-25}
$$

**3. 神经网络模型**

神经网络由大量的神经元以一定的方式互联而成。连接的方式主要有两种：一是没有反馈的前向网络，它由输入层、中间层（一层或数层）和输出层组成，每一层的神经元只接收前一层神经元的输出，信息的传递是单方向的；第二种是相互连接的方式，其中任意两个神经元间都可能有连接，信息在神经元间要反复往返传递。目前已有数十种人工神经网络模型。图4-8对其中主要的几种及它们的分类做了归纳。

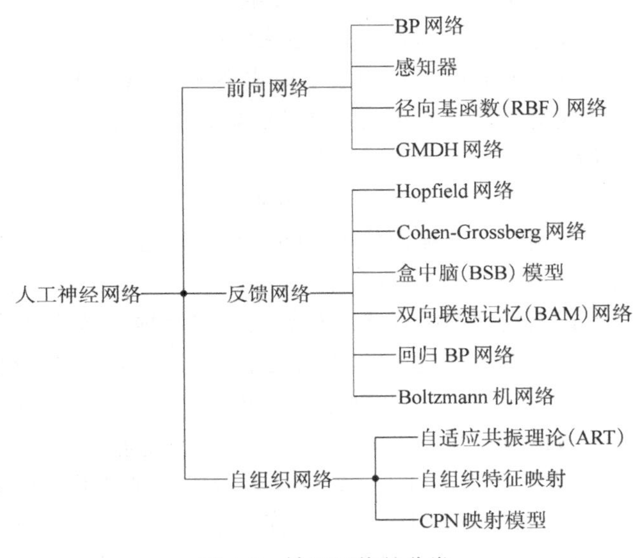


图4-8　神经网络的分类

**4. BP神经网络**

BP网络即误差反向传播神经网络（Backpropagation Neunal Network），它是一种信息单向传播的多层前向网络，也是一种最常使用的神经网络。其结构如图4-9所示，设网络共有$q$层，第一层称为输入层，最末一层为输出层，中间各层均称为隐含层。同层神经元结点间没有任何耦合。输入信息从输入层依次向输出层传递，每一层的输出只影响下一层的输入。每个结点都具有图4-7的结构以及式（4-22）的特性。

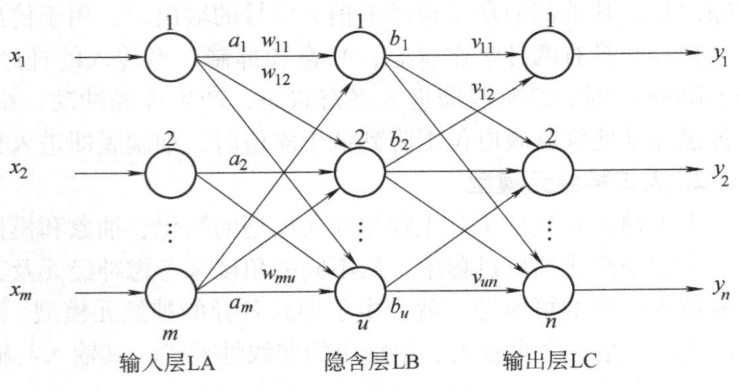


图4-9 BP神经网络的结构

## 4.5.4 模式识别和聚类分析基础

模式是人们认识外部事物的基本单元。当人们在感受外部世界现象时，总是把它们加以分类，即把相似而又不完全相同的现象分成一组。在同一组里的并非一样的物体和现象总有某些方面是相似的。人们只要熟悉现象中为数不多的代表，就能从现象形成组的概念，从而形成模式的概念。由此，我们将模式$X$定义为具有某些特性或属性而彼此又不完全相同的$x_i$的全体所描述的客体，写成集合的形式为

$$X = \{x_1, x_2, \cdots, x_i, \cdots, x_d\} \tag{4-26}$$

模式具有如下两个明显的性质：

（1）特征性 它表现在人们只要熟悉集合中有限数量的现象，就有可能认识这个集合中的任意多的代表。

（2）差异性 模式现象在发生很大的变化后还仍然属于这个模式。这个性质表明，模式在某种意义下是不确定的和模糊的。

所有可能的模式$X$组成了模式空间$\mathcal{X}$，$X \in \mathcal{X}$。集合$\mathcal{X}$可以是有限的，也可以是无限的。

模式类是具有某些共同特性的模式的集合。所有可能的模式类$b_j$的集合构成了类别空间$B$，写为

$$B = \{b_1, b_2, \cdots, b_j, \cdots, b_p\} \tag{4-27}$$

通常，类别空间也称为分类空间或结果输出空间，它是有限集合。显然，它的维数小于模式空间的维数。

模式识别是使用机器（计算机）自动地（或人尽量少地干预）把待识模式分配到各自的模式类中去，也就是形成从模式空间到类别空间的映射Θ，即

$$\Theta: \mathcal{X} \rightarrow B,\ X_j = \{x_1, x_2, \cdots, x_d\} \mid\rightarrow b_j \tag{4-28}$$

所谓映射是指，对每一个$X_j \in \mathcal{X}$，都存在着唯一确定的元素$b_j \in B$与之对应。式（4-28）中的前半部分$\Theta: \mathcal{X} \rightarrow B$表示从$\mathcal{X}$到$B$的映射Θ；后半部分$X_j = \{x_1, x_2, \cdots, x_d\} \mid\rightarrow b_j$补充说明该映射对应的规则。至于对应什么样的规则，即映射Θ及其元素的具体形式，要视具体问题和采用的具体方法而定。它的实现可以是解析表达式，也可以是神经网络

这种复杂的形式。

图 4-10 概略地表示了模式识别的示意图。实际上，模式识别过程中还包含许多步骤，例如对采集的模式进行预处理、特征提取/选择、分类判决等，视采用不同的模式识别方法而定，这里均概括在映射 Θ 中。

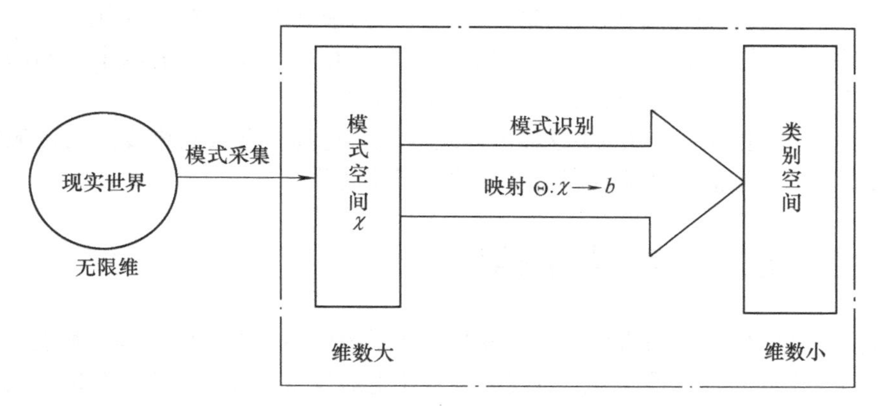


图 4-10　模式识别示意图

聚类分析是模式识别的一个重要工具，它把模式归入到这样的类别或聚合类中：同一个聚合类的模式比不同聚合类小的模式更接近。聚合类也简称聚类。在不引起误解的前提下，本书将采用聚类这个名词。

聚类分析的基本原理是在没有先验知识的情况下（即所采用的样本并不知其所属类别），基于“物以类聚，人以群分”的观点，根据模式间的相似性测度（如模式间向量的距离、模式向量间的夹角等）来划分类别。

图 4-11 说明了聚类的基本概念。为了清晰，该图画出的是二维模式空间。其实，复杂的实际系统中可能达到 20 维或更多。图中，模式向量（有时也称为样本向量）用点来表示。该图说明了下面几个概念：

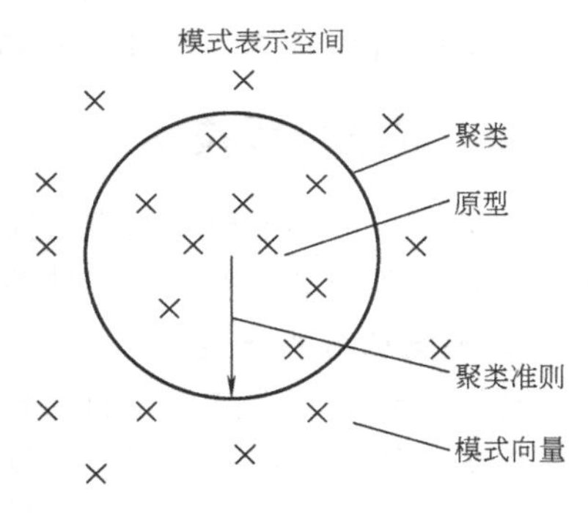


图 4-11　聚类的主要术语说明

（1）原型　原型是一个确定聚类在模式空间中位置的向量。该向量用聚类算法构成。在许多聚类算法中，原型向量被视为质量中心。

（2）聚类准则　聚类准则是度量同一类模式间的相似性和不同模式的差异性的方法。聚类准则决定了聚类尺寸大小。常用的有两种聚类准则：

1）距离准则。设两模式向量为 $\boldsymbol{X}=[x_1, x_2, \cdots, x_n]^{\mathrm{T}}$，$\boldsymbol{Y}=[y_1, y_2, \cdots, y_n]^{\mathrm{T}}$，则用它们的归一化的欧几里得距离来度量它们之间的相似性，即

$$\delta=\frac{|\boldsymbol{X}-\boldsymbol{Y}|}{|\boldsymbol{X}|+|\boldsymbol{Y}|}=\frac{\sqrt{(x_1-y_1)^2+\cdots+(x_n-y_n)^2}}{\sqrt{x_1^2+\cdots+x_n^2}+\sqrt{y_1^2+\cdots+y_n^2}} \tag{4-29}$$

2）角度准则。用两模式向量 $\boldsymbol{X}$ 和 $\boldsymbol{Y}$ 间夹角的余弦来度量它们之间的相似性，即

$$\eta = \cos(\boldsymbol{X}, \boldsymbol{Y}) = \frac{\boldsymbol{X} \cdot \boldsymbol{Y}}{|\boldsymbol{X}||\boldsymbol{Y}|} \tag{4-30}$$

式中，$\boldsymbol{X} \cdot \boldsymbol{Y}$ 表示向量 $\boldsymbol{X}$、$\boldsymbol{Y}$ 的点积。$\eta$ 的一个优良性质是坐标缩放、旋转对其值没有影响。

（3）聚类　聚类是原型和与其相关的聚类准则定义的模式空间中的一个区域，如图4-11中的圆圈所划出的区域。由此可以看出，聚类的定义包括下述几方面的内涵：

1）一个聚类是那些相似的模式的集合，而且不同聚类内的模式是不相似的。

2）一个聚类是在模式空间中这样一些点的聚集：在一个聚类内的两个点间的距离小于在这个类的任意一点和不在这个类的任意一点间的距离。

3）聚类可被描述成 $n$ 维空间中这样的连续区域，这种包含较高密度点的区域因为没有包含较低密度点的区域而与其他较高密度点的区域相区分。

## 4.6 智能电器的网络化与通信系统

随着智能电器的发展，网络化与通信成为控制系统中不可缺少的内容。智能电器的通信是依靠现场总线完成的，它是连接运行现场各智能电器设备，并实现现场智能电器设备和上级变电站综合自动化系统间进行信息传输的数字通信网络。智能电器是电力系统变电站综合自动化系统中的一员。近几年来，随着计算机网络技术的发展，各种通信协议管理工具不断成熟和完善，为变电站综合自动化系统及智能电器采用基于互联网的通信方式提供了技术基础。另一方面，网络覆盖面迅速扩大，相当多的电力企业实际上已具备千兆交换到桌面的硬件条件，各厂站已具备了光纤、微波等通信通道，并配置有功能强大的自动化系统。再加上人们对信息共享要求的提高，使得智能电器实现互联网联网成为新一代智能电器的发展方向。

本节简要介绍了现场总线与数字通信技术的相关基础知识，从介绍变电站综合自动化系统的通信网络和通信协议 IEC 61850 入手，阐明智能电器控制器的通信系统设计。

### 4.6.1 现场总线技术

现场总线是用于现场仪表与控制系统和控制室之间的一种全分散、全数字化、智能、双向、互联、多变量、多点、多站的通信网络。

**1. 现场总线的产生**

现场总线的产生是多方面因素共同作用的结果。

现场总线的产生首先反映了仪器仪表本身发展的需要。仪器仪表的发展经历了全模拟式仪表、智能仪表、具有通信功能的智能仪表、现场总线仪表等几个阶段。其中，全模拟式仪表是将传感器信号进行调理放大后，经过 $U/I$ 电路转换，输出 4~20mA 或 0~5V 的模拟信号。其后随着计算机技术的发展，微处理器在仪器仪表中得到了广泛应用，过程变量经调理放大、A/D 采样，转换为数字信号，并经过微处理器的运算、补偿等处理后，再通过 D/A、$U/I$ 等电路，仍然以 4~20mA 或 0~5V 的模拟信号输出，这种智能仪表相对于全模拟仪表来讲，测量精度得到大大提高，但信号传输过程仍然容易受到外界电磁干扰，传输精度和可靠性都不高。于是，人们在仪器仪表中增加了通信接口（如 RS-232/485 等），以数字通信的方式代替模拟信号传输。但由于这些通信标准只规定了物理层上的电气特性，而对于数据链路层及其以上各高层协议规范，则没有统一定义，致使不同生产厂家的仪器仪表由于通信协议的专有与不兼容而无法实现相互之间的信息互访。为解决这个问题，必须使这些网络的通信标准进行统一，组成开放互联系统，于是就产生了现场总线。其次，现场总线的产生也反映了企业管控一体化信息集成的要求。

**2. 现场总线的特点与优点**

现场总线的结构特点打破了传统控制系统的结构形式。传统控制系统采用一对一的设备连接，按控制回路分别进行连接。而现场总线控制系统可直接在现场完成，实现分散控制。现场总线的技术特点如下：

1）开放性。开放系统是指通信协议公开，不同厂家的设备之间可进行互联并实现信息交换，现场总线开发者就是要致力于建立统一的底层网络的开放系统。

2）互可操作性与互用性。互可操作性指实现互联设备间、系统间的信息传送与沟通，可实行点对点、一点对多点的数字通信。而互用性则意味着不同生产厂家的性能类似的设备可进行互换而实现互用。

3）现场设备的智能化与功能自治性。它指仅靠现场设备即可完成自动控制的基本功能，并可随时诊断设备的运行状态。

4）系统结构的高度分散性。由于现场设备本身已可完成自动控制的基本功能，使得现场总线已构成一种新的全分布式控制系统的体系结构。从根本上改变了现有的 DCS 集中与分散相结合的集散控制系统体系，简化了系统结构，提高了可靠性。

5）对现场环境的适应性。作为工厂网络底层的现场总线，是专为在现场环境工作而设计的，具有较强的抗干扰能力，能采用两线制实现送电与通信，并可满足本质安全防爆要求。

现场总线的优点包括：节省硬件数量与投资，节省安装费用，节约维护开销，用户具有高度的系统集成主动权，提高了系统的准确性与可靠性等。

**3. 现场总线标准的制定与实现**

数字技术标准的制定往往早于产品的开发，标准决定着新兴产业的健康发展。正因为如此，IEC 极为重视现场总线标准的制定，早在 1984 年就开始起草现场总线标准，由于各国意见很不一致，工作进展十分缓慢。

从 1984~1999 年，经过 15 年的制定标准的努力，IEC 61158 标准最终获得通过。

从 IEC 61158 现场总线标准长达 15 年的制定经历，以及 IEC 各国家委员会全力以赴积极参与和激烈争论的程度看，在数字技术时代，标准已不仅仅是一个产品的规范，它还起着引导和促进高新技术发展的特殊作用。

现场总线的基础是数字通信，通信就必须有协议。ISO 制定了 7 层协议标准，各公司大都采用了其中的第 1 层、第 2 层、第 7 层，即物理层、数据链路层和应用层，并增设了第 8 层用户层。

物理层：该层规定了现场总线的传输介质、传输速率、每条线路可接仪表数量、最大传输距离、电源、连接方式及信号类型等。

数据链路层：该层规定了物理层和应用层间的接口，其中包括数据结构、传输差错控制、多主站使用的规范化等。该层将通过帧数据检验保证信息传输的正确性及完整性。

应用层：它向用户提供了一个简单的接口，其中定义了读、写、解释或执行一个信息或一条命令的方法。其中很大部分是定义信息的语法。此外，应用层还定义了信息传输的方式，如周期式、立即响应式、一次性方式及使用者请求方式等。

用户层：该层定义了过程控制的基本内容。其中，包括现场总线内部信息的存取方法及信息在网内同一结点或不同结点的其他设备间的传送方法。现场总线结构的基础是功能块，由各功能块完成数据采集、控制或输出。每个功能块都包含一个算法功能和运算中所需的数据库以及由用户定义的该功能块的唯一标识符。用户层是现场总线标准在OSI层模型之外增加的一层，它是该标准超过一项通信标准而成为一项系统标准，是FCS开放性和互操作性的关键。用户层定义了29个标准功能模块，用于数据处理和组成控制算法，标准功能模块的数量少于一般DCS，它允许用户自己定义算法模块，另外还定义了两个工具，即设备描述语言和对象字典，用以登记网络上的“可见对象”，以实现可互操作性。

**4. 现场总线的现状与发展趋势**

目前，主要使用的是下列几种总线：

（1）基金会现场总线（FF） 基金会现场总线（FF）是在过程自动化领域得到广泛支持和具有良好发展前景的一种技术。以ISP和WorldFIP为主的两大集团于1994年9月成立的现场总线基金会，致力于开发出国际上统一的现场总线协议。

（2）CAN总线 CAN总线最早用于汽车内部测量与执行部件之间的数据通信协议。其总线规范已被国际标准组织（ISO）制定为国际标准，并且广泛应用于离散控制领域。它也是基于OSI模型，但进行了优化，抗干扰能力强，可靠性高。

（3）LonWorks总线 LonWorks技术是美国埃施朗（Echelon）公司开发，并与摩托罗拉和东芝公司共同倡导的现场总线技术。技术的核心是具备通信和控制功能的Neuron芯片。Neuron芯片实现完整的LonWorks的LonTalk通信协议。应用范围主要包括楼宇自动化、工业控制等，在组建分布式监控网络方面有较优越的性能。

（4）PROFIBUS总线 PROFIBUS是符合德国国家标准DIN19245和欧洲标准EN50179的现场总线，包括PROFIBUS-DP、PROFIBUS-FMS、PROFIBUS-PA三部分。DP型用于分散外设间的高速数据传输，适合于加工自动化领域；FMS型适用于纺织、楼宇自动化、可编程控制器、低压开关等；而PA型则是用于过程自动化的总线类型。

（5）HART总线 HART协议是由罗斯蒙特（Rosemount）公司于1986年提出的通信协议。它是用于现场智能仪表和控制室设备间通信的一种协议。其特点是在现有模拟信号传输线上实现数字信号通信，属于模拟系统向数字系统转变过程中的过渡产品，因而在当前的过渡时期具有较强市场竞争力，在智能仪表市场上占有很大的份额。

另外，还有DeviceNET及RS-485等。

现场总线的国际标准虽然制定出来了，但是，由于采用了不同的网络技术，现场总线技术不能实现统一，它与IEC于1984年开始制定现场总线时的初衷是相违背的。因此，现场总线今后的发展将呈以下趋势。

（1）多种总线并存 现场总线国际标准IEC 61158中采用的8种类型，以及其他一些现场总线，将在今后一段时间内共同发展，并相互竞争相互取长补短。此外，跨国公司除了从事它们所支持的现场总线技术的研究与开发，还兼顾其他总线的应用。

（2）每种现场总线将形成其特定的应用领域 目前全球用于连接分散的I/O产品和控制器的总线和网络产品多种多样，但未来将有越来越多的市场份额集中在越来越少的总线和网络产品上，随之会产生新的市场领导者。随着时间的推移，占有市场80%左右的总线将只有六七种，而且其应用领域比较明确。

（3）以太网的引入成为新的热点　以太网虽没有任何标准化组织的支持，但它是目前通信技术事实上的标准，正在工业自动化和过程控制市场上迅速增长。同时，在智能电器的应用中得到了迅速的发展。

### 4.6.2　数字通信基础

**1. 总线的基本术语**

（1）总线与总线段　从广义来说，总线就是传输信号或信息的公共路径，是遵循同一技术规范的连接与操作方式，一组设备通过总线连在一起称为“总线段”。可以通过总线段相互连接把多个总线段连接成一个网络系统。

（2）总线主设备　可在总线上发起信息传输的设备叫作“总线主设备”。也就是说，主设备具备在总线上主动发起通信的能力，又称命令者。

（3）总线从设备　不能在总线上主动发起通信，只能挂接在总线上，对总线信息进行接收查询的设备称为总线从设备，也称基本设备。

（4）控制信号　总线上的控制信号通常有三种类型。一类控制连在总线上的设备，让它进行所规定的操作，如设备清零、初始化、启动和停止等。另一类是用于改变总线操作的方式，如改变数据流的方向、选择数据字段的宽度和字节等。还有一些控制信号表明地址和数据的含义，如对于地址，可用于指定某一地址空间，或表示出现了广播操作；对于数据，可用于指定它能否转译成辅助地址或命令。

（5）总线协议　管理主、从设备使用总线的一套则称为“总线协议”。这是一套事先规定的，必须共同遵守的规约。

**2. 总线操作的基本内容**

（1）总线操作　总线上命令者与响应者之间的连接→数据传送→脱开这一操作序列称为一次总线“交易”，或者叫作一次总线操作。“脱开”是指完成数据传送操作以后，命令者断开与响应者的连接。命令者可以在做完一次或多次总线操作后放弃总线占有权。

（2）总线传送　一旦某一命令者与一个或多个响应者连接上以后，就可以开始数据的读写操作规程。“读”数据操作是读来自响应者的数据；“写”数据操作是向响应者写数据。

（3）通信请求　通信请求是由总线上某一设备向另一设备发出的请求信号，要求后者给予注意并进行某种服务。它们有可能要求传送数据，也有可能要求完成某种动作。

（4）寻址　寻址过程是命令者与一个或多个从设备建立起联系的一种总线操作。通常有以下三种方式。

1）物理寻址：用于选择某一总线段上某一特定位置的从设备作为响应者。

2）逻辑寻址：用于指定存储单元的某一个通用区，而并不顾及这些存储单元在设备中的物理分布。

3）广播寻址：用于选择多个响应者。

（5）总线仲裁　总线在传送信息的操作过程中有可能会发生“冲突”。为解决这种冲突，就需进行总线占有权的“仲裁”。总线仲裁是用于裁决哪一个主设备是下一占有总线的设备。某一时刻只允许某一主设备占有总线，等到它完成总线操作，释放总线占有权后才允许其他总线设备使用总线。

（6）总线定时　总线操作用“定时”信号进行同步。定时信号用于指明总线上的数据和地址在什么时刻是有效的。大多数总线标准都规定命令者可置起“控制”信号，用来指定操作的类型，还规定响应者要回送“从设备状态响应”信号。

（7）出错检测　在总线上传送信息时会因噪声和串扰而出错，因此在高性能的总线中一般设有出错码产生和校验机构，以实现传送过程的出错检测。

（8）容错　设备在总线上传送信息出错时，如何减小故障对系统的影响，提高系统的重置能力是十分重要的。

**3. 通信系统的组成**

通信系统是传递信息所需的一切技术设备的总和。它一般由信息源和信息接收者、发送设备、传输媒介、接收设备几部分组成。

（1）信息源与信息接收者　信息源和信息接收者是信息的产生者和使用者。在数字通信系统中，传输的信息是数据，是数字化了的信息。这些信息可能是原始数据，也可能是经计算机处理后的结果，还可能是某些指令或标志。

（2）发送设备　发送设备的基本功能是将信息源和传输媒介匹配起来，即将信息源产生的消息信号经过编码，并变换为便于传送的信号形式，送往传输媒介。

（3）传输介质　传输介质指发送设备到接收设备之间信号传递所经媒介。

（4）接收设备　接收设备的基本功能是完成发送设备的反变换，即进行解调、译码、解码等。

**4. 数据编码**

计算机网络系统的通信任务是传送数据或数据化的信息。这些数据通常以离散的二进制0、1序列的方式表示。码元是所传输数据的基本单位。在计算机网络通信中所传输的大多为二元码，它的每一位只能在1或0两个状态中取一个，这每一位就是一个码元。

数据编码是指通信系统中以何种物理信号的形式来表达数据。分别用模拟信号的不同幅度、不同频率、不同相位来表达数据的0、1状态的，称为模拟数据编码。用高低电平的矩形脉冲信号来表达数据的0、1状态的，称为数字数据编码。

采用数字数据编码，在基本不改变数据信号频率的情况下，直接传输数据信号的传输方式，称为基带传输。基带传输可以达到较高的数据传输速率，是目前广泛应用的数据通信方式。

**5. 局域网及其拓扑结构**

计算机的广泛使用，为用户提供了分散而有效的数据处理与计算能力。计算机和以计算机为基础的智能设备一般除了本身业务之外，还要求与其他计算机彼此沟通信息，共享资源，协同工作，于是，出现了用通信线路将各计算机连接起来的计算机群，以实现资源共享和作业分布处理，这就是计算机网络。因特网（Internet）就是当今世界最大的非集中式的计算机网络的集合，是全球范围成千上万个网连接起来的互联网，并已经成为当代信息社会的重要基础设施——信息高速公路。

计算机网络的种类繁多，分类方法各异。按地域范围可分为远程网和局域网。远程网的跨越范围可从几十千米到几万千米，其传输线造价很高。考虑到信道上的传输衰减，其传输速度不能太高，一般小于100kbit/s。若要提高传输速率，就要大大增加通信费用，或采用通信卫星、微波通信技术等。局域网的距离只限于几十米到25km，一般为10km以内。其传输速率较高，在0.1~100Mbit/s间，误码率很低，具有多样化的通信媒体，如同轴电缆、光缆、双绞线、电话线等。

网络拓扑结构、信号方式、访问控制方式、传输介质是影响网络性能的主要因素。网络的拓扑结构是指网络中结点的互联形式。拓扑结构主要有星形拓扑、环形拓扑、总线型拓扑和树形拓扑等。

**6. 网络传输介质**

传输介质是网络中连接收发双方的物理通路，也是通信中实际传送信息的载体。网络中常用的传输介质有电话线、同轴电缆、双绞线、光导纤维、无线与卫星通信。传输介质的特性对网络中数据通信质量影响很大，主要特性如下。

1）物理特性：传输介质物理结构的描述。

2）传输特性：传输介质允许传送数字或模拟信号以及调制技术、传输容量、传输的频率范围。

3）连通特性：允许点对点或多点连接。

4）地理范围：传输介质最大传输距离。

5）抗干扰性：传输介质防止噪声与电磁干扰对传输数据影响的能力。

**7. 介质访问控制方式**

如前所述，在总线型和环形拓扑中，网上设备必须共享传输线路。为解决在同一时间有几个设备同时争用传输介质，需有某种介质访问控制方式，以便协调各设备访问介质的顺序，在设备之间交换数据。

通信中对介质的访问可以是随机的，即各工作站可在任何时刻，任意地访问介质；也可以是受控的，即各工作站可用一定的算法调整各站访问截止顺序和时间。在随机访问方式中，常用的争用总线技术为带碰撞检测的载波侦听多址访问网络（CSMA/CD）。在控制访问方式中则常用令牌总线、令牌环，或称之为标记总线、标记环。

**8. CRC 校验**

循环冗余码（CRC）校验方法是将要发送的数据比特序列当作一个多项式$f(x)$的系数，在发送方用收发双方预先约定的生成多项式$G(x)$去除，求得一个余数多项式。将余数多项式加到数据多项式之后发送到接收端。接收端用同样的生成多项式$G(x)$去除接收数据多项式$f(x)$，得到计算余数多项式。如果计算余数多项式与接收余数多项式相同，则表示传输无差错；如果，计算余数多项式不等于接收余数多项式，则表示传输有差错，由发送方重发数据，直至正确为止。CRC码检错能力强，实现容易，是目前最广泛的校验方法之一。

**9. 串行通信接口**

IBM-PC及其兼容机是目前应用较广泛的一种计算机，通常用它作为分布式测控系统的上位机，而单片机微控制器软硬件资源丰富，价格低，适合用作下位机。

上位机与下位机一般采用串行通信技术，常用的有RS-232C接口及RS-422和RS-485接口。

### 4.6.3 变电站通信系统结构

系统结构示意图如图4-12所示。

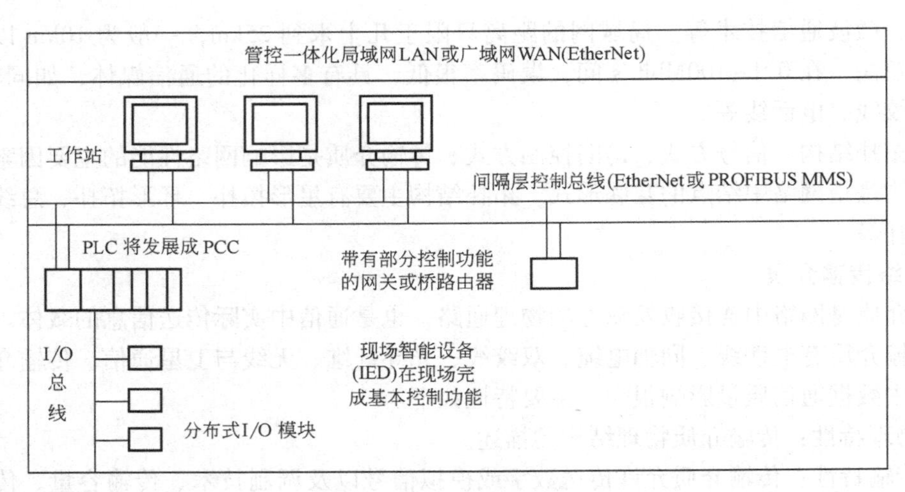

图 4-12 变电站通信系统结构

从图上可以看出：

1）管控一体化局域网将无可争议地选用以太网。

2）间隔级控制总线在 FF-H2 总线尚未成熟的情况下，工业级以太网（EtherNet）和 PROFIBUS MMS（Manufacturing Messageing Specification，制造厂信息规范）将是一个比较好的选择。

3）可编程逻辑控制器（PLC）被发展成可编程计算机控制器（Programable Computer Controller，PCC），即用智能模块实现逻辑及自动控制功能，它比常规的 PLC 具有可交流采样、通信组态方便等优点。

## 4.6.4 变电站通信网的基本设计原则

变电站通信的内容包括变电站综合自动化系统的当地采集控制单元与变电站或电厂主控室监控管理层之间的通信，变电站综合自动化系统与远方调度中心之间的通信。系统通信网架的设计是十分关键的，可从以下方面考虑变电站中通信网的设计：

1）电力系统的连续性和重要性，通信网的可靠性是第一位的。

2）系统通信网应能使通信负荷合理分配，保证不出现“瓶颈”现象，保证通信负荷不过载，应采用分层分布式通信结构。此外，应对站内通信网的信息性能合理划分，根据数据的特征是要求实时的，还是没有实时性要求以及实时性指标的高低进行处理。另外，系统通信网设计应满足组合灵活、可扩展性好、维修调试方便的要求。

3）应尽量采用国际标准的通信接口，技术上设计原则是兼容目前各种标准的通信接口，并考虑系统升级的方便。

4）应考虑针对不同类型的变电所的实际情况和具体特点，系统通信网络的拓扑结构是灵活多样的且具有延续性。

5）系统通信网络应采用符合国际标准的通信协议和通信规约。

6）对于通信媒介的选用，设计原则是在技术要求上支持采用光纤，但实际工程中也考虑以屏蔽电缆为主要的通信媒介。

7）为加速产品的开发，保持对用户持续的软件支持，对用户提出的建议及要求的快速响应，就要求摆脱小作坊式的软件开发模式，使软件开发从“小作坊阶段”进入“大生产阶段”，采用先进的通信处理器软件开发平台实时多任务操作系统（RTOS）并开发应用于其之上的通信软件平台。

### 4.6.5 通信网的软硬件实现

**1. 硬件的选择**

为了保证通信网的可靠性，通信网构成芯片必须保证在工业级以上，以满足湿度、温度和电磁干扰等环境要求。通信 CPU 可采用摩托罗拉公司或西门子公司的工控级芯片，通信介质选择屏蔽电缆或光纤。

**2. 接口程序**

采用国际标准的通信接口，技术上设计原则是兼容目前各种标准的通信接口，并考虑系统升级的方便。装置通信 CPU 除保留标准的 RS-232/485 口用于系统调试维护外，其他各种接口采用插板式结构，设计支持以下三类共七种方式：标准 RS-485 接口，考虑双绞线总线形和光纤星形耦合型；标准 PROFIBUS-FMS 接口，考虑双绞线总线型、光纤环网、光纤冗余双环网；标准 EtherNet，考虑双绞线星形和光纤星形（通信管理单元考虑以上两种类型的双冗余配置）。

**3. 通信协议和通信规约**

系统通信网络应采用符合国际标准的通信协议和通信规约，应建立符合变电站综合自动化系统结构的计算机间的网络通信，根据变电站自动化系统的实际要求，在保证可靠性及功能要求的基础上，尽量注意开放性及可扩充性，并且所选择的网络应具有一定的技术先进性和通用性，尽量与国际标准接轨。长期以来，不同的变电站综合自动化系统采用不同的通信协议和通信规约，如何实现不同系统的互联和信息共享成为一个棘手的问题，应采用规范化、符合国际标准的通信协议和规约。为此在系统中选用了应用于 RS-485 网络的 IEC 60870-5-103 规约、应用于 PROFIBUS 的 MMS 行规以及应用于 TCP/IP 上的 MMS 行规。它们都具有可靠性、可互操作性、安全性、灵活性等特点。

### 4.6.6 系统协议 IEC 61850

以前，由于多种变电站自动化系统产品在给用户带来更多选择的同时，也带来了互操作性的问题。所谓“互操作性”，指的是同一厂家或不同厂家的多个智能电子设备（Intelligent Electronic Device，IED）具有交换信息并使用这些信息进行正确协同操作的能力。

为使不同厂家的产品具有互操作性，IEC 已制定关于变电站自动化系统的通信网络和系统的国际标准 IEC 61850。IEC 61850 标准主要目的之一在于对变电站内不同应用（包括智能电器系统）提供开放的可互操作的功能和对信息交换进行规范。它详细阐述了分层的变电站通信体系结构，采用抽象类和服务定义，使得标准独立于特定的协议栈，实现和操作系统。

**1. IEC 61850 标准制定的背景**

早在 20 世纪 90 年代初，IEC 意识到不同厂家的保护设备需要一个统一的信息接口，实现设备的互操作性。为此，IEC TC57 和 IEC TC95 成立了一个联合工作组，制定了“继电保护设备信息接口标准”，即 IEC 60870-5-103 标准。

美国电力研究协会（EPRI）在1990年开始了公共通信体系（Utility Communication Architecture，UCA）标准制定工作，其目的在于提供一个具有广泛适应性的、功能强大的通信协议，使各种 IED 能够通过使用该协议实现互操作。

为避免出现两个可能冲突的标准，IEC 决定以 UCA2.0 数据模型和服务为基础，将 UCA 的研究结果纳入 IEC 标准，建立世界范围的统一标准 IEC 61850，并于1999年3月提出了委员会草案版本，自2002年开始各部分陆续正式发布。

**2. IEC 61850 标准的主要内容**

IEC 61850 标准包括的系列文档如图 4-13 所示。从 IEC 61850 通信协议体系的组成可看出，这一体系对变电站自动化系统的网络和系统做出了全面、详细的描述和规范。

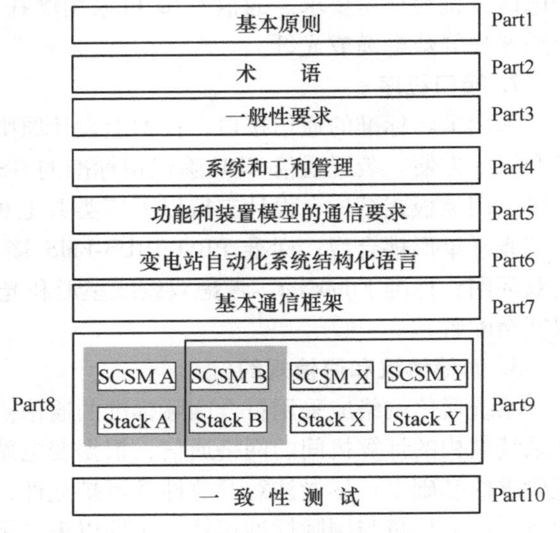

图 4-13 IEC61850 标准包括的系列文档

IEC 61850 标准主要有以下几个方面：

1）功能建模。从变电站自动化系统通信信息片（Piece of Information for Communication，PICOM）出发，定义了变电站自动化的功能模型（Part5）。

2）数据建模。采用模型对象的方法，定义了基于客户机/服务器结构的数据模型（Part7-3/4）。

3）通信协议。定义了数据访问机制（通信服务）和向具体通信协议栈的映射，如在变电站层和间隔层之间的网络采用抽象通信服务接口映射到制造报文规范（MMS）（IEC 61850-8-1）。间隔层和过程层间的网络映射成串行单向多点/点对点传输网络（IEC61850-9-1）或映射成基于 IEEE 802.3 标准的过程总线（IEC 61850-9-2）（Part7-2，Part8/9）。

4）变电站自动化系统（Substation Automation System，SAS）工程和一致性测试，定义了基于结构化语言（Extended Make Up Language，XML）（Part6），描述变电站和自动化系统的拓扑及 IED 结构化数据。为了验证互操作性，Part10 描述 IEC 61850 标准一致性测试。

**3. 变电站通信体系**

IEC 61850 将变电站通信体系分为3层（见图 4-14）：变电站层（层2）、间隔层（层1）、过程层（层0）。在变电站层和间隔层之间的网络采用抽象通信服务接口映射到制造报文规范（MMS）、传输控制协议/网际协议（TCP/IP）以太网或光纤网。在间隔层和过程层之间的网络采用单点向多点的单向传输以太网。IEC 61850 标准中没有继电保护管理机，变电站内的智能电子设备（IED，测控单元和继电保护）均采用统一的协议，通过网络进行信息交换。

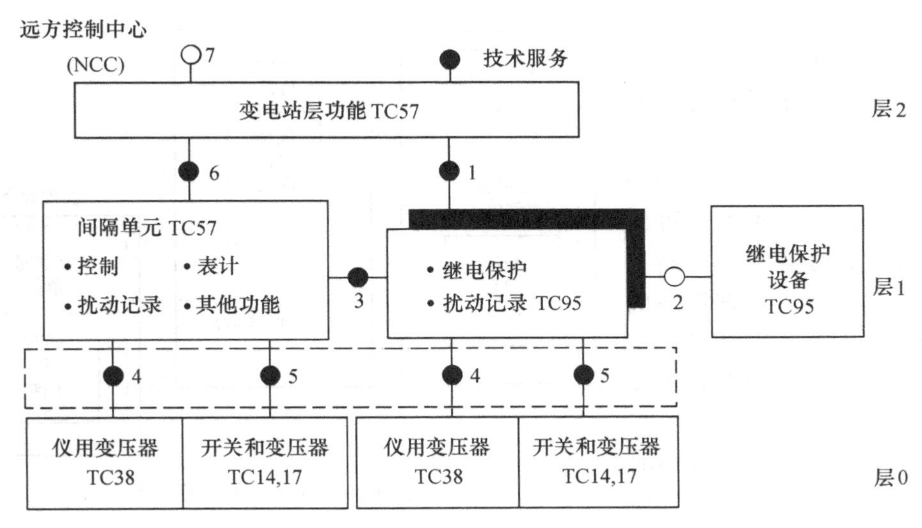


图 4-14　变电站通信体系

## 4.6.7　IEC 61850 标准的特点

### 1. 分层

IEC 61850 除了将变电站通信系统分成变电站层、间隔层、过程层之外，每个物理装置又由服务器和应用组成，将服务器（Server）分为逻辑装置（Logical Device）、逻辑结点（Logical-Node）、数据对象（Data Object）、数据属性（Data Attributes）（见图 4-15）。从应用方面来看，服务器包含通信网络和 I/O。由 IEC 61850 来看，服务器包含逻辑装置，逻辑装置包含逻辑结点，逻辑结点包含数据对象、数据属性。从通信的角度来看，服务器通过子网和站网相连，每个 IED 既可扮演服务器角色，也可扮演客户的角色（见图 4-16）。

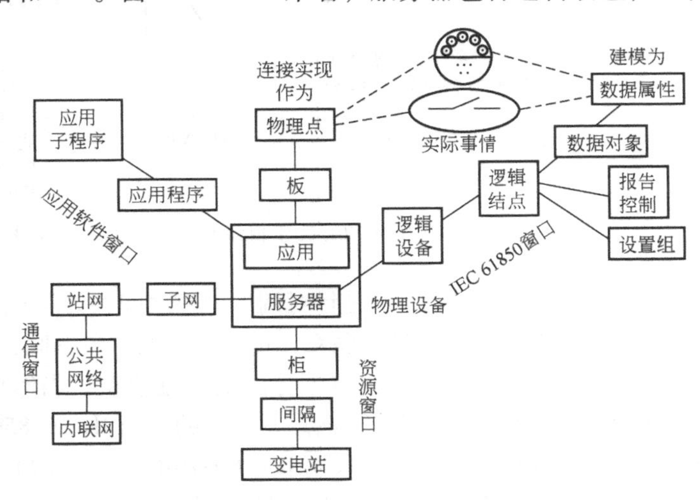


图 4-15　客户机/服务器和逻辑结点

这种分层，需要有相应的抽象服务来实现数据交换。抽象通信服务接口（ACSI）服务有服务器模型、逻辑装置模型、逻辑结点模型、数据模型和数据集模型（见图 4-17），通过服务器目录（Server Directory）收集服务器中的逻辑装置名字和文件名字，通过逻辑设备目录（LD Directory）收集每个逻辑装置中的逻辑结点名字，通过逻辑结点目录（LN Directory）收集每个逻辑结点中的数据对象名字，通过数据对象目录（Data Directory）收集每个数据对象中的数据对象属性名字，通过这样的服务建立起完整的分层数据库模型。通过读数据对象定义（Get Data Definition）服务中的参数分别读取全部数据对象属性定义、一个数据对象属性定义或受请求功能约束的全部数据对象属性。这样提供了直接访问现场设备，对各个厂家的设备都用同一种方法进行访问。这种方法可以用于重构配置，很容易获得新加入设备的名称和用于管理设备的属性。IEC 60870-6（TASE. 2）就没有这种功能，因为 TASE. 2 没有这种分层。

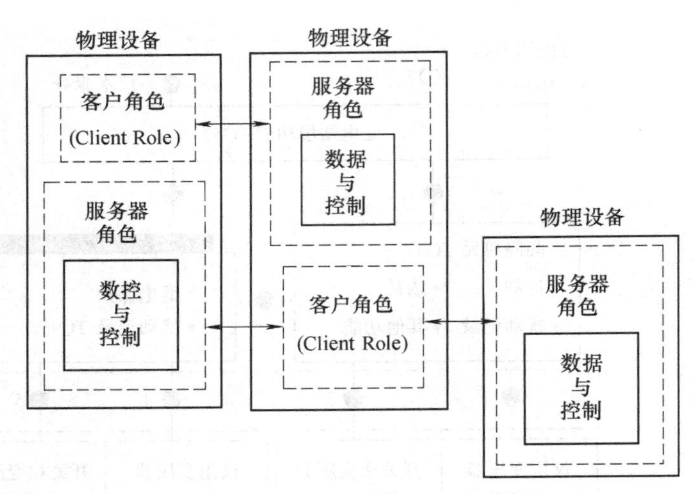


图 4-16 客户和服务器角色

如果变电站系统至调度中心的网络通信协议采用以 IEC 61850 为基础的 IEC 61850⁺，那么这二者之间不存在协议转换的问题，因为其体系和分层是一样的。只是从系统网络和控制中心的角度来看，应增加变电站这一层次。

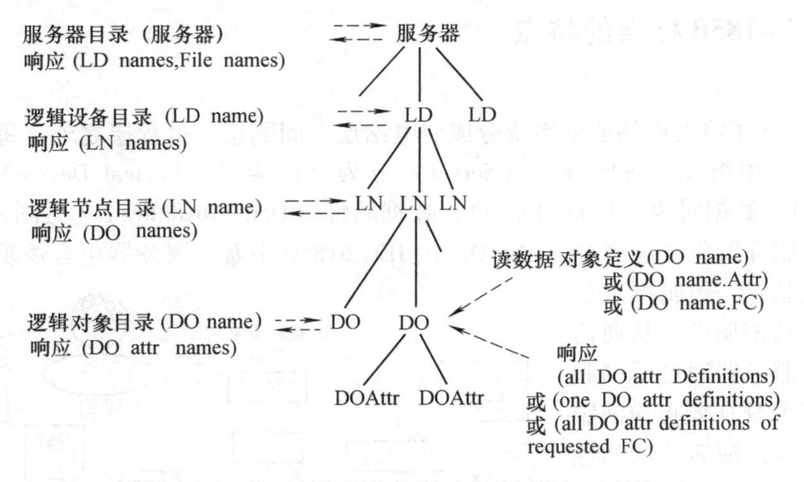


图 4-17 关于目录和读数据对象定义服务的概貌

IEC 60870-6（TASE. 2）是针对调度中心之间的计算机通信的，是虚拟控制中心，它并不与具体的变电站和现场设备联系，传输信息的对象不同，没有如 IEC 61850 那样对变电站通信体系和信息进行分层。只有不分层的数据模型，当然也不会有上面所介绍的相应的服务，它和 IEC 60870-5 一样是面向点及名字的，而 IEC 61850 是面向设备和对象的。很明显，如果从变电站到控制中心之间采用 IEC 60870-6（TASE. 2）和变电站的 IEC 61850 接口，那么就得进行协议转换，而且这种通信体系不可能是无缝的。

**2. IEC 61850 采用与网络独立的抽象通信服务接口（ACSI）**

电力系统信息传输的主要特点是信息传输有轻重缓急之分，并且应能实现时间同步。对于通信网络应有优先级和满足时间同步要求。但是纵观现有商用网络，较少能够满足这两个要求，只能求其次，即选择容易实现、价格合理、比较成熟的网络，在实时性方面往往用提高网络传输速率来解决。IEC 61850 总结了电力生产过程特点和要求，归纳出电力系统所必需的信息传输的网络服务，设计出抽象通信服务接口，它独立于具体的网络应用层协议（例如目前采用的 MMS），和采用的网络（例如现在采用的 IP）无关。在图 4-18 中，客户服务通过 ACSI，由特定通信服务映射（SCSM）映射到采用的通信栈或协议子集。在服务器侧，通信栈或协议子集通过 SCSM 和 ACSI。由于电力系统生产的复杂性，信息传输的响应时间的要求不同，在变电站的过程内可能采用不同类型的网络，IEC 61850 采用 ACSI 就很容易适应这种变化，只要改变相应的 SCSM。图 4-19 中，应用过程和 ACSI 是一样的，不同的网络应用层协议和通信栈与不同的 SCSM 1～SCSM $n$ 相对应。IEC 60870（TASE. 2）没有采用 ACSI，和网络的应用层协议 MMS 紧密联系在一起，因而没有这种网络适应能力。

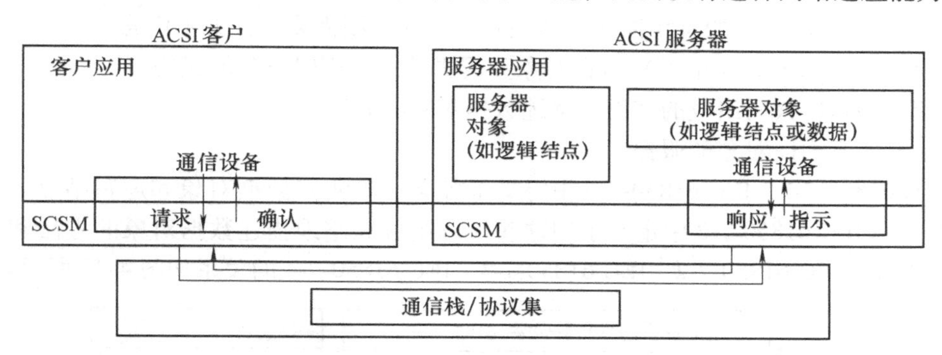


图 4-18　应用过程与应用层之间的相互作用

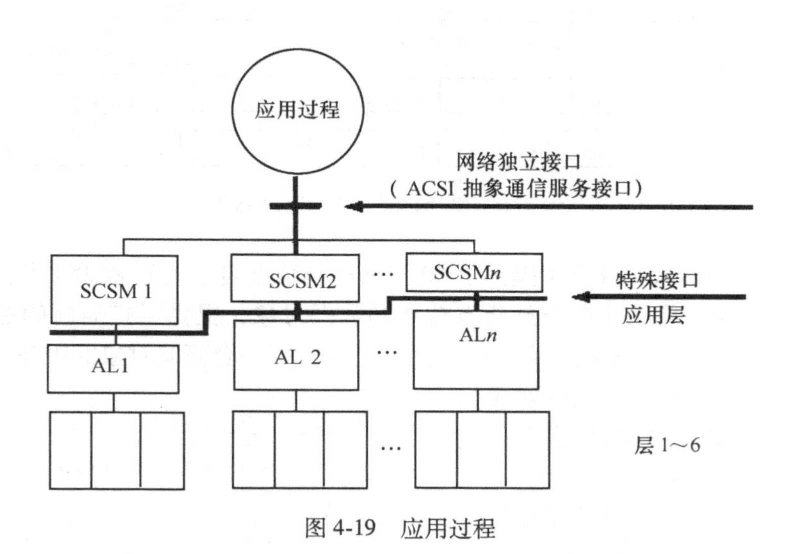


图 4-19　应用过程

### 3. 面向对象、面向应用开放的自我描述

IEC 61850 对于信息均采用面向对象自我描述的方法，传输时间开销增加。目前传输信息必须事先将传输的变电站远动设备的信息与调度控制中心的数据库约定，并一一对应，这样才能正确反映现场设备的状态。在现场验收前，必须使每个信息动作一次，才能验证其正确性。这种技术是面向点的。由于技术的不断发展，变电站内的应用功能不断涌现，需要传输新的信息，已经定义好的协议可能无法传输这些新的信息，因而使新功能的应用受到限

制。采用面向对象自我描述方法就可以适应这种形势发展的要求，不受预先约定的限制，什么样的信息都可以传输。采用面向对象自我描述的方法后，传输到调度控制中心的数据都带有说明，马上可建立数据库，使得现场验收的验证工作大为简化，数据库的维护工作量也大为减少。

《继电保护设备信息接口配套标准》（DL/T 667—1999）明确规定，应推广采用兼容范围和通用服务。变电站自动化系统中各个厂家生产的继电保护设备差异很大，超出了DL/T 667—1999中已定义的专用范围，因而目前要将各个厂家生产的继电保护设备连接起来非常困难。如果采用具有自我描述功能的通用服务，此问题就不会发生。但DL/T 667—1999没有提供一套数据对象代码和数据对象描述方法。IEC 61850也是采用自我描述面向对象的办法，要彻底解决面向对象的自我描述，达到互操作性，则需要定义如下内容：

1）定义完整的各类（单元）数据对象和逻辑结点、逻辑设备的代码。

2）定义用这些代码组成的完整地描述数据对象的方法。

3）定义一套面向对象的服务。

在IEC 61850-7-3、IEC 61850-7-4中定义了各类（单元）数据对象和逻辑结点、逻辑装置的代码，在IEC 61850-7-2中定义了用这些代码组成完整地描述数据对象的方法和一套面向对象的服务。IEC 61850-7-2、IEC 61850-7-3、IEC 61850-7-4的关系如图4-20所示。

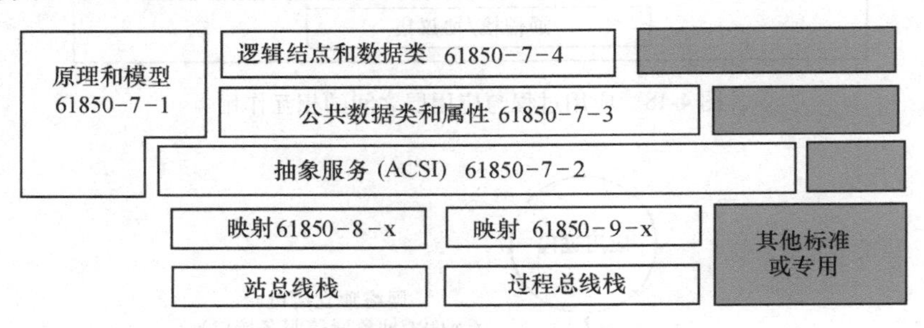


图4-20　IEC 61850-7-2、IEC 61850-7-3、IEC 61850-7-4的关系图

IEC 61850-7-3、IEC 61850-7-4提供了80多种逻辑结点名字代码和350多种数据对象代码，23个公共数据类，涵盖了变电站所有功能和数据对象，提供了扩展新的逻辑结点的方法，并规定了由一套数据对象代码组成的方法，还定义了一套面向对象的服务。这三部分有机地结合在一起，完全解决了面向对象自我描述的问题。仅靠采用MMS是不可能实现面向对象自我描述的。

IEC 60870-6(TASE. 2）是采用面向点的，但缺乏一套面向对象的服务。图4-21为对象命名的例子。

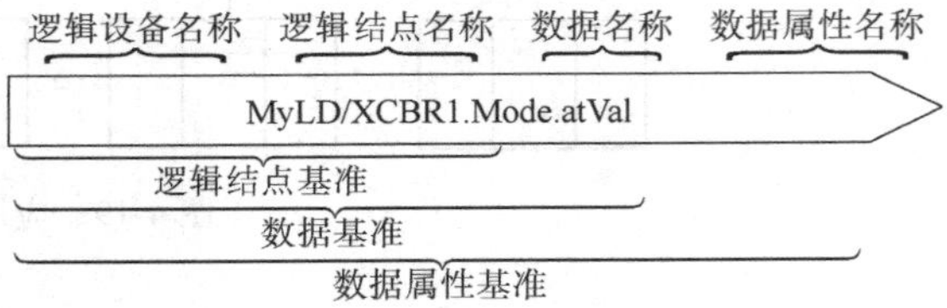

逻辑设备名称　逻辑结点名称　数据名称　数据属性名称

MyLD/XCBR1.Mode.atVal

逻辑结点基准

数据基准

数据属性基准

图4-21　对象命名的例子

**4. 电力系统的配置管理**

由于IEC 61850提供了直接访问现场设备，对各个厂家的设备用同一种方法进行访问。这种方法可以用于重构配置，很容易获得新加入设备的名称并用于管理设备属性。IEC 60870-6(TASE. 2）就没有这种功能，因为TASE. 2没有这种分层，没有有关变电站和变电站内设备的描述和特征，只能靠在控制中心的网络拓扑将接收的信息值和实际变电站及站内设备

联系起来。因此 TASE. 2 和 60870-5 系列一样是属于面向点的，而 IEC 61850 是面向设备的。

**5. 数据对象统一建模**

传统电力行业标准都是根据各种特定应用，对各种对象建模，不能做到完全一致。要将各种协议连接起来，或者和数据采集与监视控制（SCADA）数据库连接起来，就需要进行转换。在采用网络技术的情况下，这种状况很难适应发展的需要。IEC TC57 针对上述问题提出了一种公共的通信标准，即 IEC 61850 标准，通过对设备的一系列规范化，使其形成一个规范的输出，实现系统的无缝连接。作为基于网络通信平台的变电站唯一的国际标准，IEC 61850 标准参考和吸收了已有的许多相关标准，其中主要有 IEC870-5-101 远动通信协议标准、IEC870-5-103 继电保护信息接口标准、UCA 2.0（Utility Communication Architecture2. 0，由美国电科院制定的变电站和馈线设备通信协议体系）、ISO/IEC9506 制造商信息规范（Manufacturing Message Specification，MMS），同时吸收了很多先进的技术，对保护和控制等自动化产品和变电站自动化系统（SAS）的设计产生深刻的影响。

IEC 61850 对整个电力系统统一建模，解决了变电站自动化系统产品的互操作性和协议转换问题，提高了变电站自动化系统的技术水平和安全稳定运行水平。它不仅应用在变电站内，而且将应用于变电站与调度中心之间以及各级调度中心之间。国内外各大电力公司、研究机构都在积极调整产品研发方向，力图和新的国际标准接轨，以适应未来的发展方向。

为了使得 IEC 61850 达到互操作性，IEC TC57 专门制定了“IEC 61850-10：一致性测试”标准。要求各个厂家的设备实现互操作和互联是 IEC TC57 制定国际标准的基本出发点和前提。有了 IED 的互操作性，可以使得软硬件投资的用户得到最好的保护和照顾，另外，不同的厂家之间的产品存在着一定的差异性，在这样的操作下，可以使得不同的产品之间实现集成，同时，IED 所具备的这种性能还可称为“来自同一厂家或不同厂家的 IED 之间交换信息，和正确使用信息协同操作的能力”。

当前越来越多的场合都需要自动化的功能，并且这样的功能在分布式的变电站自动化系统中是由多个 IED 共同来协调实现的，比如防误闭锁在间隔层设备间的应用、分布式母线保护等，然而要想实现这些功能，首先需要以数据在 IED 间的通信的可靠性和实时性做保证。为了能够实现可靠性和实时性，IEC 61850 标准中采用数据对象统一建模，给出了一个 GSE 模型，它是一个通用的变电站事件模型，在该模型下，在输入和输出数据值时，能够保证全系统范围内的高速性和可靠性。

## 4.6.8 基于 IEC 61850 标准的变电站内通信系统框架模型

作为变电站自动化通信网络和系统的标准，IEC 61850 主要强调面向对象的建模和对基于客户机/服务器结构的应用数据交换的定义。典型的变电站自动化系统的通信系统框架模型如图 4-22 所示。

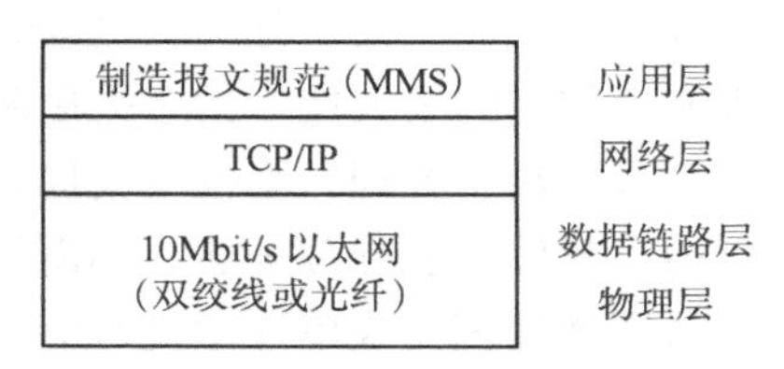


图 4-22 IEC 61850 变电站自动化通信系统框架

**1. 物理层/数据链路层**

选择以太网作为通信系统的物理层和数据链路层的主要原因是以太网在技术和市场上已处于主流地位。另外，随着快速以太网、G-比特以太网技术逐步成熟，对变电站自动化应用而言，网络带宽已不再是制约因素，由冲撞引起的传输延时随机性问题已淡化。

**2. 网络层/传输层**

选择事实标准的 TCP/IP 作为站内 IED 的高层接口，实现站内 IED 的 Intranet/Internet 化，使得站内 IED 的数据收发都能以 TCP/IP 方式进行。这样，监控主站或远方调度中心采用 TCP/IP 就可以通过广域网（WAN）甚至互联网获得变电站内的数据。同时，采用标准的数据访问方式可以保证站内 IED 具有良好的互操作性。

**3. 应用层**

选择制造报文规范（MMS）作为应用层协议与变电站控制系统通信。所有 IED 中基于 IEC 61850 建立的对象和服务模型都被映射成 MMS 中通用的对象和服务，如数据对象的读、写、定义和创建以及文件操作等。MMS 对面向对象数据定义的支持，使该数据自描述成为可能，改变了传统的面向点的数据描述方法。因数据本身带有说明，故传输可不受预先定义的限制，简化了数据管理和维护工作。

以太网通信标准和 MMS 结合，加之 IEC 61850 的应用描述，是将变电站自动化系统变成开放系统的一个可能实现的途径。

IEC 61850 标准自从2002 年发布以来，在变电站领域被广泛运用。随着智能电网研究的不断深入和智能变电站技术的不断发展，IEC 61850 第一版（以下简称 IEC 61850 Ed 1.0）的不足之处也逐渐显现出来。IEC TC57 技术委员会从 2009 年开始逐步发布各个部分的第二版（以下简称 IEC 61850 Ed 2.0）。IEC 61850 Ed 2.0 是对于 IEC 61850 Ed 1.0 的全面修订，不仅改进了前一版本中出现的表述模糊，各厂家设备之间互操作时容易出现理解不一致的部分内容，还增加了数据模板，扩大了适用范围，并新增了变电站之间及变电站与控制中心的通信规范、配置工具规范等方面的内容。

IEC 61850 Ed 1.0 的名称为《Communication Networks and Systems in Substations（变电站通信网络和系统）》，顾名思义只是针对变电站的通信规约，而 IEC 61850 Ed 2.0 将名称改为《Communication Networks and Systems for Power Utility Automation（公用电力事业自动化的通信网络系统）》，将其适用范围扩大至整个电力行业。

### 4.6.9 智能电器的网络化

电器智能化是现代社会生产和生活向开关电器领域提出的要求，也是现代科学技术与传统电器技术相结合的产物。它融合了传统电器、计算机与数字控制、微电子技术、电力电子技术、计算机通信与网络及现代传感器技术等各门类的学科。

如前所述，电器的智能化主要指开关电器实现人工智能的过程，其中思维和判断功能是依靠计算机或数字信号处理器（DSP）来完成的。这方面既有硬件问题，又有软件问题，而软件发展的空间更大些。由于采用微机处理和控制技术，电器设备运行现场的各种被测量参量全部采用数字处理，不仅大大提高了测量和保护精度，减小产品保护特性的分散性，而且可以通过软件改变处理算法，不需修改硬件结构设计，就可以实现不同的保护功能。

采用微处理器或单片微机对电器设备运行现场的各种参量进行采样与处理，智能电器可以集成用户需要的各种功能，如作为数字化仪表，可以实时显示要求的各种运行参数；可以根据工作现场的具体情况设置保护类型、保护特性和保护阈值；对运行状态进行分析和判断，完成监控对象要求的各种保护；真实记录并显示故障过程，以便用户进行事故分析；按用户要求保存运行的历史数据，编制并打印报表等。

智能电器监控单元以微处理器为核心，实际上就是独立的计算机控制设备，可以把它们当作计算机通信网络中的通信结点，采用数字通信技术，组成电器智能化通信网络，完成信息的传输，实现网络化的管理，设备资源的共享。

智能电器的监控单元能够完成对电器设备本身及其监管对象要求的全部监控和保护，使现场设备具有完善的、独立的处理事故和完成不同操作的能力，可以组建成完全不同于集中控制或集散控制系统的分布式控制系统。

采用计算机通信网络中的分层模型建立起来的电器智能化通信网络，可以把不同厂家、不同类型但具有相同通信协议的智能电器互联，实现资源共享，不同厂家产品可以互换，达到系统的最优组合。通过网络互联技术，还可以把不同地域、不同类型的电器智能化通信网络连接起来，实现全国乃至世界范围的开放式系统。

**1. 电器智能化网络的结构和特点**

现代化大工业生产与现代社会生活要求电力系统有更高的供电质量和更完善的自动化管理。总线技术及数字化通信网络技术的应用，可以把现场输、配电设备和用电设备通过智能电器连接成类似计算机通信网络的系统，实现对设备运行、用电质量、供电质量及供电系统的智能化、自动化管理。这种采用现场总线和数字通信网络技术，由系统管理机和现场智能化开关设备组成的网络即可称为电器智能化网络。

（1）结构　电器智能化网络典型结构如图4-23所示。可以看出，网络可分为以下层次。

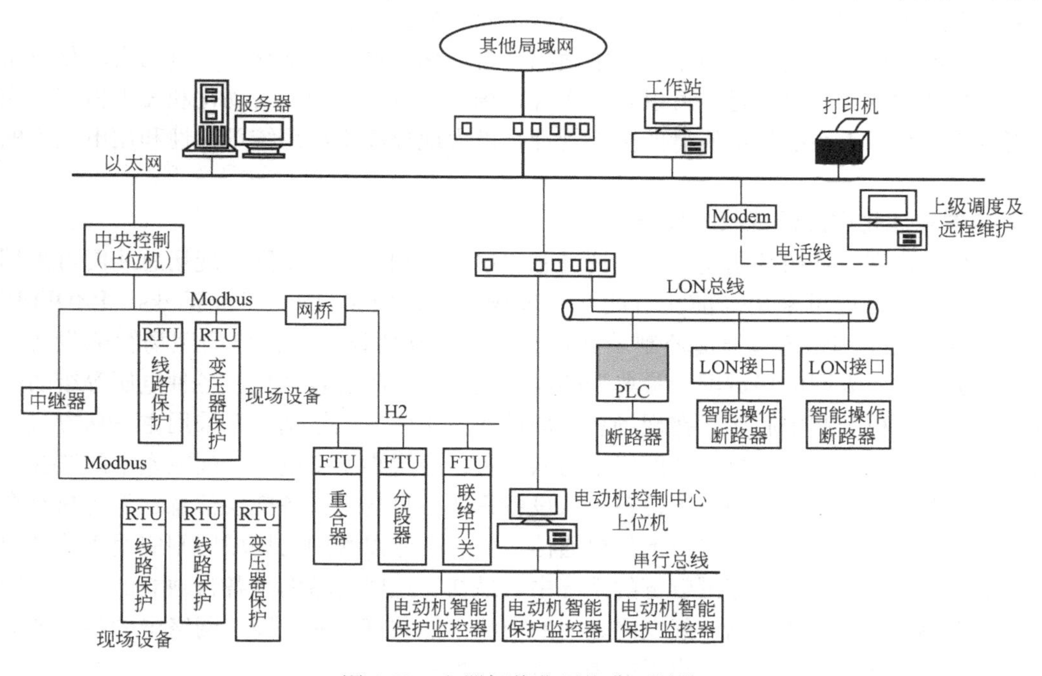


图4-23　电器智能化网络典型结构

1）现场设备层。这是网络中的底层，由不同类型、不同厂家提供的智能开关元件、成套开关设备组成。现场设备由选定的现场总线，如图中的Modbus、LON、H2和串行总线等连成底层网段，它由一个处于管理地位的微机或PLC完成对现场设备的管理。现场设备也可直接受局域网络层的管理。底层网络还可通过中继器、集线器（HUB）、网桥连接，以扩大其覆盖范围。

2）局域网络层。局域网络层由一些不同总线协议的现场设备层网络和具有独立的协议转换接口的现场设备与系统管理设备组成，它们之间一般采用以太网（Ethernet）连接。其底层网段可采用不同现场总线、不同通信介质和与以太网不同的通信协议。因此，必须通过通信控制器或网关与以太网连接。这一层次网络中的结点可以是现场设备，也可以是底层网段。

多个局域网经路由器连接，可组成更大的网络。也可通过网关和网络互联技术实现各局域网间的互联互访。还可通过调制解调器（Modem）用电话网或无线网与远方的高层管理系统连接。

（2）主要特点　从以上分析可以看出，电器智能化网络有下述特点：

1）现场设备具有独立的监控、测量、保护、操作功能，并且具有通信能力。

2）网络应允许不同厂家、不同类型的产品互联甚至互访。

3）能包容采用不同传输介质、不同通信协议的网段或局域网。

4）必须保证各类实时数据在网络中传输的实时性、准确性。

5）通过数字通信和数据库管理系统，智能化网络的上位管理设备能实现对网络中各现场设备运行状态的实时监控和管理，包括对现场设备在网络中地理位置和设备功能的设置，按地理信息显示现场设备运行状态，进行网络结构形式的构建和重组等。

6）网络运行必须稳定、可靠，以保证现场设备安全运行。

电器智能化网络是实现电力系统变电站综合自动化、调度自动化、配电网自动化及工业设备供电智能化的基础，通过它可以真正实现现场用电设备管理的自动化和无人值守，完成用户用电质量和电力系统供电质量的全面管理，极大地提高供电系统可靠性和用电设备的安全性。

**2. 电器智能化网络的现状与发展趋势**

电器智能化网络普遍的结构形式是现场总线局域网和工业以太网。现场总线网可采用自定义的现场总线，也可采用当前流行的几种现场总线，如Modbus、LonWorks、PROFIBUS、CAN等。这些底层网络通过通信控制端和自己带有独立协议转换接口的现场智能设备，即可组成基于工业以太网的局域网。最典型的应用是变电站综合自动化、各种电压等级的配电网自动化、电动机控制中心等。在现场总线局域网应用中，网络基本上采用主—从方式。各现场设备控制单元作为下位机，在网络中为从设备；底层小型变电站、配电室中的监控、管理计算机为上位机，在网络中为主设备。从设备只能各自与主设备交换信息，而且只有在上位机发出召唤时，下位机才可以与上位机通信。基于工业以太网的局域网则应用于管理层次较高、系统规模较大、覆盖范围较宽的系统中。最初，这些局域网是各自独立的，不同网络中的信息资源封闭，各变电站、配电网之间的资源不能共享，而且同一网络中的各种现场设备只能由同一个开发商提供，用户不能进行最优化配置。

现代电力系统综合自动化管理，要求对不同地区的电网、不同发电站的电能进行统一管理和调度，各地区电网的电能质量要进行集中监控，希望各地区电网的某些资源，如可以公用的管理系统软件、某些事故发生前运行参数变化的历史数据、对事故分析处理的措施等可以共享，这些都要求电器智能化网络更加开放，功能更加完善。随着计算机网络硬、软件技术的日趋完善，局域网不仅可以互联成覆盖范围很大的广域网，而且近年来已将网络互联技术引入电器智能化网络，不同类型的现场网络互联问题也得到了根本解决。采用面向对象的软件设计模式来设计网络的系统软件，大大提高了网络的开放性、灵活性和可靠性。

**3. 智能电器通信系统设计举例——电子式互感器数字输出特性与通信技术**

在前一节已经具体介绍了智能电器总体特征和现状，下面就具体谈一谈智能电器的其中一种——电子式互感器（也称光电互感器）。光电互感器是利用光电子技术和光纤传感技术来实现电力系统电压、电流测量的新型互感器。它是光学电压互感器、光学电流互感器、组合式光学互感器等各种光学互感器的通称，它包括有源和无源两种类型。它有两层含义：①无源型光电互感器是利用光学的方法和原理来实现电流电压测量，不是采用电磁感应原理，而有源光电互感器则是利用传统电磁感应原理和光学传输方法；②光电互感器是信息技术、计算机技术、新材料技术与传统工业相结合的产物，它有别于传统互感器，是一种光、机、电结合的高科技产品。

电子式互感器二次输出分数字输出和模拟输出两种，后者是为了利用变电站已有模拟接口二次设备的一种过渡性措施，前者是变电站通信对电子式互感器的最终要求。为了达到统一要求必须标准化，《电子式电流互感器》（IEC 60044-8）即包括了对数字输出的阐述。标准对电子式互感器本身（包括接口）的功能实现不做规定，以免限制互感器技术的发展，它只是阐述外部可见的函数功能及其一致性需求。下面将具体介绍电子式互感器数字输出接口的特性，以及以太网通信方法。

（1）电子式互感器数字输出接口　电子式互感器定义了一个新的物理元件——合并单元。它连续时间合成，来自二次转换器的电流及电压数据，即它的任务是将接收到的二次端信号转换为标准输出，同时使接收到的同一协议的信号同步。合并单元将7只以上的电流互感器（3只测量，3只保护，1只备用）和5只以上的电压互感器（3只测量、保护，1只母线，1只备用）合并为一个单元组，并将输出的瞬时数字信号填入到同一个数据帧中（见图4-24），体现了数字信号的优越性。数字输出的电子式互感器与外部的通信通过合并单元实现。

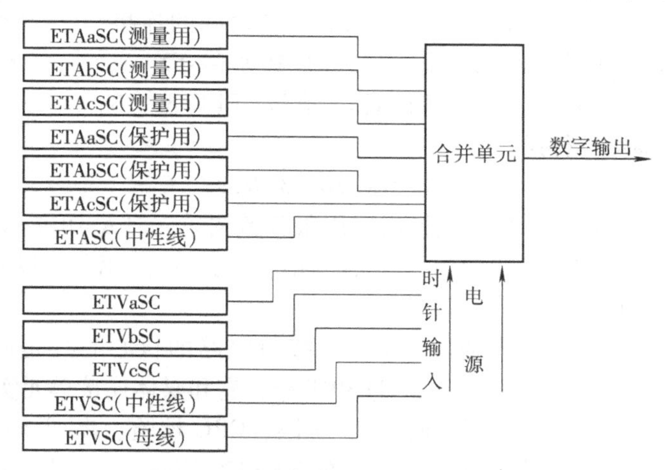


图4-24　电子式互感器数字接口框图

（2）电子式互感器数字输出的要求　电子式互感器的标准化对数字输出做了一致性的要求，并表现在它的实现方法里，包括数字输出的额定标准值和通信技术。测量用电子式互感器数字输出额定标准值为十六进制的2D41H（十进制为11585），保护用电子互感器则为十六进制的01CFH（十进制为463）。后者可测之电流/电压可达到额定一次值的40倍（0%偏移）或20倍（100%偏移）而不会过载，前者可测之电流/电压可达到额定一次值的两倍而不会过载。

实现电子式互感器数字输出有两种技术方法，一是《变电站通信网络和系统协议》（IEC 61850-9-1）中描述的以太网，使用同步脉冲得到时间连续的一次电流和电压及取样信号；二是通信技术，使用同步脉冲法或内插法得到输出信号。

在此方法中，合并单元到二次设备之间用光纤传输系统（或者用与 EIA RS-485 标准相符的铜线传输系统替换）连接，连接的物理层使用曼彻斯特编码。通用帧标准传输速率为 2.5Mbit/s，先传送 MSB 位。链路层采用 IEC 60870-5-1 中说明的 FT3 格式，其优点是能保证数据的完整性，帧结构能保证多点同步采样高速传输。连接运行等级是 S1：发送/无回答。这样数据传输是连续的和同期性的，无需二次单元确认和应答。帧内容由启动字符、数据段和 CRC 校验码组成。这一方法在技术上易于实现，通信协议易于标准化，对于不同的一次电气连接具有高度的灵活性。比较下述以太网通信方法可知，两种通信方法很相似。

（3）以太网通信方法 合并单元与二次设备之间的数字输出通信方法之一是采用以太网。IEC 61850 标准系列覆盖了电站的所有接口通信。它将变电站通信体系分为三层：变电站层（Station Level）、间隔层（Bay Level）和过程层（Process Level）。站级总线（Station Bus）处理变电站层和间隔层的通信，过程级总线（Process Bus）处理间隔层和过程层的通信以及合并单元与二次设备之间的串行单向多点通信（见图 4-25）。

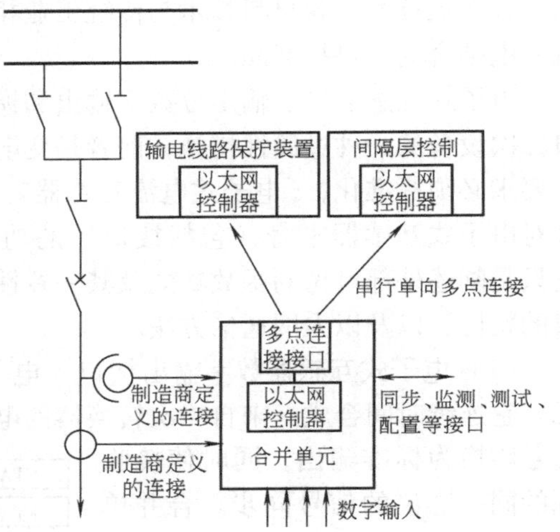

图 4-25 合并单元与二次设备之间的串行单向多点通信示意图

物理层：合并单元与二次设备之间的连接为光纤传输系统 IEEE 8023 100base-FX 或 10base-FL，也可由铜线传输系统 IEEE 802.3 10base-T 替换。

链路层：基于 ISO/IEC 802.3 协议。

应用层：信息交换由应用服务数据单元（ASDU）实现。ASDU 为基于严格规定的“标准化”报文传输应用，其类型标识和特定的应用条目联系在一起，实际上与 IEC 60044-8 定义的帧一致。

（4）以太网通信的实现 接口电路的核心芯片是网络接口控制器（NIC），采用瑞昱（Realtek）公司生产的 RTL8019AS，它和媒体连接单元实现物理层的所有功能和数据链路层的大部分功能，如曼码编码/解码、CRC 校验、串/并转换、数据的发送和接收等。数字信号处理芯片采用 TI 公司生产的 TMS320F206，它用来控制 NIC。在合并单元的数字电路中，它还要完成诸如采样、同步、监测等功能。图 4-26 为其接口电路框图。

合并单元的通信程序完成 NIC 的初始化，发送和接收数据。虽然它与二次设备的通信是单向传输，但宜保留双向通信功能用于将来功能扩展。

RTL8019AS 有 32 个输入/输出地址，偏移量为 00H~1FH。其中 00H~OFH 为寄存器地址，10H~17H 为 DMA 地址，18H~1FH 为复位端口。将它们映射到 DSP 的 I/O 空间，通过对寄存器的操作可实现 RTL8019AS 的初始化设置和发送、接收功能。RTL8019AS 内的静态存储器（SRAM）是一个 16KB 的双端口存储器，即有两组总线连接到 SRAM：一组是 NIC 读/写 SRAM 的总线，称为本地 DMA；另一组是 DSP 读/写 SRAM 的总线，称为远程 DMA。

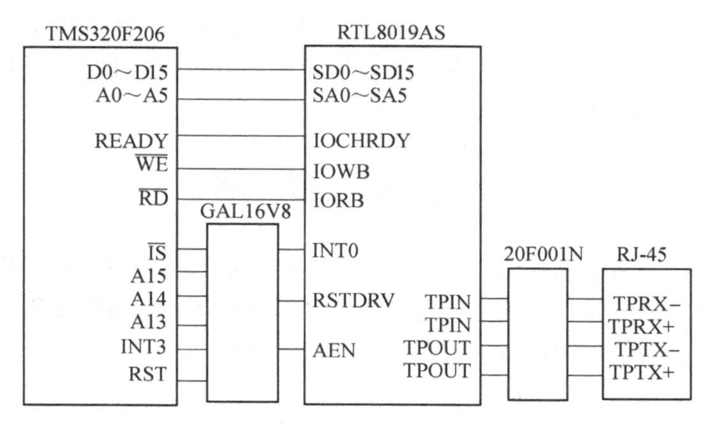


图 4-26 接口电路框图

本地 DMA 优先级比远程 DMA 高。NIC 内部有仲裁逻辑。接收和发送数据包必须通过 DMA 读写 SRAM。

图 4-27 是发送程序流程图。SRAM 中分配给发送缓冲区的页仅一个数据帧的长度。因为发送的是标准化的数据帧，每次采样结束后只需写入对应 APDU 中的需要修改的数据，即覆盖前一帧已发送数据。故发送程序必须保证 APDU 被修改后立即发送以避免被下一帧数据覆盖。初始化后发送程序不必检查数据帧长度和对发送字节计数器赋值。

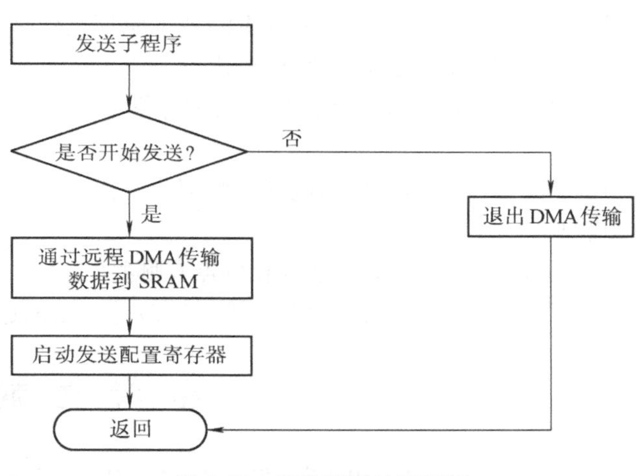


图 4-27 发送程序的流程图

## 4.6.10 智能变电站中一次智能电器

智能变电站采用先进、环保、集成、可靠、低碳的一次智能设备，在技术上实现新的突破。智能化的一次设备基本都是由独立的智能电子设备构成，设备投资及互联成本较高，故障率也偏高。新一代整合型智能组件提高了变电站一次设备的智能化程度。这些一次设备本体是智能组件寄存和依附的地方，被称为智能组件的宿主设备。智能变电站中智能组件由若干智能电子装置集合组成，承担宿主设备的测量、控制和监测等基本功能，在满足相关标准要求时，智能组件还可承担相关计量、保护等功能，可包括测量、控制、状态监测、计量、保护等全部或部分装置。

智能组件可以由一个组件完成所有的功能，也可以分散独立完成，可以置于主设备本体之外，也可以内嵌于主设备本体之间。在目前高压设备还未真正达到智能化前，智能组件是为高压设备尽快适应、满足智能变电站需求的一个过渡设备。

智能组件的通信包括过程层网络通信和站控层网络通信。智能组件内所有 IED 都应接入过程层网络，同时，需要与站控层网络有信息交互需要的 IED，还要接入站控层网络，如监测功能组件的主 IED、继电保护装置 IED 等。根据实际情况，组件内可以有不同的交换机配置方案，通过采用优先级、流量控制、虚拟局域网划分等技术优先过程层网络通信，可靠、经济地满足智能组件过程层及站控层的网络通信要求。

## 思　考　题

1. 智能电器的控制系统基本结构与组成有哪些？其基本功能与特点是什么？
2. 智能电器控制器的硬件系统主要包括哪几个部分？其外围接口有哪些部分？
3. 智能电器控制器的控制策略主要有哪几种控制算法？
4. 专家系统主要包括哪几个部分？
5. 从工程设计的角度简述模糊逻辑设计的基本过程。
6. 简述神经网络的几种模型。
7. 什么是模式识别？聚类分析的基本原理是什么？
8. 简述现场总线技术的特点与优点。
9. 智能电器的通信系统的基本组成是什么？变电站通信系统结构与基本设计原则有哪些？
10. IEC 61850 标准草案包括哪些部分？简述基于 IEC 61850 标准的变电站内通信系统的框架模型。
11. 电器智能化网络的结构和特点有哪些？
12. 简述电子式互感器的数字输出接口及以太网通信实现方法。

## 参 考 文 献

[1] 余永全，等．单片机应用系统功率接口技术［M］．北京：北京航空航天大学出版社，1992.
[2] 张毅刚，彭宇，赵光权．单片机原理及接口技术：C51 编程［M］．北京：人民邮电出版社，2011.
[3] 李平，杜涛，罗和平．单片机应用开发与实践［M］．北京：机械工业出版社，2008.
[4] 颜荣江，等．PSD3 系列可编程单片机通用接口芯片原理、编程及应用［M］．北京：人民邮电出版社，1995.
[5] 苏涛，等．高性能数字信号处理器与高速实时信号处理［M］．西安：西安电子科技大学出版社，1999.
[6] 冯庆东．能源互联网与智慧能源［M］．北京：机械工业出版社，2015.

# 第5章 电子操动与永磁机构

操动机构是开关电器的执行机构，也是电器智能化的三大任务之一——智能操作功能的核心部件。操动机构的地位对于高压断路器而言尤为重要，它不但要保证断路器长期的动作可靠性，而且要满足灭弧特性的要求。因此，世界各大高压断路器制造公司都很重视新型操动机构的研发。对开关电器智能化而言，检测与控制都有强大的学科与丰硕的研究成果支持，而目前智能化的“瓶颈”问题正是“行之有效的执行功能”，即操动机构的智能化问题。完成执行功能所涉及的非线性、多学科交织的复杂性是操动机构智能化的进程中困扰人们的主要障碍，实现电子操动是解决操动机构智能化的最好途径。

## 5.1 传统操动系统及其局限性

用于传统高压断路器的操动机构主要有四种：气动机构、液压机构、弹簧储能机构和直流电磁机构。气动机构是最早应用于高压断路器中的操动机构，由于系统复杂、气源的可靠性要求苛刻等原因趋于淘汰。液压机构是气动机构的换代产品，主要用于高电压等级的断路器，或用于对操动机构的操作功、操作循环数有特殊要求的场合。但其复杂的结构以及可靠性和成本等原因，限制了其向智能化方向的发展。弹簧储能机构和直流电磁机构主要用于中低电压等级的断路器，其中弹簧储能机构性能指标较高，是目前应用最广的操动机构。其缺点是机械结构复杂，各种功能完全依靠运动副、连杆、锁扣和储能弹簧完成。一般弹簧机构的零件数超过200个，可靠性指标难以达到很高的水平。直流电磁机构比弹簧机构简单，有相似的传动和锁扣系统，但由于要求配以大功率直流电源及其驱动电源控制用直流开关寿命的局限性，应用较少。另外，气动和液压机构都有单独的储能装置，需要有在线监视系统，弹簧储能机构则有弹簧参数蜕变的问题。

国际大电网会议（CIGRE）对高压断路器及其操动机构的可靠性进行了两次世界范围的调查。调查表明，断路器的大多数故障属机械性质，主要涉及操动机构及其监视装置和辅助装置。随着电压等级的增高，断路器操动机构元件的增多，这种故障的发生率将更高。其中三种操动机构常发生故障的关键件如下：

1）弹簧机构：锁扣。

2）气动机构：压缩机、控制装置、干燥器。

3）液压机构：漏油、漏氮。

操动机构的主要故障为拒分、拒合，次要故障为参数降低与改变等。在上述调查中，三种操动机构的主要和次要故障率见表5-1。

表5-1 高压$SF_6$断路器操动机构的主要和次要故障率（百台年故障率） （%）

| | <200kV | | ≥200kV | | 所有电压等级 | |
|---|---|---|---|---|---|---|
| | 主要 | 次要 | 主要 | 次要 | 主要 | 次要 |
| 液压机构 | 0.29 | 2.92 | 0.32 | 2.87 | 0.31 | 2.89 |
| 气动机构 | 0.15 | 0.53 | 0.63 | 1.66 | 0.27 | 0.80 |
| 弹簧机构 | 0.20 | 0.22 | 1.21 | 2.75 | 0.27 | 0.40 |

由此可以看出，电力系统对开关操动机构除了要求完成必要的功能外，还要求很高的可靠性，即检修周期长、运行可靠、制造费用低，这就要不断地简化操动机构的构件，而且要达到高的质量标准。操动机构的智能化的需求就来源于电力系统，希望智能化能一并解决这些问题。

数控机床和计算机控制加工中心的诞生，使机械加工领域发生了一场革命。人们把融和了电子技术的机械系统称之为电子机械。高压开关的操动机构是一个典型的机械系统，实行电子机械化是解决传统操动机构所存在的问题，使开关电器向智能化发展的方向。这里人们把电子机械化的操动机构称之为电子操动系统，其基本特征是尽可能地用电子控制取代开关机械系统的传动、联锁与脱扣。

传统操动机构主要由连杆、锁扣以及能量供应系统等几部分组成，环节多、累计运动公差大且响应缓慢、可控性差、效率低。响应时间一般要数十毫秒。另外这些操动机构的动作时间分散性也比较大，对于交流控制信号甚至大于10ms；即使采用直流操作，动作时间的分散性也在毫秒级。而电子操动系统依赖电力电子器件控制动力源，保证了执行指令的时间精度可达到微秒级，即机构的响应时间可控，能在所希望的相位上动作，这是实现开关真正意义的智能化的前提。

## 5.2 电子操动的构成与设计原则

### 5.2.1 电子操动系统的一般构成

一般的高压开关电子操动系统包括驱动电源、控制器、机电能量转换（电磁铁）及传动（输出）四部分。图5-1为典型电子操动的基本等效电路，图中小电流输出的充电电源$E$和电容器$C$组成电源部分；已充满电荷的电容器对操动机构中的电磁铁励磁线圈$L$放电，产生脉冲磁场驱动铁心运动，完成电能到机械能的转换，输出力矩。Tr为电容器放电控制元件，图中没有反映控制器，VD为线圈续流器件。近年来国内外开发的真空开关永磁操动机构就是一个典型的电子操动系统。

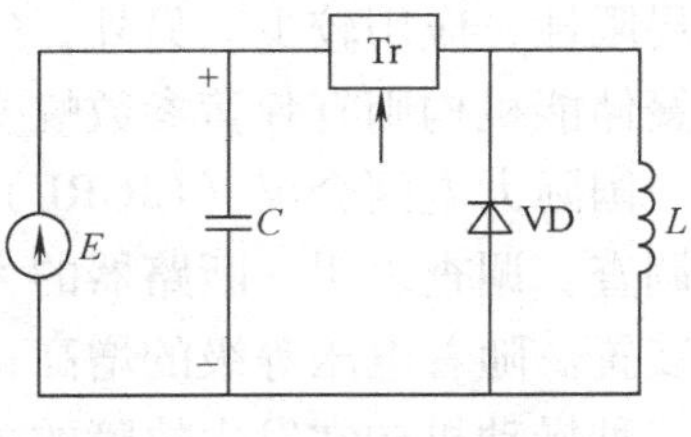

图5-1 典型电子操动系统等效电路

我们首先分析前述电子操动系统的驱动电源部分。实现电子操动首先要解决驱动能量的转换与控制问题。一般的弹簧储能机构，驱动能源是储存于弹簧中的机械能（弹簧势能），靠机械锁扣控制。而经典直流电磁机构的驱动能源是

110V/220V直流电源，对电源功率要求高，经济性和可控性都比较差。分析直流电磁铁的工作发现，实际工作的电磁铁励磁时间很短，仅几毫秒到十几毫秒，这在脉冲功率技术中的电容器放电条件下很容易实现。而电容器的充电电源功率可以很小，辅以电源变换器，交直流供电灵活。同时，电容器储存电能的效率及可控性均远优于机械能的储能形式。此外，如采用电力电子器件控制，可直接与数字电路接口，驱动电路简单、所需控制功率很小，可以准确地执行计算机指令信号，或直接接收小功率的传感器信号，控制精度可在微秒量级。借助简单的光电转换，它还可以准确地执行光控信号。在传统断路器操动机构中，检测短路信号的电流互感器还有驱动脱扣装置的功率需求，一般要做到200V·A以上，人们只好选用体积很大的电磁式电流互感器（CT）。电子操动就可以直接接收小功率的电子式互感器或传感器的输出信号了。

驱动电源部分的设计原则首先要满足功率要求，要能提供合闸与分闸所需的出力和行程。对输出功而言，由于永磁材料的总输出功趋于零，在考虑能源设计时其作用可以忽略不计，即我们可借用直流电磁机构的能源设计原则。对于给定的动作力矩，电磁铁要达到足够的安匝数。如对于CD10-Ⅰ型直流电磁机构，至少要达到18000安匝。

电子操动的传动部分要求尽量利用电磁效应取代机械连杆、运动副与锁扣。图5-2所示永磁操动机构就是很好的例子。合分闸操作主要依靠电容器放电做功，而传统机构中的锁扣与脱扣功能，则是依靠系统形成的闭合磁路、由永磁体提供保持合闸或分闸位置的锁扣力或称保持力，由分闸线圈励磁抵消锁扣力来实现脱扣。对于双稳态、双线圈结构的永磁机构，任一种稳态下磁路是闭合的。合闸或分闸线圈的励磁，改变磁路中的合成磁通方向，并驱动铁心运动形成另一闭合的磁路，另一稳态仍依靠永磁铁提供的锁扣力。

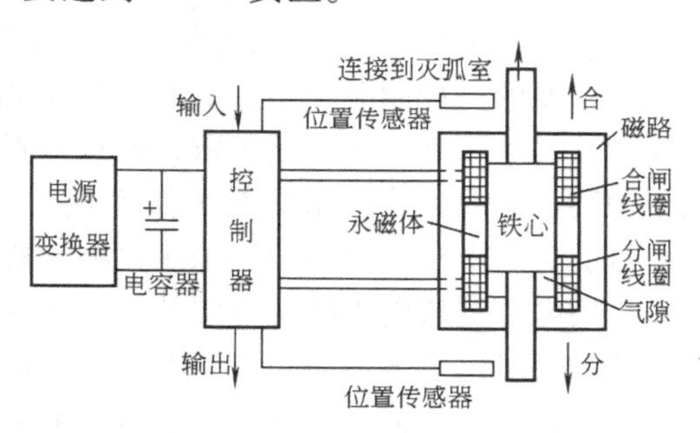

图5-2　典型永磁操动机构系统

锁扣力的计算涉及磁路分析，是永磁机构设计的核心部分之一。下节将专门论述。根据虚位移原理可以得到保持力$F$（单位为N）简单的数值估算公式：

$$F = B_r S_m / 2\mu_0 \tag{5-1}$$

式中，$B_r$为永磁材料的最小剩磁（T）；$S_m$为磁路中最小截面积（$m^2$）。与锁扣力相关的设计参数是开关触头终压力和分闸弹簧的反力。

电子操动的快速反应和完善的功能还意味着可彻底改造传统机构的传动系统，永磁操动机构利用永磁铁实现锁扣功能，大大减少了传动环节。运动控制形式的简化使机构的零件数对比传统弹簧机构减少了一个数量级，这又进一步提高了反应速度、精度以及整机可靠性。

电子操动需要输出位置反馈，常规开关中反映工作位置的辅助开关一般由若干组触点组成。通断时间不够精准，触点弹跳容易熔焊或烧毁，是开关控制系统的薄弱环节。图5-2中是用一种感应临近开关（位置传感器）取代上述辅助开关，使之无触点化，解决了控制单元的可靠性最大隐患。临近开关的动作原理是：利用导电材料临近一感应元件时所产生的涡流，打破原电路的谐振状态。当金属连动杆件运动到感应元件操作面前时，开关电路输出一个10V左右的电平。这种临近开关的所有元件密封在一个带自锁外螺纹的金属管内，安装在机构传动杆的一侧。由于和外界隔离，同时解决了污秽、温升、振动及外磁场影响的问题，信号也可融入其他电子控制系统。

永磁操动机构出现的初衷是以简化部件、提高可靠性为目的的。但它更深远的意义是大大提高了机构的可控性：控制时间的分散性由原来机械系统的毫秒级进步到电子操动的微秒级，由机械储能、机械脱扣进步到电储能、电信号直接触发动作（电子脱扣）。我们归纳电子操动理论应包括两部分：高精度控制系统与高可靠性的操动参数设计，前者涉及高可靠性控制电路的设计以及基于机构运动特性分析的电参数优化；后者要结合负载反力特性、电路与磁路的动特性包括永磁体与励磁线圈互作用特性等设计机构输出机械参数。

## 5.2.2 永磁操动机构的励磁控制

如前所述，电子操动的控制系统包括驱动电源、控制器主体和电磁铁三部分。本节结合典型永磁机构控制器，进一步介绍电子操动的基本控制方法。

永磁机构的励磁电源有两种形式：直流电源和电容器放电。传统开关柜若使用电磁机构，都配有大功率直流电源，一般为220V/100A以上。利用此类直流源，用直流接触器控制永磁机构的电磁铁，也可以达到应用目的。但对于新建电站，大功率直流源的成本比较高，更重要的是控制驱动电源的直流接触器的寿命会成为机构电寿命的“瓶颈”问题，一旦接触器切断驱动电源回路失败，就意味着长期通电、烧毁机构励磁线圈。此外，更高级的电子操动功能靠直流接触器是无法实现的。因此，除了老电站改造或永磁机构初期推广时期，目前主流电子操动系统不采用这种形式。

采用电容器放电为励磁电源的永磁机构控制系统原理如图5-2所示。电源部分由电源变换器和大容量电解电容器组成。电源变换器的功能是把较大范围变化的输入直流或交流电源变成某一设定电压输出、并有足够瞬时电流输出的电容器充电电源。可以利用目前成型的开关电源产品，如输入直流48~200V，恒压输出200~400V可调、峰值电流可达20A的电源模块。

电容器一般选用大容量电解电容器，首先要满足功率要求，要能提供合闸与分闸所需的出力和能量（行程）。可借用直流电磁机构的能源设计原则，对于给定的动作力矩，电磁铁要达到足够的安匝数。根据机构的电磁设计，可选小电流大容量（如100V/0.1F），或较大电流小容量（如450V/3300μF）。由于永磁机构控制系统用的电解电容器长期带电运行，对其要求也相对严格，如泄漏电流要足够小，以减小温升，保证电容器的电寿命。

永磁机构控制系统的主要任务是，按指令控制已充满电荷的电容器对操动机构中的电磁铁励磁线圈放电，由图5-2中的控制器完成。对控制器的要求是高控制精度与高可靠性。控制器由两部分组成：指令系统与驱动电路。指令系统比较多的是采用单片机控制，但目前其抗干扰能力受到挑战。少数控制器采用模拟器件完成逻辑运算，给出高可靠性指令，在抗干扰方面容易达到系统的要求。

目前已有控制器的驱动电路根据不同的指令系统选用不同的器件。有的设计采用可关断晶闸管（GTO）或IGBT，有的设计采用高反压晶闸管。驱动电路设计的关键是电路参数的选取。电力电子器件耐冲击能力有限，电路参数的选取源自电路状态分析。根据正确的电路分析，取得电路中可能出现的极限参数，确定电力电子器件参数，并设计好保护电路，以保证控制系统的高控制精度与高可靠性。

图5-3为一典型驱动电路原理图。图中，合、分闸命令信号即触发信号是由上级指令系统给出的。$U_2$ 为光电耦合器，作为输出隔离开关将指令系统与放电回路隔离。$U_2$ 的输出端与晶体管 $VT_1$ 构成达林顿管结构，以增强信号放大能力；VS为稳压二极管，以限定 $C_1$ 两端的电压值；$R_3$（$\gg R_4$）为分压电阻，与VS共同分担预充电电容 $C_y$ 两端的电压；$R_4$ 为限流电阻，限制 $VT_2$ 触发电流在其允许的范围内；$VT_2$ 为电力电子器件，控制放电回路导通；$L$ 为分（合）闸电感线圈。当动作指令信号到来时，$U_2$ 输入端产生驱动电流，输出端导通，此时 $VT_1$ 由截止变为导通，$C_1$ 通过 $VT_1$、$R_4$、$VT_2$ 门极放电，触发 $VT_2$ 导通，$C_y$ 对分（合）闸电感线圈放电，在分（合）闸线圈所产生电磁场的驱动作用下，永磁机构铁心带动断路器的操动杆动作，完成分（合）闸操作。

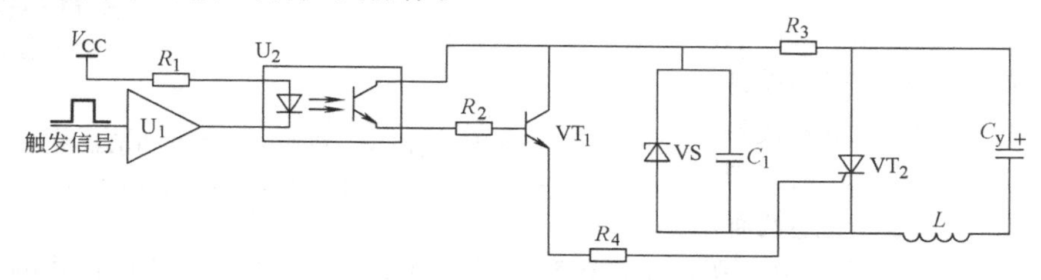


图5-3　典型驱动电路原理图

## 5.2.3　快速斥力机构

永磁机构具有结构简单、动作分散性小的特点，但其动作速度仅适合于中等工作速度。一般设计中，其平均分、合闸速度大多设计为1~2m/s，用在电力系统中某些要求开关快速反应的场合就不太适合了。因此，一种可以实现高速动作的快速斥力机构在近年来得到了广泛研究。同样，快速斥力机构也属于电磁操动机构的类别，也比较适合用于上一节提到的电子操动系统。它的运动速度体现在开关电器动作过程中的两个阶段：一是机构的始动时间或称触动时间极短，可以实现微秒级触动；另一个是开关的整体运动速度极高，近年来电力系统中的设计实例可以达到3~10m/s。

**1. 快速斥力机构的工作原理**

快速斥力机构主要是依靠励磁线圈与运动件之间的高速排斥磁场的建立，从而形成快速触动和驱使运动的。其中运动件是用来带动开关动触头运动的，它基本上有两种结构形式：一种是采用不导磁的金属盘制作，如铜盘、铝盘等，它们两者之间是电气隔离的，当励磁线圈中通有脉冲电流时，其瞬间建立的磁场会在邻近的金属盘中感应出涡流场，涡流场快速建立起一个与原磁场排斥的磁场，从而产生了排斥力。由于在斥力机构中，励磁线圈的匝数一般为十几匝到几十匝，所以其建立磁场的速度是十分快的，这也是快速斥力机构的根本原理所在。通常把这种涡流建立排斥磁场的结构形式称为涡流斥力机构。另一种运动件采用和励磁线圈同样的线圈制成，两个线圈之间采用电气串联或并联的励磁形式连接，当脉冲电流流过线圈时，两个线圈同时产生磁场，按照预先设定的线圈绕向可以使得两个磁场是排斥的，从而完成对运动件的驱动。

图5-4是快速斥力机构的整体结构示意图。它主要由位置保持装置、斥力组件、开关灭弧室动触头、脉冲电容器以及绝缘件等组成。图中机构的保持装置一般采用上节描述的永磁磁路设计，保证开关在分、合闸位置上的稳定保持。该装置一般有两种保持形式。一种是采

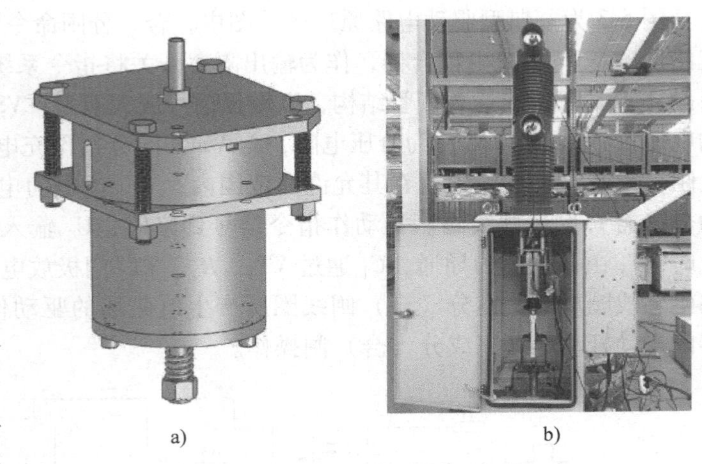


图 5-4 快速斥力机构的整体结构示意图

a）永磁斥力混合式机构 b）安装成单相极柱的快速斥力机构

用永磁操动机构的保持办法，在分、合闸位置上采用永磁体产生的闭合磁力线使得开关保持稳定。在需要动作时，只需要驱动斥力机构中的线圈与运动件即可，这种结构的快速机构也称为永磁—斥力高速机构。另外一种是采用双向碟簧来实现分、合闸位置上的保持，利用碟簧在两个方向上的出力方向相反的特点，实现双向位置保持的。有的设计中采用弹簧的拉伸和压缩来代替碟簧工作，以期望出力较大，但其工作原理是一样的。上述两种斥力机构还有一个区别是加在灭弧室上的超程力的实现形式不一样，永磁保持式的斥力机构的超程簧一般安装在灭弧室的动触头下端；而碟簧式的超程力可以由碟簧给出，从而超程力是在机构的下端的。这种方法有利于提高斥力机构的触动时间，在某些中低压产品中可以实现触动时间在100μs以内。

**2. 斥力机构特性分析**

由于斥力机构线圈采用的是横截面大、匝数少的扁铜线，斥力线圈的电感很小，放电时斥力建立速度非常快，所以在斥力机构动作的初始阶段，操动机构能够获得很大的初始速度，从而达到快速开关的目的。

基于电磁感应涡流原理的斥力机构相比于双线圈式斥力机构，其出力效率略差一些。一方面是由于涡流的产生及其磁场的建立随着打开距离的拉长而逐渐减弱；另一方面，在线圈电流衰减阶段，铜盘感应出的磁场会阻碍线圈盘磁场的衰减，这时电磁斥力会变为电磁吸力，虽然由于距离较远而影响较小，但其斥力效应的输出效率大打折扣。双线圈盘式斥力机构可以克服这一缺点，其结构如图5-5所示。

图中，两个线圈盘串联，保证了线圈盘出力的同步性，而且相比铜盘式结构，延长了线圈的放电时间。即使在线圈盘回路电流衰减阶段，两斥力盘之间的力仍为斥力，更有利于分闸。

电磁斥力机构放电回路由两个斥力线圈盘、储能电容和晶闸管组成，其等效电路图如图5-6所示。

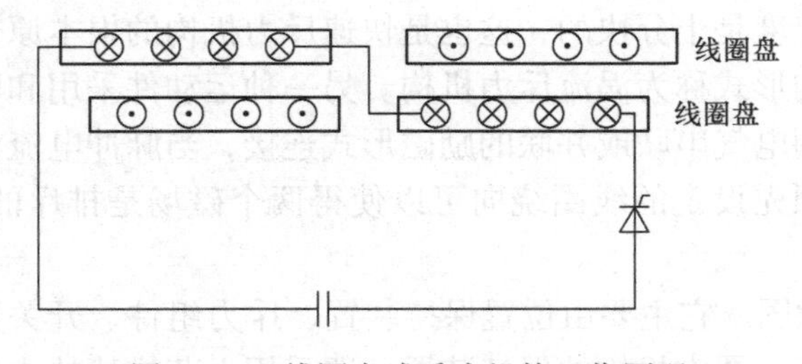


图 5-5 双线圈盘式斥力机构工作原理

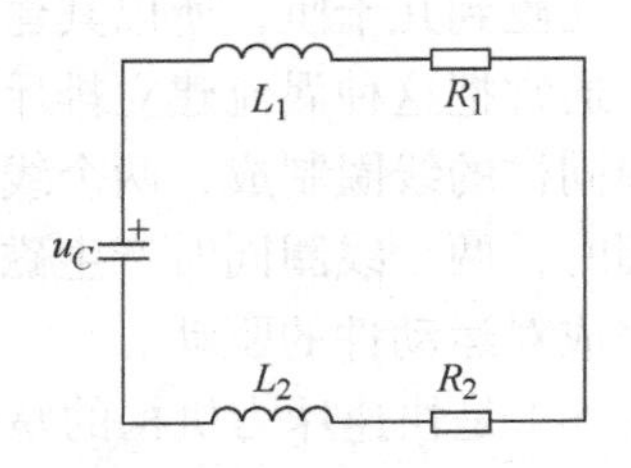


图 5-6 斥力机构等效放电电路

图中，$R_1$ 和 $L_1$ 分别为静止斥力线圈盘的电阻和电感；$R_2$ 和 $L_2$ 为运动斥力线圈盘的电阻和电感；$u_C$ 为储能电容电压。

由等效电路图可知，$u_C$ 满足公式

$$u_C = u_1 + u_2 \tag{5-2}$$

两个斥力线圈盘两端电压为

$$u_1 = iR_1 + \frac{\mathrm{d}\psi_1}{\mathrm{d}t} = iR_1 + \frac{\mathrm{d}(L_1 i - Mi)}{\mathrm{d}t} \tag{5-3}$$

$$u_2 = iR_2 + \frac{\mathrm{d}\psi_2}{\mathrm{d}t} = iR_2 + \frac{\mathrm{d}(L_2 i - Mi)}{\mathrm{d}t} \tag{5-4}$$

式中，$i$ 为串联放电电路的电流；$M$ 为两个线圈盘之间的互感。

针对快速斥力机构，由能量守恒定律，储能电容提供的能量 $Q_S$ 应等于机构所做的功 $Q_W$ 与两电感、互感中的磁场能量 $Q_L$ 以及线圈盘电阻能量 $Q_R$ 之和，即

$$\mathrm{d}Q_S = \mathrm{d}Q_W + \mathrm{d}Q_L + \mathrm{d}Q_R \tag{5-5}$$

储能电容供给的能量为

$$\mathrm{d}Q_S = u_C i\mathrm{d}t \tag{5-6}$$

式（5-2）两端乘以 $i\mathrm{d}t$，联立式（5-3）~式（5-6）可得

$$\mathrm{d}Q_S = i^2(R_1 + R_2)\mathrm{d}t + i(L_1 + L_2)\mathrm{d}i - 2i^2\mathrm{d}M - 2Mi\mathrm{d}i \tag{5-7}$$

根据电路知识可知，两串联电感及其互感的磁能为

$$Q_L = \frac{1}{2}L_1 i^2 + \frac{1}{2}L_2 i^2 - Mi^2 \tag{5-8}$$

求导，得

$$\mathrm{d}Q_L = i(L_1 + L_2)\mathrm{d}i - i^2\mathrm{d}M - 2Mi\mathrm{d}i \tag{5-9}$$

两线圈电阻损耗为

$$\mathrm{d}Q_R = i^2(R_1 + R_2)\mathrm{d}t \tag{5-10}$$

代入式（5-5）及式（5-7）得出斥力机构所做的功为

$$\mathrm{d}Q_W = -i^2\mathrm{d}M \tag{5-11}$$

则电磁斥力的表达式为

$$F = \frac{\mathrm{d}Q_W}{\mathrm{d}x} = -i^2\frac{\mathrm{d}M}{\mathrm{d}x} \tag{5-12}$$

式中，负号表示线圈盘之间的互感阻碍了各自磁场的变化，随着两斥力盘斥开，互感 $M$ 的值也逐渐减小，即 $\mathrm{d}M/\mathrm{d}x$ 值为负，而斥力 $F$ 为正。此外，由式（5-12）可以看出，电磁斥力 $F$ 与线圈电流 $i$ 的二次方成正比，而斥力线圈中的电流一般大于1000A，因此在电容放电初期，能使两斥力盘在极短的时间内产生瞬间较大的力，进而带动真空灭弧室达到快速分闸的目的。

对于采用涡流斥力机构的，其出力在排斥阶段需要乘以一个效率系数，大约在80%左右。

**3. 影响斥力机构运动特性的因素**

斥力机构的运动特性主要体现为出力特性，它由多个因素影响，在设计中需要综合考

虑，如果只调节一个参数，可能会无法得到最优效果。影响其运动特性的主要因素有以下几点。

（1）电气参数的影响　电气参数包括脉冲电容器的容量、充电电压及脉冲电流的大小。基本上，随着这些电气参量的增加，出力呈现出增大的趋势，但达到一定值时会呈现饱和状态。

（2）线圈几何参数的影响　线圈几何参数主要包括线圈匝数、线径及层数等。它们与电气参数配合，在出力特性方面存在一个中间值，其出力特性最好。衡量其优点主要包括触动时间和运动速度两方面，在某个区间范围内，短的触动时间与快的运动速度间有一定矛盾。

（3）线圈框架及材料的影响　将线圈接触面裸露在空气中，线圈的反面安放在导磁材料的框架内，包括线圈的外边缘都放在框架内，将有利于磁场的集中，从而增加排斥力。

（4）保持装置的反力特性的影响　针对不同的保持装置，其影响不同。采用永磁机构保持，其反力特性曲线呈反正切曲线，整体机构运动特性与永磁机构相似；采用碟簧保持，其反力特性略呈正弦曲线形状，也与开关行程、超程等的设计有关。此外，反力还包括机构的分闸拉簧或分闸压簧、触头超程簧、开关的运动件的质量以及机械摩擦力等。

## 5.2.4 长行程磁力机构

相对于液压、弹簧等机械操动机构来说，电磁操动机构的优点是电气可控性灵活，主要体现在脉冲电容器对驱动线圈的放电可以达到微秒级可控，通过控制线圈励磁的占空比，从而改变线圈电磁力的输出大小，可以达到改变、控制操动机构的位移精准控制的目的，从而减小开关工作的动作分散性。前面介绍的永磁操动机构即属于此类型操动机构（斥力机构的结构特点不能进行位移操控），但永磁操动机构由于受其工作原理的限制，较难用于长行程高电压等级中。要实现长行程大功率出力的开关动作可控，可以利用本节介绍的磁力机构。磁力机构与永磁机构一样结构简单、操控方便、可靠性高。

**1. 磁力操动机构的工作原理**

长行程磁力操动机构是运用安培力的原理实现动作的，其原理如图5-7所示。图5-7a中，下部的金属框架内侧镶嵌有永磁体板，按图中的排列方式安置。线圈装在骨架内，围绕在两个磁场中。当线圈中通有脉冲电流时，线圈将在径向磁场的作用下受到上、下方向的安培力。由于永磁体板理论上可以做到很长的尺寸，线圈可以在相应的行程内一直受力，所以该种机构很适合于长行程的灭弧室操动。在分、合闸位置上，可以通过设计上、下两端的永磁体板的极性排列、长度等来实现铁心的位置保持。把永磁体板按功能不同称之为主工作永磁体板和辅助保持永磁体板。磁力机构无论是气体灭弧室还是真空灭弧室均可以操控，现在国内外已经有产品在220kV等级中得到应用。相比于永磁机构的保持力曲线（也就是反力曲线）来说，磁力机构的保持力曲线略有振荡，如图5-8所示。

**2. 长行程磁力机构特性分析**

磁力机构和永磁机构有一个共同特点，即相比于传统操动机构的优势是其运动过程可控，即可以通过调节放电电流的大小改变永磁机构的运动轨迹，使得磁力机构在不同的外界环境下（温度励磁电压、电容器容量、机构摩擦力等）具有相同的动作时间。这种控制目前广泛应用在选相技术中，具体实现方法是利用位移传感器和DSP的A/D采样模块进行实

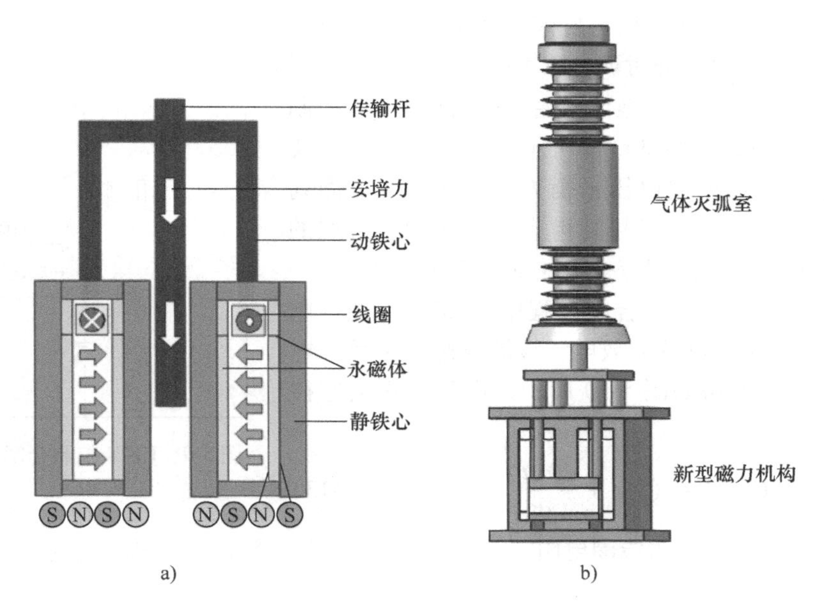


图 5-7　长行程磁力操动机构原理
a）结构原理　b）机构与灭弧室的布置方式

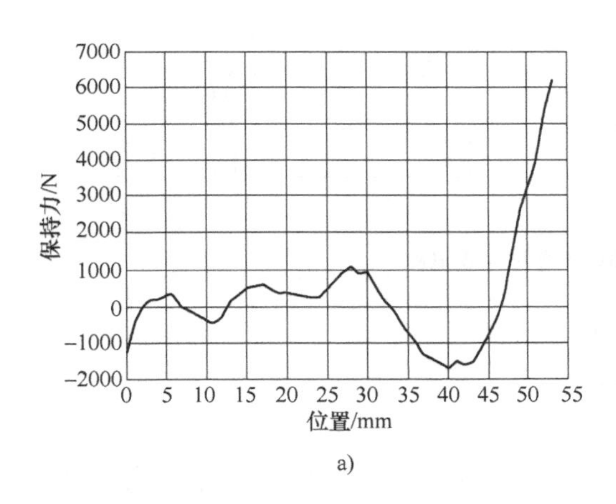

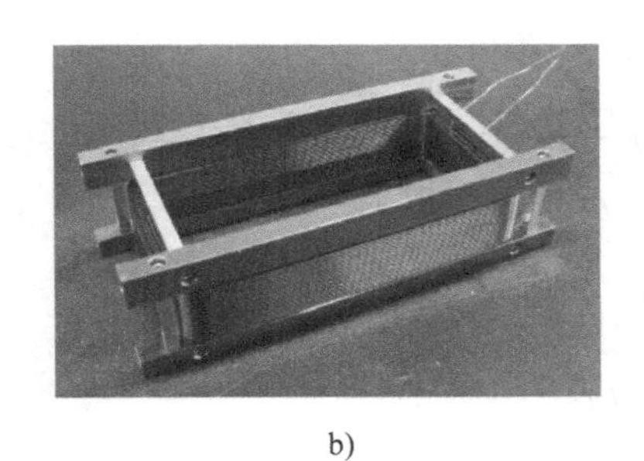

b)　c)

图 5-8　磁力机构的出力曲线、磁路及应用
a）出力特性　b）磁路与骨架　c）应用长行程磁力机构的 $SF_6$ 断路器

时检测，将检测到的行程数据与目标位移曲线进行比较，将差值代入控制芯片程序，计算出需要的PWM脉宽，进而通过调节IGBT控制电容的放电情况，使得机构的运动行程可控。

由于可以实现电气可控操作，磁力机构在PWM控制下，其数学分析如式（5-13）等所示。在分析它的动态过程时，在电路方面列出电压平衡方程，在运动方面列出运动平衡方程，这些方程共同构成了描述动态过程的微分方程组。具体合闸过程等效电路如图5-9所示。

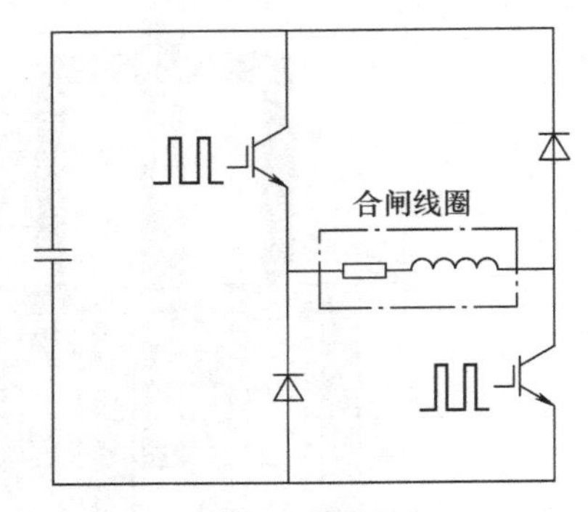

图5-9 PWM控制合闸等效电路

控制过程如下所示，在合闸过程中，IGBT导通，电容通过IGBT给机构合闸线圈放电，线圈电感产生反向电动势$E$，简化等效电路如图5-10所示，由基尔霍夫定律得电压平衡方程为

$$U_C(t)=i(t)r+\frac{\mathrm{d}\psi(t)}{\mathrm{d}t} \tag{5-13}$$

式中，$U_C$为电容电压；$r$为线圈电阻；$i$为合闸线圈放电电流；$\psi$为线圈磁链。

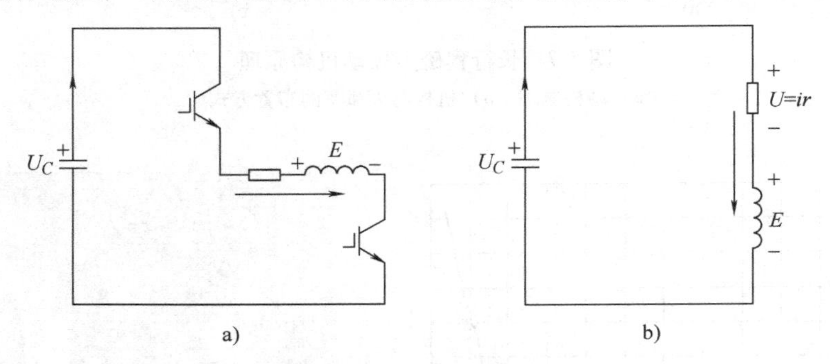

图5-10 IGBT导通时等效电路

放电过程中电容电压降低，其微分方程为

$$\frac{\mathrm{d}U_C(t)}{\mathrm{d}t}=-\frac{i(t)}{C} \tag{5-14}$$

另外，对磁力机构铁心的运动过程运用牛顿定律，得到另外两个微分方程，方程组如下：

$$\begin{cases}\dfrac{\mathrm{d}\psi(t)}{\mathrm{d}t}=U_C(t)-Ri(t)\\[2mm]\dfrac{\mathrm{d}v(t)}{\mathrm{d}t}=\dfrac{F(t)-F_{\mathrm{f}}(t)}{m}\\[2mm]\dfrac{\mathrm{d}x(t)}{\mathrm{d}t}=v(t)\\[2mm]\dfrac{\mathrm{d}U_C(t)}{\mathrm{d}t}=-\dfrac{i(t)}{C}\end{cases} \tag{5-15}$$

其中，变量的初始值为

$$\psi(t_0)=\psi_0,\quad v(t_0)=0,\quad x(t_0)=0,\quad U_C(t_0)=U \tag{5-16}$$

式（5-15）中，$v$为动铁心合闸速度；$x$为合闸位移；$F$为动铁心受到的电磁力与永磁力的合力；$F_f$ 为动铁心受到的负载力；$m$ 为运动部分总的质量。

当IGBT关断时，线圈电感能够维持原电流方向一段时间，此时二极管导通续流，线圈中的能量通过续流二极管回馈到电容，线圈中感应电动势的方向发生了变化，相当于电源给电容充电，使电容电压增加。等效电路如图5-11所示，其电压平衡方程改变为

$$-\frac{\mathrm{d}\psi(t)}{\mathrm{d}t}=U_C(t)+i(t)r \tag{5-17}$$

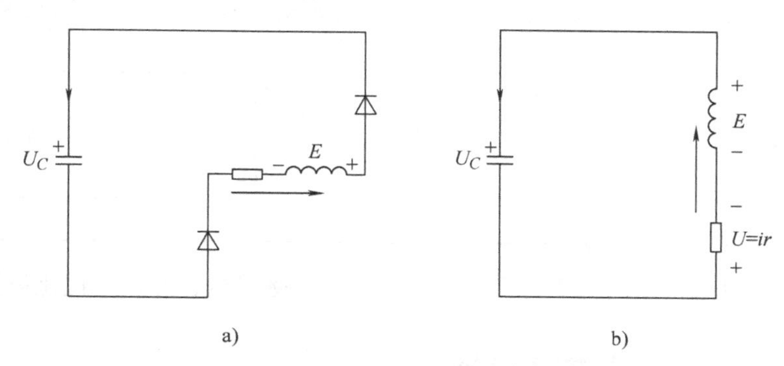


图5-11　IGBT关断时等效电路

续流过程中电容电压升高，其微分方程改变为

$$\frac{\mathrm{d}U_C(t)}{\mathrm{d}t}=\frac{i(t)}{C} \tag{5-18}$$

对上述系统微分方程组，可使用四阶龙格库塔法进行迭代。

**3. 影响磁力机构出力特性的因素**

影响磁力机构运动特性的主要因素与永磁机构类似，但其由于工作原理及保持原理与永磁机构不同，所以有一定区别。

（1）电气参数的影响　与前两种电磁机构类似，其电气参数包括脉冲电容器的容量、充电电压及脉冲电流。基本上随着这些电气参量的增加，出力呈现出增大的趋势，但达到一定值时会呈现饱和状态，这也是电磁系统的共性。

（2）线圈几何参数的影响　同斥力机构相似，其线圈几何参数主要包括线圈匝数、线径及层数等。它们与电气参数配合，在出力特性方面存在一个中间值，其出力特性最好。衡量其优点主要包括分、合闸位置保持力的大小和运动速度两方面，尤其用于高压系统中，比较关注其刚分速度。

（3）永磁体板的排列方式影响　磁力机构内壁的永磁体板通过上下、左右等设计排列，可以形成不同的磁场，对于整个线圈受力过程中有着不同的影响关系。具体可以查看相关文献。

（4）保持装置的反力特性的影响　磁力机构的保持装置是依靠辅助永磁体板与主永磁体板相互配合形成的两端保持力，其尺寸以及上下端盖的设计对此保持力的形成有很大的影响。此外，反力还包括机构的分闸拉簧或分闸压簧、触头超程簧、开关的运动件的质量以及机械摩擦力等。

**4. 三种电磁机构的比较**

永磁机构、斥力机构和磁力机构均属于电磁机构类型，但它们由于自身工作原理不同，

在各个方面的性能也有所不同。表5-2为各种机构性能比较。

表5-2 各种机构性能比较

| | 永磁机构 | 斥力机构 | 磁力机构 |
|---|---|---|---|
| 触动时间 | 中等 | 极短 | 较短 |
| 操动行程 | 中 | 短 | 长 |
| 位置保持方式 | 永磁体保持 | 永磁保持或碟簧 | 永磁板辅助保持 |
| 出力效率 | 中 | 小 | 大 |
| 运动速度 | 中等 | 最快 | 较快 |
| 适合电压等级 | 中低压 | 中低压 | 高压及超高压 |
| PWM及位移跟踪 | 可以 | 不可以 | 可以 |
| 能否双向运动 | 能 | 不能 | 能 |

用户可以根据自身产品的应用特点来选择合适的电磁机构，并进行优化设计。

## 5.3 永磁操动机构的磁路设计

永磁机构的核心特色是应用永磁材料的剩磁完成传统机构的锁扣功能。稀土永磁材料具有高剩磁、高矫顽力、高磁能积的特点，并具有很高的磁稳定性，钕铁硼永磁体的回复曲线与退磁曲线基本在一条直线上。图5-12为典型钕铁硼永磁体的退磁曲线。

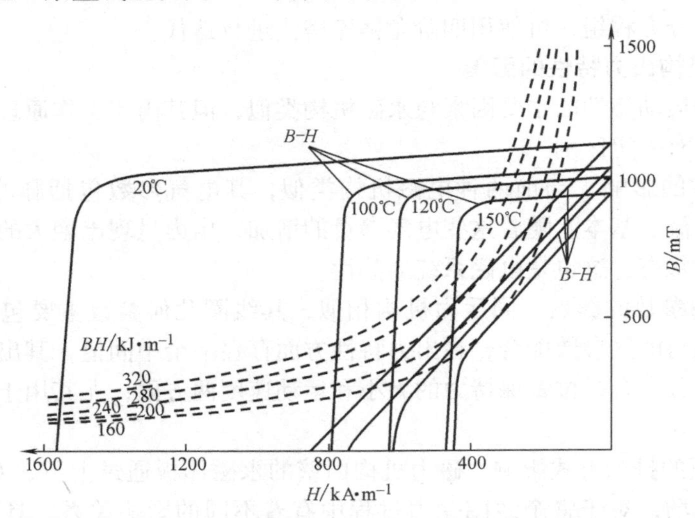


图5-12 不同温度下钕铁硼永磁的内禀退磁曲线和退磁曲线（NTP-256H）

图5-13为永磁机构的基本结构图。图中机构处于分闸位置，此时线圈4和5中都没有电流通过，永久磁铁在动、静铁心提供的低磁阻路径中产生较强的磁场，动静铁心在此磁场下保持着较大的磁场吸力，人们称之为保持力或锁扣力，所以也就不需要像传统的机构结构中需要机械联锁。当接到动作信号时，机构中的合闸线圈中通有脉冲电流，在动、静铁心中形成由线圈产生的磁场与永磁体产生的磁场叠加，使动铁心克服先前束缚它的磁场力作用而

快速向下运动，从而完成合闸任务。分闸时情况基本一致。

由于永磁操动机构是由永磁体和励磁线圈等磁源构成的磁机构，所以在磁系统设计中应该从永磁磁路和电磁线圈磁路两方面磁源入手，逐个分析其磁场变化情况。由于设计磁路在非饱和区内，可以用叠加原理处理。本节中将采用矢量磁位 $\boldsymbol{A}$ 进行有限元分析和计算。

由于永磁机构属于典型的圆柱体结构，所以在进行有限元分析时，可用轴对称稳定磁场来进行分析。

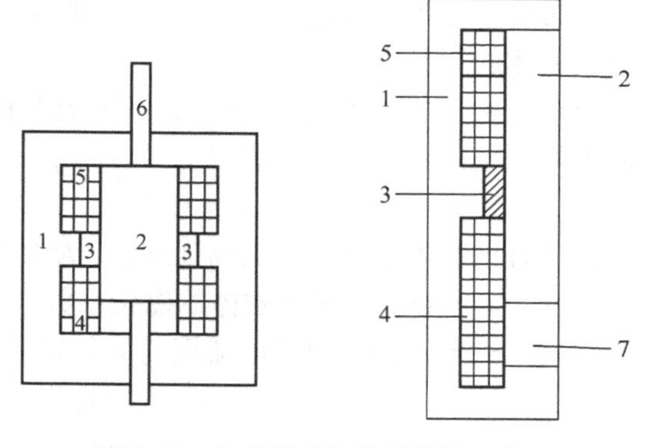

图 5-13　永磁操动机构的结构示意图
1—静铁心　2—动铁心　3—永磁体　4—分闸线圈
5—合闸线圈　6—驱动杆　7—气隙

## 5.3.1　基本方程的建立

对于在圆柱坐标系（$z$，$r$）平面上的轴对称稳定磁场，满足如下的准泊松方程边值问题：

$$\begin{cases}\Omega:\dfrac{\partial}{\partial z}\left(\nu\dfrac{\partial \boldsymbol{A}_\theta}{\partial z}\right)+\dfrac{\partial}{\partial r}\left[\dfrac{\nu}{r}\dfrac{\partial(r\boldsymbol{A}_\theta)}{\partial r}\right]=-J_0\\ s_1:\boldsymbol{A}_\theta=\boldsymbol{A}_{\theta 0}\\ s_2:\dfrac{\nu}{r}\dfrac{\partial(r\boldsymbol{A}_\theta)}{\partial n}=-H_t\end{cases}\tag{5-19}$$

式中，$\nu$ 为磁阻率；$J_0$为源电流密度；$H_t$ 为磁场强度的切向分量；$s_1$、$s_2$ 为第一类和第二类边界。上式中的偏微分方程在形式上可以处理成与平面稳定磁场的偏微分方程相同，这样可以应用平面稳定磁场的变分原理来求解。将 $r\boldsymbol{A}_\theta$ 看作求解函数，则它具有与平面稳定磁场的偏微分方程边值问题相同的形式，则可将坐标 $z$ 和 $r$ 分别改记为 $x$ 和 $y$，同时记：$q=-H_t$，$u=r\boldsymbol{A}_\theta$，$u_0=r\boldsymbol{A}_{\theta 0}$，$f=J_\theta$，令 $\nu'=\dfrac{\nu}{r}$，$\beta'=\nu'$，则有

$$\begin{cases}\Omega:\dfrac{\partial}{\partial x}\left(\beta'\dfrac{\partial u}{\partial x}\right)+\dfrac{\partial}{\partial y}\left(\beta'\dfrac{\partial u}{\partial y}\right)=-f\\ s_1:u=u_0\\ s_2:\beta'\dfrac{\partial u}{\partial n}=q,\beta'=\dfrac{\beta}{y}\end{cases}\tag{5-20}$$

按照平面稳定磁场的变分原理，可以得到

$$\iint_\Omega \beta'\left[\frac{\partial u}{\partial x}\delta\left(\frac{\partial u}{\partial x}\right)+\frac{\partial u}{\partial y}\delta\left(\frac{\partial u}{\partial y}\right)\right]\mathrm{d}x\mathrm{d}y-\iint_\Omega f\,\delta u\mathrm{d}x\mathrm{d}y-\int_{s_2}q\delta u\mathrm{d}s=0\tag{5-21}$$

## 5.3.2　永磁体处理及机构磁场计算

首先来建立永磁体的数学模型，电流与磁场的基本关系表明，任何磁场都可以认为是由分布电流产生的。一般可采用面电流模拟法，认为永磁体被均匀磁化，把永磁体看成为在其

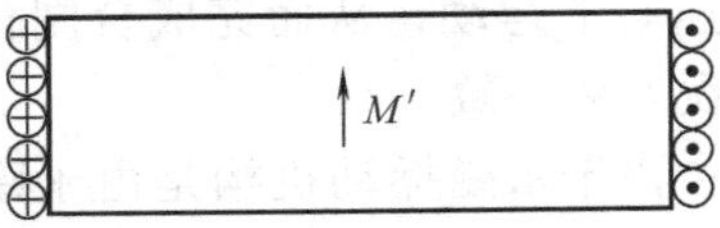

边界分布着一层等效面电流，如图5-14所示，其密度值应该是永磁体的矫顽力 $H_c$。

图5-14 永磁体的面电流模型图

经预先磁化的永磁体，不但具有剩余磁化强度，而且还能被外磁场磁化，其特性满足

$$B = \mu_r \mu_0 H + \mu_0 M' \tag{5-22}$$

式中，$H$ 为永磁体工作点的磁场强度；$B$ 为永磁体工作点的磁感应强度；$M'$ 为永磁体的感应磁化强度，$M' = \chi H$，$\chi$ 为永磁体的磁化系数。

在模拟永磁体的等效面电流层与其他媒质的交界处，满足以下边界条件：

$$\left(\frac{1}{\mu_1}\frac{\partial A}{\partial n}\right)^- - \left(\frac{1}{\mu_2}\frac{\partial A}{\partial n}\right)^+ = J_s$$

表5-3是钕铁硼的 $B$-$H$ 值，由于对永磁体来说，其工作的退磁曲线是在第二象限，因此 $H$ 值是负值，而在有限元分析中，要求对其进行一定的数学变换，即

$$H' = H - H_c,\ B' = B \tag{5-23}$$

表5-3 钕铁硼的 *B*-*H* 值

| *B* 值/T | *H* 值/(A/m) | *B* 值/T | *H* 值/(A/m) |
|---|---|---|---|
| 1.13 | 0 | 0.49 | -480000 |
| 1.05 | -80000 | 0.38 | -560000 |
| 0.92 | -160000 | 0.26 | -640000 |
| 0.82 | -240000 | 0.15 | -720000 |
| 0.7 | -320000 | 0.07 | -800000 |
| 0.58 | -400000 | 0 | -856000 |

利用上述数学模型可对线圈产生磁场过程进行静态分析，即只研究铁心分别在合闸保持位置、分闸保持位置、运动到中间位置时，线圈、永磁体产生的磁场分布图。由图5-13的永磁操动机构结构图可见，机构磁路是轴对称图形，向上为合闸。忽略圆形静铁心外的漏磁，对机构进行有限元计算，得到图5-15所示的动铁心处于不同位置时，永磁体产生的磁场分布。

当机构处于合闸保持位置、分闸线圈接到分闸命令时，线圈中通有电流，如图5-15c所示。随着此电流的增加，线圈产生的磁动势改变了原磁场分布，通过下部气隙磁力线数目逐渐增多，它与永磁体产生的磁场在动静铁心结合处作用相反。这种作用越来越明显，当下部磁通所产生的力大于永磁体的保持力时，铁心将发生运动，也就是所谓的始动时刻。此后，在分闸线圈的磁场作用下，铁心在一定范围内将做加速直线运动。当铁心运动到过半行程时，磁力线大部分转移到下部气隙。到了图5-15e的位置，即分闸位置时，下部气隙为零，永磁体在新的平衡位置产生较强的磁场，使铁心稳定保持在一个新的位置。

根据以上分析结果，我们可以确定所选的永磁材料参数和工作点。考虑到冗余，可设计永磁体的饱和磁密 $B_r = 1\text{T}$。

## 5.3.3 永磁操动机构的负载特性

永磁操动机构不同于传统的机械操动机构，没有所谓的机械死点，也就不能像自由脱扣那样可以瞬间地轻松分闸。因为永磁机构要靠永磁体产生的保持力来维持合闸力量，所以相

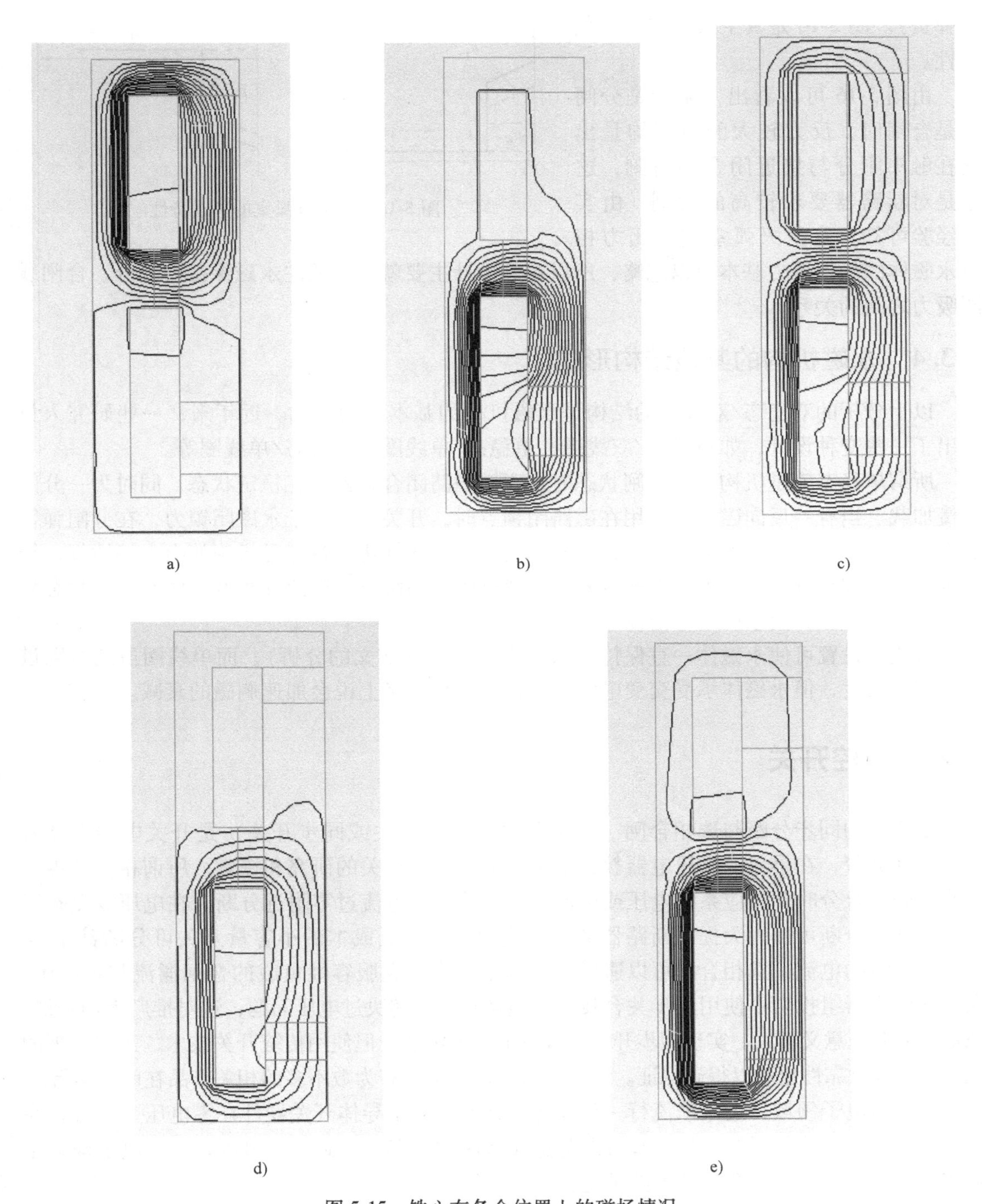

a) b) c) d) e)

图 5-15 铁心在各个位置上的磁场情况

a）合闸位置 b）下线圈作用 c）与永磁体同时作用

d）铁心在运动到一半时 e）铁心在分闸位置上

应的在分闸时需要一定的力量来克服这一保持力。合闸过程也同样要克服一定的负载反力，如真空灭弧室触头的超程弹簧反力以及必要的分闸弹簧的反力（有时为了加速分断而附加的弹簧)。图5-16是真空灭弧室的负载特性。

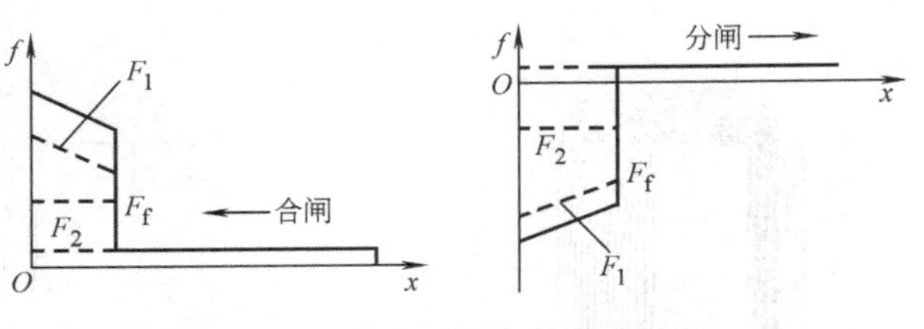


图5-16　真空灭弧室的负载特性

由图5-16可以看出，无论是分闸还是合闸时，反力较大的时刻均是出现在触头刚分与接近闭合的时刻，这也是对断路器要求较高的时刻。由实践经验可知，真空灭弧室的自闭力相对永磁体的静保持力基本可以忽略，所以对其设计主要就是要关注永磁保持力和分、合闸线圈吸力之间的关系。

### 5.3.4　永磁机构的其他结构形式

以上分析的双稳态/双线圈的结构是永磁机构的基本结构形式。近年来，一些研究人员提出了一些变种设计，如单稳态/双线圈、单稳态/单线圈、双稳态/单线圈等。

所谓单稳态就是机构处于合闸状态时永磁铁磁路闭合，保持在稳定状态，同时为一分闸弹簧加载。当有一反向磁动势作用在磁路闭锁点时，开关反力大于永磁闭锁力，在分闸弹簧的作用下，开关动触头做分闸运动，达到分闸位置。该结构的特点是机构的出力特性好，符合真空开关理想分合闸出力特性配合要求。缺点则是系统可靠性指标较低，由于关合状态分闸弹簧一直加载，使系统耐冲击较差。

双线圈设置可使永磁体一直保持正向励磁状态（见前文的分析），而单线圈虽然可以进一步缩小尺度，但永磁体承受交变电流励磁，从某种意义上说会加速剩磁的衰减。

## 5.4　相控开关

断路器的同步分断与选相合闸（我们称之为相控开关或同步开关）是开关电器设计者一个久远的梦，在早年的高压电器教科书中还可以看到相关的研究和探索。所谓相控是指控制开关触头合分时刻对应系统电压或电流相位，使之在电流过零附近分断、在电压零点附近关合。同步分断可以大大提高断路器的分断能力，一台低成本的小容量开关可分断甚至10倍以上容量的电流；选相合闸可以避免系统的不稳定，克服容性负载的合闸涌流与过电压。在并联电容器组投切中使用同步关合技术，能从根本上解决过电压问题，这对推广无功补偿、稳定电力系统意义极大。实现同步开关在理论上是肯定的，但使用传统开关技术，工程实现的代价太高，可靠性也难以得到保证。因此，目前世界上只有为数不多的相关产品在网上运行。

在电力电子领域，近年来流行一种软开关技术，使半导体开关器件在零电压下关合，在零电流下分断，这与断路器的同步分断与选相合闸的工况是一致的。可以认为，电子操动正是实现高压断路器的软开关技术的关键。

### 5.4.1　相控开关的基本要素

相控开关首先要有精确的同步信号。现代传感器技术使交流零点信号的拾取变得非常可靠和方便。同步控制的关键问题是控制信号在电压或电流零点以前或它们的变化率零点（正弦信号的峰值）以后的什么时刻发出。图5-17为同步开关的基本工作原理框图。

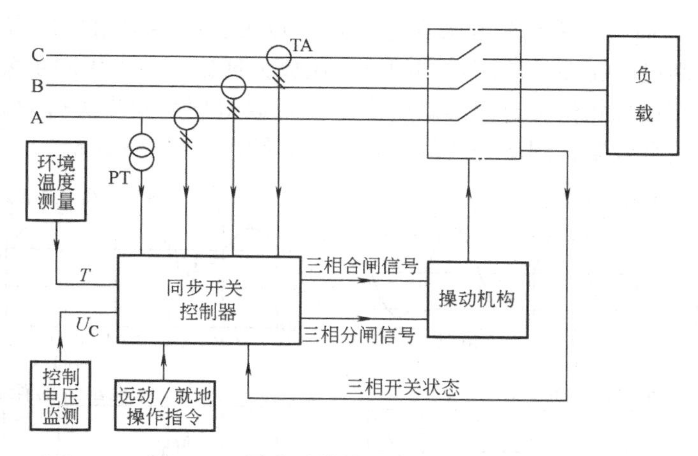


图 5-17　同步开关的基本工作原理框图

真空开关的同步分闸应满足以下几个条件：①足够高的起始分闸速度，使动触头在 1～2ms 内达到能可靠熄灭电弧的开距；②触头分离时刻应在过零前 $\Delta T$ 时刻，对应原开关型式试验的首开相最小燃弧时间；③过零点的可靠检测及触发信号的适时给出。分断短路电流时，首开相分断后余两相延时 5ms 后同时分断（针对 10kV 中性点不接地系统）。

选相合闸也称同步合闸，就是控制高压开关的触头在电网电压的特定相位关合，以减少投入操作产生的涌流和过电压的幅值，提高电能质量和系统稳定性，延长断路器的使用寿命和检修周期。同步关合操作技术主要应用于容性负载（无功补偿电容器组、空载线路）和感性负载（空载变压器、电抗器）的投入。随着电子操动的完善和发展，未来的大容量真空开关由于采用同步技术，体积会更小，寿命会更长，成本也会更低。

## 5.4.2　并联无功电容器与空载变压器同步关合

电容器组作为一种重要的无功电源，在电力系统的电压调节和功率因数调节中得到了广泛应用。电容器回路中的电流 $i(t)$ 和电压 $u(t)$ 可表示为

$$i(t)=\frac{\sqrt{2}U\omega C}{L(\omega^2-\omega_n^2)}\left[\cos(\omega_n t+\alpha)-\cos(\omega t+\alpha)+\frac{\omega}{\omega_n}\sin\alpha\sin(\omega t)\right] \tag{5-24}$$

$$u(t)=\sqrt{2}U\left[\sin(\omega t+\alpha)-\sin\alpha\cos\omega_n t-\frac{\omega_n}{\omega}\cos\alpha\sin\omega_n t\right) \tag{5-25}$$

式中，$L$ 为线路等效电感；$C$ 为无功补偿电容器；$\omega$ 为电网的角频率；$\alpha$ 为合闸时电源的初始相角；$U$ 为电源电压有效值，$\omega_n$ 为关合涌流角频率，$\omega_n=1/\sqrt{LC}$。从式（5-24）和式（5-25）可知，断路器投入电容器时开关操作导致的涌流和过电压的幅值和暂态过程与电源初始相角 $\alpha$ 有关，并且在［0，$\pi/2$］区间随着 $\alpha$ 增大，涌流和过电压也增大。

图 5-18 为电源初始相角 $\alpha=0$（或 $\pi$）和 $\pi/2$ 时，电力开关关合 10kV 母线上无功电容 $C_1$ 时系统暂态过电压和涌流波形。从图中可知，当电压过零关合电容器时，10kV 母线和用户端 400V 母线上过电压仅为稳态电压的 1.02p.u.，系统关合涌流为稳态电流的 1.7p.u.，系统开关操作暂态持续时间短；当开关在电压峰值关合电容 $C_1$ 时，10kV 母线上出现 1.75p.u. 的暂态过电压和 8.6p.u. 的涌流，同时引起用户端 400V 母线上出现放大了的

2.18p.u. 过电压。因而，采用同步开关在电压过零点关合电容器组可以有效地减少涌流和过电压，同时能抑制过电压在低压用户端的过电压放大现象。在采用同步关合操作技术关合电容器组时，开关在目标相位关合的准确度决定能否取得预期同步关合效果。由计算可知，为了实现预期同步关合效果，同步开关的关合相位分散性应小于±1ms。

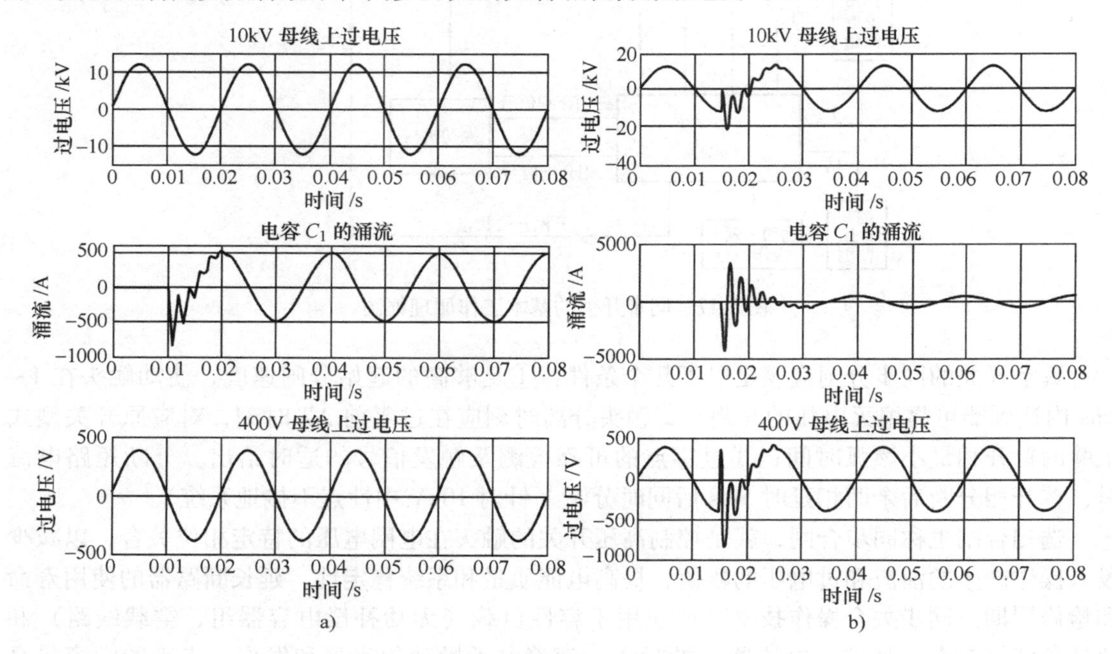


图 5-18　电容器关合仿真波形

a）$\alpha=0$ 或 $\pi$ 时过电压和涌流波形　b）$\alpha=\pi/2$ 时过电压和涌流波形

当空载变压器投入时会产生幅值和频率很高的励磁涌流，而采用同步操动技术可以抑制空载变压器的励磁涌流，提高用户电能质量和系统稳定性。变压器空载投入时，从电力平衡原理可以获得方程：

$$i_0 r + W_1 \frac{\mathrm{d}\Phi}{\mathrm{d}t} = \sqrt{2}U\sin(\omega t + \theta) \tag{5-26}$$

式中，$\theta$ 为合闸瞬间电源电压的初始相位；$i_0$ 为变压器一次绕组的空载励磁电流；$W_1$ 为一次绕组匝数；$\Phi$ 为与一次绕组全部匝数相交链的磁通；$U$ 和 $\omega$ 分别为电源电压的有效值和角频率。

由于一次绕组电阻压降 $i_0 r$ 通常很小，所以在分析空载变压器暂态过程的初始阶段可忽略其影响，则式（5-26）可改写为

$$\frac{\mathrm{d}\Phi}{\mathrm{d}t} = \frac{\sqrt{2}U\sin(\omega t + \theta)}{W_1} \tag{5-27}$$

求解式（5-27）可得

$$\begin{cases} \Phi = -\Phi_{\mathrm{m}}\cos(\omega t + \theta) + \Phi_{\mathrm{m}}\cos\theta + \Phi_{\mathrm{r}} \\ \Phi_{\mathrm{m}} = \dfrac{\sqrt{2}U}{W_1 \omega} \end{cases} \tag{5-28}$$

式中，初始条件变压器剩磁为 $\Phi(t=0)=\Phi_r$。由式（5-28）可知，空载变压器投入时，磁通主要由稳态分量和暂态分量构成，并且变压器磁通大小与投入时刻电源电压初始相角 $\theta$ 有关。空载变压器关合时磁通与励磁电流为非线性关系，如图 5-19 所示，为了减少合闸涌流应消去磁通中的暂态分量，即有关系

$$\Phi_m\cos\theta+\Phi_r=0 \tag{5-29}$$

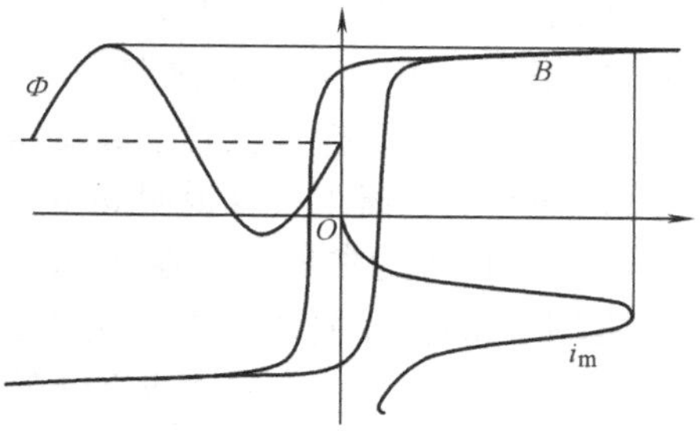

图 5-19　空载变压器磁通与励磁电流关系

即为了抑制空载变压器投入励磁涌流，最佳关合相位 $\theta$ 应满足关系

$$\begin{cases}\theta=\pi/2, & \Phi_r=0\\ \theta=-\arccos(\Phi_r/\Phi_m), & \Phi_r\neq 0\end{cases} \tag{5-30}$$

图 5-20 为合闸相位 $\theta$ 为 0、$\pi/10$ 和 $\pi/2$ 时，对容量为 31.5MV·A、110kV/12kV、6% 的变压器在剩磁为 0 情况下空载关合时的励磁涌流波形。

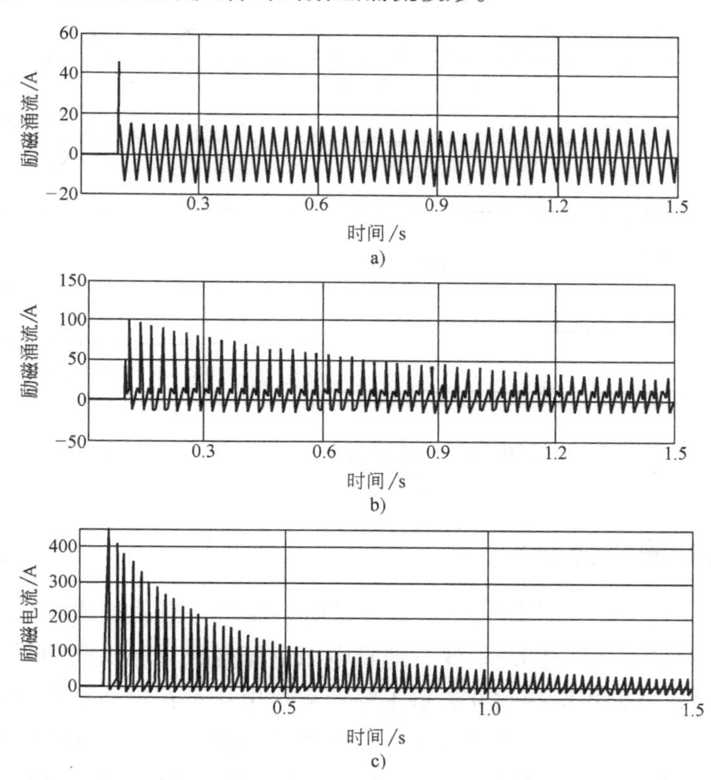


图 5-20　不同合闸相角时的变压器励磁电流波形

a) $\theta=\frac{\pi}{2}$　b) $\theta=\frac{\pi}{10}$　c) $\theta=0$

从图中可知，在最佳相位 $\theta=\pi/2$ 时关合变压器，励磁磁通只有稳态磁通，变压器不经历暂态过程直接进入稳态运行；当在 $\theta=0$ 或 $\pi$ 相位，即电压过零点关合空载电压器时，励

磁涌流的最大值为额定电流的30倍，暂态过程时间长。同时，从图5-19可知，当关合相位偏离最佳相位π/10（对应合闸时刻偏差±1ms时），变压器励磁涌流也出现较大的暂态过程。因而，采用同步关合操作关合空载变压器时，开关关合相位精度高。

现以并联电容器组关合说明同步开关的关合动作过程，如图5-21所示。图中，$t_c$为关合命令输入时刻，$t_0$为参考电压零点，$t_{closing}$为开关合闸时间，$t_p$为选择的目标关合相位（三相可以具有不同的目标关合相位），$t_m$为开关触头金属接触时刻。同步关合操作应用中，选择A相电压为参考信号。当就地或远动随机关合命令输入时，同步开关控制器在$t_c$时刻确认操作命令，并与参考电压信号的下一个零点$t_0$同步；由断路器的三相关合时间$t_{closing}$和目标关合相位$t_p$获得各相延迟合闸时间为

$$t_d = \left[\frac{1}{2f} - (t_{closing} - t_p) \bmod \frac{1}{2f}\right] - t_w + t_0 \tag{5-31}$$

式中，$t_w$为微处理器执行计算所需时间；$t_0$为电容器组不同连接方式下，三相间电压零点固有延迟时间。同步开关控制器延时$t_d$后，触发合闸线圈，开关触头在$t_m$时刻闭合，实现电压过零同步关合。同时控制器测量线路电流，获得开关实际关合时间$t_{making}$。

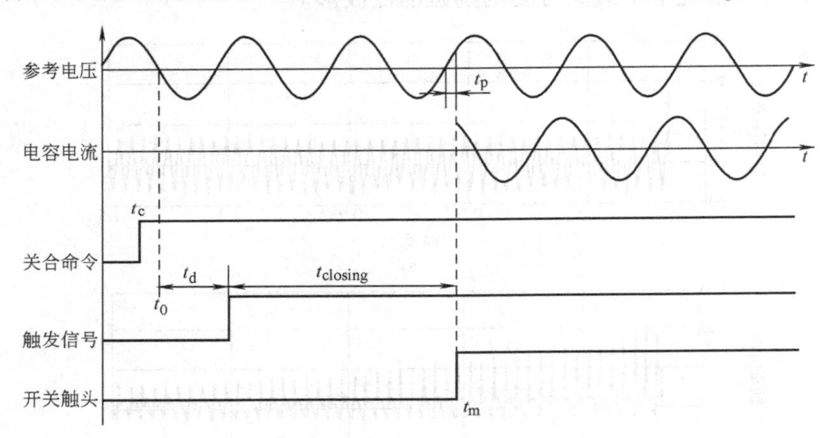


图5-21 断路器同步关合时序

## 5.4.3 断路器的同步分断

在电力系统中，开关在开断容性负荷（并联电容器组、空载长线）时，电流过零，电弧熄灭，电容上的残余电压保持$U_m$不变。随着电源电压变化，触头间隙承受相对较高的暂态恢复电压（TRV），从而可能导致开关重击穿产生过电压；在感性负载（电抗器、空载变压器和大容量电动机）切除时，由于截流在开关触头间隙产生频率很高的暂态恢复电压，导致重燃过电压。这些开关分闸操作产生的过电压可能对系统中的电力设备绝缘造成破坏。在开断容性和感性负荷时，开断电流的幅值比较小，因而采用同步分断，即控制开关触头的分闸相位，获得较长的燃弧时间$t_{arc}$，这样在电流过零、电弧熄灭时开关触头开距大，触头间隙绝缘介质强度高，因此不易出现重燃或重击穿，从而有效避免甚至消除开关切除容性负荷和感性负荷产生的过电压。同步开关开断容性负荷和感性负荷的分闸动作时序如图5-22所示。

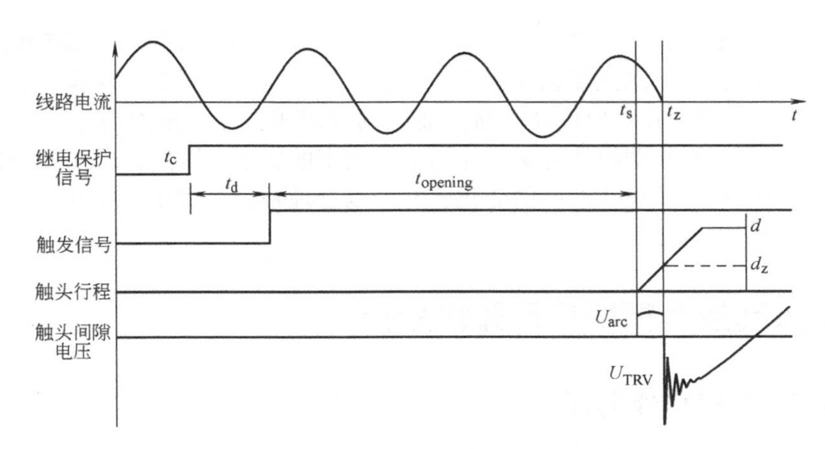


图 5-22　断路器同步分断操作时序

图中，$t_c$为外部分闸操作指令输入时刻，$t_{opening}$为电力开关分闸时间，$t_s$为开关触头分离时刻，$t_z$为电流过零、电弧熄灭时刻，开关燃弧时间 $t_{arc}=t_z-t_s$。开关同步分断容性和感性负荷时，选择 A 相电流为参考信号。同步开关控制器在时刻 $t_c$ 接收并确认就地或远动随机分闸操作指令，并与参考信号的下一个零点同步；同时由开关三相分闸时间 $t_{opening}$ 和预设燃弧时间 $t_{arc}$ 获得三相延时触发时间 $t_d$，即

$$t_d=\frac{1}{2f}-\left[t_{opening}-\left(\frac{1}{2f}-t_{arc}\right)\right]\bmod\frac{1}{2f}-t_w+t_0 \tag{5-32}$$

式中，$t_w$为微处理器执行计算所需时间；$t_0$为负荷连接方式不同时三相间的电流零点相移时间。延时 $t_d$后，控制器触发分闸线圈，开关触头在时刻 $t_s$开始分离，从而在时刻 $t_z$电弧熄灭，开关触头开距 $d$ 足够大，能够承受系统暂态恢复电压，实现可靠开断负荷。

开关同步分断最诱人的用途是解决极大故障电流的分断。对于特定的电力开关而言，总存在一个最佳燃弧区间，因而通过控制开关触头分离相位，使开断故障电流时电弧电流在经过最小燃弧时间 $t_{arcmin}$过零，从而可以有效减少开关触头烧损，延长触头的电寿命，进而可以提高电力开关的开断能力。从电寿命的角度看同步分断，由于大大降低了平均燃弧时间和峰值电弧电流，就等效于对灭弧室的机械和热力学要求的降低，对延长开关寿命和提高系统稳定性意义重大。

## 5.4.4　同步开关的技术要求

由上述开关的同步合分闸原理可知，同步关合和分断操作关键在于开关在电压或电流的合分闸相位准确度，因此同步操作技术对开关的机械特性和绝缘特性具有一定的要求：

绝缘介质强度：开关绝缘介质强度对于同步合分操作而言是最重要的开关设备的特性。对于电压过零同步关合操作，要求开关触头间隙绝缘能力上升率（Rate of Rise of Dielectric Strength，RRDS）大于 1，其中 RRDS 定义为

$$K_{RRDS}=\frac{U_{making}/t_{parc}}{\omega U_m} \tag{5-33}$$

式中，$U_{making}$为间隙预击穿电压；$t_{parc}$为开关预燃弧时间；$U_m$为投入相电压峰值。对于同步分断操作，要求开关的燃弧时间短，熄弧能力强和绝缘介质恢复强度高。

机械方面：同步操作技术对开关机械要求中最重要的是合分闸动作可靠和操作时间稳定；同时在操动机构方面要求三相独立操动，开关操动机构结构紧凑，体积小。

控制系统：根据 CIGRE 对现代高压断路器的调查表明，开关机构动作时间主要受环境温度、控制电压、开关触头磨损和开关操作历史等因素的影响。因此，同步开关控制系统应具备自适应功能以跟踪开关操作时间的变化，并加以合理补偿和修正，控制开关动作时间分散性在允许误差范围内（如±1ms）。

# 5.5 电子操动控制精度与可靠性分析

## 5.5.1 永磁机构的动作时序

为分析电子操动的控制精度，先研究其动作时序。以图 5-23 所示真空开关永磁机构为例，其中 $i$ 为电磁线圈的励磁电流；$l$ 为开关动触头的运动轨迹（$d$ 为铁心总行程）；$t_1$ 为触发电路时延；$t_s$为电磁机构开始运动时间；$t_e$为运动终了时间。我们称 $t_2=t_s-t_1$ 为机构的励磁时间或始动时间；$t_3=t_2-t_s$ 为铁心运动时间。

励磁电流可近似由下式描述：

$$\begin{cases} i = A\sin[\omega(t-t_1)] & 0 < \omega(t-t_1) \leqslant \pi/2 \\ i = A\exp\{-\beta[\omega(t-t_1)-\pi/2]\} & \omega(t-t_1) \geqslant \pi/2 \end{cases} \tag{5-34}$$

式中，$A=U/z=U/[r^2+(\omega L-1/C\omega)^2]^{1/2}$，$U$ 为电容器的充电电压；$\beta=r/L$；$\omega\approx(LC)^{-1/2}$；$L$ 为铁心位置的函数。现以关合过程为例分析动作时序，完成合闸操作总时延 $t_e$ 可以表示为

$$t_e = t_1 + t_2 + t_3 \tag{5-35}$$

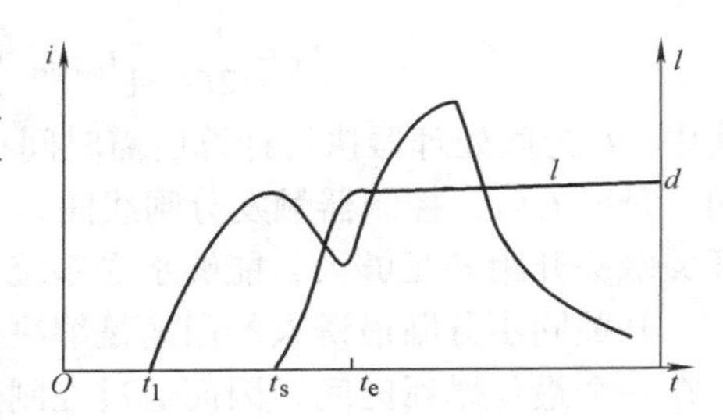

图 5-23 电子操动的机构动作时序图

对于一个控制系统而言，控制精度是第一位的。对于电子操动，很小的励磁时间滞后只要为确定值，就可以在控制参数中预置。所以人们主要关心的是动作时间的分散性，即操动精度 $\Delta t_e$ 的大小。

## 5.5.2 控制精度分析

一般电子控制回路的触发时延 $t_1<10\mu s$，可以控制其时间分散性 $\Delta t_1<1/100$。电磁铁励磁启动时间 $t_2$ 由开关的关合负载和流经电磁铁的励磁电流 $i$ 确定。真空开关的关合载荷是恒定的，因为电子操动系统的机械运动副不超过两个，可不必考虑运动副配合公差产生的时间分散性，因此，影响 $t_2$ 的负载是确定值。由式（5-18）可得 $t_2$ 与 $A$ 及 $\omega$ 相关。电路参数中，电感在铁心位置确定时是常数，变化量来自温度的变化，主要引起电路中电阻值的变化和电容值的变化。电路元件的电阻温度系数一般在 $10^{-5}$/℃数量级，而由前面的讨论可见，电阻对 $A$ 及 $\omega$ 的影响可忽略不计。

在电容方面，影响 $\Delta t_2$ 的主要是电容器的容量温度特性，可表示为

$$\Delta C/C = (C - C_0) \times 100\%/C_0 \tag{5-36}$$

$\Delta C$ 也称为 TCC，在 $10^{-6}$/℃数量级。电解电容器的 TCC 值与电介质相关，一般为 200～300，电介质一定，该值也就确定下来。显然，如要求 $10^{-3}$ 以上的控制精度，就要依靠计算

机软件或其他硬件方式进行温度补偿。由于 $R$、$C$ 的温度变化规律已知，通过附在印制电路板上的温度传感元件，应用计算机进行补偿比较容易实现。

$t_3$ 为电磁铁运动时间，$t_3 = t_e - t_s$，除了与电路参数及负载相关外，还与铁心运动阻尼相关。运动阻力在开关和电路定型后可以认为是不变的，但运动阻尼可能由温度变化引起阻尼系数的改变，形成 $\Delta t_3$。运动阻尼包括摩擦阻尼、黏滞阻尼和空气阻尼。通过合理的结构设计，可保证系统的运动阻尼系数在一定操作周期内基本不变，使 $\Delta t_3/t_3$ 小于 $10^{-3}$ 数量级。在开关动作若干次数后，公差的增加及材料的磨损，可能使阻尼系数有变，应在控制方面加以考虑定期校正，如采用自学习控制策略，动态修正阻尼参数。因此，总的动作时延可以在开关组装调试时实测存入计算机，并在软件中计入温度补偿功能。

### 5.5.3 电子操动的可靠性分析

在电力系统中工作的元器件，可靠性是前提。对于电子操动系统的具体情况，可靠性体现在能源部分是失效问题，在控制部分是电磁兼容问题，在磁系统中则是磁性能劣化的问题。

对于电子操动的能源系统，人们最关心的是储能电容器的寿命，影响寿命的主要因素是过电压、高温运行引起的介质老化。在有一定的过电压保护的情况下，长期使用中的主要问题是温升。电容器给定的热参数为最大漏电流 $I_1$、介损 $\tan\delta$ 和允许纹波电压 $U_a$。发热损耗 $P$ 可近似表示为

$$P = U_a^2 \omega C \tan\delta \tag{5-37}$$

式中，$C$ 为电容器的标称容量。

例如采用铝电解电容器，其中用 2200μF/450V 的电容器做分闸驱动；3300μF/450V 的电容器作合闸驱动。它们的典型热参数为：$\tan\delta \leqslant 0.01$；$U_a \leqslant 0.05U$，其中分闸电容器充电电压为 $U_1 = 270\text{V}$，合闸电容器的充电电压为 $U_2 = 300\text{V}$，这样由式（5-37）可估算该电容组的最大热损耗功率为

$$\begin{aligned} P &\leqslant P_1 + P_2 \\ &= (0.05 \times 270)^2 \times 314 \times 2200 \times 10^{-6} \times 0.01\text{W} + (0.05 \times 300)^2 \times 314 \times 3300 \times 10^{-6} \times 0.01\text{W} \\ &= 1.26\text{W} + 2.33\text{W} = 3.59\text{W} \end{aligned}$$

这一功耗如在设计电子器件的安装位置里加以考虑，不致造成较大的温升。

电解电容器的使用寿命对温度最敏感，一般产品给出的是上限使用温度下的工作小时数，如目前大部分铝电解电容器的寿命指标可达到 2000h/105℃。图 5-24 为铝电解电容器使用寿命与温度的关系，横坐标为环境温度，纵坐标为标称寿命的倍数 $x$。图中可见，若保证实际工作中控制纹波损耗，限制其工作温度在 50℃以下，其寿命可以提高 1~2 个数量级，即可达到 10~20 年。因此限制充电系统的纹波电压（$\leqslant 0.05U$），降低其工作温度，是保证使用寿命的关键。

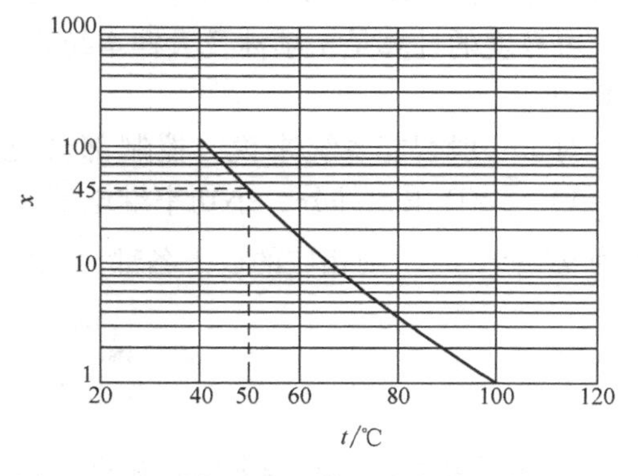


图 5-24　铝电解电容器使用寿命与温度的关系

对于永磁机构来说，永磁性材料磁性能的劣化是人们在接受永磁机构时所关注的另一个问题。其中工作条件造成的退磁劣化，如交变磁场下工作引起磁性能退化，应由工况设计解决。随时间推移的自然劣化，对于近年来开发出来的稀土钕铁硼材料而言，影响很小。图5-25为钕铁硼永磁铁经工艺处理后环境温度为120℃的退磁时间曲线，横坐标为标称寿命的倍数，纵坐标为剩余磁密的百分数。总之，永磁性材料磁性能的劣化应在出厂工艺处理方面和冗余设计方面给予解决。此外，永磁铁充磁后出厂前，根据可能遇到的情况人工退掉10%左右的剩磁，以提高磁稳定性。

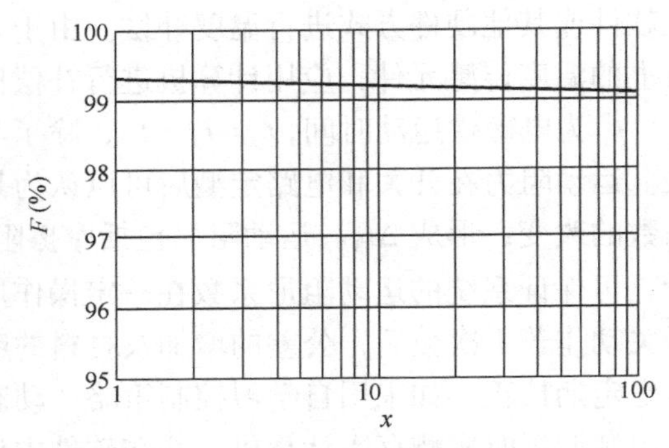

图5-25　永磁铁退磁时间曲线

电子操动的控制系统涉及的微电子器件，其工作电压和信号传递电平低，耐压水平低，外界电磁场干扰很容易使其失效或损坏，而这种情况对于传统开关电器的影响是不大的。因此，电磁兼容是电子操动系统要添加的试验项目。国际电工委员会于1990年发表了《电气与电子设备的电磁兼容性》的试验方法和标准（IEC 1000-4）。之后，在IEC-694标准《高压封闭开关设备和控制设备标准的共用技术要求》中又引用上述标准，要求相关的控制设备除满足例行试验要求外，还要进行电磁兼容试验。主要试验内容包括辐射电磁场干扰试验、振荡波干扰试验、瞬变脉冲串试验、静电放电试验等。

控制系统的电磁兼容与可靠性是除方案设计外的技术关键，人们在这一领域已做了大量工作，有很多成熟而有效的措施可以借鉴。在组成系统时，元器件的可靠性及使用寿命是至关重要的，从印制电路板的设计到元器件的选型、筛选、老化及线路的焊接工艺，都要严格按电子线路可靠性与电磁兼容的要求处理。

产品在规定条件下和规定时间内完成规定功能的概率称为产品的可靠度。设整机可靠度为$R$，各元器件可靠度为$R_i$，如把电子操动系统看作各元器件的串联，其可靠度分别满足

$$R = \prod R_i \tag{5-38}$$

式（5-38）说明，各部分元器件的可靠度要比整机可靠度高一个数量级以上。电力系统供电可靠度的要求为99.99%，则电力系统元器件在规定寿命周期内失效率不能大于万分之一。可靠度的计算是一项涉及大样本统计的工作，这里只结合常用的控制部分给出局部可靠度算例。

对于一般智能系统来说，控制部分是最重要的环节，它主要包括以下部分：单片机（接口）、A/D采集部分、小功率继电器、晶闸管触发电路、晶闸管等。因此，当要求可靠度为99.99%时，则相应的以上各部分电路的可靠度应至少为$\sqrt[5]{99.99\%} = 99.998\%$。

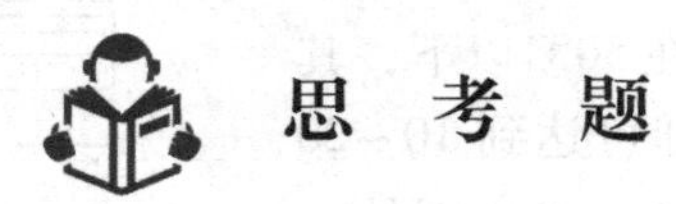

1. 简述电子操动的基本概念和意义。
2. 推导永磁机构保持力的简化公式。

3. 简述同步开关的应用领域和意义。

## 参 考 文 献

[1] 胡之光. 电机电磁场的分析与计算 [M]. 北京：机械工业出版社，1986.
[2] 钱家骊. 相位控制高压断路器的动向 [J]. 高压电器，2001，31 (1)：38-40.
[3] 苏方春，李凯. 开关设备选相分合闸技术的发展现状 [J]. 电气开关，1997 (2)：3-5.
[4] 方春恩. 基于电子操动的同步开关理论与应用研究 [D]. 大连：大连理工大学，2004.
[5] 王秀和，等. 永磁电机 [M]. 北京：中国电力出版社，2007.

# 第 6 章

# 智能电器的可靠性与电磁兼容

## 6.1 智能电器的可靠性

智能电器对系统的安全稳定运行发挥着重要的作用。同时它又是一种高度自动化的机电一体化设备，结构复杂，因此对智能电器的可靠性有很高的要求。

### 6.1.1 可靠性的一般理论

根据技术规范，产品可靠性定义为：产品在规定条件下和规定时间内完成规定功能的能力。

从这个定义可以看出，可靠性包含了五个要素：产品对象、使用条件、规定时间、规定功能和能力。

为了确切地说明产品可靠性的程度，必须做出定量刻画。由于可靠性所涉及的对象各式各样，其完成规定功能的能力往往也采用不同的特征量来描述，如可靠度、失效率和平均寿命等。

### 6.1.2 常用的可靠性指标

**1. 可靠度**

可靠度是指产品在规定条件下和规定时间内完成规定功能的概率。设有 $N$ 个产品或元件工作到 $t$ 时刻的失效数为 $n(t)$，则产品在这段时间内的可靠度为

$$R(t)=\frac{N-n(t)}{N} \tag{6-1}$$

显然有

$$R(t)=1-F(t)=1-\int_0^t f(t)\,\mathrm{d}t \tag{6-2}$$

$$\lambda(t)=\frac{f(t)}{R(t)} \tag{6-3}$$

式中，$F(t)$ 为产品失效概率，或称为不可靠度。

**2. 失效率和失效概率密度**

失效率（故障率）是产品工作到 $t$ 时刻后，在单位时间内失效的概率。设有 $N$ 个产品，工作到 $t$ 时刻时的失效产品数为 $n(t)$，若（$t$，$t+\Delta t$）时间区段内有 $\Delta n(t)$ 个产品失效，则

定义 $t$ 时刻的产品失效率为

$$\lambda(t)=\frac{\Delta n(t)}{[N-n(t)]\cdot\Delta t} \tag{6-4}$$

失效概率密度为

$$f(t)=\frac{\Delta n(t)}{N\Delta t}=\frac{\mathrm{d}n(t)}{N\mathrm{d}t} \tag{6-5}$$

**3. 平均寿命**

平均寿命是指一批产品的寿命的算术平均值。对于不可修复的产品，平均寿命是指从开始使用到发生故障的平均时间（或工作次数），记为平均无故障时间（Mean Time To Failure，MTTF）。对于可修复的产品，平均寿命是指一次故障到下一次故障的平均时间（或工作次数），记为平均无故障工作时间（Mean Time Before Fault，MTBF）。

## 6.1.3 设备常见失效模式

人们在大量使用和试验中发现，产品的失效具有多种模式。

**1. 模式一**

最常见的故障失效模式如图6-1所示。由于它在形状上类似于一个浴盆，因此又常被称为“浴盆失效模式”或“浴盆曲线”。它表示产品在投入使用初期，由于各部分的配合尚未达到良好，容易出现故障，经过一段时间的磨合后，系统各部分状态逐渐配合和谐，系统的故障率表现为一个相对稳定值。在产品寿命终了时，故障率又快速增加，此时是因为系统各部分磨损达到较大的程度，已经达到寿命期。

**2. 模式二**

第二种产品失效模式如图6-2所示。它表示产品从投入使用至寿命终了的时间内，发生故障的可能性都保持在一个相对稳定的低水平上。直到产品磨损到一定程度后，故障概率逐渐增加。

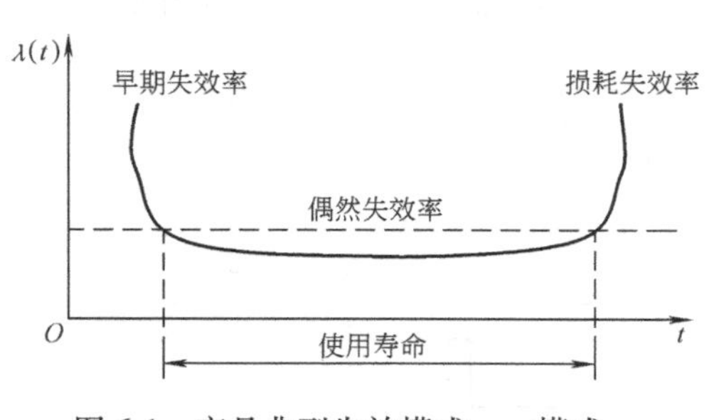


图6-1　产品典型失效模式——模式一

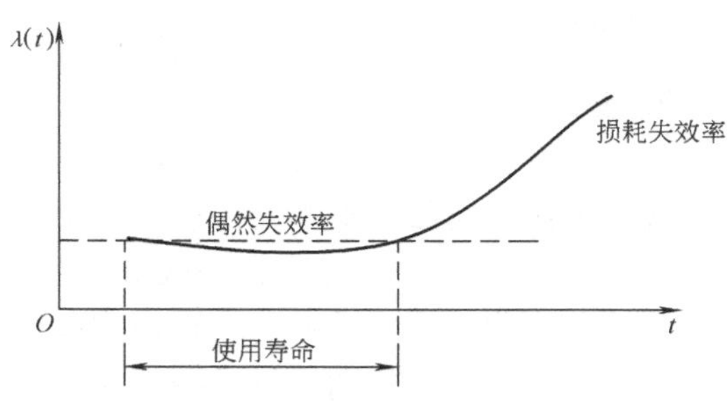


图6-2　产品典型失效模式——模式二

**3. 模式三**

第三种产品失效模式如图6-3所示。它表示产品从投入使用开始，其故障概率就随时间而线性增加，直至达到产品的寿命终了。

**4. 模式四**

第四种产品失效模式如图6-4所示。它表示产品在投入使用初期，处于一种故障概率非常低的状态，并随使用而快速增加至一稳定值，随后即长时间保持在该稳定值上，直至产品崩溃为止。

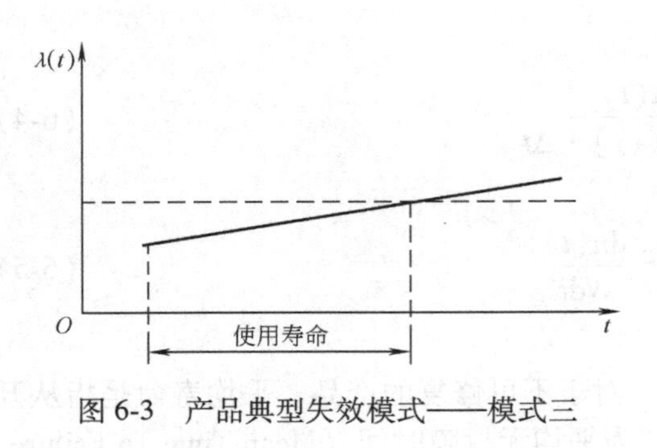


图6-3　产品典型失效模式——模式三

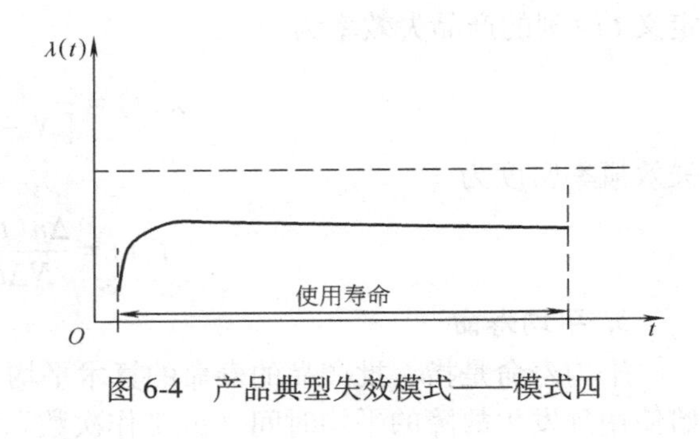


图6-4　产品典型失效模式——模式四

**5. 模式五**

第五种产品失效模式如图6-5所示。它表示该产品的故障概率基本维持为一恒定值，直到系统发生崩溃为止。

**6. 模式六**

第六种产品失效模式如图6-6所示。它表示产品投入使用之初具有比较高的故障概率，经过一段时间的使用后，产品故障概率逐渐稳定到一较低的稳定值上，直至产品崩溃为止。

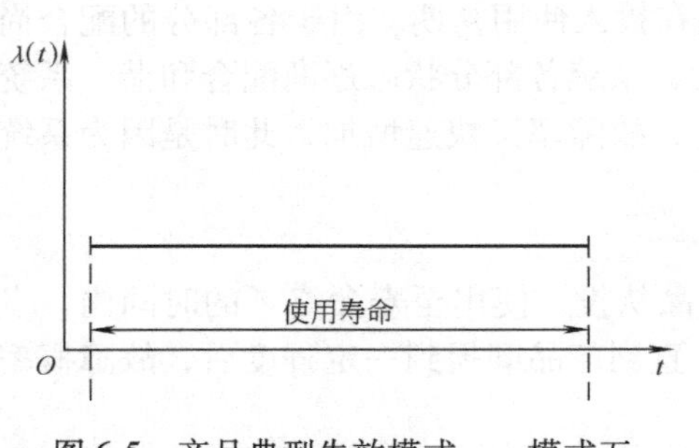


图6-5　产品典型失效模式——模式五

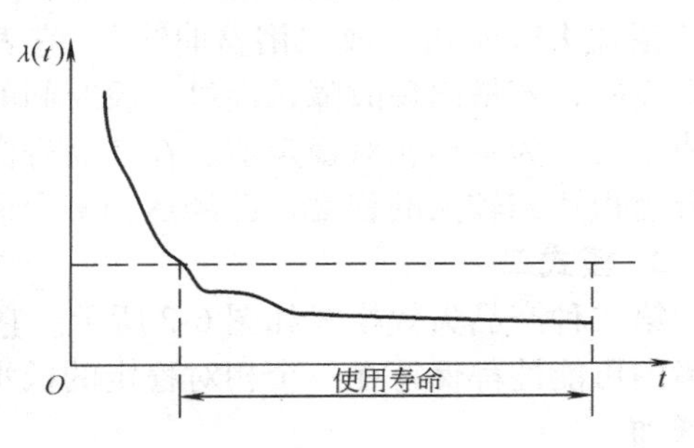


图6-6　产品典型失效模式——模式六

**7. 模式七**

第七种产品失效模式如图6-7所示。它表示产品投入使用之初故障概率在一较低水平上，经过一段时间运行后，跳变到另一较高的水平上，呈阶梯形的变化。开关设备的故障模式就比较接近这种方式。在投运初期，故障概率保持在较低的水平上。经过开断操作后，可能就会跃变到另一较高的水平上。或者经过一次检修后，由于机构调整不良，使故障概率增长到另一较高的水平上。

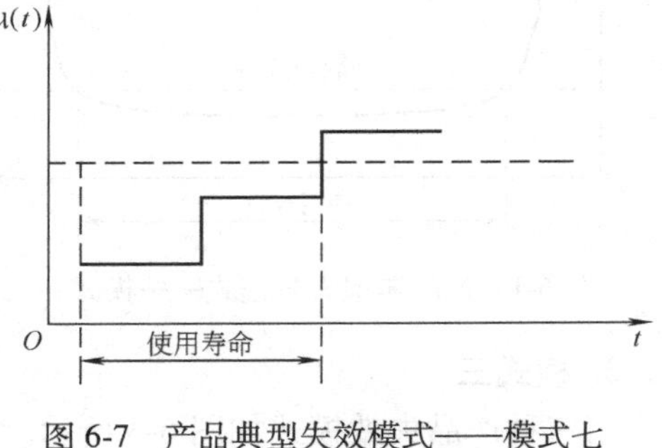


图6-7　产品典型失效模式——模式七

## 6.1.4　产品可靠性模型的建立

一个产品可以看成是由一系列部件和元件组成的系统，该系统的可靠性与各元件的可靠性、系统的组成方式等有关，可通过系统可靠性模型进行分析。

系统可靠性模型是从可靠性角度表示系统各单元、元件之间的逻辑关系的概念模型，包括可靠性结构模型和可靠性数学模型。可靠性结构模型是将系统各单元之间的可靠性逻辑关系用框图方式表达的一种模型，因此又称为可靠性框图。可靠性数学模型是对可靠性框图所表示的逻辑关系的数学描述。

典型的可靠性结构模型有串联结构、并联结构、串并联混合结构、表决及复杂结构等。

**1. 串联结构及其数学模型**

在组成系统的所有元件中，任意一个元件发生故障（失效）都将导致整个系统发生故障（失效），这种可靠性逻辑关系称为串联结构。

假设串联结构模型中有 $n$ 个相互独立的单元，每个单元的可靠度分别为 $R_i(t)$ ，$i=1$，2，…，$n$ ，则整个系统的可靠度为

$$R_s(t)=R_1(t)R_2(t)\cdots R_n(t)=\prod_{i=1}^{n}R_i(t) \tag{6-6}$$

**2. 并联结构及其数学模型**

当组成系统的所有单元都发生故障（失效）时，系统才发生故障（失效），系统中只要有一个单元在正常工作，整个系统就能正常工作，这样的系统称为并联系统。

对于一般的并联系统，假定存在 $n$ 个相互独立的并联单元，每个单元的可靠度为 $R_i(t)$ ，$i=1$，2，…，$n$ ，各单元的累积失效概率，或称各单元的不可靠度为 $F_i(t)$ ，$i=1$，2，…，$n$ ，则整个系统的累积失效概率为

$$F_s(t)=F_1(t)F_2(t)\cdots F_n(t)=\prod_{i=1}^{n}F_i(t)=\prod_{i=1}^{n}[1-R_i(t)] \tag{6-7}$$

系统的可靠度为

$$R_s(t)=1-F_s(t)=1-\prod_{i=1}^{n}F_i(t)=1-\prod_{i=1}^{n}[1-R_i(t)] \tag{6-8}$$

**3. 表决系统及其数学模型**

如果有 $m$ 个可靠度均为 $R$ 的单元组成的并联结构，其中必须有 $n$ 个单元正常工作，整个系统才能正常工作，称这种模型为（$m$，$n$）表决系统，该系统的可靠度计算方法可用二项式分布的公式计算，即：当 $m$ 个单元中有 $n$ 个单元正常工作时，系统工作正常。如果有 $n+1$，$n+2$，…，直到 $m$ 个单元工作正常，那么系统工作也一定正常，故可根据加法定律，得到整个系统的可靠度为

$$R_s=\sum_{i=n}^{m}C_m^iR^i(1-R)^{m-i} \tag{6-9}$$

其他一些复杂结构的可靠性模型可根据以上方法得到。这样，在得到了组成系统的各单元的可靠度的基础上，就可以计算得到整个系统的可靠度及其他可靠性指标参数。

### 6.1.5 产品可靠性的评估

进行系统可靠性的预测和评估有很多方法，如基于系统可靠性结构模型的估计法、图估计法、功能预计法、简单枚举归纳推理可靠性快速预计法、元器件计数可靠性预计法和元器件应力分析预计法等。其中，前面几种方法主要用于方案论证与确定阶段的粗略估计，而元

件应力分析法虽然比较准确，但是计算比较烦琐复杂。

元器件计数法是根据设备中各种元器件的数量及该种元器件的通用失效率、质量等级及设备的应用环境类别等来估算产品可靠性的一种方法，其计算设备失效率 $\lambda_{AP}$ 的数学表达式为

$$\lambda_{AP} = \sum_{i=1}^{n} N_i(\lambda_{Gi}\pi_{Qi}) \tag{6-10}$$

式中，$\lambda_{AP}$ 为设备的总失效率；$\lambda_{Gi}$ 为第 $i$ 个元器件的通用失效率；$\pi_{Qi}$ 为第 $i$ 个元器件的通用质量系数；$N_i$ 为第 $i$ 个元器件的数量；$n$ 为设备所用元器件的种类数目。

通常，采用元器件计数法对设备进行可靠性预测时，都不需要建立相应的可靠性结构模型，只是把设备中所有同类元器件的可靠性指标简单相加，因此，整个估计比较粗略。为提高计算准确度，可以将元器件计数法和可靠性结构模型结合起来。下面是一个利用元器件计数法和可靠性结构模型的结合对一控制器进行可靠性估计的例子。

控制器包含工作电源（双电源）、电流检测单元（A、B、C 三相）、电压检测单元、控制单元、驱动单元、显示单元和操作单元等功能模块。系统各单元之间的可靠性逻辑关系如图 6-8 所示。从图 6-8 可以看出，该控制器各功能模块之间的关系为串联结构，但工作电源、电压检测单元、驱动电路和操作单元等模块都采用了并联结构。此外，A、B、C 三相电流检测电路中只要有任意两相电流检测电路能正常工作，就可以判别相间短路故障，因此，A、B、C 三相电流检测电路是一个（3，2）并联结构（表决系统）模型。

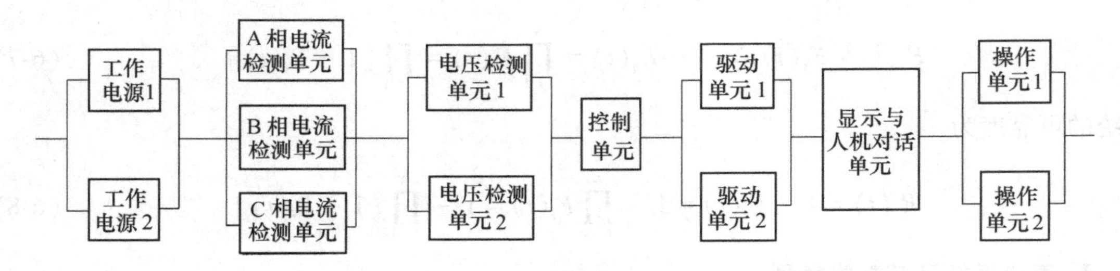


图 6-8 控制器可靠性结构模型

设该控制器使用的元器件及其失效率见表 6-1。由式（6-10）可以计算出控制器的可靠性估计结果，如表中的故障率和总故障率。

**表 6-1 控制器使用的元器件数量及其失效率计算结果**

| 单元 | 元器件名称 | 数量/只 | 通用失效率 $\lambda_G/(\times10^{-6}/h)$ | 质量系数 $\pi_Q$ | 故障率 $/(\times10^{-6}/h)$ | 总故障率 $/(\times10^{-6}/h)$ |
|---|---|---|---|---|---|---|
| 工作电源 | 功率变压器 | 1 | 0.053 | 3.0 | 0.159 | 0.159 |
| | 滤波变压器 | 1 | 0.0625 | 1.0 | 0.0625 | 0.0625 |
| | 滤波器 | 1 | 0.053 | 3.0 | 0.159 | 0.159 |
| | 整流二极管 | 4 | 0.036 | 1.5 | 0.054 | 0.216 |
| | 电解电容 | 1 | 0.23 | 1.5 | 0.345 | 0.345 |
| | 水泥电阻 | 1 | 0.014 | 1.5 | 0.021 | 0.021 |
| | 开关电源 | 1 | 0.01 | 1.0 | 0.01 | 0.01 |

（续）

| 单元 | 元器件名称 | 数量/只 | 通用失效率 $\lambda_G/(\times10^{-6}/h)$ | 质量系数 $\pi_Q$ | 故障率 $/(\times10^{-6}/h)$ | 总故障率 $/(\times10^{-6}/h)$ |
|---|---|---|---|---|---|---|
| 单相电流检测电路 | CT | 1 | 0.004 | 3.0 | 0.012 | 0.012 |
| | 二极管 | 4 | 0.036 | 1.5 | 0.054 | 0.216 |
| | 精密电阻 | 1 | 0.0031 | 3.0 | 0.0093 | 0.0093 |
| | 可调电阻 | 1 | 0.0034 | 3.0 | 0.0102 | 0.0102 |
| | 钽电解电容 | 1 | 0.026 | 3.0 | 0.078 | 0.078 |
| 单相电压检测电路 | PT | 1 | 0.004 | 3.0 | 0.012 | 0.012 |
| | 二极管 | 4 | 0.036 | 1.5 | 0.054 | 0.216 |
| | 精密电阻 | 1 | 0.0031 | 3.0 | 0.0093 | 0.0093 |
| | 可调电阻 | 1 | 0.0034 | 3.0 | 0.0102 | 0.0102 |
| | 钽电解电容 | 1 | 0.026 | 3.0 | 0.078 | 0.078 |
| 控制单元 | A/D 模块 | 1 | 0.005 | 1.0 | 0.005 | 0.005 |
| | PLC | 1 | 0.005 | 1.0 | 0.005 | 0.005 |
| 驱动电路 | 继电器 | 2 | 0.14 | 1.5 | 0.21 | 0.42 |
| | 电解电容 | 1 | 0.13 | 1.5 | 0.195 | 0.195 |
| | 二极管 | 3 | 0.036 | 1.5 | 0.054 | 0.162 |
| | 水泥电阻 | 1 | 0.014 | 1.5 | 0.021 | 0.021 |
| 显示单元 | TD200 模块 | 1 | 0.005 | 1.0 | 0.005 | 0.005 |
| 操作单元 | 拨动开关 | 1 | 0.011 | 3.0 | 0.033 | 0.033 |
| | 按钮开关 | 5 | 0.011 | 3.0 | 0.033 | 0.165 |
| 总故障率 | | | | | | 5.618 |

由表6-1的计算结果，结合图6-8的可靠性结构模型，可以计算各单元的可靠度，计算结果见表6-2。

**表6-2　各单元可靠度的计算结果**

| 单元 | 工作电源 | 电流检测单元 | 电压检测单元 | 控制单元 | 驱动电路 | 显示单元 | 操作单元 |
|---|---|---|---|---|---|---|---|
| 可靠度 | 0.993423 | 0.997674 | 0.99210 | 0.99124 | 0.993149 | 0.999561 | 0.999704 |

根据以上计算结果，得出控制器的整体可靠度为 $R_s = 0.981627$，平均工作寿命为177999.29h。

# 6.2　智能电器的电磁兼容

## 6.2.1　概述

智能电器是传统电器与计算机技术、数据处理技术、控制理论、传感器技术、网络通信技术、电力电子技术等相结合的产物。智能电器从本质上说是一种机电一体化设备，是一个

“弱电”（信息流）和“强电”（能量流）相混合的系统。由于“强电”和“弱电”、一次和二次共居一体，使其电磁兼容性成为系统设计、制造、调试中需要考虑的重要问题。实际上，如果不能很好地解决电磁兼容问题，就不能保证智能电器的可靠工作。

根据国家标准 GB/T 17626.1—2006（与国际标准 IEC801-1 等效）电磁兼容（Electro-Magnetic Compatibility，EMC）的定义是：装置能在规定的电磁环境中正常工作而不对该环境或其他设备造成不允许的扰动的能力。它包括两方面的含义：①设备或系统应具有抵抗给定的外部电磁干扰的能力，并且有一定的安全余量，即它不会因为受到处于同一电磁环境中的其他设备或系统产生的电磁场或发射的电磁辐射所干扰而产生不允许的工作性能降低；②设备或系统不产生超过规定限度的电磁干扰，即它不会产生使处于同一电磁环境中的其他设备或系统出现超过规定限度的工作性能降级的电磁干扰。简而言之，就是设备对象具有对外部一定强度的电磁干扰足够强的抵抗能力，同时不会产生超出所关心的其他设备承受能力的对外电磁干扰。

因此，对智能电器来说，电磁兼容设计的任务就是采取适当的措施保证系统中的“信号”不会因干扰而“淹没”。这就有赖于对发生在智能电器中的干扰源的类型和性质、干扰传播的途径和耦合方式、接收装置的敏感性等进行分析，采取综合的措施，使整个智能电器系统的信息流传输和能量流传输之间处于相互协调的状态。

### 6.2.2 智能电器的电磁干扰源

电力系统本身是一个强大的电磁干扰源，在正常和异常状态下都会产生多种形式的电磁干扰。例如开关操作、短路故障等产生的电磁暂态过程，高电压、大电流设备周围的电场和磁场，射频电磁辐射，雷电，人体与物体的静电放电，供电网的电压波动、电压突降和中断，电力系统谐波，电子设备的噪声等。智能电器的电子控制部分与开关本体的安装紧凑，弱电部分直接处于强电系统形成的电磁场中，从而使电磁兼容问题显得更为突出。

智能电器受到的电磁干扰主要有以下几种。

**1. 雷击干扰**

雷击引起的干扰侵入智能电器的二次控制设备的途径有三条：一是直击，瞬时注入大电流，通过布线传播，形成干扰；二是雷击其他设备，引起地电位升高，然后反击进入二次控制系统；三是击中二次设备附近的其他元器件，在二次系统周围造成剧烈的磁通变化，通过电磁耦合，在二次系统中形成干扰。

**2. 开关设备动作时的干扰**

系统中的开关设备在切换感性负荷时，可能产生过电压，在切换容性负荷时，可能产生幅度很高的高频电流振荡。这些高能脉冲会借助线间耦合和接地耦合的方式串入二次系统中，影响二次系统的正常工作。

**3. 电弧放电引起的高频电磁辐射**

智能电器中的开关设备在带负荷合分时，触头间会形成电弧，电弧燃烧过程中，会向外辐射电磁波，通过连接导线、机壳和屏蔽层之间的分布电容耦合进入二次系统。

**4. 静电放电干扰**

静电带电体（如操作人员和其他物体）可以对二次控制系统产生直接放电干扰。静电带电体形成的高阻电场通过静电放电耦合会形成对系统的干扰。这种静电放电的持续时间短，脉冲功率密度高，严重时会烧毁二次控制系统中的弱电器件。

**5. 控制系统中开关电源的干扰**

开关电源具有体积小、重量轻、效率高和电压稳定、工作范围宽的特点，被广泛地应用于智能电器的测控单元中。由于开关电源中的功率晶闸管工作频率在20kHz以上，且边沿陡峭，$du/dt$ 和 $di/dt$ 变化剧烈，因此它是一个很强的噪声源，很容易干扰其他电子线路。

## 6.2.3 智能电器中的电磁耦合方式

电磁干扰传输有两种方式：一种是传导传输方式，另一种是辐射传输方式。因此从被干扰的敏感对象（敏感器）角度来看，干扰的耦合可分为传导耦合和辐射耦合两类。

传导传输必须在干扰源和受扰对象之间有完整的电路连接，干扰信号沿着这个连接电路传递到敏感器，发生干扰现象。这个传输电路可包括导线、设备的导电构件、供电电源、公共阻抗、接地平面、电阻、电感、电容和互感元件等。

辐射传输是干扰信号通过介质以电磁波的形式传播，干扰能量按电磁场的规律向周围空间发射。常见的辐射耦合有三种：①A 天线发射的电磁波被 B 天线意外接收，称为天线对天线耦合；②空间电磁场经导线感应而耦合，称为场对线耦合；③两根平行导线之间的高频信号感应，称为线对线感应耦合。

**1. 传导耦合**

传导耦合按其原理可分为三种基本的耦合性质：电阻性耦合、电感性耦合和电容性耦合。在实际情况中，它们往往是同时存在、互相联系的。

（1）电阻性耦合　电阻性耦合是最常见、最简单的传导耦合方式。例如两个电路的连接导线、设备和设备之间的信号连线、电源和负载之间的电源线等。它们除了正常传递控制信号和供电电流之外，还通过导线传送干扰信号。如晶闸管调速装置中较严重的高频干扰通过导线传输给电动机，使电枢发热；各种按键开关操作时因触头抖动引起的瞬态干扰会沿控制线传导到被控制电路；印制电路板受潮后引起线间绝缘强度降低易发生漏电干扰等，这些都是纯阻性的耦合。

图6-9为电阻性传导耦合的典型电路，干扰源通过导线的电阻 $R_t$ 直接耦合到接收器上。设 $U_s$ 为干扰电压，$R_s$ 为干扰源内阻，则接收器上电压为

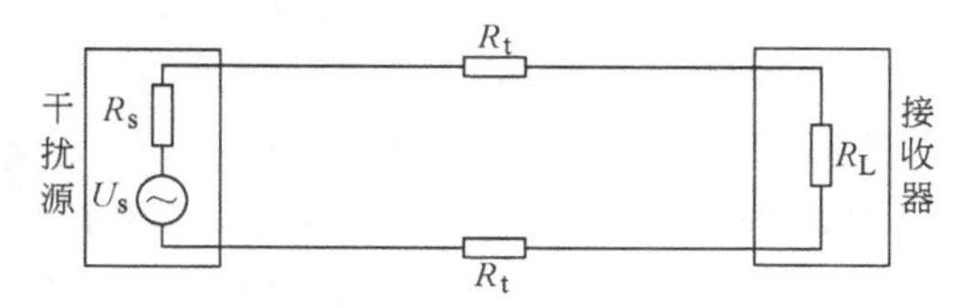

图6-9　电阻性传导耦合电路

$$U=\frac{R_L}{R_s+2R_t+R_L}U_s \tag{6-11}$$

（2）电容性耦合　两个电路中的导体，当它们靠得比较近且存在电位差的时候，一个电路中导体的电场就会对另一个电路中的导体产生感应，反之亦然。两者相互作用、相互影响，使它们的电场发生变化，这种交链称为电场耦合。这种耦合可以借助分布电容来描述。

图6-10表示电路A和电路B通过两根导线间电容 $C_t$ 引起电容性耦合的情况。电路A中有干扰电压 $U_s$，被称为干扰源电路。电路B为接收电路。通过图6-10b的等效电路计算可以得到传导耦合到接收电路的电压 $U_C$ 为

$$U_C=\frac{R_L}{R_L-jx_C}U_s \tag{6-12}$$

式中，$R_L = R_{L1} // R_{L2}$；$x_C = \dfrac{1}{\omega C_t} = \dfrac{1}{2\pi f C_t}$。

一般导体间的耦合电容 $C_t$ 都很小，有 $2\pi f C_t R_L \ll 1$，可以认为，$U_C$ 正比于 $fC_tR_L$，因此干扰源频率 $f$ 越高，电容耦合越明显，同时表明接收电路的阻抗 $R_L$ 越高，产生电容耦合越大；$C_t$ 越小，干扰耦合就越小。

在射频电路，多根导线的电缆中，一根导线上的干扰可以耦合传输到其他所有的导线上。因此，高频信号线都要加以屏蔽。

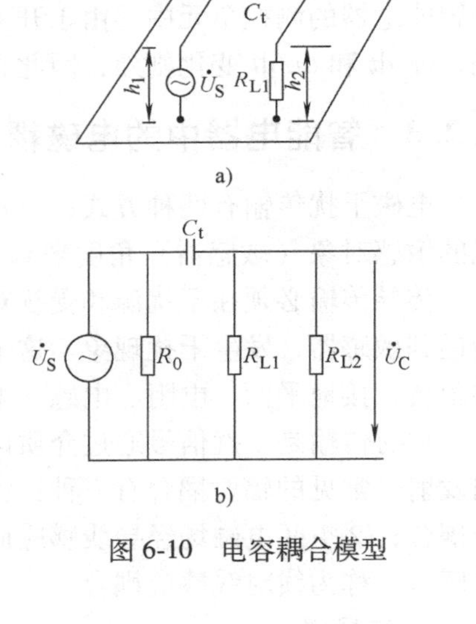


图 6-10 电容耦合模型

（3）电感性耦合 电感性耦合比较容易察觉，当一个回路中流过变化电流时，在它周围的空间就会产生变化的磁场，这个变化磁场又在相邻回路中产生感应电压，这样就把一个干扰电压耦合到接收电路中去了。图 6-11a 为产生电感耦合的两个电路，图 6-11b 为描述电感性耦合的等效电路，根据电磁感应原理得到接收电路中的感应电压为

$$U_N = M\frac{dI_1}{dt} \tag{6-13}$$

如果 $I_1$ 是正弦交流电流，则有

$$U_N = j\omega M I_1 \tag{6-14}$$

式中，$I_1$ 为干扰源回路中电流；$\omega$ 为干扰电流的角频率；$M$ 为两个回路之间的互感。

应该看到，在干扰源电压一定的情况下，干扰回路阻抗 $R_1$ 越小，干扰电流 $I_1$ 就大，磁场也大，于是电感耦合越强。因此电感耦合也称磁场耦合。

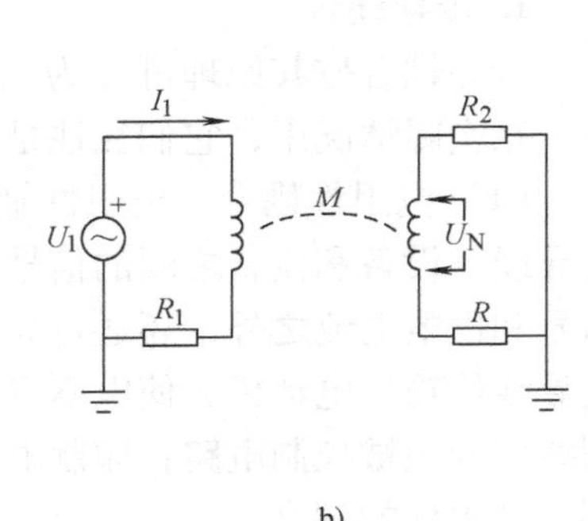


图 6-11 电感性耦合电路

实际上各种耦合途径是同时存在的，当耦合程度较小且只考虑线性电路分量时，电容耦合（电耦合）和电感耦合（磁耦合）的电压可以分开计算，然后再找出其综合干扰效应。

由前面的分析可知，电容性耦合与电感性耦合的干扰有两点差别：首先，电感耦合干扰电压是串联于受害回路上，而电容耦合干扰电压是并联于受害回路上；其次，对于电感性耦合干扰，可用降低受害电路的负载阻抗来改善干扰情况，而对于电容性耦合，其干扰情况与电路负载无关。根据第一点差别不难看出，在靠近干扰源的近端和远端，电容耦合的电流方向相同，而电感耦合的电流方向相反。图 6-12a 给出电容耦合和电感耦合同时存在的示意图。设在 $R_{2G}$ 及 $R_{2L}$ 上的电容耦合电流分别为 $I_{C1}$ 及 $I_{C2}$，而电感耦合电流分别为 $I_{L1}$ 及 $I_{L2}$，显然 $I_{L1} = -I_{L2} = I_L$，因此，在靠近干扰源近端 $R_{2G}$ 上的耦合干扰电压为

$$\dot{U}_{2G} = (\dot{I}_{C1} + \dot{I}_L)R_{2G} \tag{6-15}$$

远端负载 $R_{2L}$ 上的耦合干扰电压为

$$\dot{U}_{2L} = (\dot{I}_{C2} - \dot{I}_L)R_{2L} \tag{6-16}$$

由上面公式可见，对于靠近干扰源端（近端），电容性耦合电压与电感性耦合电压相叠加；而对于靠近负载端，或者远离干扰源端，总干扰电压等于电容性耦合电压减去电感性耦合电压。

图6-12b为图6-12a的等效电路，由上面的分析可以求得，在靠近干扰源端（近端）的干扰电压为

$$\begin{aligned}\dot{U}_{2G} &= \dot{U}_{(\text{电容性耦合})} + \dot{U}_{(\text{电感性耦合})} \\ &= \dot{U}_0\left(\frac{R_1}{R_1+R_0}\frac{R_2}{R_2+X_C}\right) + \dot{U}_0\left(\frac{j\omega M}{R_1+R_0}\frac{R_{2G}}{R_{2G}+R_{2L}}\right)\end{aligned} \tag{6-17}$$

靠近负载端（远端）的干扰电压为

$$\begin{aligned}\dot{U}_{2G} &= \dot{U}_{(\text{电容性耦合})} - \dot{U}_{(\text{电感性耦合})} \\ &= \dot{U}_0\left[\frac{R_1}{R_1+R_0}\frac{R_2}{R_2+X_C}\right] - \dot{U}_0\left[\frac{j\omega M}{R_1+R_0}\frac{R_{2G}}{R_{2G}+R_{2L}}\right]\end{aligned} \tag{6-18}$$

式中，$X_C = \dfrac{1}{j\omega C}$；$R_2 = \dfrac{R_{2L}R_{2G}}{R_{2L}+R_{2G}}$。

当频率较高、导线长度等于或大于1/4波长时，不能用集中阻抗的方法来处理分布参数阻抗，需要用分布参数电路理论，求解线上的电流波与电压波来计算线间的干扰耦合。

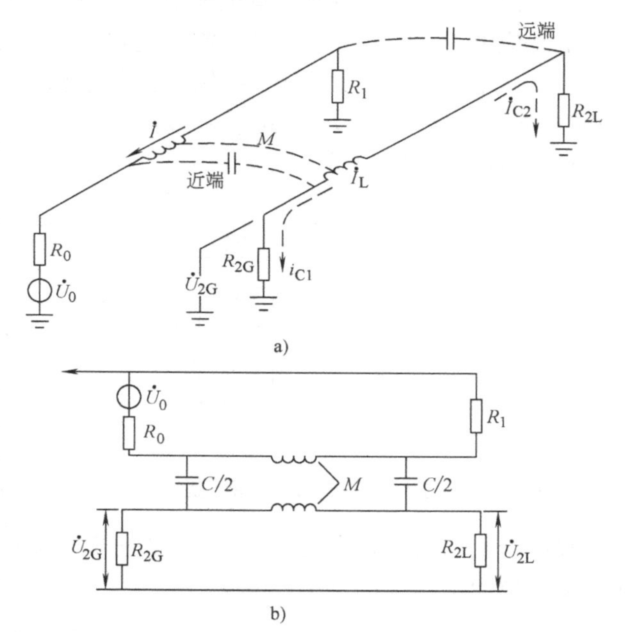


图6-12　电容性耦合与电感性耦合的综合影响

**2. 辐射耦合**

干扰源以电磁辐射的形式向空间发射电磁波，把干扰能量隐藏在电磁场中，使处于近场区和远场区的接收电路存在着被干扰的威胁。实际的辐射干扰大多数是通过电缆导线感应，然后沿导线进入接收电路的，也有一部分是通过电路的连接回路感应形成干扰的，还有通过接收机的天线感应进入接收电路的。因此辐射干扰通常存在三种主要耦合途径：天线耦合、导线感应耦合和闭合回路耦合。

（1）天线耦合　天线耦合就是通过天线接收电磁波。对于有意接收无线电信号的接收机（如收音机、手机及其他无线网络设备等）都是通过天线耦合方式获得所需的电信号的。

接收机天线一般按照不同的性能要求和用途，采用金属导体做成特定的形状，如杆状、环状、鱼网状等。当电磁波传播到它的表面时，由于电磁波的电场和磁场的高频振荡，在导体中引起电磁感应产生感应电流，经过馈线进入接收电路。由此可知，天线耦合实质上就是电磁波在导体中的感应效应。

天线是一种经过精心设计的具有高灵敏度的导体结构，因此具有很好的接收效果。然而在电子设备和系统中还存在着无意的天线耦合，例如高灵敏放大器晶体管的基极管脚虚焊，

悬空的基极管脚即成为一根天线，它可以接收电磁信号。又例如修理收音机时，若用旋具触及高频接收电路，喇叭里就会发出“咯咯”声，甚至产生连续的声响。这是由于旋具相当于一根天线，由其耦合作用而引起声响。因此在电磁兼容设计中对于无意的天线耦合必须给予足够的重视，因为这种耦合“天线”往往很难被发现，然而它却给高灵敏度电子设备和通信设备带来许多电磁干扰的麻烦。

（2）场对导线的感应耦合　一般设备的电缆线是由信号回路的连接线以及电源回路的供电线、地线捆绑在一起构成的，其中每一根导线都由输入端阻抗和输出端阻抗以及返回线构成一个回路，因此设备电缆线是设备内部电路暴露在机箱外面的部分，它们最容易受到干扰源辐射场的耦合而感应出干扰电压（或电流），沿导线进入设备形成辐射干扰，如图6-13所示。

在导线比较短、电磁波频率较低的情况下，可以把图6-13中导线和阻抗构成的回路看作理想的闭合环路，电磁场通过闭合环路引起的干扰属于闭合回路耦合。

对于两个设备离得较远、电缆线很长且辐射电磁场频率较高的情况（例如$l>\lambda/4$），导线上的感应电压不能看成均匀的，需要把它等效成许多分布的电压源。

（3）闭合回路耦合　图6-14为按正弦变化的电磁场在闭合回路中的感应耦合。图中，$\boldsymbol{v}$表示电磁波传播方向，$\boldsymbol{E}_x$为电场强度分量，$\boldsymbol{H}_y$为磁场强度分量，$\boldsymbol{E}_x$和$\boldsymbol{H}_y$互相垂直。$\boldsymbol{v}$、$\boldsymbol{E}_x$、$\boldsymbol{H}_y$三者成右螺旋关系。

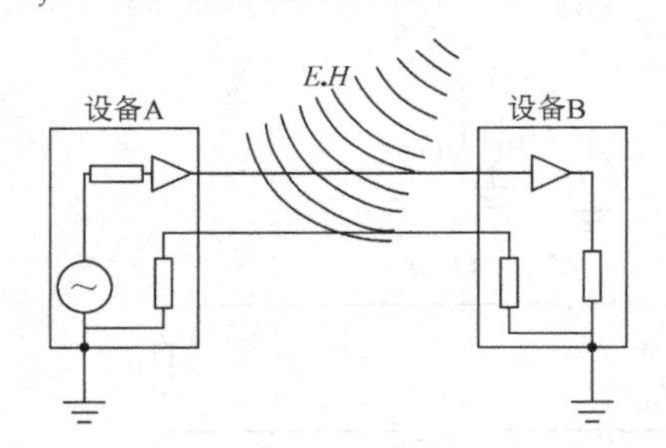

图6-13　电磁辐射对导线回路干扰

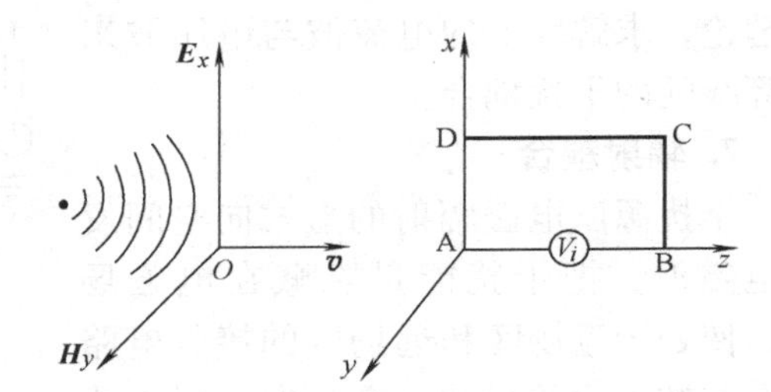

图6-14　电磁场对闭合回路的耦合示意图

设闭合回路长为$l$，高为$h$，电磁波的频率为$f$，根据电磁感应定律，闭合环路$ABCDA$中产生的感应电压等于

$$U=\oint \boldsymbol{E}\cdot \mathrm{d}\boldsymbol{l} \tag{6-19}$$

对于近场情况，由于$E$和$H$的大小与场源性质有关。当场源为电流元（电偶极子）时，电场强度$E$大于磁场强度$H$，近场区以电场为主，闭合回路耦合称为电场感应。当场源为电流环（磁偶极子）时，磁场强度$H$大于电场强度$E$，近场区以磁场为主，闭合回路对磁场的耦合称为磁场感应。

对于远场情况，电磁场可以看成平面电磁波，电场强度$E$和磁场强度$H$的比值处处相等，可以通过电场$\boldsymbol{E}$沿闭合路径积分得到感应电压，也可以通过磁场$\boldsymbol{H}$对闭合回路的面积积分得到感应电压。

## 6.2.4 智能电器中的电磁干扰抑制措施

从上述对电磁干扰基本原理的介绍可知，提高智能电器电磁兼容水平可以从三方面着手：降低干扰源的电磁辐射水平；切断干扰的传输和耦合途径；降低接收元器件的敏感性。具体的抗干扰措施设计可以从硬件和软件两方面入手来实施。

**1. 硬件抗干扰设计**

（1）消除电源噪声

1）交流隔离变压器和滤波。断路器在切换大容量负载时，会造成交流电网瞬时欠电压、过载和产生尖峰、浪涌干扰，所以在智能电器的控制设备中应采用隔离变压器，使串入电网的噪声经滤波电容在机架接地处引入大地，从而抑制高频干扰。隔离变压器的二次侧连接线要采用双绞线，以减少电源线之间的干扰。

2）直流稳压电源的选用和滤波。直流供电电压会随交流电压、负载电流、环境温度、元器件老化等因素而变化，引起电源发生脉冲波动，出现噪声。应优先选用开关电源，使其容量和稳定度在保证二次控制设备可靠工作的基础上有一定余量。此外，对印制电路板上耗电量大的集成电路芯片，如 CPU、RAM、ROM 等，在其电源和地线之间加接芯片高频滤波电容，使得芯片瞬间通断所需的的尖峰电流，可以从它自己的高频滤波电容上获得，避免引起电源干扰。

3）分离供电系统。在进行智能电器设计时，应将开关电器的分/合闸电路、驱动电路、I/O 通道的模拟、数字电路分别供电，这有助于抗电网干扰。

（2）接地技术　接地是抑制电磁干扰的主要措施。接地技术应遵循的基本原则是：数字地、模拟地、电源地、屏蔽地应分别接地，避免混用。要尽量使接地电路自成回路，减少电路与地线之间的电流耦合。合理布置地线使电流局限在尽可能小的范围内，并根据地电流的大小和频率设计相应宽度的印制电路和接地方式。

（3）合理的系统布局　一般地说，按系统的各部分功能而将其分成相应的功能模块，如电源模块、CPU 控制模块、输入/输出模块等。如果机箱内布置不合理，则各功能模块之间容易形成较大的串扰。如果两个模块的输入、输出口相距太远，会增加两者的电缆连接线，从而引入较大的共模干扰。

妥善考虑每一个元器件的位置和布线，通过合理布局可以尽可能地降低传输通道间的干扰耦合。遵循的基本原则是：把相互有关的元器件尽量布置在一起，发热大的器件置于印制电路板的顶部，输入/输出接口电路置于印制电路板边沿靠插头处，开关及模拟电路采样部分置于最外层，电感部件要尽可能远离可能引起干扰的元器件，易产生电磁干扰的元器件、大功率器件应远离数字逻辑电路。

（4）传输线技术　传输线包括屏蔽线、双绞线、扁平电缆和同轴电缆等，正确地使用传输线可以有效地减少干扰。

1）传输线阻抗匹配。印制电路板设计中，当信号线长度大于 0.3m 时，可视为长线传输。当用长线从一个印制电路板到另一个印制电路板或其他外部设备传输时，应采用阻抗匹配方法，能起到改善波形、减少或消除长线传输对信号的反射等作用。

2）外部配线抗干扰措施。距离小于 30m 时，直流输入/输出信号与交流输入/输出信号应分别使用各自的电缆；距离在 30~300m 时，除上述要求外，输入信号要用屏蔽线；距离大于 300m 时，应用中间继电器转换信号，或用 I/O 远程通道。

**2. 软件抗干扰设计**

（1）软件陷阱法　由于干扰会破坏程序寄存器内容，导致程序跑飞或系统锁死。在软件设计中，通常在各子程序之间、各功能模块之间所有空白处，都写上连续3个空操作指令，后接一无条件转移指令，一旦程序跑飞到这些区域，就会自动返回执行正常程序。

（2）数据和程序的冗余设计　在EPROM的空白区域，写入一些重要的数据表和程序作为备份，以便系统程序被破坏时仍有备份参数和程序维持系统正常工作。

（3）软件滤波　在数据采集时，采用去最大值、最小值后取平均值算法、加权算法等数字滤波方法，用以消除因干扰引起的数据差错。另外，在信号宽度远远大于干扰脉冲宽度时，采用宽度判别法去掉干扰；对于数字开关信号可以采用判别法剔除干扰信号；对于变化很缓慢的信号，采用幅度判别法判断信号是真实信号还是干扰。这些方法的使用，可以很好地排除干扰信号的影响。

（4）软件和硬件程序运行监视器（Watch dog）　在程序中的适当位置设置状态标志，当程序运行到这些标志处时即进行判断，看这些标志是否正常，若不正常就转事故处理程序，这就是所谓“软件看门狗”。同时，也可以采用硬件看门狗，它独立于单片机，作为系统的最后一道防线。当干扰侵入CPU，其他软件抗干扰措施无能为力时，系统将瘫痪，此时硬件看门狗将使系统复位，恢复正常工作。

## 6.3 智能电器的电磁兼容试验和标准

### 6.3.1 概述

随着电力系统电压等级的提高，智能电器处于十分恶劣的电磁环境中。同时，智能电器正在向高频、高速、高灵敏度、高集成度和高安装密度方向发展，对外界的电磁干扰愈加敏感。为了保证智能电器的可靠运行，在其投入运行前必须进行电磁兼容试验。

根据国际电工委员会（IEC）的规定，所谓电磁兼容试验就是设备在进入现场之前经受再现和模拟其工作环境可能遇到的电磁干扰以及它在工作中产生的电磁兼容发射（包括辐射的发射和传导的发射）的各种试验。电磁兼容试验一般包括电磁敏感度试验和电磁抗扰度试验两方面内容。

1）电磁敏感度试验：在规定的条件下，对电力或电子设备发出的有害电磁干扰进行测量，确定其是否超过了规定的限值的试验。电磁敏感度试验主要是测量电磁干扰辐射水平，一般分不同频段进行测量和评价。

2）电磁抗扰度试验：各类生产设备运行所产生的电磁干扰，使工作过程的测量和控制设备处于严酷的电磁环境中。为了保证装置和系统的可靠性，这些装置、系统必须经受在工作场所可能遇到的各种电磁干扰的试验。

电磁抗扰度试验实际上是设备对电磁干扰耐受能力的考核。为了保证考核的全面性和准确性，标准规定了八种类型的电磁干扰。用户可以对全部干扰类型进行试验，也可以根据设备使用的电磁环境选择部分干扰类型进行试验。

### 6.3.2 电磁兼容抗扰度试验

智能电器是“弱电”（信息流）和“强电”（能量流）高度结合的系统，处于强电流和高压电磁场中。为保证电网的正常、稳定运行，电力系统主要考核智能电器抗电磁干扰的能力，其电磁兼容试验主要为电磁抗扰度试验。

电磁抗扰度试验的目的是检验连接到供电网络、控制和通信网络中的电气、电子设备对传导干扰、辐射干扰的承受能力。根据 IEC 61000-4（试验和测量技术）标准，我国制定了电磁抗扰度试验标准 GB/T 17626 系列，主要包括以下几个方面的内容：

**1. 静电放电抗扰度试验**

试验原理：用于检验智能电器设备抗静电干扰的能力，如图 6-15 所示。主要模拟以下两种情况：①设备操作人员直接触摸设备时对设备的静电放电，以及放电对设备工作的影响；②设备操作人员在触摸邻近其他设备产生静电时，对这台设备的影响。因此，静电放电抗扰度试验有直接放电和间接放电两种放电方式。

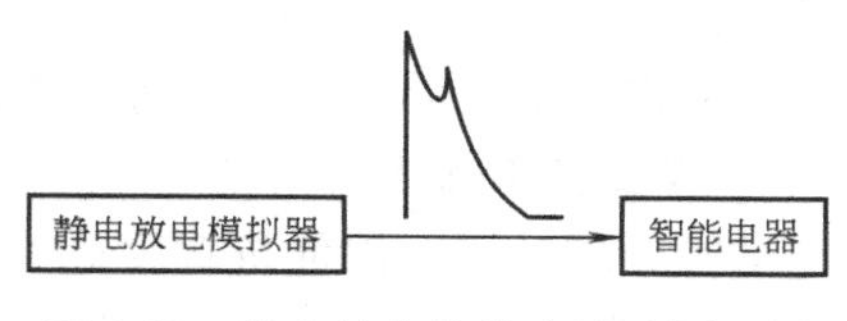


图 6-15　静电放电抗扰度试验原理图

试验设备：放电枪，水平和垂直耦合板，试验台。

试验内容：智能电器设备在试验时处于正常工作状态，采用直接放电方式时，用放电枪在其表面进行放电。原则上，凡可以用直接接触放电的地方一律用直接接触放电，否则采用气隙放电。采用间接放电方式时，用放电枪对智能电器附近的金属板放电。

**2. 射频辐射电磁场抗扰度试验**

试验原理：检验被测试的智能电器设备的抗辐射干扰能力，如图 6-16 所示。主要模拟个人移动电话和电力系统中的辐射源产生的电磁干扰对智能电器设备的影响。

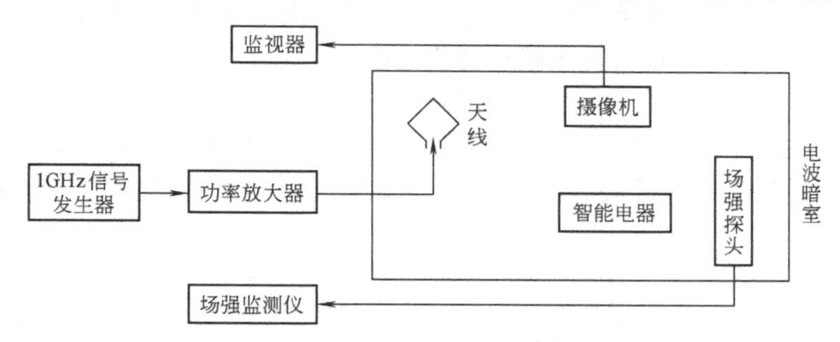


图 6-16　射频辐射电磁场抗扰度试验原理图

试验设备：电波暗室、射频信号发生器、功率放大器、天线、一个能监视水平和垂直极化的场强探头和一台场强测试仪。

试验内容：在电波暗室中，信号发生器输出的射频信号经功率放大器放大到需要的等级后，通过天线建立电磁场，同时观察设备运行状态判断是否能够正常工作。

**3. 电快速瞬变脉冲群抗扰度试验**

试验原理：电快速瞬变脉冲群抗扰度试验是模拟电力系统中开关操作对电感性负载切换时所引起的电磁干扰，如图 6-17 所示。这种干扰的特点是，脉冲成群出现，脉冲重复频率高，脉冲波形的上升时间短，单个脉冲的能量较小，一般不会造成设备损坏，但经常使设备产生误动作。

试验设备：电快速瞬变脉冲群发生器，耦合/去耦网络，电磁耦合夹和参考接地板。

试验内容：将电快速瞬变脉冲群发生器输出的由许多快速瞬变脉冲组成的脉冲群耦合到

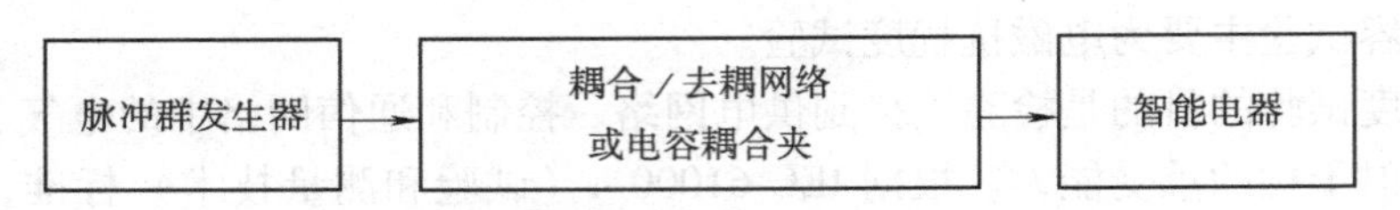


图 6-17 电快速瞬变脉冲群抗扰度试验原理图

智能电器设备的电源端口、信号和控制端口，检验其是否正常工作。

**4. 雷击浪涌抗扰度试验**

试验原理：雷击浪涌抗扰度试验是模拟在智能电器设备的电源线、输入/输出线、通信线遭受高能量脉冲干扰时，检验智能电器设备抗浪涌干扰能力的试验，如图 6-18 所示。电源线与信号线的阻抗明显不同（电源线的阻抗低，信号线的阻抗高），因此在电源线和信号线上感应出来的雷击浪涌波形也明显不同。标准规定了两种不同的雷击浪涌波形，一种是雷击在电源线上感应产生的波形，另一种是在通信线路上感应产生的波形。

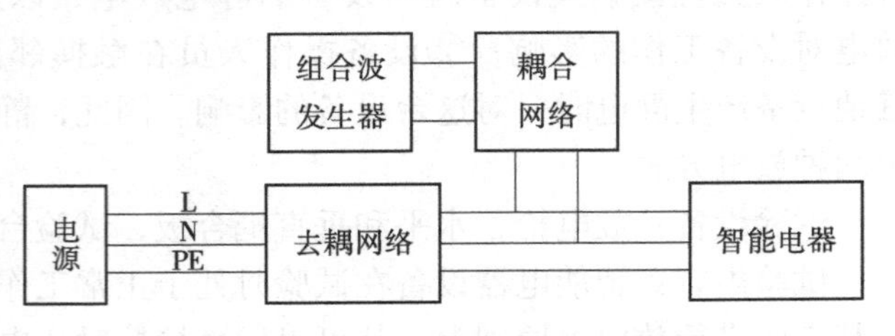


图 6-18 雷击浪涌抗扰度试验原理图

试验设备：组合波发生器，10/700μs 浪涌波发生器和耦合/去耦网络。

试验内容：分别用组合波发生器和 10/700μs 浪涌波发生器经耦合/去耦网络对智能电器设备的电源线和通信线施加浪涌干扰，检验该干扰是否损坏智能电器设备。

**5. 由射频场感应所引起的传导干扰抗扰度试验**

试验原理：传导干扰抗扰度试验与射频场辐射抗扰度试验相互补充，形成 150kHz～1000MHz 全频段抗扰度试验。传导抗扰度试验主要是模拟 80MHz 以下的电磁干扰经智能电器设备的引线，变为传导干扰进入其内部，检验其抗传导干扰的能力的试验，如图 6-19 所示。

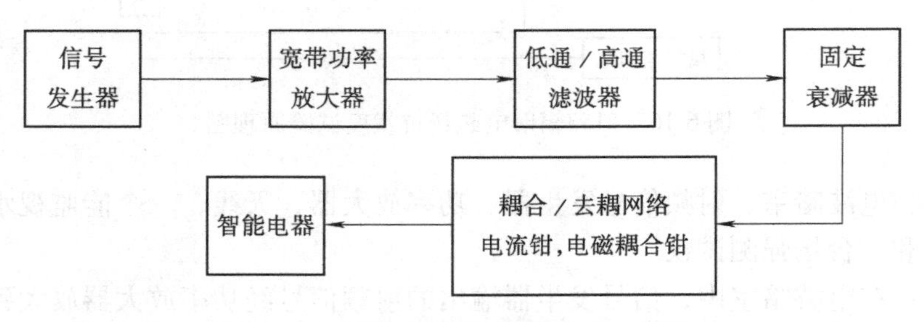


图 6-19 传导耦合抗扰度试验原理图

试验设备：射频信号发生器，射频功率放大器，低通和高通滤波器，固定衰减器和耦合/去耦网络。

试验内容：由射频信号发生器输出的射频干扰信号经过射频功率放大器、低通、高通滤波器和固定衰减器后变为传导干扰信号。该传导干扰信号再经过耦合/去耦网络耦合到智能电器的端口上，检验其是否能正常工作。

**6. 工频磁场抗扰度试验**

试验原理：工频磁场抗扰度试验是为了检验智能电器设备在附近有工频磁场的情况下，

对磁场骚扰的抵抗能力的试验，如图 6-20 所示。

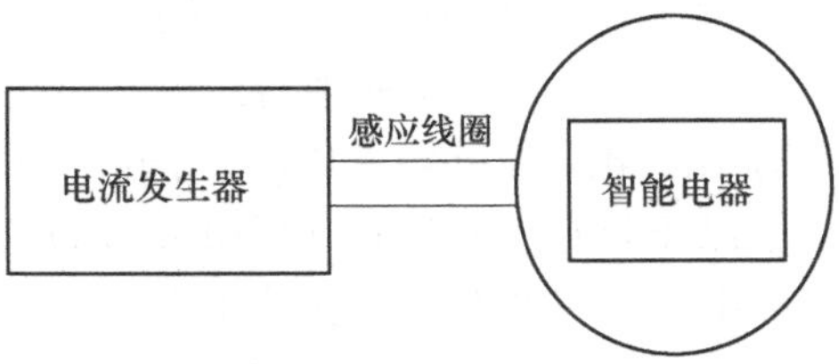

试验设备：感应线圈，电流发生器，参考接地板。

试验内容：电流发生器输出工频电流进入感应线圈，感应线圈产生工频磁场，由此检验放在感应线圈中央的智能电器设备抗工频磁场干扰的能力。

图 6-20　工频磁场抗扰度试验原理图

**7. 电压跌落、短时中断和电压渐变抗扰度试验**

试验原理：电压跌落、短时中断和电压渐变抗扰度试验是检验智能电器在电网出现电压跌落、短时中断和电压渐变的情况下是否能及时保护现场数据，在电源恢复供电后能否正确启动的试验，如图 6-21 所示。

试验设备：控制器，波形发生器，功率放大器。

试验内容：根据试验的要求，通过控制器控制波形发生器输出相应的干扰模拟信号，经功率放大器施加在智能电器的电源端口，检验其抗干扰的能力。

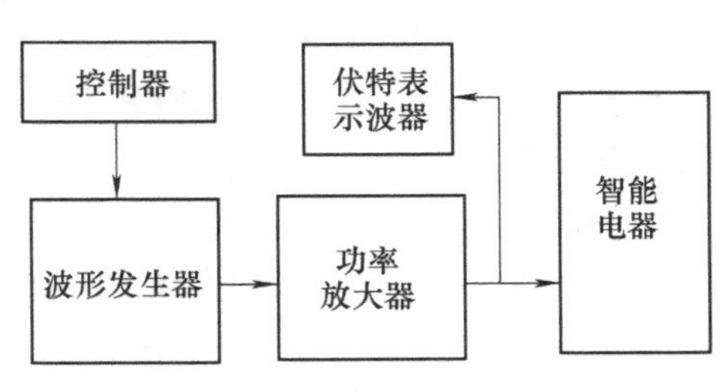


图 6-21　电压跌落、短时中断和电压渐变抗扰度试验原理图

**8. 衰减振荡波抗扰度试验**

试验原理：衰减振荡波抗扰度试验是模拟在高压和中压变电站中高压母线刀开关操作时所产生的振荡波对智能电器的干扰的试验，如图 6-22 所示。

试验设备：衰减振荡波发生器、耦合/去耦网络和参考接地板。

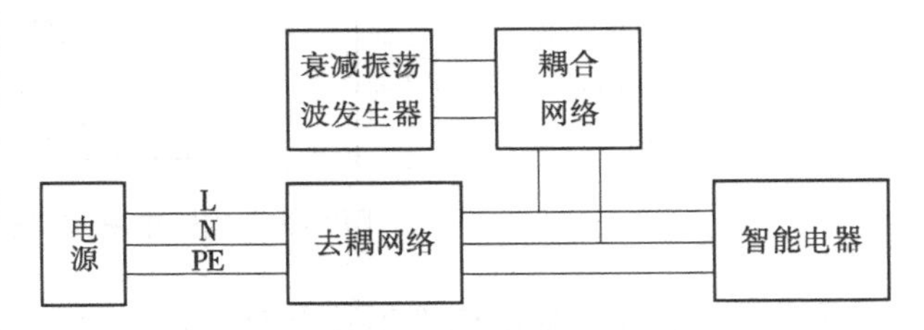


图 6-22　衰减振荡波抗扰度试验原理图

试验内容：衰减振荡波发生器输出 1MHz 或 100kHz 的干扰信号经过耦合/去耦网络以共模或差模的形式耦合到智能电器的电源线上，检验其抗衰减振荡波干扰的能力。

## 6.3.3　电磁兼容标准

**1. 电磁兼容标准的内容**

通常电磁兼容试验需要满足电磁兼容标准的要求。电磁兼容标准对智能电器的要求有两个方面，一个是智能电器设备工作时不会对外界产生不良的电磁干扰影响，另一个是不能对来自外界的电磁干扰过度敏感。前一个要求称为干扰发射要求，后一个要求称为敏感度（EMS）或抗扰度要求。电磁兼容标准根据电磁能量传出设备和传入设备的途径来划分，有传导干扰和辐射干扰两个方面，传导干扰是指干扰能量沿着电缆以电流的形式传播，辐射干扰是指干扰能量以电磁波的形式传播。因此，对智能电器设备的电磁兼容要求可以分为传导发射、辐射发射、传导敏感度（抗扰度）、辐射敏感度（抗扰度）。

**2. 主要国际电磁兼容组织与机构**

电磁兼容标准由电磁兼容组织与机构制定。目前，从事国际电磁兼容标准化工作的组织主要有国际电工委员会（IEC）、国际无线电干扰特别委员会（CISPR）和电气电子工程师学会电磁兼容专业委员会（IEEE-EMC）。IEC主要是各国民营企业组成的关于电气标准规范的国际组织，有两个标准化技术委员会：国际电磁兼容委员会（TC77）、国际无线电干扰特别委员会（CISPR）。另外，IEC中还有几十个产品委员会关注电磁兼容问题。如TC65（工业过程测量和控制技术委员会）制定了IEC801《工业过程测量和控制装置的电磁兼容性》（IEC 61000-4）。CISPR在EMI准峰值检波测试方法、干扰限值标准与抑制技术上进行了长期的研究，在电子设备与电气设备相互之间如何处理电磁兼容与互不干扰方面取得了进展。电气电子工程师学会创办了《IEEE Transactions on Electromagnetic Compatibility》，专门设有电磁兼容标准专栏。

**3. 国际电磁兼容标准体系**

国际上的电磁兼容性标准体系如图6-23所示。下面是对标准体系的一些说明：

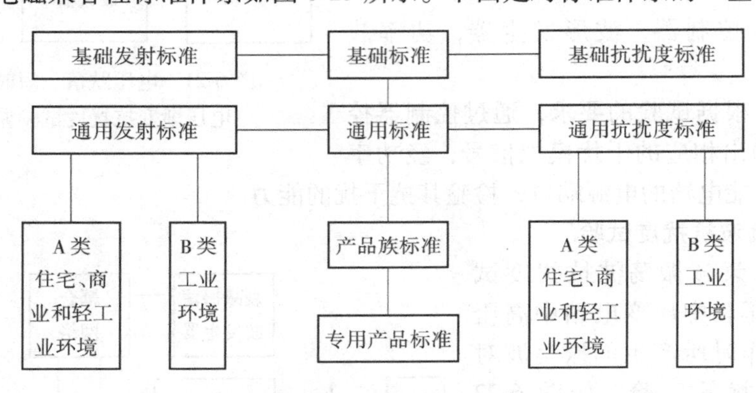


图6-23 国际电磁兼容标准体系

（1）基础标准 基础标准不涉及具体产品，它就现象、环境、试验和测量方法、试验仪器和基本试验装置给出定义和描述。针对不同的试验仪器和测量方法，规定不同的试验电平范围。但是这类标准不给出指令性的限值，也不包括判定试品性能的直接判据。基础标准是编制其他各级电磁兼容性标准的基础。

（2）通用标准 通用标准对给定环境中的所有产品提出一系列最低的电磁兼容性要求（限值）。通用标准中的各项标准化试验方法都可在相应的基础标准中找到。通用标准中所给定的试验环境、试验要求，可以成为产品族标准和专用产品标准编制的指导原则。同时对那些暂时还没有相应产品族（或专用产品）标准的产品，可使用通用标准来进行电磁兼容性试验。与基础标准一样，通用标准也有电磁发射和抗扰度两方面内容。通用标准还将环境分成两类：一类是住宅、商业和轻工业环境，另一类是工业环境。

（3）产品族标准 这类标准针对特定的产品类别，规定了对这些类别产品的电磁兼容性要求（包括电磁发射和抗扰度）以及详细的测量方法。产品族标准所规定的试验方法和限值应与通用标准相一致，但较之通用标准含有更多的特殊性和详细的性能规范。如有必要，还可以增加试验项目和提高试验的限值。产品族标准是国际电磁兼容性标准中所占份额最多的标准。

（4）专用产品标准　通常专用产品不单独形成电磁兼容性标准，而以专门的条款包容在产品的通用技术条件之中。

**4. 电磁兼容国际标准及规范**

TC77 的主要任务是为 IEC 的电磁兼容专家及产品委员会制备基本文件，即 IEC 61000 系列标准，涉及电磁环境、发射、抗扰性、试验程序和测量技术等规范。TC77 负责所有频率范围内的抗扰性基础标准和在低频范围内（一般低于 9kHz）的发射干扰标准，其中也涉及通用标准和一些产品系列或产品标准。TC77 还与其他技术委员会协作制定其他一些标准，如与 TC8 提出具体的电力质量新工作项目提案，制定电力质量领域标准；与 TC12、TC85、CISPR 制定“高频电磁场对人体辐射的测量技术和程序”的标准等。

IEC 61000 系列标准是近来 IEC 出版的、包括内容最为丰富的一个系列出版物。IEC 61000 系列标准包括的内容见表 6-3。其中，IEC 61000-4 是目前国际上比较完整的和系统的抗扰性基础标准，对其他电磁兼容标准的制定有着重大影响，其试验方法、试验等级和测量技术形成了评估电工、电子产品的抗干扰能力的产品质量认证依据。

表 6-3　IEC 61000 系列标准的内容

| 第一部分 | 总则（61000-1）　总的考虑（引言，基本原则）；定义、术语 |
|---|---|
| 第二部分 | 环境（61000-2）　环境的描述；环境的分类；兼容性电平 |
| 第三部分 | 限值（61000-3）　发射限值；抗扰限值 |
| 第四部分 | 试验和测量技术（61000-4）　测量技术；试验技术 |
| 第五部分 | 安装和调试导则（61000-5）　安装导则；调试方法和装置 |
| 第六部分 | 通用标准（61000-6） |
| 第七部分 | 电能质量（61000-7） |
| 第八部分 | （暂缺）（61000-8） |
| 第九部分 | 其他（61000-9） |

**5. 我国电磁兼容标准及其发展**

我国对电磁兼容的研究，滞后国外发达国家的程度较为严重。国内的电磁兼容标准大部分跟踪了国际标准，标准体系也与国际上的电磁兼容标准体系相同。1978 年，我国成立了与电磁兼容有关的学术组织，制定出与 IEC、CISPR 等国际组织的电磁兼容标准等同或等效的标准。1994 年，我国全面规划和推进 EMC 标准的制定、修订工作，促进国家电磁兼容技术进步和保护电磁环境，成立了全国电磁兼容标准化联合工作组，开始了 IEC 61000 系列标准的转化工作。1999 年，我国陆续制定出一批等同或等效于 IEC 61000 系列标准的国家标准，以解决电气、电子设备制造部门和用户的急需。我国从 2003 年 8 月 1 日起开始执行“中国强制认证”（China Compulsory Certification）制度，简称 3C 认证。在 3C 认证的认证规则中，几乎所有的电子、电气类产品都包含了电磁兼容性能的要求。

我国在电磁兼容标准化问题上所采取的大体做法是：先进行电磁兼容标准的清理、整顿，把 CISPR 标准和 IEC 61000 系列标准转化为我国国家标准，其次是进行电磁兼容实验室的认证，最后建立国家级的电磁兼容的认证机构。目前我国在前两个方面做了大量的工作。绝大多数的 CISPR 标准和 IEC 61000 系列标准已经转化为我国国家标准。我国分别在华北电力大学、国网电力科学研究院等研究单位和中国船舶重工集团等军工企业建立了性能完善的电磁兼容试验室，可以开展电气、电子产品的电磁兼容认证工作。

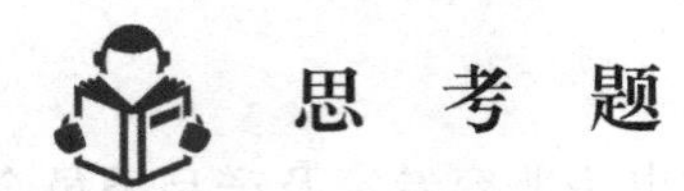

## 思 考 题

1. 如何定义智能电器的失效概率密度和失效率、可靠度、平均寿命?
2. 智能电器可能受到哪些电磁干扰?
3. 举例说明智能电器常用的抗干扰措施。
4. 简述现有的电磁兼容国际标准。

## 参考文献

[1] 钱振宇．3C认证中的电磁兼容测试与对策［M］．北京：电子工业出版社，2004.
[2] 王庆斌，刘萍，尤利文．电磁干扰与电磁兼容技术［M］．北京：机械工业出版社，1999.
[3] 蔡仁钢．电磁兼容原理、设计和预测技术［M］．北京：北京航空航天大学出版社，1997.
[4] 于洋．浅谈电磁兼容标准的发展概况［J］．标准化报道，1999，20（3）：6-8.
[5] 朗维川，张文亮．电磁兼容与抗扰性试验的选择［J］．高电压技术，1998，24（1）：41-46.
[6] 肖小军．电磁兼容（EMC）技术的发展动态［J］．湖南电力，2000，20（2）：28-30.
[7] 张文亮．国内外电磁兼容（EMC）标准化工作进展［J］．高电压技术，2001，27（6）：16-19.
[8] 邬雄，张文亮．电磁兼容及其标准和认证［J］．高电压技术，1996，22（4）：42-45.
[9] 张文亮，邬雄，万保叔，等．电磁兼容国际标准与IEC TC77［J］．高电压技术，1997，23（3）：33-36.
[10] 朱敏波，曹艳荣，田锦．电子设备可靠性工程［M］．西安：西安电子科技大学出版社，2016.
[11] 程林，何剑．电力系统可靠性原理和应用［M］．北京：清华大学出版社，2015.
[12] 陆险国，唐义良．电器可靠性理论及其应用［M］．北京：机械工业出版社，1995.

# 第 7 章

# 配电自动化
# ——智能电器应用之一

## 7.1 概述

配电自动化（Distribution Automation）始于20世纪70年代，它使得供电部门能够利用现代化的技术，实现提高供电可靠性、效率和服务质量的目的。配电自动化也称为馈线自动化（Feeder Automation），即利用自动化装置或系统，监视配电线路的运行状况，及时发现线路故障，迅速诊断出故障区间并将故障区间隔离，快速恢复对非故障区间的供电。按智能化电器的定义，有人工智能功能的电器都可称之智能电器。配电自动化系统可以自行检测系统故障，可判断故障区段，然后自动隔离该区段、恢复健康区段供电。这是典型的人工智能，而人们认识和推广电器智能化，正是从配电自动化开始的。配电自动化可以看作是电器智能化最早的尝试，涉及的重合器与分段器是智能电器的早期应用。

### 7.1.1 配电网结构特点

电力系统由发电、输电、配电和供用电四部分组成。配电网（Distribution Network）是电力系统向用户供电的最后一个环节，通常是指电力系统中输电结点上二次降压变电所低压侧直接或降压后向用户供电的网络。它由架空线或电缆配电线路、配电所或柱上降压变压器、断路器、负荷开关等配电设备，以及相关辅助设备组成。配电网直接关系到用户安全可靠供电及负荷增长的需要，是电力系统的重要组成部分。

配电网按电压等级分类，可分为高压配电网（110kV和35kV）、中压配电网（10kV）和低压配电网（0.4kV）；配电网按体系结构可分为辐射状网、树状网和环状网等，如图7-1所示。

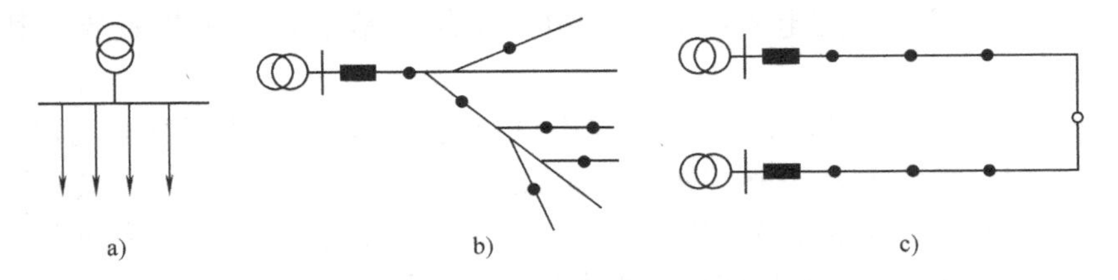


图7-1　配电网的体系结构

a）辐射状网　b）树状网　c）环状网

1）辐射状网由若干互不连接的辐射状馈线构成，如图7-1a所示，每条馈线都是以主变电站一个10kV出线开关为电源点。

2）树状网采用分段开关分为许多馈线段，但是馈线间相互不连接，因此没有联络开关，如图7-1b所示。树状网馈线不存在线路故障后的负荷转移，可以不考虑线路的备用容量，每条馈线均可以满负荷运行。因此，树状馈线的导线截面可以采用由电源向末梢递减的策略。

当分布式电源接入辐射状或树状网后，若其容量普遍很小，一般仍可以将其当作辐射状或树状馈线看待，但当存在较大容量分布式电源接入时，则应将该分布式电源与来自主变电站的电源同等对待，网架结构也变化为另一种形式。

辐射状网或树状网的缺点明显，当线路故障时，故障区段下游部分线路将停电；当电源故障时，将导致整条线路停电，供电可靠性差。

3）环状网又称“手拉手”环状网，由两条辐射状馈线通过联络开关（常分）相互连接构成，如图7-1c所示。环状网是指其主干线呈“手拉手”状，但是馈线上仍可存在分支。当一条馈线上发生永久故障后，可将故障区域周边开关分断以隔离故障，然后由故障所在馈线的电源恢复对故障区域上游供电，再令联络开关合闸，由对侧馈线电源恢复对故障区域下游部分供电。因此，“手拉手”环状网的供电可靠性较辐射状或树状网要高。

同输电网相比，配电网的特点主要表现在以下两个方面：

**1. 地理分布特性**

配电网中线路走向以及配电设施和用户的分布具有明显的地理特性，生产管理中的实际操作，如线路改造、巡线、停电检修和用电等也都依赖于长度、距离、范围、街道分布和相对位置等地理因素。城区配电网一般集中于城区和市郊，与输电网相比，城区配电网地域范围比较狭窄，配电设备种类繁多且较集中，与其他地物交叉跨越情况众多。

**2. 电压等级比较低、网络结构复杂**

与输电网相比，城区配电网电压等级比较低，一般为10kV及以下电压等级。输电网的网络结构一般为环形结构，结构比较单一，而配电网结构相对比较复杂。早期的配电网多为辐射状结构，随着现代城市的发展，负荷密度越来越大，变电站的电压等级在提高，变电站容量在扩大，变电站数量在增加，站间距离变小，故障时的短路电流增大，要求保护和自动化装置更加迅速和可靠；另外由于大负荷高度集中，相应的地价昂贵，人们对供电可靠性的要求也越来越高。为了提高供电可靠性，除了建设可靠的电源点外，主要途径之一是改变配电网的网络结构，将原先独立的辐射状配电网改变为运行灵活的环状（手拉手环状）配电网。

随着经济技术的发展，配电系统在整个电力系统的地位也越来越重要。其主要原因如下：

1）配电系统处于电力系统末端，直接与用户相连，是整个电力系统与用户联系、向用户供应电能和分配电能的重要环节，具有特殊的运行方式。由于电力生产具有同时性的特点，一旦配电系统或设备发生故障或进行检修、试验，往往会同时造成系统对用户供电的中断，直到配电系统及其设备的故障被排除或修复，恢复到原来的完好状态，才能继续对用户供电。整个电力系统对用户的供电能力和质量都必须通过配电系统来体现，配电系统的可靠性指标实际上是整个电力系统结构及运行特性的集中反映。

2）传统的配电系统多采用放射式的网状结构，对故障比较敏感。据不完全统计，用户停电故障中约80%以上是由配电系统的故障引起的，对用户供电可靠性的影响很大。

3）随着经济发展和人民生活水平的提高，用户对配电系统可靠性的要求也越来越高；同时计算机技术、电子技术、通信技术的发展，也给提高配电系统自动化提供了技术保证。

### 7.1.2 配电自动化的基本概念

配电自动化（特别是馈线自动化）是指在配电网发生故障时，能迅速判断故障区段，并进行隔离，然后恢复对非故障区段的供电，可以大大减少故障时的停电时间和停电范围。国家电力公司在1998年启动的城网改造工作中提出，城市供电可靠率应达到99.9%，大中城市中心区的供电可靠率应达到99.99%。通过网络结构设计及配电设备的更新改造，供电可靠率99.9%的目标是可以达到的，但是如果不采用配电自动化技术，要达到供电可靠率99.99%的目标是非常困难的。综上所述，合理的网络结构、可靠的配电设备和配电自动化/馈线自动化的实施是提高我国目前配电网供电可靠性的重要措施。

通常把从变电、配电到用电过程的监视、控制和管理的综合自动化系统，称为配电管理系统（Distribution Management System，DMS）。其主要内容包括：配电网数据采集和监控（包括配网进线监视、配电变电站自动化、馈线自动化和配变巡检和低压无功补偿）、地理信息系统、网络分析和优化、工作管理系统、需方管理系统和调度员培训模拟系统几个部分。一般认为，DMS是和输电网自动化的能量管理系统（EMS）处于同一层次的。二者不同之处是EMS管理输电，而DMS管理负荷。目前二者之间的分界尚没有公认的标准。图7-2示出EMS和DMS在电力系统中的关系。

配电自动化（Distribution Automation System，DAS）是一种可以使电力企业在远方以实时方式监视、协调、控制和操作配电设备的自动化系统，它是配电管理系统最主要的组成部分。配电自动化主要包括配电网数据采集和监控（SCADA）、配电地理信息系统（GIS）和需方管理（DSM）几个部分。DAS是和输电网自动化的调度自动化系统（SCADA）处于同一层次的，如图7-2所示。

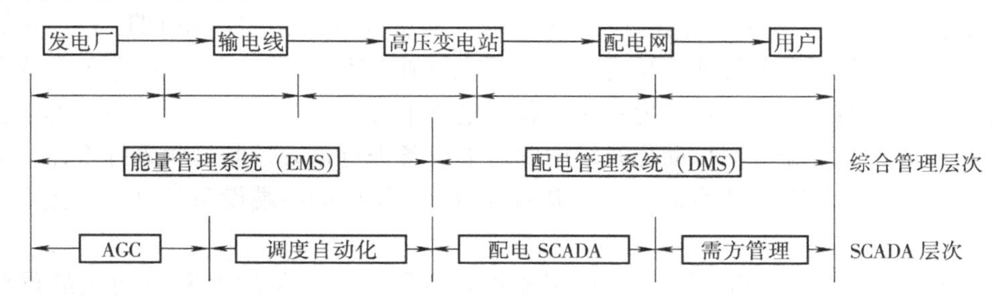


图7-2 EMS和DMS在电力系统中的关系

馈线自动化是配电自动化的重要组成部分，是实现整体配电管理系统自动化的基础，也是减少故障时的停电时间、停电范围和提高供电可靠率的最有效的措施。在目前提高我国配电自动化水平成为当务之急的情况下，不能一味地追求全面实现DMS，应该首先实现馈线自动化功能，在此基础上不断提高系统的自动化水平，丰富系统功能，逐步达到配电管理系统的完善和优化。配电自动化系统和配电管理系统的涵盖关系如下：

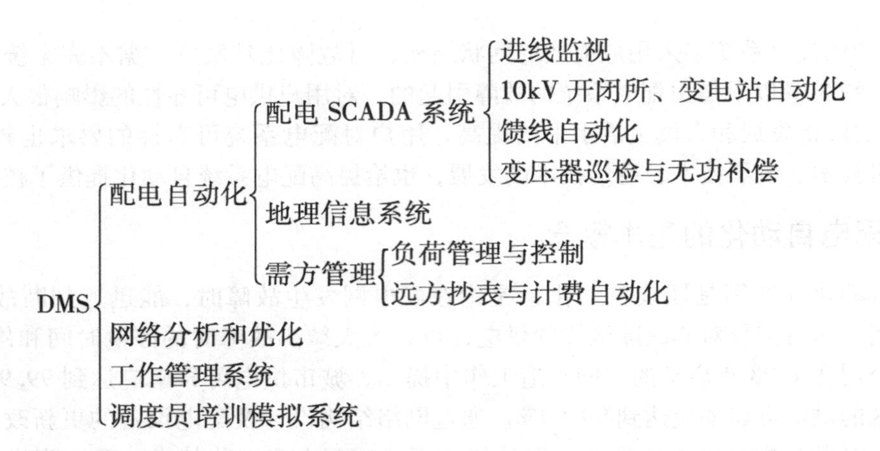


### 7.1.3　配电网自动化的技术难点

配电自动化的初期，通常采用在配电线路上装设多组重合器、分段器的方式，使线路故障不影响变电站馈线供电。配电网接线方案根据供电可靠性要求不同可分为以下几种方式：对于放射型长配电线路，以设置多级重合器实现保护；对于区域供电或重要用户供电时，采用单用户双电源供电；对于城网郊区或市区供电，采用双电源环网供电方式。随着计算机技术和通信技术的发展，配电自动化进一步发展为：①建立配电系统的实时监控系统，即在配电网调度中心建立主站系统，在各变电站、开闭所设置 RTU、FTU 馈线远方终端，通过通信通道联系，从而达到实时监控的功能；②实施了各类型馈线自动化，以缩短线路故障后的停电时间，加快恢复供电，提高供电可靠性。但是，与配电网自动化程度相比，配电网自动化发展比较缓慢。配电网自动化系统发展的技术难点主要体现在以下几个方面：

1）配电网结构复杂，设备种类繁多、数量巨大，造成配电自动化系统需要监控的对象远远多于输电系统，从而使建设费用昂贵，系统组织困难。配电自动化的控制模式众多，应根据不同地区和供电用户的实际情况，从技术和经济两个方面综合考虑，选择合适的配电网自动化方案，达到经济效益和社会效益最优。

2）配电网自动化系统中大量的设备（如重合器、分段器、RTU 和 FTU 等）安装在户外，其工作的自然环境和电磁环境恶劣，通常要能够在-25~65℃、湿度高达 95%的环境下工作，同时还要受到雷电和来自电力系统的各种电磁干扰的影响。另外，因为经常需要调整配电网的运行方式，对配电网自动化系统中的终端设备进行远方控制的频繁程度比输电网自动化系统要高得多，所有这些因素都对配电网自动化系统中的终端设备的可靠性提出了很高的要求。

3）故障位置判断、隔离故障区段和恢复正常区段供电，是配电网自动化最重要的功能。要实现这一功能，对于“以 FTU 实现 SCADA 集中控制”模式来说，必须确保在故障期间能够获取停电区段的信息。但是由于该区段停电，安装在馈线上的 FTU、通信系统和分、合闸所需要的电源都难以解决。若采用蓄电池来维持停电时的供电，还需要加充电器和逆变器，增加了设备的复杂程度，并且蓄电池在户外恶劣的环境下工作寿命难以保证。因此，控制电源和操作电源的获取是配电自动化系统实施中的一个技术难点。

4）合理的配网结构是实现配电网自动化的基础，而我国目前配电网的现状仍很落后，网络拓扑结构单一，可靠性差，无法满足配电自动化的要求。因此为了实现配电网自动化，往往必须先对传统的网络结构进行改造，从而进一步增加了实施的难度。

5）配电网自动化系统的终端设备数量非常多，大大增加了通信系统建设的复杂性。从目前成熟的通信手段看，没有一种方式能够单独满足所有配电自动化功能的要求，因此往往需要综合采用多种通信方式。此外，在配电网自动化系统中，不同自动化层次对通信速率、容量和实时性的要求差别很大，难以采用统一的通信规约，所有这些都增加了通信系统的难度。

## 7.2 智能式重合器与分段器

### 7.2.1 重合器与分段器

重合器和分段器是配电网馈线自动化中常用的两种自动化设备。为了便于下面的讨论，对其工作原理进行简单的介绍。

重合器（Recloser）是一种自具控制及保护功能的开关设备，它能按预定的开断和重合顺序自动进行开断和重合操作，并在其后自动复位或闭锁。重合器的基本工作原理是：自动检测通过主回路的电流，当确认是故障电流时，重合器按定时限或反时限保护特性自动开断故障电流，并根据要求多次自动重合闸，向线路恢复送电。如果故障是瞬时性的，重合器重合成功后自动终止后续动作，并经一定延时后恢复到预先的整定状态，为下一次故障做好准备；如果是永久性故障，重合器完成预先整定的重合闸次数后，确认线路发生永久性故障，则自动闭锁，直至人为排除故障后，重新将重合器的重合闸闭锁解除，恢复正常状态。重合器在开断方面的功能与普通断路器类似，但有多次快速重合闸功能。在保护控制方面，它不依赖继电保护系统，能自动完成故障检测，判断电流性质，执行分合功能，并能恢复初始状态、记忆动作次数、完成合闸闭锁等。

线路自动分段器（Automatic Line Sectionalizers）简称分段器，是一种与电源侧前级开关设备相配合，在无电压或无电流情况下自动分闸的开关设备。分段器不能开断短路电流，但要求具有关合短路电流的能力。根据判断故障方式的不同，分段器可分为“过电流脉冲计数型”和“电压-时间型”两大类，后者又称为“重合式分段器”。

过电流脉冲计数型分段器通常与前级的重合器或断路器配合使用，它不能开断短路电流，但能够在一定时间内记忆前级开关设备开断故障电流动作次数。在预定的记录次数后，在前级的重合器或断路器将故障线路从电网中短时切除的无电流间隙内，过电流脉冲计数型分段器分闸，达到隔离故障区段的目的。若前级开关设备未达到预定的动作次数，分段器在一定的复位时间后自动清零并恢复到预先整定的初始状态，为下一次故障做好准备。

电压-时间型分段器是根据加电压或失电压时间的长短来控制其动作，失电压后分闸，加电压后延时合闸或闭锁。电压-时间型分段器有两个重要的时间参数，其一为 $X$ 时限，它是指分段器加电压后的延时合闸时间；其二为 $Y$ 时限，它的含义是：若分段器合闸后在未超过 $Y$ 时限的时间内又失电压，则该分段器分闸并被闭锁在分闸状态，待下一次再得电时也不再自动合闸。电压-时间型分段器目前在配电网中应用较多，因此在下面的讨论中，主要介绍以电压型分段器构成的馈线自动化控制模式。

### 7.2.2 自动重合器与分段器

自动重合器和分段器是自动化程度比较高的机电一体化设备，在发达国家已得到了广泛的应用。例如，美国全户外式无人值班变电站中，母线出口就采用重合器，馈线上装设分段器和熔断器；日本的城区环网中，采用自动重合式分段器作为线路的分段开关和联络开关，达到了调度中心自动控制的水平。我国自20世纪80年代中期开始引进国外重合器和分段器产品，运行经验表明，可以大大提高配电网的供电可靠性。随着计算机技术、控制技术和通信技术的迅速发展，重合器和分段器在功能和自动化水平上同原来简单的重合器/分段器相比有了很大提高。

组合式真空自动重合器和分段器分别是由改进后的柱上真空断路器和负荷开关与智能控制器组合而成的。作为重合器和分段器的开关本体，要求断路器和负荷开关要具有性能参数高、使用寿命长、可靠性高和无油化等特点。根据这一要求，真空开关成为重合器和分段器开关本体的首选。

与目前运行的其他一般真空断路器相比，10kV电压等级重合器用断路器具有如下特点：

1）断路器一般为干式绝缘结构，无油、无气，耐污秽等级为四级，其电气性能应通过42kV/1min的工频耐压试验、耐污秽试验及淋雨试验。

2）由于不充油，开关整体重量降低许多，而且没有火灾和爆炸危险。

3）采用改进的快速弹簧操作机构，储能时间小于1.5s，满足快速重合闸的要求，且操作电压低、操作功率小，可靠性高。

4）配置躲涌流装置，避免合闸时的误动作。

5）断路器的总体性能指标和参数高于目前广泛使用的柱上充油式真空断路器及$SF_6$断路器，尤其在快速重合闸方面，可完成“分—0.3s—合分—2s—合分—2s—合分—闭锁”的快速自动重合闸型式试验。

控制器作为重合器和分段器的控制核心，其可靠性水平对整个配电系统的影响是至关重要的。国内外的重合器/分段器的控制器多采用分立电子元件或单片机构成。采用分立电子元件构成的控制器，存在如下缺点：由于分立电子元件数量较多，且多为串联结构，根据可靠性的基本原理，某一个元件的失效都会导致整个控制器的故障，因此可靠性水平较差；控制器完全采用模拟电路，这必然造成其控制功能弱，如无法存储多条反时限跳闸曲线和故障数据的记录等；参数设置是通过模拟电子元件的参数配合实现的，因此现场的参数修改和整定非常困难，灵活性差；增加功能要通过修改硬件完成，导致功能扩展困难；无通信接口，难以实现技术升级和达到更高水平的自动化。采用单片机构成的控制器可以实现较强的控制功能，参数整定、功能扩展比较方便，但是由于重合器/分段器所处的工作环境（包括自然环境和电磁环境）非常恶劣，单片机的可靠性问题难以得到有效的保证。

根据以上分析，在对重合器/分段器的控制器进行硬件设计时，应以保证控制器的可靠性和抗干扰能力为首要目标，在此基础上，使整个硬件部分的参数整定和修改、功能扩展和技术升级更为方便。根据故障分散就地处理的设计思想，组合式真空自动重合器和分段器应能适应的我国配电系统，功能齐全、可靠性高、灵活性强。进一步的发展，则应与计算机技术紧密结合，对传统的重合器、分段器动作原理和配合方式进行改进，以减少故障隔离所需时间和对系统的冲击次数、避免非故障线路的停电。通过采用不同的通信方式和软件，可以方便地实现“无信道就地智能控制+SCADA”和“有信道就地智能控制+SCADA”控制模式。

图7-3是组合式真空自动重合器和分段器的结构框图。重合器和分段器的控制器部分在硬件结构上完全相同，这样可以只通过改变可编程逻辑控制器（PLC）中的软件实现不同的功能，同时也便于采用不同的控制模式时重合器/分段器的功能扩展。

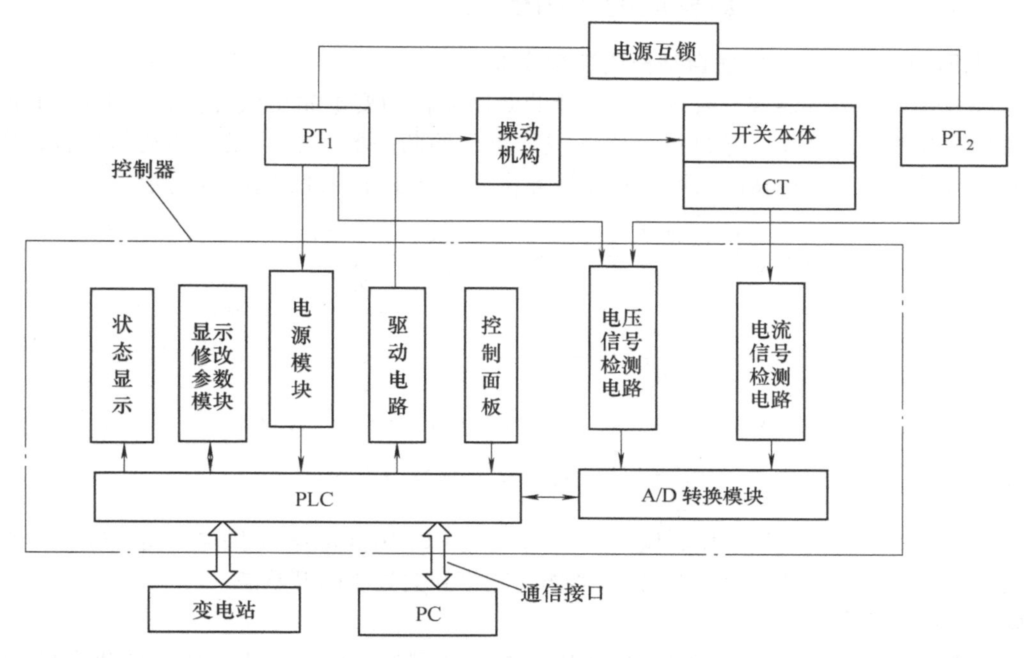


图7-3　组合式真空自动重合器和分段器的结构框图

把普通重合器和分段器的某些功能结合到一起，可以派生出第三种智能设备，称之为“联络分段重合器”，它位于环网中间连接点，兼具联络、分段、重合三种功能。它在硬件结构上与普通重合器和分段器完全一样，最主要的区别是在其软件设计和配合方式上。

组合式真空自动重合器/分段器的控制器主要由PLC、信号检测、工作电源、控制面板、驱动电路、状态显示和参数修改等几部分构成。开关本体的两侧安装有PT（出线重合器只需在电源侧安装），为重合器/分段器提供控制器和操动机构的工作电源，同时也作为电压检测信号。分段器和联络重合器两侧都安装有PT，但是任一时刻只允许采用一侧PT为操动机构提供工作电源。为此，在控制器中设计了双侧电源互锁功能，当一侧断电时，能自动由另一侧供电。电流信号由安装在开关本体中检测用CT提供，电压和电流信号经过A/D转换后输入PLC。当线路出现异常情况时，PLC发出命令，通过驱动电路，控制开关分/合闸。状态显示电路能实时显示开关的分/合闸和闭锁状态，通过控制面板可以进行手动/自动转换和合闸、分闸、解除闭锁等人工操作。操作人员还可以通过显示和修改参数模块，在线查看和修改重合器/分段器的有关参数设置，设置完成后，PLC能自动保存，整个操作简单方便。PLC上留有通信接口，可以方便地与PC或变电站内区域性控制站建立通信。

# 7.3　配电网馈线自动化的基本模式

传统的城市配电网采用辐射供电模式，而配电网馈线自动化是主要建立在环网供电开环运行的网络结构基础上，所以下面将讨论环网开环运行配电网络的馈线自动化。

## 7.3.1　以重合器/分段器构成的控制模式

### 1. 电压型分段器实现馈线自动分段控制模式

这种方式采用重合器或具有重合闸功能的断路器作为变电站出线开关，以电压-时间型分段器作为馈线分段开关，通过重合器（或可重合的断路器）和分段器的动作配合，实现馈线故障自动隔离，然后按时限顺序自动恢复供电。其工作原理如图 7-4 所示。

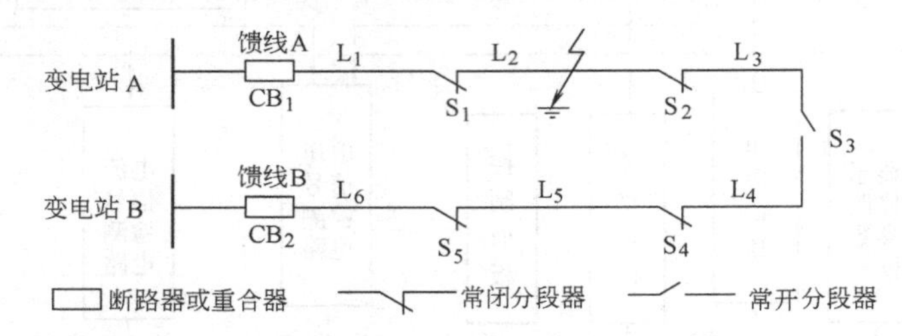


图 7-4　电压-时间型分段器工作原理

正常运行的状态为：$L_1$、$L_2$、$L_3$ 线路区段通过 $CB_1$ 由变电站 A 供电；$L_4$、$L_5$、$L_6$ 线路区段通过 $CB_2$ 由变电站 B 供电；$S_3$ 分段器作为联络开关处于断开状态。

瞬时性故障情况下动作顺序为：

设在 $L_2$ 区段发生瞬时性短路故障，$CB_1$ 保护动作跳闸，$S_1$、$S_2$ 失电压后自动分闸；$CB_1$ 分闸后经过一定的延时重合，由于瞬时性故障消失，$CB_1$ 合闸成功，分段器 $S_1$、$S_2$ 得电后依次合闸，恢复正常运行。

永久性故障情况下动作顺序为：

1）设在 $L_2$ 区段发生永久性短路故障，$CB_1$ 跳闸，$S_1$、$S_2$ 由于失电压自动分闸；$CB_1$ 第一次重合，分段器 $S_1$ 检测到电压信号后延时 $X$ 时间合闸，由于短路故障没有消除，$CB_1$ 再次跳闸，同时 $S_1$ 因在小于 $Y$ 时间内检测到失电压，则在分闸后自动闭锁；$CB_1$ 第二次重合，恢复对 $L_1$ 区段的供电。

2）联络开关 $S_3$ 在系统正常运行情况下，两侧均有电压，当一侧供电电源失去后，$S_3$ 开始计时，在 $XL$ 时延后自动合闸，向 $L_3$ 区段供电；$S_2$ 检测到电压信号后延时合闸，由于短路故障没有消失，$CB_2$ 跳闸；$S_5$、$S_4$、$S_3$、$S_2$ 因失电压而自动分闸，其中 $S_2$ 因在小于 $Y$ 时间内失电压，还执行自动闭锁功能。

3）$CB_2$ 重合，$S_5$、$S_4$、$S_3$ 分别延时 $X$ 时间依次合闸，由变电站 B 对 $L_3$ 区段恢复供电。

可见，重合器和分段器经过一系列动作配合，检测到故障发生在 $L_2$ 区段，并使分段器 $S_1$ 和 $S_2$ 处于分闸、闭锁状态，实现了 $L_2$ 故障区段的自动隔离；同时联络开关 $S_3$ 合闸，将 $L_3$ 区段的负荷转移到馈线 B，由变电站 B 恢复供电。这样就实现了馈线自动化的故障检测、隔离和正常线路的供电恢复功能。

重合器（或具有重合闸功能的断路器）和电压-时间型分段器构成的馈线自动化的特点是：通过检测电压加压时限，经重合器或断路器多次重合，即可实现故障自动隔离目的，不需要通信手段，投资比较少。但是同时存在着如下缺点：

1）发生瞬时性故障时，线路恢复供电时间较长。

2）故障后经多次重合才能隔离故障，对配电系统和一次设备有一定冲击。

3）在进行供电恢复时，要波及非故障区段，造成由变电站B供电的正常线路区段也要短时停电。

4）当馈线较长、分段较多时，逐级合闸延时的时限越长，对系统的影响就越大。

**2. “重合器 + 重合器”就地控制模式**

这种控制模式采用重合器作为馈线分段开关，利用重合器自身的保护和自动化功能实现馈线故障就地自动隔离，并自动恢复非故障段的供电，如图7-5所示。下面分析重合器自动隔离故障的过程。

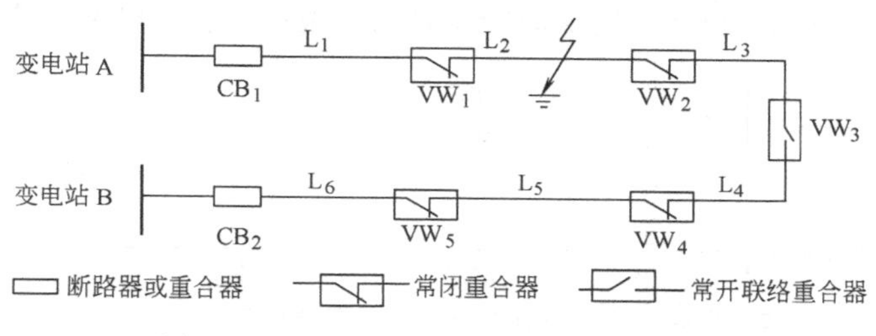


图7-5 “重合器+重合器”就地控制模式

正常运行的状态为：$VW_1$、$VW_2$、$VW_5$、$VW_4$处于合闸状态，$L_1$、$L_2$、$L_3$线路区段由变电站A供电；$L_4$、$L_5$、$L_6$线路区段由变电站B供电；联络重合器$VW_3$处于断开状态。

瞬时性故障情况下动作顺序为：

假设在$L_2$区段发生瞬时性短路故障，$VW_1$检测到短路电流后跳闸，经过一定延时后$VW_1$重合，由于短路故障消失，重合成功，恢复正常运行。

永久性故障情况下动作顺序为：

1）设$L_2$区段发生永久性短路故障，重合器$VW_1$分闸后重合，由于故障未消失，$VW_1$重合不成功，再次分闸且闭锁。在这个过程中，重合器$VW_2$因失电压自动跳闸。

2）$VW_3$联络开关检测到一端失电压，延时自动闭合，供电到$L_3$区段，$VW_2$延时闭合，因故障未消除，引起$VW_2$跳闸，$VW_2$重合不成功，分闸并闭锁，实现故障区段$L_2$就地隔离功能；同时，$L_3$区段的负荷转移到由变电站B供电。

以“重合器+重合器”控制模式实现馈线自动化的特点是：线路发生瞬时性故障时，恢复供电时间短；就近开断短路电流，影响范围小；利用重合器本身切断故障电流的能力，实现故障就地隔离，避免因某段故障导致正常线路停电的情况，同时减少了出线开关动作次数；无需通信手段。

这种模式存在的不足是：环路上重合器之间保护的配合靠延时来实现，分段越多，保护级差越难配合；为了与重合器保护级差相配合，变电站出线断路器是最后一级速断保护，重合器越多，出线开关速断保护延时就越长，对配电系统的影响也就越大；因重合器具有切断短路电流的能力，因此投资比较大。

## 7.3.2 以FTU实现SCADA集中控制模式

这种控制模式由变电站出线断路器、负荷开关、智能馈线终端（Feeder Terminal Unit，FTU）、通信系统、变电站内的区域性控制站和配调中心站组成。在每个分段开关处装设FTU，每个FTU都通过主从通信方式与区域性控制站进行通信，多个区域性控制站再和配调中心站通信。故障判别、故障隔离和供电恢复等操作都由配调中心站通过区域性控制站以遥控方式进行集中控制。

图7-6是SCADA集中控制方式的接线图，变电站A、B的出线断路器具有过电流速断保护和一次重合闸功能。在图7-6中，假设$L_2$区段发生永久性故障，$CB_1$保护动作跳闸，重合一次不成功，再次分闸；配调中心站查询线路上各个FTU的状态和记录的故障信息：$S_1$开关处有故障电流，$S_2$开关处无电流，$S_4$、$S_5$开关处有正常电流；中心站的故障检测软件根据这些信息，判断故障点发生在$L_2$区段；中心站自动发出一系列遥控命令，把$S_1$和$S_2$开关打开，$CB_1$和联络开关$S_3$投入，完成故障识别与隔离，并自动恢复正常区段的供电。

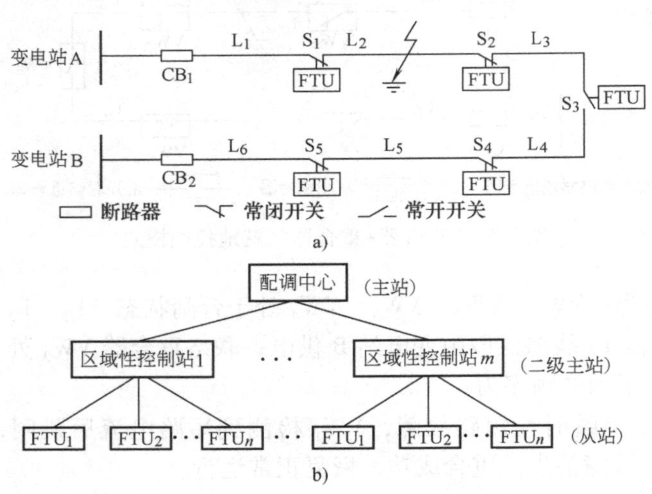


图7-6 SCADA集中控制方式的接线图

这种控制模式的主要特点如下：

1）采用先进的计算机技术和通信技术，避免了出线开关多次重合，能够准确、快速地完成故障的识别、隔离、负荷转移和网络重构。

2）正常情况下可以实现SCADA功能，实时监控馈线运行情况，实现三遥功能（遥信、遥测、遥控）。

3）这是一种较先进的馈线自动化技术，主要用于市中心繁华地区或新型开发区等配电负荷密集区的馈线自动化。

但是这种控制模式也存在着以下不足：

1）故障的检测、隔离和恢复供电完全依赖于信号通道、配调中心或二级主站来完成，对通信的可靠性和实时性要求高。

2）这种完全依赖于FTU、二级主站和配调中心之间通信系统的配电网自动化方案，不仅涉及配电网络本身，而且还与向它供电的变电站密切相关，识别故障与变电站出线开关动作状态有关，恢复送电首先要遥控关合变电站的出线断路器，而这些断路器可能来自不同的变电站，同时又是变电站自动化的控制范围，因此可能会带来设备管理中的混乱，产生新的问题。

3）配电负荷密集、网络结构复杂的大型配电网络在发生故障后，恢复非故障区段的供电时，由于网络结构比较复杂，需要考虑闭合哪个或哪些开关，同时为了保证开式运行应断开哪些开关，也即存在着最优供电恢复问题。这时，采用“以 FTU 实现 SCADA 集中控制”模式就显得非常必要，由配调中心的 SCADA 系统通过计算做出决策，寻求最优恢复供电方式。但是，对于“手拉手”简单环网或不存在最优方式恢复供电的环网馈线，采用这种配电自动化控制模式则存在着故障处理环节多、实时性差、可靠性低等缺点。因此，对于一般环网馈线，采用这种方式是不合适的。

根据以上分析，可以设计出一种介于以上两种模式之间的配电网馈线自动化控制模式，称之为“就地智能控制+SCADA”的控制模式，它主要适用于中小城市及大城市城郊配电网的环网馈线。根据故障处理时是否需要通信，又可分为“无信道就地智能控制+SCADA”和“有信道就地智能控制+SCADA”两种模式。

## 7.3.3 “无信道就地智能控制+SCADA”模式

“无信道就地智能控制+SCADA”控制模式由安装在馈电线路上的智能化开关（重合器/分段器）、变电站内的区域性控制站和配调中心构成。它利用智能化开关对馈线实现分段，当线路发生故障时，采用更为合理、灵活的控制方式，由智能化开关就地隔离故障和恢复正常线路区段的供电，故障处理过程无需通信。智能化开关的控制部分能实现馈线终端单元/远程终端单元（FTU/RTU）的部分功能，并带有通信接口，可以和设在变电站内的区域性控制站建立通信链接，实现三遥功能。在此基础上，设立配调中心站，各区域性控制站和配调中心站之间进行通信，实现配调中心站的远方集中监控，进行全面的计算机管理。

采用“无信道就地智能控制+SCADA”控制模式后，在正常情况下，区域性控制站和配调中心站可以通过查询方式监视系统运行情况，并可遥控开关，实现远方倒闸和负荷切换等操作；在线路发生的故障情况下，由智能化开关就地实现故障隔离和供电恢复。整个故障处理过程不依赖于通信，大大降低了系统对通信可靠性和实时性的要求。这种控制模式，系统配置灵活，适合不同地区的城网配电自动化建设和改造。

在“无信道就地智能控制+SCADA”的配电网馈线自动化控制模式中，以新型重合器、分段器作为基本配电设备，利用它们独具的一些特点，通过采用更为合理的配合方式，实现“无信道就地智能控制+SCADA”模式的故障就地分布处理功能。系统接线如图 7-7 所示。

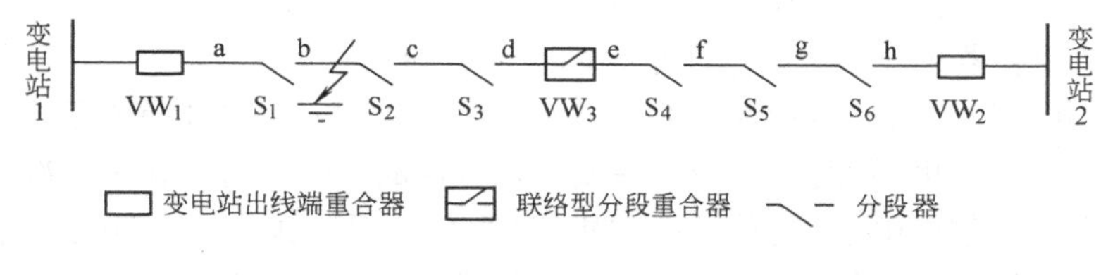


图 7-7 无信道就地智能控制+SCADA 系统接线图

图中，环网供电的两个变电站出线端为普通型重合器，中间为联络型分段重合器（它具有联络开关、分段器和重合器的三重功能），线路以改进后的分段器分段。这种方式虽然仍由重合器和分段器构成，但是通过对重合器和分段器的功能改进，以及使用具有独特功能的联络分段重合器作为联络开关，与传统的“重合器+分段器”配电模式相比，这种模式有很大的进步。

下面以线路中b区段发生瞬时性故障和永久性故障来说明该配电模式的工作过程。

（1）瞬时性故障时的动作过程　除了前面提到的$X$、$Y$两个时间参数外，我们在电压-时间型分段器的设计中还加了一个$z$时间参数，它是分段器失电压后自动分闸的短暂时延。假设从故障电流发生到重合器分闸完成的时间为$t_0$（包括重合器延时分闸时间和开关动作时间），根据“重合器+分段器”系统的动作原理，显然应该有$X>Y>(t_0+z)$。将变电站出线重合器的动作特性整定为“一快两慢”，即在两次慢合之前加一次快速重合，并且将分段器的$z$时间适当延长，保证将重合器的一次快速重合闸限制在$z$时间之内完成。通过这样的设计后，就可以大大缩短瞬时性故障时的停电时间。

假设在b区段发生瞬时性故障，重合器$VW_1$分闸后延时$T_1$时间重合，分段器$S_1$~$S_3$在重合器分闸后因线路失电压而开始$z$时间计时；设定$T_1<z$，则在$VW_1$重合闸后，分段器$S_1$~$S_3$的$z$计时还没有结束，所以并未执行分闸动作，仍然处于合闸状态。这样，重合器$VW_1$就可以在$T_1$(0.3~0.5s)时间内切除瞬时性故障，避免了分段器的逐级延时，大大减少了瞬时性故障时的停电时间和对线路的冲击。

（2）永久性故障时的动作过程　假设在b区段发生了永久性故障，重合器$VW_1$分闸后第一次快速重合不成功，再次分闸进行第二次重合（此时分段器$S_1$~$S_3$已经完成分闸动作），分段器$S_1$延时合闸，因故障依然存在，重合器$VW_1$分闸，$S_1$失电压后分闸并闭锁。在这个过程中分段器$S_2$检测到一个持续时间很短、幅值很小的电压信号，它在$S_1$分闸并闭锁的同时也执行分闸闭锁，这样就将故障区段b的两端同时闭锁住，完成了对故障的隔离。然后，$VW_1$第三次重合，由变电站1供电到a区段。

故障发生后，联络重合器$VW_3$在检测到单侧失电压后延时$XL$时间合闸，$S_3$在$VW_3$合闸后延时$X$时间也合闸，由变电站2供电到c、d段。如果在这个过程中，c或d段又发生故障或者分段器$S_2$未完成合闸闭锁（这种情况出现的概率极小），则$VW_3$合闸后检测到故障又跳闸，通过一次重合闸完成故障的隔离和供电恢复。所以，无论在哪种情况下，这种配电模式都可以避免$VW_3$至变电站2线路段的停电，也就是说在隔离故障区段时，不会造成非故障线路区段的无谓停电。发生故障后，在线路上的重合器和分段器动作的同时，装设在变电站内部的故障定位器根据各开关设备的动作时间配合，迅速确定故障区段的准确位置，便于电力人员进行检修。图7-8是馈线上各开关的动作时序图（图7-8a是b区段发生永久性故障时开关的工作时序，图7-8b是网络重构后c区段发生永久性故障时开关的工作时序；$t_0$、$t_1$、$t_2$分别是重合器第一、二、三次重合闸间隔时间）。

从上面的分析可以看出，这种配电方式虽然无法一次性完成对故障的定位、隔离和供电恢复，但是它可以快速切除瞬时性故障，在发生永久性故障时，可以在第二次重合闸时，同时完成对故障区段两端的闭锁。与传统的“重合器+分段器”配电方式相比，缩短了停电时间，减少了短路电流对线路的冲击次数。因为整条线路中只在变电站出线端和线路中间装设有重合器，所以保护配合易于实现；虽然线路分段较多，但变电站出线断路器的速断保护延时无需太长。所以，当变电站出线端发生短路时，相应的对配电系统的影响也就较小。同时，由于采用新型联络重合器，在隔离故障时避免了非故障区段的停电。另外，这种配电方式虽然没有“以 FTU 实现 SCADA 集中控制”模式切除故障快和功能强大，但它也有自己的优势：无需通信，完全依赖于线路中的智能化开关设备来就地完成对故障的定位、隔离和恢复供电，减少了配电系统的结构复杂程度，也使影响可靠性的因素大大减少；并且这些智能化开关设备都留有通信接口，可以方便地加上通信功能，实现三遥功能，进而实现 SCADA 集中监控功能，使该配电网馈线自动化达到更高的水平。

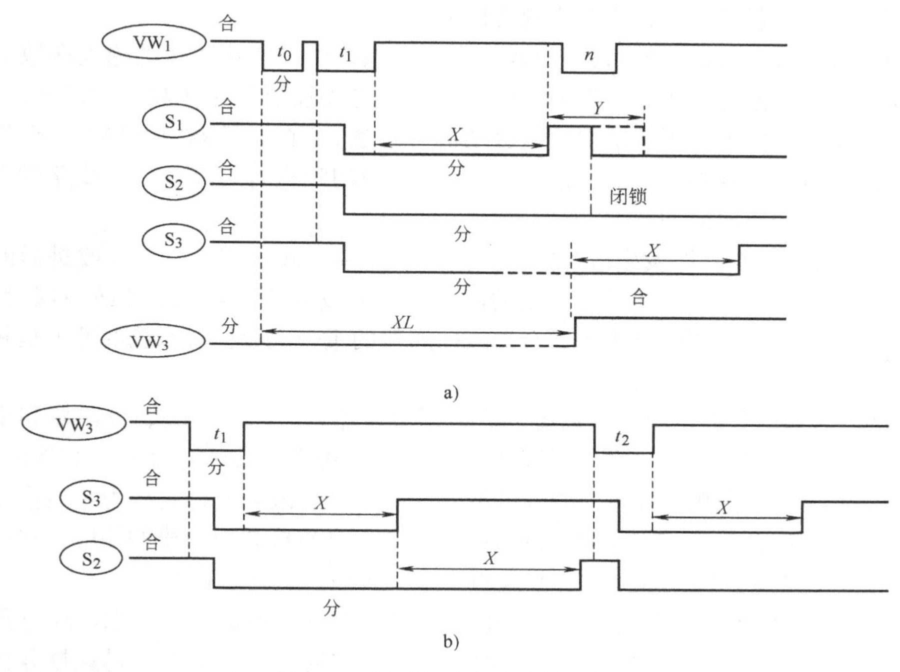


图 7-8　重合器/分段器动作时序图

（3）变电站母线失电压时的动作过程　电力系统是一个错综复杂、紧密相连的整体，10kV 环网只是整个系统中的一部分，所以，当系统其他部分发生故障时，也会对 10kV 环网系统造成影响，如果不考虑到这一点，就会造成严重的事故，为此，我们在重合器/分段器的设计中采取了以下措施。

还是以图 7-8 的 10kV 环网为例。假设由于各种原因造成变电站出线侧母线短时失电压，如果重合器、分段器失电后立即分闸，则当变电站短时又恢复送电时，重合器、分段器又要依次延时合闸，这势必造成恢复供电时间大大延长。我们设计的重合器和分段器在失电压后分别延时 $\Delta t$ 和 $Z$ 后再分闸，如果变电站母线的停电时间小于 $\Delta t_1$ 和 $Z$，则当变电站来电时可迅速恢复对 a、b、c、d 段供电。

假设 1 号变电站母线停电时间较长（如几十分钟），重合器 $VW_1$ 和分段器 $S_1$ ~ $S_3$ 因失电时间超过 $\Delta t_1$ 和 $Z$ 而分闸，并且令重合器 $VW_1$ 在分闸后闭锁；联络重合器 $VW_3$ 因检测到单侧失电延时 $XL$ 时间后合闸，分段器 $S_1$、$S_2$、$S_3$ 依次延时 $X$ 时间后合闸，恢复对 a、b、c、d 段供电。当变电站母线恢复送电时，$VW_1$ 重合器检测到电压信号，但因其处于闭锁状态，

所以 $VW_1$ 不会合闸。否则，如果重合器 $VW_1$ 合闸，就会使变电站 1、2 闭环运行，造成“合环”事故。

因此，出线重合器所具有的“失电压后延时分闸并闭锁”这一功能，在变电站出线侧母线短时停电时可以大大减少恢复供电的时间；在母线长时间停电时，可以避免母线恢复送电时造成的“合环”事故。

从以上分析看出，由新型重合器/分段器构成的无信道就地智能控制模式，通过采用更为合理、灵活的配合方式，同传统的“重合器+重合器”或“断路器（重合器）+分段器”控制模式相比具有明显的优点，主要表现在以下方面：

1）快速切除瞬时故障，减少停电时间。在电力系统中，线路故障的绝大多数为瞬时性故障，如果把瞬时性故障按永久性故障等同处理，会造成较长时间（数十秒以上）的停电。为此，我们在重合器中增加了首次快速重合功能（可选），在分段器中增加了完全失电压后延时分闸功能，这两者互相配合，可以在 0.3~0.5s 内切除瞬时故障、恢复线路供电，大大减少了瞬时故障时的停电时间。

2）传统的分段器在线路发生故障时，只能一次闭锁故障线路的一端，改进后的分段器可以在线路发生永久性故障时使故障区段的两端同时完成隔离，避免了非故障区段的停电，使恢复正常供电时间短，同时减少了重合器或断路器的重合次数，对系统的冲击也相应地减少了。

3）联络重合器所具有的特点。新型的联络型重合器具有联络开关、分段器和重合器的三重功能。当线路发生故障时，在故障隔离后，它作为联络开关延时合闸，实现网络重构；网络重构完成后，在负荷侧区段（如图 7-8 的 c 区段）发生故障时，它作为普通重合器与变电站出线重合器相配合，通过一次重合闸排除故障，不会造成非故障段的停电；在电源侧区段（如图 7-8 的 f 区段）发生故障时，它又可以作为普通分段器进行动作。

4）变电站母线停电时采取的措施。把电力系统作为一个系统整体考虑。通过重合器的“失电压后延时分闸并闭锁”功能，可以使前级变电站短时停电再来电时迅速恢复供电；在前级变电站较长时间停电时，能避免造成“合环”事故。这一功能特点是其他重合器、分段器所不具备的。

5）躲涌流功能。配电系统最主要的负荷是变压器和高压电机，所以在重合器首次合闸或重合时，会出现比额定电流高得多的起动电流，有可能导致重合器的误动。改进后的重合器在软件和硬件两个方面增加了躲涌流措施，很好地解决了这一问题。

6）方便的通信和功能扩充。新型重合器和分段器上都留有通信接口，利用智能化开关控制器中的硬件设备，通过灵活的软件编程，可以完成传统的 RTU/FTU 的部分功能，与变电站内的区域性控制站进行通信，实现三遥功能，完成配电自动化的第二阶段。变电站内的区域性控制站进而与调配中心实现通信连接，实现配电自动化的第三阶段。这样，变电站或调配中心的工作人员可实时查看重合器或分段器的工作状态，必要时进行遥控操作。

### 7.3.4 “有信道就地智能控制+SCADA”模式

“有信道就地智能控制+SCADA”模式是在结合了“无信道就地智能控制+SCADA”和“以 FTU 实现 SCADA 集中控制”模式的特点的基础上提出来的。该模式的系统组成和“无信道就地智能控制+SCADA”模式基本相同，区别在于馈线上各分段开关可以与相邻开关之间进行对等通信，实现信息的相互交换。

图 7-9 是“有信道就地智能控制+SCADA”模式的结构，线路上的重合器和分段器通过 RS-485 接口采用总线结构组成局域网，并与变电站内的区域性控制站连接。线路正常运行情况下，区域性控制站通过查询方式与各重合器、分段器进行通信，监控系统的运行情况，并可远方遥控操作开关动作；线路故障情况下，出线重合器跳闸，通知区域性控制站停止与重合器/分段器之间的通信，各相邻馈线开关之间建立对等通信，通过相互交换故障电流数据，实现故障区段的判断、隔离和供电恢复。

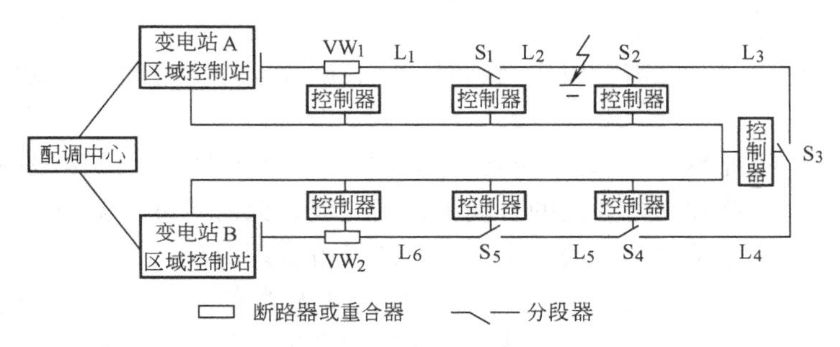


图 7-9 “有信道就地智能控制+SCADA”模式结构

**1. 瞬时性故障处理过程**

假定 $L_2$ 线路区段发生瞬时性故障，变电站出线重合器分闸，线路失电压（各分段开关依然保持合闸状态），经过一个短暂时间，故障点绝缘恢复，然后重合器重合闸成功，恢复供电。

**2. 永久性故障处理过程**

假定 $L_2$ 线路区段发生永久性故障，变电站出线重合器 $VW_1$ 分闸，线路失电压，一次重合闸不成功又跳闸，线路再次失电压；分段开关 $S_1$ 的控制器记录了两次失电压、两次故障电流信号，分段开关 $S_2$ 的控制器记录了两次失电压，没有故障电流信号，$S_1$ 和 $S_2$ 的控制器将故障记录通过对等通信方式分别向相邻的分段开关广播传送。$S_1$、$S_2$ 分段开关的控制器分别检测出相邻的故障记录有差异，$S_1$ 检测到两次故障电流，$S_2$ 只检测到两次失电压，则判断故障发生在 $L_2$ 区段，由控制器控制 $S_1$、$S_2$ 开关分闸并闭锁，完成故障的检测和隔离。

联络开关检测到单侧失电压后，根据两侧分段开关控制器的故障记录来确定是否合闸：当两侧分段开关的控制器都没有故障电流记录时，联络开关合闸；当任意一侧分段开关的控制器感受到故障电流时，则不合闸，保证联络开关不会重合于故障线路。在上面的例子中，联络开关 $S_3$ 接收到相邻分段开关 $S_2$、$S_4$ 的记录时，分析 $S_2$ 的故障记录，因为仅有两次失电压，则判断故障不在 $L_3$ 区段，控制器发出指令使 $S_3$ 开关合闸，完成负荷侧非故障区段的供电。

变电站出线重合器在第一次重合闸结束后，经过一定的延时再次重合，恢复对 $L_1$ 区段的供电，完成了电源侧非故障区段的供电恢复。

出线重合器第二次重合时，通知区域性控制站恢复与重合器/分段器之间的通信。配调中心和区域性控制站通过查询方式遥信馈线上各开关的分/合闸状态，读取故障电流记录，动态显示经过重构后的配电网络接线，实现相关 SCADA 功能。

“有信道就地智能控制+SCADA”配电自动化模式具有以下特点：

1）可靠性高。故障处理过程中，线路上每个分段开关只需与相邻开关通信，根据自身及相邻开关的故障信息判断故障区段，并实现就地隔离和供电恢复。整个故障处理过程不依赖主站或二级主站的干预，而是完全下放到馈电线路上独立完成。主站或二级主站与线路上分段开关之间的通信主要用以实现馈线SCADA功能。这样，同“以FTU实现SCADA集中控制”模式相比，就减少了所涉及的通信环节，提高了故障处理的可靠性。

2）速度快。故障分析判断简单、快捷，在出线开关第二次重合时就可以完成故障隔离和供电恢复。与“无信道就地智能控制+SCADA”控制方式相比，减少了一次重合闸，并且在故障判断、恢复送电时，无需分段逐级延时合闸，减少了停电时间和对配电网及用户的冲击次数。

3）同“以FTU实现SCADA集中控制”模式相比，在恢复非故障区段的供电时，该模式利用变电站出线重合器和联络开关的自动重合闸完成，无需通过配调中心或区域性控制站远方遥控，避免了与变电站自动化的冲突和可能的设备管理混乱。

4）简化配电自动化系统配置。对于双电源环网和无需实时选择恢复供电最优方案的多电源环网，其配电自动化系统的配调主站主要用于实现远方数据采集和监控功能，不存在实时最优恢复供电方式的决策问题。因此，通过扩展变电站自动化的功能就可以实现“有信道就地智能控制+SCADA”控制方式的馈线自动化，简化了配电自动化系统的配置。

5）适应性强。由于该模式在故障处理过程中采用的是分散就地处理方式，完全不依赖于配调主站和二级主站，不会与其他自动化系统发生冲突。因此，它既适用于同一变电站引出的环网，也适用于跨接不同变电站之间的环网，还可用于放射状馈线。

根据故障分散就地处理的思想，基于“无信道就地智能控制+SCADA”控制方式的重合器/分段器。重合器/分段器的控制器中集成了RTU/FTU的部分功能，整个系统易于实现功能扩展和技术升级，通过修改软件功能，可以较方便地实现“有信道就地智能控制+SCADA”控制方式。

同传统的“重合器+分段器”和“重合器+重合器”控制模式相比，“无信道就地智能控制+SCADA”控制模式的优点是：

1）快速切除瞬时性故障，缩短了停电时间。

2）在发生永久性故障时，可以同时在故障区段两端实现闭锁，减少短路电流对线路的冲击次数。

3）联络开关具有重合器、分段器和联络开关的三重功能，可以避免非故障线路的无谓停电。

4）保护配合易于实现，重合器快速动作选择性好，当变电站出线端发生短路时，相应地对配电系统的影响也就较小。

5）重合器/分段器有通信接口，可以方便地加上通信功能，实现三遥功能，进而实现SCADA集中监控功能，分阶段使配电网馈线自动化达到更高的水平。

在“有信道就地智能控制+SCADA”控制方式中，馈线上各分段开关和相邻开关之间进行对等通信，相互交换故障记录，根据自身及相邻开关的故障信息判断故障区段，并实现就地隔离和供电恢复。整个故障处理过程不依赖主站或二级主站的干预，而是完全下放到线路上独立完成。主站或二级主站与线路上分段开关之间的通信主要用以实现馈线SCADA功能。

其主要优点是：减少了故障处理所涉及的通信环节，提高了系统可靠性；故障处理速度快，对用户和配电网的冲击小；避免了与变电站自动化的冲突和可能的设备管理混乱；简化了配电自动化系统配置。

“就地智能控制+SCADA”控制模式的系统配置灵活，可以根据具体的情况，分阶段实现不同层次的配电网馈线自动化，适合不同地区的城网配电自动化建设和改造。配电自动化的目的是提高供电可靠性，自动化系统的功能固然重要，但是其自身的运行可靠性和投资经济性则是电力部门最关心的问题。综合考虑运行可靠性和投资经济性，基于新型重合器/分段器的“就地智能控制+SCADA”模式是一种技术比较先进、实用并且适合我国国情的配电网馈线自动化控制方式。

## 7.4 馈线远方终端——FTU

### 7.4.1 FTU 的功能及性能要求

馈线远方终端，包括 Feeder Terminal Unit（FTU）和 Distribution Terminal Unit（DTU），一般通称为 FTU。FTU 分为三类：户外柱上 FTU、环网柜 FTU 和开闭所 FTU。三类 FTU 的应用场合不同，分别安装在柱上、环网柜内和开闭所，因此监控的配电网馈线的数量不一样。其基本功能是一样的，都包括遥信、遥测、遥控和故障电流检测等功能。FTU 具有以下功能：

1）遥信功能。FTU 应能发回柱上开关的当前位置、通信是否正常、储能完成情况等重要状态量。若 FTU 自身有微机保护功能，还应对保护动作情况进行遥信。

2）遥测功能。FTU 应能采集线路的电压、开关经历的负荷电流和有功功率、无功功率等模拟量。一般线路的故障电流远大于正常负荷电流，要采集故障信息必须要求 FTU 能提供较大的电流动态输入范围。FTU 一般还应对电源电压及蓄电池剩余量进行监视。

3）遥控功能。FTU 应能接收远方命令控制开关合闸和跳闸，以及启动储能过程等。

4）统计功能。FTU 应能对开关的动作次数和动作时间及累计切断电流的水平进行监视。

5）对时功能。FTU 应能接收主系统的对时命令，以便和系统时钟保持一致。

6）事件顺序记录。记录状态量发生变化的时刻和先后顺序。

7）事故记录。记录事故发生时的最大故障电流和事故前一段时间（一般为 1min）的平均负荷，以便分析事故，确定故障区段，并为恢复健康区段供电的负荷重新分配提供依据。

8）定值远方修改和召唤定值。为了能够在故障发生时及时地启动事故记录等过程，必须对 FTU 进行整定，并且整定值应能随着配电网运行方式的改变而自适应。

9）自检和自恢复功能。FTU 应具有自检测功能，并在设备自身故障时及时警告。FTU 应具有可靠的自恢复功能，凡是受干扰造成死机时，则通过监视定时器重新复位系统，能恢复正常运行。

10）远方控制闭锁和手动操作功能。在检修线路或开关时，相应的 FTU 应具有远方控制闭锁的功能，以确保操作的安全性，避免误操作造成的恶性事故。同时 FTU 应能提供手动合闸、跳闸按钮，以备当通道出现故障时能进行手动操作，避免上杆直接操作开关。

11）通信通道。除了需提供一个通信口与远方主站通信外，FTU应能提供标准的RS-232或RS-485接口和周边各种通信传输设备相连，完成通信转发功能。

此外，FTU还有三项选配功能：电度采集、微机保护和故障录波。由于FTU是配电自动化的核心设备之一，还有一些特别的性能要求，如抗恶劣环境、具有良好的维修性、可靠的电源等。

## 7.4.2　FTU的技术核心

FTU的技术核心主要包括以下几个方面：

（1）快速故障定位、故障隔离和恢复供电　事故停电时间主要取决于配电自动化主站或子站采集各现场FTU故障信息耗费时间。目前国内外大多数配网自动化方案，完成一次故障定位、事故隔离和恢复供电需耗时近1min，有的甚至更长。随着用户对供电质量的要求越来越高，这一指标显然不能满足要求。以太网的引入，有望使停电时间缩短到10s之内。

（2）网络通信　以太网的快速发展使各地的电力部门争相提出网络通信的要求。目前光纤中传输的大多仍是低速率的RS-232或RS-485信号。虽然也有厂家将RS-232或RS-485信号转成TCP/IP在光纤通道上传输，但由于RS-232或RS-485接口的低速率，其光纤通信的高速性大大受到限制。如果各FTU能够直接采用10M/100Mbit/s以太网，并用TCP/IP与配电子站或主站通信，光纤通信的优势就能真正发挥出来。

（3）配电网内的单相接地选相与定位　小接地电流系统的接地选线和定位由于配电网中供电网络复杂多变，更增加了接地定位的难度。利用各出线的零序电流或使用5次谐波电流选线，鉴于选线采用的特征量很小，或者系统中噪声的干扰，造成识别上的困难。在实际应用中，种种不利因素导致现有的小接地电流系统单相接地故障选线的正确率很低（20%~30%）。很多供电部门仍然使用拉路法确定故障出线。因而小接地电流系统的接地故障选线和定位正成为改善电能质量、提高供电可靠性的主要困难之一。

（4）开关状态在线监视　通过测量记录断路器或负荷开关累计切断故障电流、负荷电流的水平、动作时间、动作次数，可以监视触头受电腐蚀的程度以及开关机械性能，为开关检修提供依据。由于配电网开关多装设在户外，检修和维护极为不便，如何能及时预测开关寿命，成为供电部门关心的问题。

## 7.4.3　FTU的组成

一般来说，FTU作为一个独立的智能设备，由核心模块远方终端控制器、充电器、蓄电池、机箱外壳以及各种附件组成。

核心模块远方终端控制器，一般需完成FTU的主要功能，如模拟和数字信号的测量、逻辑计算、控制输出和通信处理。远方终端控制器一般由高性能的嵌入式CPU或DSP来完成，考虑到工作环境，设计时应选用工业级芯片。控制器FTU中主要的功率消耗源，为延长停电工作时间和降低FTU自身的发热量以适应高温环境，元器件设计和选用时还应考虑低功耗的元器件。从更换维护方便考虑和工作可靠考虑，控制器部分宜采用具有独立机壳的设备。

充电器完成交流降压、整流及隔离，完成蓄电池充放电管理，多电源自动切换，蓄电池容量监视等。当操作电源不同于FTU内部的直流电源时，还需提供操作电源的充电管理。充电器可以采用专用集成电路来完成，亦可以采用合适的单片机来完成。

蓄电池是作为FTU所有供电电源的后备电源，蓄电池在FTU中是不可缺少的。蓄电池的电压可选DC 24V或DC 48V，从安全维护和人身安全方面考虑，DC 24V更合适。蓄电池的容量选择要依据FTU自身的功耗和系统要求的停电工作时间而定。一般来说，控制器的功耗往往为4~5W，而停电后开关至少需分、合闸操作一次，同时FTU也至少应能保证停电继续工作时间不少于24h，因此蓄电池的容量至少应在24V/7A·h以上。

由于大多FTU安装在户外，受酸雨等的腐蚀较严重，因而机箱宜采用耐腐蚀的材料做成，最好采用不锈钢材料。设计时还应考虑一定的隔热措施，在冬季温度低的场合也可以在箱体底部安装加热设施，由FTU根据环境温度投退加热器。另外，要设泄水孔，有一定的防尘除虫措施。

各种附件包括就地远方控制把手、分合闸按钮、跳合位置指示灯、接线端子排、低压断路器、除湿和加热器等。

## 7.5 配电自动化的通信

通信系统的建设是配电自动化系统的关键技术之一。配电自动化系统需要借助于有效的通信手段，将控制中心的命令准确地传送到为数众多且安装分散的远方终端，同时又能将反映远方设备运行情况的数据信息收集到控制中心。

随着配电网自动化程度的提高，通信系统在整个配电自动化中的地位越来越重要。目前，如何在保证可靠性的前提下，降低通信系统造价和满足配电自动化系统对通信的要求，成为配电自动化设计的重要课题。

配电自动化所包含的功能很多，有开闭所/变电站自动化、馈线自动化、无功补偿、地理信息系统、负荷管理与控制、远方自动抄表与计费自动化等。同输电网调度自动化相比，配电网自动化的通信距离相对较短，通信效率要求较低，但是配电网的系统规模大，自动化设备数量和种类多，远方馈线终端采集的信息量大，且种类繁多。总体上讲，配电自动化通信系统的特殊性主要体现在以下两个方面：

1）不同的配电自动化功能对通信的要求不同。例如对于需方管理功能（负荷管理与控制、远方自动抄表与计费自动化），它们对通信速率、通信可靠性和实时性要求较低，而馈线自动化对通信速率、可靠性和实时性要求相对很高。

2）不同的配电自动化功能所采用的通信方式也存在很大差别。如要实现远方自动抄表和计费自动化功能，需要在用户电表和控制中心之间建立通信，由于用户数量巨大，且分布地域较广，所以无法也没有必要建立直接通信连接线路，可以考虑采用无线、调制解调器（Modem）、脉动控制技术和电力载波通信等方式，或者把这几种通信方式混合使用。而馈线自动化功能由于对通信速率、可靠性和实时性要求高，因此应考虑采用光纤或专用通信电缆通信方式。

配电自动化对通信系统要求的多样化，造成了多种通信规约和通信结构并存的局面。目前，在配电自动化的实施中，不同的功能采用不同的通信系统，限制了配电自动化的发展。因此，迫切需要一种能够支持配电自动化所有功能的开放、透明的通信系统。

### 7.5.1 配电自动化通信方式

配电自动化可选择的通信方式主要包括配电载波、无线通信、通信电缆、租用电话线、RS-485 通信等。

**1. 配电载波通信**

电力线路除了用于传输电能外，还可以用于作为信息传输的媒介，配电载波通信就是利用电力线的这一特点，将信息调制在高频载波信号上，通过已建成的配电线路进行传输。

配电载波通信的优点是：利用延伸到各监控设备的电力线作为传输媒体，无需另外架设通信线路，整个通信系统的造价低。其缺点是易受电力线噪声干扰，线路的特性易受配电系统的结构变化和负荷设备的影响，传输速率较低；另外，当某一开关处于“分闸”位置或线路在某点出现故障或断线时，自该点至以后设备将无法与主站通信。虽然可以通过旁路调谐设备构造桥路，使载波信号绕过重合器和开关等线路断点，但是对于配电网来说，旁路调谐设备的用量比输电网要大得多，投资太高。

配电载波通信方式比较适用于对通信实时性、可靠性和通信速率要求不高的自动抄表和负荷控制等系统。就目前的设备水平看，馈线自动化系统不适合采用这种通信方式。

**2. 无线通信**

电力系统的无线通信通常有微波、扩频、商用电台、数传电台等方式。

微波通信和扩频通信方式成本较高，对于监控点众多的配电网来说其投资较大。扩频通信的优点是抗干扰性强、隐蔽性强、干扰小、通信速率较高、传输容量较大，且无需申请频率使用权。但是由于扩频通信的工作频率很高，使该频段的扩频无线通信绕射能力差。所以它不适于高大建筑物较多的大中城市的配电自动化。相对而言，在平原地区的农网配电自动化系统中采用扩频通信技术比较合适，但存在成本过高的问题。

商用电台的价格较低，但由于该电台的开启时间较长、传输速率较低，难以满足配电自动化中对实时性较高的要求，它多应用于负荷控制和远方自动抄表系统。相对而言，数传电台的性能价格比较高。如香港中华电力公司和石家庄电力局选用的数传电台其传输速率可达 19200bit/s，电台的开启时间小于 5ms（比商用电台快 10~20 倍），而且电台本身具有中继功能，其价格在扩频和商用电台之间。采用无线电台的优点在于施工工程费用较低，在有效功率范围内价格只与点数有关，而与距离无关；缺点是在高层建筑较多的城市，信号传输易受阻挡，在有的地区频点申请比较困难。

**3. 通信电缆**

通信电缆主要有光纤、同轴电缆、双绞电缆等，其信道质量和价格按上述顺序依次降低。

光纤通信与其他通信方式相比具有如下优点：传输速度高；抗干扰能力强，可靠性高；具有自愈功能，为提高光纤通信的可靠性，采用双环通信网，互为热备用，一旦通信环有故障，光端设备能自选路由，自动愈合，确保通信的可靠性；光缆防护等级高，易于铺设，由于光缆传输的是光信号，不受电磁场干扰，因此可以与架空高压线同杆架设。

所以，光纤通信对于配电系统自动化来说是一种理想的通信系统，但就我国目前情况而言，在配电自动化中采用光纤通信，其大容量、高速率的优点没有被充分利用起来，整个系统的造价过高，性能价格比较低。

另外，光缆和同轴电缆可达到较高的传输速率，而双绞电缆速率相对较低。从信号的传输来说，通信电缆的信号传输质量和速率要优于载波和无线，但设备投资随距离的增长而增加，所以这种方式适合短距离通信和设备密集的地域。如上海市浦东供电所在金滕工业园区选用了光缆通信方式，石家庄和沈阳电业局选用了双绞电缆通信方式。

**4. 电话线**

利用电话线通信是一种非常成熟的技术，在电力系统的能量管理、配电站和用户的数据采集以及继电保护方面得到了广泛的应用。其一般工作原理是：变电站主站（或配调中心）的数字脉冲信号经调制解调器（Modem）转变成300~3400Hz的话带信号，通过电话线传输至远方终端装置，经Modem解调还原成数字脉冲信号，完成从主站至远方终端的通信。同样的方式远方终端也可以向主站和配调中心上报信息。

利用电话线传输数据可以分为租用电话专线和公用电话网拨号两种方式。采用专线电话线能传输高达2400bit/s的数据，但要支付较高的租金。这种方式适用于对通信速率有较高要求的场合，如馈线上FTU/RTU与区域性控制站间或区域性控制站与调配中心之间的通信。采用公用电话网拨号方式可以大大降低使用费用，但是由于存在拨号接续时间长且有时接不通的情况，因此这种方式仅适应于对通信速率要求不高的场合，如远程自动抄表等。

**5. 由RS-485构成的通信**

RS-485是一种改进的串行接口标准，采用双线传输信号，其电气标准属于OSI模型的物理层协议标准。由于其性能优异、结构简单、组网容易，RS-485总线标准得到了越来越广泛的应用。

RS-485采用平衡发送和差分接收方式来实现通信：在发送时，采用差分的方式将逻辑电平转换为电位差来传送；在接收时，将电位差还原为逻辑电平。RS-485可实现多点互联，最多可达32台驱动器和32台接收器，既可以实现半双工通信，也可以实现全双工通信。RS-485通信方式的传输线通常采用屏蔽双绞线，又是差分传输，因此有极强的抗共模干扰能力，接收灵敏度也相当高。同时，最大传输速率和最大传输距离也大大提高，最远传输距离约为2km（<9600bit/s），最高传输速率为2.4Mbit/s。

因此，由于其可靠性较高，传输速率适中，在综合考虑经济性和实用性后，RS-485通信方式是一种可行的配电自动化通信方式，它尤其适用于传输距离较短的区域性控制站和各馈线终端装置（RTU/FTU）之间的通信。

## 7.5.2 配电自动化通信规约

应用于电力系统的通信规约大致可以分为三种：应答式规约（如SC1801、Modbus等）、循环式规约（如部颁CDT、DXF5等）和对等式规约（如DNP3.0）。

**1. 应答式规约**

应答式规约又称Polling规约。在配电自动化系统中，它以区域性控制站为主站，依次向各馈线终端装置（RTU/FTU）发出查询命令，各馈线终端依查询命令进行回答。

应答式规约的优点如下：允许多台馈线终端以共线的方式共用一个通信通道，因此从这个角度讲，应答式规约适合区域性控制站与多个馈线终端进行通信，可以大大节省通道，提高通道占用率；传送的信息长度可变，提高了数据传输速度；通道适应性强，既可采用全双工通道，也可以采用半双工通道，既可以点对点通信，也可以一点多址通信。

但是应答式规约也存在明显的不足，具体表现在：由于不允许从站（馈线终端）主动上报信息，所以应答式规约对事故的响应速度慢；由于采用变化信息传送策略，对通道要求高，在通道质量较差时，会发生重要信息丢失的现象；应答式规约采用整帧校验方式，传输数据利用率较低，通信的实时性较差。

**2. 循环式规约**

循环式规约又称为CDT规约，其工作方式是各馈线终端自发地不断循环向区域性控制站上报现场数据。

循环式规约的优点如下：各馈线终端不断地循环上报现场数据，因此即使发生失败暂时丢失一些信息，当通信恢复后，这些被丢失的信息仍有机会上报，而不致于造成显著危害，所以循环式规约对通道的要求相对要低一些；循环式规约采用信息字校验方式，提高了传输数据利用率；重要数据发送周期短，实时性强，采用遥信变位（如开关的分、合状态等）优先插入方式，提高了事故传送速度；通信容量较大。

循环式规约的不足主要表现在：由于各馈线终端自发地不断循环上报现场数据，因此循环式规约必须采用全双工通道，并且不允许多台RTU/FTU共线连接，只能采用点对点的方式连接；由于采用现场数据不断循环上报的策略，所以主机对一般遥测量变化的响应速度慢。

**3. DNP3.0规约**

DNP3.0规约（Distribution Network Protocol，分布式网络规约）是美国IEEE电力工程协会（PAS）在IEC870-5的基础上制定的美国国家标准，它是一种开放性结构的规约，目前在欧美国家应用广泛，在国内也正成为主流性通信规约之一。

DNP3.0规约的优点如下：DNP3.0规约支持点对点、一点多址、多点多址和对等通信方式；DNP3.0规约支持未经主站请求的自发式通信，各从站不必等待主站的请求命令，可主动向主站上报数据；对信道的通信速率要求低，效率高；DNP3.0规约灵活性强，功能完备，且与硬件结构无关。

配电自动化由于自身独特的特点（如通信数据量较大、通信点众多等），所以在规约的选择上不能简单地照搬已经在调度自动化中应用成熟的规约。一种比较可行的办法是根据配电自动化不同层次的具体情况来选择不同的规约。对于区域性控制站和配调中心的通信，在区域性控制站数量较小时，可选择CDT规约。由于Polling规约允许多台馈线终端共用一个通道，实现一点多址通信，通道占用率高，可以作为区域性控制站和各馈线终端之间的通信规约。但是因为通信点众多，区域性控制站采用应答方式访问所有点占用时间长，影响重要信息（如故障信息）的及时上传，因此在实施过程中，往往对传统的应答式规约进行改进，以使其更加有效和简捷。DNP3.0通信规约具有开放式结构，支持信息主动上报功能，支持点对点、一点多址和多点多址通信方式，既可以满足区域性控制站与配调中心之间的通信，也满足区域性控制站与各馈线终端装置（RTU/FTU）之间的通信。目前，DNP3.0规约主要应用于调度自动化系统中，在配电系统自动化中也有很好的应用前景。

### 7.5.3 基于互联网的配电自动化通信体系

目前，国内配电自动化处于试点阶段，没有形成统一的通信系统。主要存在的问题是：不同的配电自动化层次对通信系统的要求不一样，造成多种通信方式共存的局面；不同的自动化层次往往采用不同厂家的产品，存在着协议和寻址方式不一致的问题；配电自动化功能和通信系统之间相互不独立，无法形成一个通用的通信平台，要实现新的配电自动化功能，必须增加相应的通信系统，增加了工作难度和整个配电自动化系统的复杂性。

通信系统的不统一严重制约着配电自动化的发展，因此有必要建立适用于所有配电自动化功能的通信平台。从图 7-10 可以看出，配电自动化系统与互联网在网络拓扑结构上非常类似，存在着很多共同点，如元件数量大、分布广，且各元件唯一地址和一定的层次性，应用软件和协议具有通用性等。

因此，可以考虑设计一种基于互联网的配电自动化通信系统，它与互联网的 TCP/IP 网络兼容，具有通用性和开放性，且独立于配电自动化功能，可以作为配电自动化的通信平台。在这个通信平台上，能够实现所有的配电自动化功能，并能和调度自动化、管理信息系统以及企业内部的 Intranet 方便连接，实现信息共享。

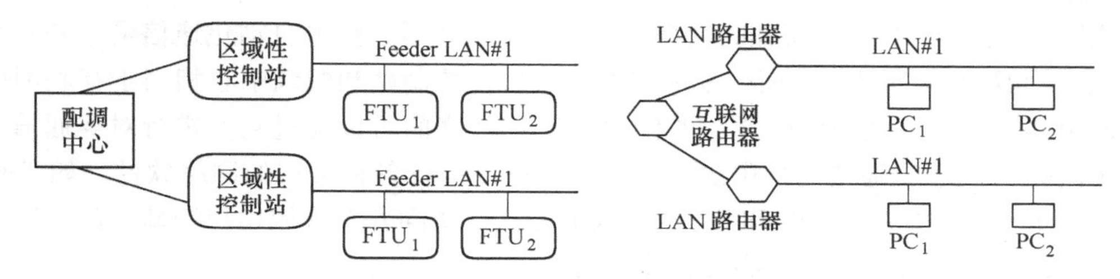


图 7-10 配电自动化系统与互联网拓扑结构比较

**1. 寻址方式**

在基于互联网的配电自动化通信系统中，可以采用类似互联网的寻址方式，即根据每个元件和用户在配电网中的相对位置来分配一个唯一的 IP 地址。

在图 7-11 中，设馈线的地址为 117. 13. 0. 0，根据 IP 地址分层的原则，连接在分段开关 1 和 2 之间的元件的地址可以为 117. 13. 1. xxx（xxx = 1 ~ 254），对于线路每个区段的 FTU，可以取一个特殊的 IP 地址（如取 xxx = 1）以和普通用户区别。

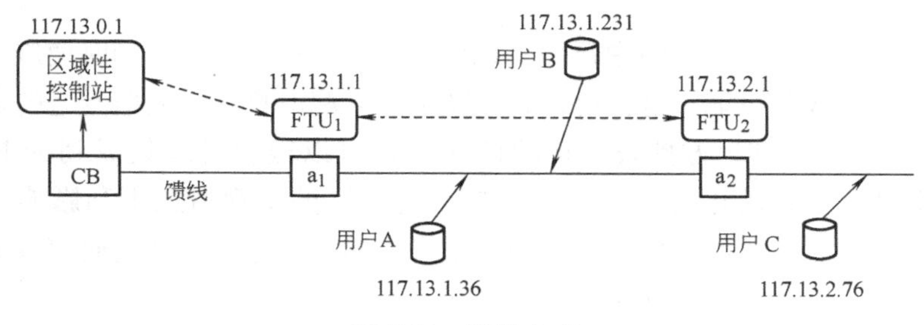


图 7-11 寻址方式

采用类似互联网的 IP 寻址方式后，配电自动化系统中的每个元件和用户都分配了一个可唯一识别的地址。这样，配调中心可以根据元件或用户的地址直观地判断出用户在整个配电系统中的位置，这使得实现配电自动化的某些功能（如故障报修功能）变得非常方便。在图 7-11 中，假设用户 A 和 B 出现停电，电力公司的维修人员通过查看其 IP 地址，就可以迅速判断其所处的位置，在一定程度上具有了地理信息系统（GIS）的功能。

**2. 数据格式**

在传统的配电自动化通信系统中，由于不同的配电自动化层次对通信要求不同，采用的数据格式也不同。这样，就造成了整个配电自动化系统中数据格式无法统一，需要由各层来完成不同数据格式之间的转换。如果在一个配电系统中，采用不同厂家的产品，将会使它们之间的兼容变得非常困难。

在基于互联网的配电自动化通信系统中，可以采用互联网的标准数据格式——IP 数据报格式对需要进行通信交换的数据进行封装。IP 数据报格式由报头和数据两部分组成，报头中包含了源地址和目标地址，通信系统的传输层能够根据报头的内容，将数据送到目标地址。这样，只要把数据按标准的“IP 数据报”格式进行封装，配电自动化的所有功能都可以用同样的方式实现元件之间的对等通信，而不必像传统的通信方式那样，不同的功能采用不同的通信方式。

采用互联网中的 IP 数据报作为数据封装的标准格式后，配电自动化通信网络和互联网非常相似，如图 7-10 所示。此时，配电网中的区域性控制站和配调中心相当于互联网中的“LAN 路由器”和“互联网路由器”的作用，各 FTU 之间可以通过它们进行对等通信。同时，配调中心作为整个通信网络中的最高结点，可以运行各种常用的网络软件，如 Telnet、Ftp 等。这样，配调中心就可以采用远程登录的方式，访问各个区域性控制站，甚至馈线上的 FTU，从而大大简化了配调中心的软件功能。

**3. 通信方式**

基于互联网的配电自动化通信网络与互联网是完全兼容的，信息交换都是由 OSI 模型的第 3~7 层（网络层、传输层、会话层、表示层和应用层）完成的，所以在物理层和链路层上，它可以支持不同的通信媒质。因此，可以根据配电网局部信道环境的具体情况，在不同层次上采用不同的通信媒质，构成灵活的混合通信方式。

**4. 特点分析**

在配电自动化系统中，采用基于互联网的通信网络，同传统的通信系统相比，具有如下特点：

1）采用 IP 寻址方式，使网络中每一个元件具有唯一可识别性，同时使应用标准路由选择设备和互联网协议成为可能，这样可以大大减少建立配电自动化通信网络的费用。

2）需方管理功能（如远方抄表、自动计费等）可以很容易地集成到配电自动化系统中，而不会对其他配电自动化功能（如馈线自动化等）的实现造成不利影响。例如，在实现自动远方抄表功能时，通信在用户电表和数据采集器之间进行，虽然通信量很大，但不会造成主干网的拥塞，影响馈线自动化功能的实现。

3）与互联网的 TCP/IP 网络兼容，可以采用通用的互联网硬件和软件，减少了配电自动化通信系统的软件和硬件费用。

4）可以方便地与企业内部网互连，形成一个一体化的通信系统。

从以上分析可以看出，基于互联网的通信网络和配电自动化功能完全分开，具有独立性、通用性和开放性，构成了配电网自动化系统的通信平台。这样，在进行配电自动化改造时，只需要对配电自动化功能进行完善，不必考虑重新建立相应的通信系统，便于综合配电自动化的实现。

1. 如何理解配电网自动化的技术难点？

2. 自动重合器与分段器由哪些部分组成？自动重合器的开关参数与一般断路器的有何区别？

3.“无信道就地智能控制+SACDA”模式有哪些优缺点？

4. 简述 FTU 的组成及其特点。

5. 简述配电自动化的通信方式和通信规约。

## 参 考 文 献

[1] 王章启，顾霓鸿．配电自动化开关设备［M］．北京：中国水利水电出版社，1995.

[2] 王时任，陈继平．可靠性工程概论［M］．武汉：华中工学院出版社，1983.

[3] 刘建，沈兵兵，赵江河，等．现代配电自动化系统［M］．北京：中国水利水电出版社，2014.

[4] MCDERNOTT，et al. Heuristic Nonlinear，Constructive Method for Distribution System Reconfiguration［J］. IEEE Trans on Power System，1999，14（2）：348-361.

[5] 孙福杰．配电网馈线自动化及供电可靠性相关理论与实践研究［D］．武汉：华中理工大学，2000.

[6] 李学林，等．配网综合自动化技术及其应用［J］．电力系统自动化，1997，21（10）：55-58.

[7] 李玉生，等．1999 年全国电力可靠性统计分析［J］．中国电力，2000，33（5）：1-13.

[8] 王鹏．2001 年全国电力可靠性统计分析［J］．中国电力，2002，35（6）：1-8.

[9] 吴玉鹏，等．2002 年全国电力可靠性统计分析［J］．中国电力，2003，36（5）：1-7.

[10] 陈丽娟，等．2003 年全国电力可靠性统计分析［J］．中国电力，2004，37（5）：59-63.

[11] 赵凯，等．2004 年全国电力可靠性统计分析［J］．中国电力，2005，38（5）；1-7.

[12] BILLINTON R，BILLINTON J E. Distribution System Reliability Indices［J］，IEEE Trans on Power Delivery，1989，4（1）：67-89.

[13] 邹积岩，孙福杰，王普松，等．配电网自动化方案的选择与实例［J］．高压电器，1999，41（5）：33-36.

[14] 孙福杰，何俊佳，邹积岩．基于重合器和分段器的 10kV 环网供电技术的研究及应用［J］．电网技术，2000，43（7）：33-36.

[15] 康庆平，卢锦玲，杨国旺．确定城市 10kV 配电网线路最优分段数的一种方法［J］．电力系统自动化，2000，23（7）：57-59.

# 第8章

# 柔性交流输电系统电器——智能电器应用之二

20世纪末，以电子技术和计算机应用技术为代表的新技术革命带动了其他工业领域的发展，使人类社会进入了新经济时代。作为新兴产业的电子工业本身向两个方向发展：一是以大规模集成电路为主，发展成微电子技术和计算机技术，以信息控制与处理为主要对象；二是以大功率半导体器件为主，发展成电力电子技术，以能量控制与处理为主要对象。二者相互关联：电力电子器件的控制依赖于微电子和计算机技术，而后者对动力和能源的控制直接依靠电力电子器件对电能的控制来实现。在电力工程领域，由于电力电子器件的参数指标近十年快速进步，已达到中压配电系统可直接应用的水平，适当的串并联甚至可用到高压、超高压系统中，为电力系统的控制与保护开辟出一条新的途径。

电力电子器件本身具有控制电能的能力而不必依赖其他开关技术，根据智能电器的概念，电力电子技术可以完成更理想和更彻底的电器智能化技术。柔性交流输电系统（Flexible AC Transmission System，FACTS）是大功率电力电子器件在高压领域直接完成电器智能化的典范。智能电器发展的一个方向是在传统电器的基础上，通过智能化使之功能更强、参数更高、可靠性更好；另一个方向就是依赖电力电子技术的发展，实现更理想和更直接的阻抗变换和电能控制方式。作为智能电器的应用，本章首先从电力系统目前所遇到的困难及解决途径引出FACTS的概念，然后简单介绍目前用于电力系统的FACTS控制器和典型的FACTS电器，讨论电力电子电器与经典机械式开关各自的特点和相互关系以及超高压开关的智能化问题。

## 8.1 柔性交流输电问题的提出

如前所述，随着电力系统容量的不断增长和电压等级的一再提高，电网覆盖地域的日益扩大，大型电力系统所暴露出的矛盾越来越突出，面临的问题可归纳为以下几个方面。

**1. 电力系统潮流的实时控制**

在电力工业生产中，由于发电能源（煤炭、石油、水力等）的分布不均匀，发电中心与负荷中心往往不一致，需要远距离输送大容量的电力。一般称系统中有规律波动的功率流动为潮流，现代互联电网中的功率流动常常出现“瓶颈”现象，使得潮流在电网中辗转，致使损耗增加。在另一方面，目前输电的稳定性极限也和潮流紧密相关，若潮流得不到大幅度实时调节，将会使电网的稳定性极限很低，线路的传输容量不能得以充分利用。依照目前的常规方法，人们难以达到电力系统潮流的实时控制，实际的功率分布可能与理想分布相去甚远。因此，面对日益增长的电力负荷和不能充分利用的传输线路，人们必须寻找可快速灵活调节系统参数和网络结构的方法，对电力系统的潮流进行实时控制。

**2. 短路电流水平的提高**

随着电力系统容量的不断扩大，电网之间的电气联系程度日趋紧密。电网的短路水平迅速提高。现有机械式断路器越来越难以应付急剧增大的断流容量要求，系统内的载流导体及各种电气设备也无法满足不断提高的机械强度（动稳定性）和热容量等方面的要求。因此，电网容量增加时，运行中不满足上述要求的大量电气设备就不得不更换，设备利用率大大降低，更大容量的机械式断路器的研制也越来越困难。

**3. 电力系统的稳定性问题**

随着用电需求的增加和电力工业的不断发展，电网结构日益复杂；发电厂单机容量的不断增大也使系统稳定性问题更加突出，系统安全运行的管理也日趋困难。近年来，由于电力系统稳定的破坏而发生多起大面积停电事故，给国民经济和社会生活造成极大的损害和影响。目前尚缺乏适应现代化大型电力系统需求的有效控制手段。

**4. 电力系统的控制速度**

在目前的交流输电系统中，就其控制手段来讲，归根结底仍然是机械式的，所谓计算机监控也是靠机械式开关执行的。无论是发电机的调速器、断路器、变压器有载调压还是移相器，最终执行的都是机械动作。机械动作的速度一般是不满足系统控制要求的。例如在电网潮流和电压控制中，曾采用纵向、横向或混合型变压器加以控制，但毫秒级的机械调控速度远不能满足微秒级系统暂态过程的调控要求。在电力系统的控制中，特别是稳定性控制中，速度往往是成功的关键。机械惯性限制了机械动作的速度，影响了系统调控功能的发挥，因此也就限制了系统的稳定极限。在另一方面，机械动作可靠性差、器件寿命短也影响着系统的运行可靠性。

**5. 电能质量问题**

保证电能质量的根本在于无功功率的控制和谐波的治理。电网在向负荷提供一定有功功率的同时，还必须提供一定的无功功率。现代电力系统覆盖的地域广阔，无功功率仅靠发电厂供给是不可能的。发电厂输出过多的无功功率会恶化系统的稳定性与经济性。随着电力系统规模的扩大，从20世纪70年代末就开始出现由于系统无功功率源支持不足而导致电力系统电压崩溃事故。现有的无功功率源（如并联电容器），其调节速度和能力均有限，难以适应现代电力系统的要求。谐波是伴随大功率电力电子器件应用的副产品，近年来对电能质量的影响日趋严重，已到了非治理不可的地步。

上述问题的一个共同点就是：传统的运行、控制手段不能满足电力系统飞速发展所产生的实际需求，应用更快、更灵活的系统控制手段是发展现代电力系统的必由之路。对于目前的小功率系统，应用电力电子技术来达到这一目的是可行的。对于高压大功率系统，随着元器件本身的发展，这种电网柔性化的目标也是有希望实现的。从这个意义上讲，电网柔性化的目标和电器智能化的传统目标是一致的。

## 8.2 电力电子技术在输电系统的应用

电力电子技术是基于电力、电机、电器等应用领域的发展与需求，基于半导体技术的发展，融合了现代计算机技术和控制理论而发展起来的一门新技术。目前可用于电力系统高电压、大电流的电力电子器件主要有整流管、晶闸管（SCR）、光控晶闸管（LTT）、静电感应晶闸管（SITH）、可关断晶闸管（GTO）、绝缘栅双极晶闸管（IGBT）、MOS控制晶闸管（MCT）及MOS-GTO等。随着电力电子技术的飞速发展，上述器件的参数仍在不断提高，大容量高性能的新器件还在不断涌现。随着半导体制造工艺的不断提高，器件价格也会不断下降，均为其更广泛的应用创造了条件。

柔性交流输电系统（FACTS）的基本概念与内涵为：在交流输电系统的主要部位，采用具有专门功能或综合功能的电力电子器件和现代自动控制装置或组合体，对输电系统的运行状态变量和参数如电压、相位差、电抗等以至网络结构进行调控，从而实时、灵活、快速地控制交流输电功率，提高现有高压输电线路的输送能力，实现电功率的合理分配，降低功率损耗或发电成本，提高系统稳定运行的水平与可靠性。

### 8.2.1 电力电子技术对输电系统的影响

电力电子技术对输电系统的影响首先表现在输电方式上。最原始的输电方式是低压直流输电，只是在交流发电机和变压器发明后才形成了现代电力系统的雏形。1882年，德国电工博览会上展示了世界第一个交流电力系统。由于变压器的作用，交流体制的电力系统可以采用高压输电和低压配电的电能传输方式，使系统得到不断发展，直至现在的规模和组合格局。然而，随着系统规模的不断扩大，系统稳定性问题日益突出。输电距离的增加和线路走廊的缺乏，使人们又将输电方式转向直流，因为交直流混合输电可以解决上述问题。只是由于汞弧阀等变流设备价格昂贵及控制手段的缺乏，使直流输电受到很大的限制。只有在电力电子技术发展到了今天的水平，出现廉价的高压大电流、控制性能优良的电力电子器件，大规模发展直流输电才成为可能。这些电力电子器件的应用使目前的直流输电无论从传输容量，输送距离还是从电压等级和控制技术诸方面均比传统的直流输电有了一个很大的飞跃。我国第一条高压直流输电线路已于1989年建成，连接华中与华东两大电网，取得了很好的联网效益。近年来，国家电网公司提出了“转变电网发展方式，加快建设以1000kV交流和±800kV直流特高压为骨干网架、各级电网协调发展的坚强国家电网”的战略目标。目前，我国超高压输电线路以220kV、330kV、500kV交流输电和500kV直流输电线路为骨干网架，全国已经形成5个区域电网和南方电网。其中华东、华中、华北、东北4个区域电网和南方电网已经形成了500kV的主网架，西北电网也形成330kV网架的基础。可以预计，随着电力电子器件的不断发展，21世纪将呈现交直流两种输电方式并肩协调运行的良好局面。

电力电子技术在输电系统中的应用将改变系统的组成结构和控制方式，因而将对电力系统的内在特性产生更深层次的影响，主要包括以下几方面：

1）系统正常运行方式的可控性发生了巨大变化。原来功率流动的大小和方向只能靠远方电源的出力来加以控制，而用现在的综合潮流控制器可方便地就地控制。原来系统的电压波动控制很难解决，在新型无功电源和变压器抽头有载可控调节器的帮助下，可以迎刃而解。

2）系统发生故障的影响程度减轻，故障恢复速度加快。由于电力电子开关动作迅速，加上故障电流限制器的作用，可大大减小故障对系统的冲击。另外，自动重合器以及快速故障定位器的使用，也大大减少了故障恢复的时间。

3）系统的静态和动态特性发生变化。许多学者的研究表明，系统同步运行稳定性、电压和频率的稳定性都得到了改善。

电力电子技术一开始出现就具有极强的生命力，在向电力系统各组成部分的渗透过程中，既不断提高元器件自身的参数，又大大改善了人们对系统的调控能力。从控制的观点来看，发电机中引入晶闸管励磁系统，极大地提高了其出口电压的稳定性；电液调速系统的安装改善了系统的频率稳定性；可控串补的实现使输电线路参数可灵活调节。在用电设备中，从大型电动机的可控调速，到照明与电加热，电力电子控制到处可见。从整个系统的控制能力看，正是在电力电子技术的基础上，产生出一项全新的输电技术——FACTS 技术。

## 8.2.2　在输电系统中应用的电力电子开关

输电系统中应用的电力电子开关是最简单的 FACTS 电器，也可以看成是电力电子技术在输电系统中的最早应用。

**1. GTO 直流接触器**

FACTS 电器的基础元件是电力电子开关。电力电子电器的重要意义是从有触点到无触点的转变。在低压应用中，GTO 直流接触器就是一典型示例，图 8-1 为其原理接线，可以看出其基本工作原理。设在电源 $E$ 的作用下，电容器 $C_1$ 和 $C_2$ 均已充满电荷；常态下 GTO 处于关断状态。当按下按钮 $SB_1$ 时，$C_1$ 通过 $R_3$ 向 GTO 的门极发出正脉冲，若此脉冲足够强，就可使 GTO 导通，负载 $R_f$ 得电。如按下按钮 $SB_2$，$C_2$ 通过 $R_4$ 向 GTO 门极发出负脉冲，使 GTO 又处于关断状态，切掉负载电源。这就是最基本的接线无触点开关。

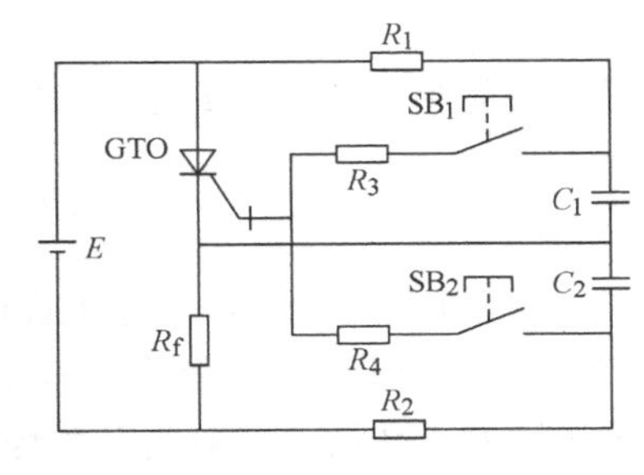


图 8-1　GTO 直流接触器原理

**2. 晶闸管交流开关**

交流晶闸管开关的工作状态与负载性质、门极控制方式以及本身的特性有关。当 $\theta=180°$时，负载加上全压；当 $\theta<180°$时，负载被减压。$\theta$ 保持不变时是开关控制；$\theta$ 变化时是相位控制，简称相控。

设电源电压 $u=\sqrt{2}U\sin(\omega t+\alpha)$，负载为感性，$Z_L=R+j\omega L$，对于图 8-2a 所示电路可列出电路的电压方程

$$u=L\frac{di}{dt}+iR \tag{8-1}$$

即

$$\sqrt{2}U\sin(\omega t+\alpha)=L\frac{di}{dt}+iR \tag{8-2}$$

由式（8-2）解出

$$i=\frac{\sqrt{2}U}{Z_L}\sin(\omega t+\alpha-\varphi)+Ce^{-t/\tau} \tag{8-3}$$

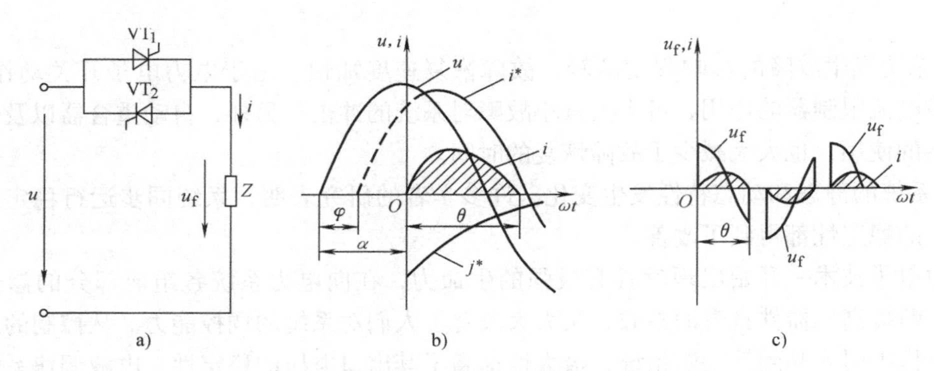


图 8-2　单相晶闸管开关的工作状态

式中，$Z_L$ 为线路阻抗，$Z_L=\sqrt{R^2+(\omega L)^2}$；$\varphi$ 为阻抗角，$\varphi=\arctan\dfrac{\omega L}{R}$；$\tau$ 为时间常数，$\tau=\dfrac{L}{R}=\dfrac{\tan\varphi}{\omega}$。

设当 $\omega t=0$ 时晶闸管触发导通，由于负载是感性的，晶闸管瞬间电流仍为零，即

$$C=-\frac{\sqrt{2}}{Z_L}U\sin(\alpha-\varphi) \tag{8-4}$$

于是通过晶闸管的电流 $i$ 为

$$i=-\frac{\sqrt{2}}{Z_L}U[\sin(\omega t+\alpha-\varphi)-\sin(\alpha-\varphi)e^{-\frac{\omega t}{\tan\varphi}}] \tag{8-5}$$

式（8-5）表明，晶闸管导通时的电流 $i$ 由一个周期分量 $i$ 和一个非周期分量 $j^*$ 组成，波形如图 8-2b 所示。若控制角 $\alpha=\varphi$，则不论 $\varphi$ 是否等于零，晶闸管的导通角 $\theta=180°$，电流波形为连续的正弦波，此时为开关控制方式，晶闸管只起接通与判断的作用。

在正常工作时，晶闸管 $VT_1$ 和 $VT_2$ 轮流导通，负载电流和负载电压波形如图 8-2c 所示。不论何种原因造成 $VT_1$ 和 $VT_2$ 门极触发相位不对称，负载电流都将出现直流分量。如果是电感性负载，其中电阻成分很小，则直流分量的过电流将是严重的。

由式（8-5）可知，当负载是感性时，最小相位控制角是 $\alpha=\varphi$，若 $\alpha<\varphi$，则只有在触发脉冲宽度大于（$\varphi-\alpha$）时，晶闸管开关才能工作（此时负载电流波形与 $\alpha=\varphi$ 时相同），否则晶闸管开关将无法使负载起动。

在大功率电感性负载的设备中使用晶闸管开关时，需注意在上一次停机时如最后是由 $VT_1$ 关断而断电的，则负载铁心将有某一方向的剩磁，在下一次起动时需首先触发 $VT_2$，以避免过大的起动电流损伤晶闸管。

**3. 混合式交流接触器**

混合式交流接触器是由晶闸管开关和交流接触器组合而成的一种无弧通断开关。这种开关对电路的接通和关断的转换由晶闸管执行，因而是无电弧的，免除了交流接触器分断电路时电弧对触头的烧损，而接通状态的保持则由接触器来担任，避免了因晶闸管在长期运行（导通）时的正向压降大、耗能多及过载能力差的缺点。混合式交流接触器实际上是取二者之长而去其之短，因而降低了能耗，提高了寿命。

图 8-3 为混合式交流接触器电路。接触器主触头与晶闸管开关在主回路中并联，晶闸管开关既可用两个反并联的晶闸管 $VT_1$、$VT_2$，也可用一个双向晶闸管。KM 为接触器的主触头，CF 为触发控制环节。

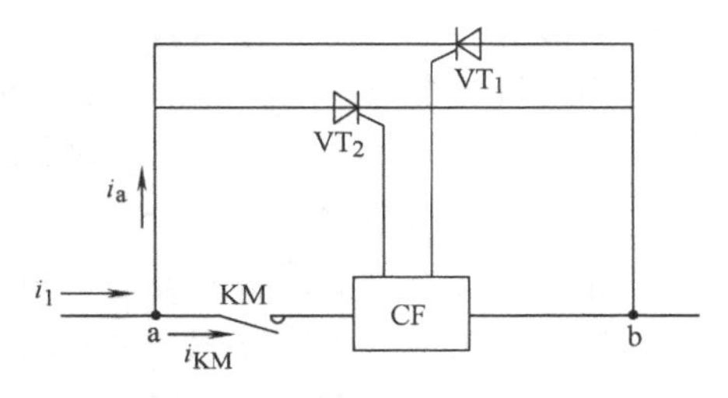

图 8-3　混合式交流接触器

触头在闭合状态下，a、b 两端有电压降 $\Delta U_{ab}$，它取决于触头的接触电阻和主回路电流。在额定电流下 $\Delta U_{ab}$ 应小于晶闸管 $VT_1$、$VT_2$ 的导通电压 $U_s$。此时即使给予较大的门极触发信号，$VT_1$、$VT_2$ 也不会导通。如果主回路因发生故障而使电流剧增，$\Delta U_{ab}$ 超过 $VT_1$ 和 $VT_2$ 的导通电压并获得足够的门极触发信号，$VT_1$、$VT_2$ 将交替导通，晶闸管对触头回路电流起分流作用，其大小取决于两并联支路的阻抗比。当触头 KM 由闭合状态转向断开时，触头电阻急剧增大，在电流为一定值的条件下，$\Delta U_{ab}$ 不断增大，两并联支路中的电流分配不断改变，一旦主触头出现间隙，全部电流 $i_{km}$ 将转给晶闸管。而在电流 $i_s$ 自然过零时晶闸管自行关断。当主触头 KM 由分断状态转向闭合时，其晶闸管先导通，随之 KM 闭合，负载电流 $i_f$ 被全部转移至触头 KM 的回路中。此时，由于主触头回路上的电压降小于晶闸管的导通电压，晶闸管将恢复状态。这样混合式交流接触器就实现了主回路的无弧通断。显然，为了使晶闸管 $VT_1$ 和 $VT_2$ 能及时地转换电流，在主触头 KM 处于闭合状态时，要求触发装置 CF 处于准备状态，即 $VT_1$ 和 $VT_2$ 的门极触发源应为接通状态，但在主触头 KM 分断后，CF 门极触发源应立即解除。

### 8.2.3　柔性交流输电系统电器在输电系统中的应用

提高电力系统的安全运行水平和电能质量，除电网结构本身要合理外，还必须要有先进的调节控制手段。人们不断深入地研究，如采用发电机励磁控制器提高输电线路的输送能力，阻尼系统振荡；研制新装置来解决上述问题，包括串联电容、并联电容、并联电抗、电气制动以及移相器等。这些设备的共同特点是按照固定的、机械投切的分接头转换的方式来设计，以改变线路阻抗或减小电压波动，提高输送能力或在缓慢变化的状态下控制系统的潮流。由于机械开关的速度慢，在动态过程中，这些控制器难以满足系统稳定的要求。而且，许多控制问题要求补偿装置能频繁动作，而机械开关由于动作过频则易损坏、可靠性差。

N. H. Hingorani 于 1986 年提出柔性交流输电系统（FACTS）概念，应用电力电子技术的最新发展成就以及现代控制技术实现对交流输电系统的参数，以至电网结构的灵活快速控制，实现输送功率的合理分配，降低功率损耗和发电成本，显著提高电力系统的稳定性和可靠性。

FACTS 电器目前尚处在蓬勃发展的阶段，所包含的种类仍在不断增加，已知属于 FACTS 开发项目的具体装置有 20 余种，其原理、性能及与系统的联结方式也多种多样。一些 FACTS 电器已进入实际应用，一些正处于工业示范阶段，而还有一些尚处于设计测试阶段。人们还会根据生产的需求来发明和创造更新的 FACTS 控制器。目前已有报道的 FACTS 在输电系统中的应用主要有以下两类。

**1. 与系统并联连接的 FACTS 电器**

- 静态无功补偿器（Static Var Compensator，SVC）

- 高级静态无功发生器（Advanced Static Var Generator，ASVG）
- 静态调相器（Static Condensor，STATCON）
- 静态同步补偿器（Static Synchronous Compensator，SSC）
- 静态同步发电器（Static Synchronous Generator，SSG）
- 静态无功发生器或吸收器（Static Var Generator or Absorber，SVG）
- 晶闸管投切的电容器组（Thyristor Switched Capacitors，TSC）
- 晶闸管投切的电抗器（Thyristor Switched Reactor，TSR）
- 无功补偿系统（Var Compensating System，VCS）
- 超导储能器（Superconducting Magnetic Energy Storage，SMES）
- 电池储能器（Battery Energy Storage System，BESS）

**2. 与系统串联连接的FACTS控制器**

- 静态同步串联补偿器（Static Synchronous Series Compensator，SSSC）
- 晶闸管控制的串联电容器组（Thyristor Controlled Series Capacitors，TCSC）
- 晶闸管控制的串联电抗器（Thyristor Controlled Series Reactor，TCSR）

FACTS设备投入互联电力系统，增强了系统的控制手段，可以提高系统的静态、暂态稳定极限和电压稳定性，从而将输电线的输送容量提高至其热稳定极限。对于长距离输电线，可以用SVC、ASVG等补偿装置进行无功补偿，维持线路电压在正常水平，改善系统阻尼；TCSC等串联补偿装置则可以用于减小线路电抗，提高线路输送容量，阻尼系统次同步振荡。此外，SVC、ASVG、TCSC均可以改善系统的静态和暂态稳定性。

2003年8月14日，美国东部发生的大停电事故为世界各地的电力系统的安全稳定运行敲响了警钟，在现有电力系统中安装FACTS设备，增强系统的调控手段，以提高电力系统的安全稳定性成为世界各国电力系统关心的问题。我国电力系统要成功地实现“西电东送，南北互济，全国联网，厂网分开”的目标，保证全国电力系统的安全稳定运行，FACTS技术必将发挥重要作用。

## 8.3 典型柔性交流输电系统电器

如前所述，随着电力电子技术的发展，一些FACTS电器已进入实际应用，一些也处于工业示范阶段和设计测试阶段。下面介绍几种已投入运行和正在热点研究的FACTS电器。

### 8.3.1 静止无功补偿器

静止无功补偿器（SVC）是目前电力系统中应用最多、最成熟的并联补偿设备，它也是较早得到应用的FACTS控制器。SVC包括与负荷并联的电抗器或电容器，或二者的组合，且具有可调/可控部分。可调/可控电抗器包括晶闸管控制的电抗器（TCR）或晶闸管投切的电抗器（TSR）两种形式。电容器则通常包括与谐波滤波器电路结合成一体的固定的或机械投切的电容器。

**1. FC-TCR型无功补偿装置**

固定电容-晶闸管控制电抗型无功补偿器（FC-TCR SVC），单相原理图如图8-4a所示。其中电容支路为固定连接，TCR支路采用触发延迟控制，形成连续可控的感性电抗。通常

TCR 的容量大于 FC 的容量，以保证既能输出容性无功，也能输出感性无功。

FC-TCR 型 SVC 总的无功输出（以吸收感性无功功率为正）为 TCR 支路（$Q_L$）和 FC 支路（$Q_C$）的无功输出之和（$Q$），即 $Q=Q_L-Q_C$。图 8-4b 为无功输出与需求之间的关系曲线，纵坐标为无功输出，横坐标为无功需求。当需要最大的容性无功输出时，将 TCR 支路“断开”，即触发角 $\alpha = 90°$，逐渐减少触发角 $\alpha$，则 TCR 输出的感性无功增加，从而实现从容性到感性无功功率的平滑调节。在零无功输出点上，FC 输出的容性无功功率和 TCR 的感性无功正好抵消，进一步减小 $\alpha$，则 TCR 输出的感性无功超过 FC 输出的容性无功功率，整个装置输出净感性无功；当 $\alpha = 0°$ 时，TCR 支路“全导通”，装置输出的感性无功功率最大。

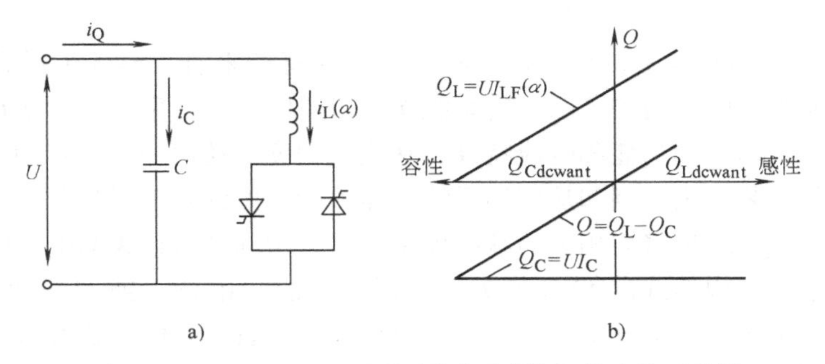


图 8-4　FC-TCR 型 SVC 原理图及无功输入输出关系曲线

**2. TSC-TCR 型无功补偿装置**

TSC 型 SVC 装置不产生谐波，但是只能以阶梯变化的方式满足系统的要求；FC-TCR SVC 型 SVC 相应速度快且具有平衡负荷的能力，但由于 TCR 工作中的感性无功电流需要固定电容器中的容性无功电流来平衡，因此在需要实现输出从额定感性无功到容性无功的调节时，TCR 的容量需增加一倍，从而导致器件和容量上的浪费，造成了可观的经济损失。

晶闸管投切电容-晶闸管控制电抗型无功补偿装置（TSC-TCR SVC）可以克服上述二者的缺点，与 FC-TCR 型 SVC 比较，具备更好的运行灵活性，并有利于减少损耗。图 8-5a 为 TSC-TCR 型 SVC 的单相结构原理图，根据装置容量、谐波影响、晶闸管阀参数、成本等，由 $n$ 条 TSC 支路和 $m$ 条 TCR 支路构成，图中 $n=3$，$m=1$。各 TSC 、TCR 参数一致，通常 TCR 支路的容量稍大于 TSC 支路的容量。

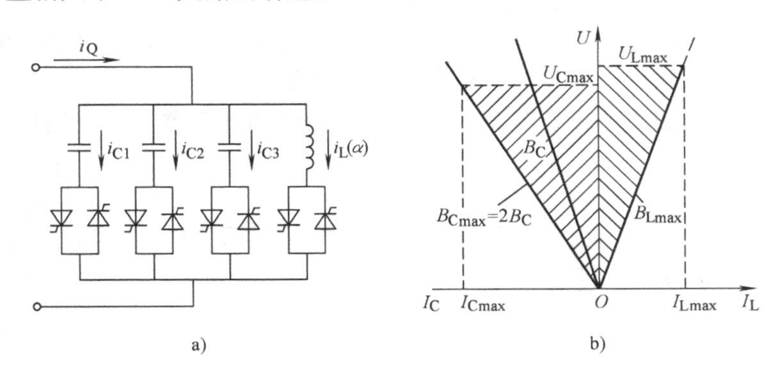


图 8-5　TSC-TCR 型 SVC 原理图及 $U$-$I$ 特性曲线

在额定电压下，所有 TSC 支路投入而 TCR 支路断开时，输出最大的容性无功功率 $Q_{\mathrm{Cmax}}$；在所有的 TSC 支路断开而 TCR 支路投入（$\alpha=0°$）时，输出最大感性无功功率 $Q_{\mathrm{Lmax}}$；当要求装置输出容性无功，且 $Q<Q_{\mathrm{Cmax}}$ 时，则投入 $k$ 条 TSC 支路，使得

$$\frac{k-1}{n}Q_{\mathrm{Cmax}}<Q\leqslant\frac{k}{n}Q_{\mathrm{Cmax}} \tag{8-6}$$

同时调节 TCR 支路的触发角，吸收多余的容性无功功率 $\frac{k}{n}Q_{\mathrm{Cmax}}-Q$；而要求装置输出感性无功功率时，可关断所有的 TSC 支路而通过控制 TCR 支路来获得所需要的无功功率。

**3. SVC 控制策略**

对于上述常见的 SVC 电路结构和基本特性，从外特性来看，SVC 可以看作并联型可控阻抗，通过控制晶闸管的开通和关断，向系统输出对应的无功功率，从而实现对电网特性的影响；从电网侧看，SVC 的功能和响应特性，在很大程度上还取决于其控制系统。

SVC 的控制包含装置级控制和从应用系统整体性能考虑的系统级控制。装置级控制主要是与电力电子电路拓扑结构密切相关的脉冲控制，考虑精确到微秒级的电力电子器件的关断和开通，从而将不同结构形式的 SVC 成为可灵活控制的“电抗”或“无功功率电源”；系统级控制是从应用系统的需要出发，基于一定的控制策略向 SVC 装置级控制提供“电抗”或“无功功率电源”的参考值。本节将从电力系统的需求出发来讨论 SVC 控制器的设计。

当 SVC 用于电力系统补偿时，其主要目的是维持接入点电压的恒定，如系统是三相对称运行状态，通常采用三相对称的控制策略。对于不同的系统电压，TCR 支路电流的波形和有效值取决于电抗器的感抗和触发角。在实际应用中，根据控制目标的不同，通常采用开环和闭环两种基本控制形式，通常开环控制是闭环控制的基础。如图 8-6 所示，设 SVC 与负荷并联运行，接在负荷母线上，控制目标是维持负荷母线上的电压不变。假定系统电压恒定，系统阻抗保持不变的前提下，为了在负荷电纳发生变化时维持负荷母线上的电压不变，可以通过改变与之并联的 SVC 的等效电纳，维持负荷母线上的总电纳不变来实现。

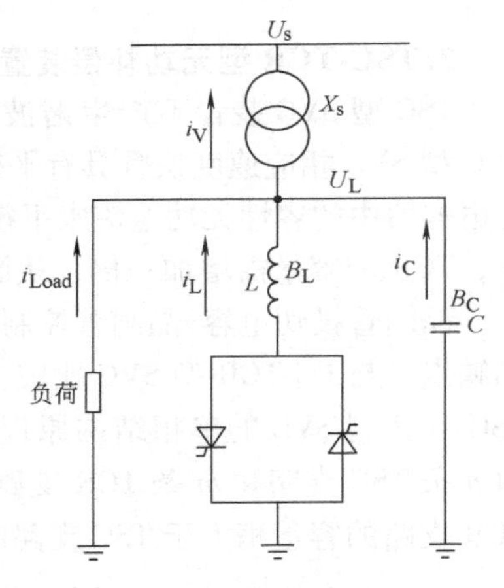

图 8-6 SVC 与负荷并联接线

开环控制根据被控对象的性质和控制目标，实时监视被控对象的特性变量，然后以一定的规律得出控制量并实施。设计的开环控制器的原理图如图 8-7 所示，SC 为电纳计算器，通过测量负荷上的电压

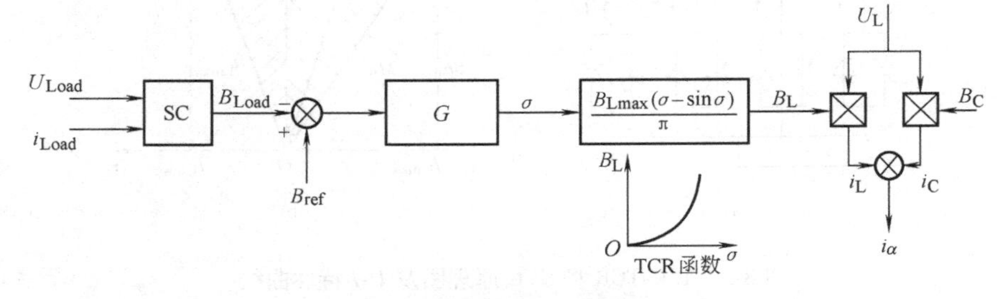

图 8-7 SVC 开环控制器的原理图

和电流，经计算得到负荷的等效电纳；然后根据维持总电纳恒定的控制目标计算出 SVC 应该具有的等效电纳；再通过非线性变换对应的前馈传递函数 $G$（由 SVC 的运行特性决定）得到所需的 TCR 导通角。开环式前馈控制实现简单，响应迅速，典型的响应时间为 5～10ms。但是其控制系统的性能在很大程度上取决于其前馈传递函数 $G$。

开环式前馈控制方法通常仅用于需要快速响应且精度要求不高的负荷补偿，如对冲击性负荷。更高性能的控制系统中通常将前馈控制与反馈控制结合起来，利用前馈环节的快速响应特性和反馈环节的精确调节特性，达到最优的补偿效果。

## 8.3.2 高级静止无功发生器

同步调相机作为一种可以控制的电压源，自 1913 年投运以来，一直被广泛用于电力系统的无功功率补偿。但其控制速度慢、损耗较大、维护较复杂，难以满足现代快速控制的要求。随着电力电子技术的发展，电压源逆变器作为一个输出电压的相位和幅度均可以迅速加以调节的、可控的静止电压源，也称高级静止无功发生器（Advanced Static Var Generator，ASVG），成为同步调相机一个最好的升级换代产品。

**1. ASVG 的工作原理**

ASVG 与系统的等效连接如图 8-8a 所示，其中直流侧为储能电容，为 ASVG 提供直流电压支撑，GTO 逆变器通常由多个逆变器串联或并联而成，其主要功能是将直流电压变换为交流电压，而交流电压的大小、频率和相位可以通过控制 GTO 的驱动脉冲进行控制。连接变压器将逆变器输出电压变换到与系统电压等级，使 ASVG 装置可以并联到电力系统中。图 8-8b、c 为其超前和滞后运行时的等效电路与矢量图。当控制 ASVG 装置产生的电压小于系统电压时，ASVG 装置吸收的无功功率大于零，此时 ASVG 装置相当于电感；当控制 ASVG 装置产生的电压大于系统电压时，ASVG 装置吸收的无功功率小于零，此时 ASVG 装置相当于电容。由于 ASVG 装置产生的电压的大小可以连续快速地控制，因此 ASVG 吸收的无功功率可以连续地由正到负快速调节。

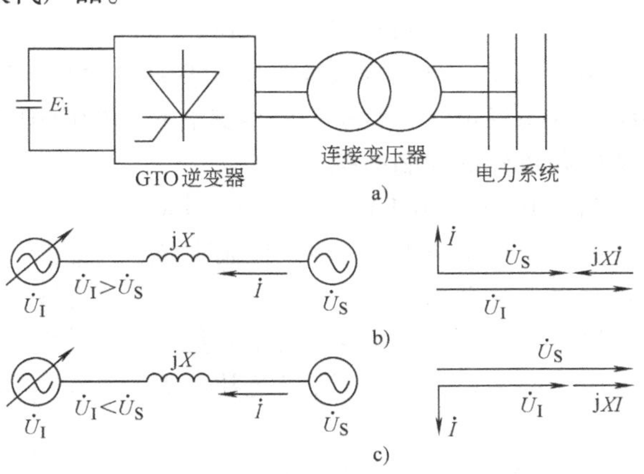


图 8-8 ASVG 工作原理框图

图 8-9a 所示的是 ASVG 中逆变器的基本回路及其产生电压的方法。该逆变器由四个 GTO 晶闸管组成，通过切换各 GTO 所产生的电压的极性，产生出矩形交变电压如图 8-9b 所示。

**2. ASVG 的控制**

ASVG 装置的控制系统通过产生并控制驱动开关器件的脉冲来控制装置的运行，对 ASVG 装置控制系统的要求如下：

1）控制速度快。ASVG 装置本身的响应速度为几十毫秒级，因此要求控制系统本身的反应时间必须在 1ms 以内。

2）高精度的控制脉冲。由于 ASVG 的连接电抗和等效电阻较小，驱动脉冲产生的一个

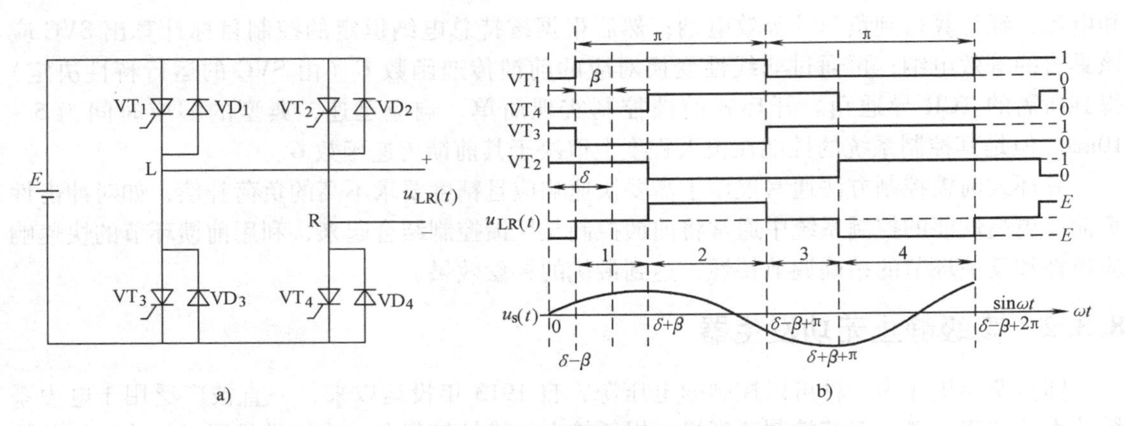


图 8-9 电压型逆变器单相桥电路、触发脉冲及输出电压

小的角度误差可以导致装置出现过电流和无功功率很大的变化。通常要求驱动脉冲误差小于0.1°电角度。

3）多功能、多目标控制。ASVG的响应速度快，可以快速平滑地从容性到感性调节无功功率，因此，对维持系统电压，改善电力系统的动态特性，阻尼电力系统振荡，提高电力系统的静态稳定性、暂态稳定性具有良好的应用前景。因此要求控制系统必须是具有完成多种功能和目标的控制系统。

图 8-10 是±20Mvar ASVG 控制系统示意图。由图可见，ASVG控制系统主要有以下几个部分：

1）A/D采样与转换。主要采集系统电压、ASVG装置的电流以及其他需要的电压、电流信号。

2）数据处理和控制计算。对采集的信号进行数据处理，根据控制算法计算出控制参考信号及控制量，如$\delta$角和$\theta$角。由于要求数据处理速度快，因此一般可采用DSP作为控制系统数据和控制算法处理的核心部件。

3）脉冲发生。根据系统的同步信号和控制计算给出的控制角，产生与系统电压严格同步的驱动脉冲，控制开关器件。

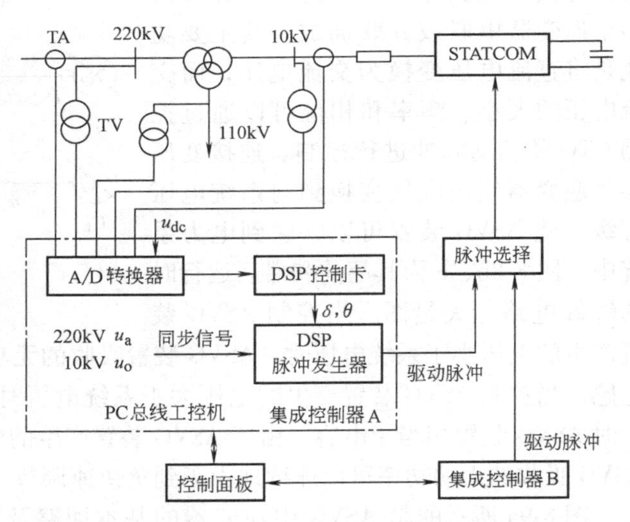


图 8-10 ±20Mvar ASVG 控制系统示意图

ASVG控制系统除了上面的主要部分外，还有人机接口。通过人机接口可以修改控制参数或控制规律，也可以了解控制系统以及整个装置的工作情况。

## 8.3.3 故障电流限制器

随着电力系统容量和规模的扩大，配电系统的短路水平也不断提高。系统短路电流越大，对电器设备的要求也越高，制造成本也越高。故障电流限制器（FCL）就是用来限制故障电流的一种设备。例如，单次动作的故障电流限制器，能限制故障电流的熔丝，一旦熔丝熔断，便切断了故障电流。多次动作的故障电流限制器，有的采用一个开关和一个并联阻抗，正常时电流流过开关，故障时开关断开，故障电流流过阻抗而受到限制；也有的采用非线性阻抗，在正常电流下呈小阻抗，在大（故障）电流下呈大阻抗，限制了故障电流。多次动作的故障电流限制器原理上也是多种多样，如可利用串联电弧的装置、超导装置、真空开关、半导体开关等装置。

由于电力电子技术的发展，已经生产出具有很大容量的可关断器件，因此具有关断能力的GTO、IGBT构成的故障电流限制器得到人们的重视，并发展迅速。本节介绍IGBT故障电流限制器。

**1. 工作原理**

图8-11给出了IGBT故障限流电路的原理。图中，稳压二极管VS用来产生理想钳位电压；二极管$VD_2$阻断断态负栅极偏置；MOSFET $S_1$控制电路的工作状态（起动/停止）；电阻$R_1$、$R_2$、$R_3$起分压作用，调整电阻$R_G$、$R_1$、$R_2$、$R_3$；$C_{iss}$是MOSFET的输入电容；快速二极管$VD_1$是故障传感元件。

这种电路用$V_{CR}$传感技术检测短路的发生，按定义，短路意味着从电源看出去的唯一阻抗为开关器件。因此，电源电压出现在器件的两端。当这种现象发生的时候，IGBT被拉出低通态电压方式并反映到输出特性曲线上。通态时，器件本应该低电平，当器件两端出现高电压时，该电路就可检测出来。

在正常工作情况下，栅极驱动电压施加在栅极和发射极两端之间，$V_{GE}$上升到栅极阈值电压以上时，IGBT开始导通。开通过程结束时，$V_{CE}$拖尾降至通态电平，这个变化过程的完成时间在100ns ~ 2μs之间，取决于IGBT的特性和负荷电流的幅值。

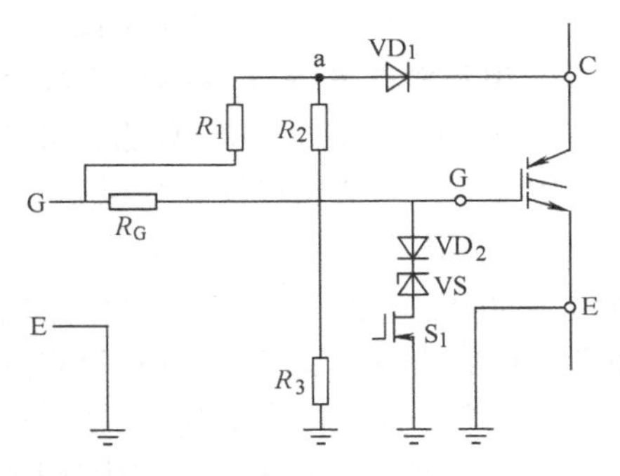

图8-11　IGBT故障电流限制电路原理图

最初，栅极驱动电压升到高态，IGBT仍在断态，二极管$VD_1$反偏。栅极驱动信号开始以由时间常数$\tau_1$决定的速率给MOSFET　$S_1$的栅极充电。调节时间常数使MOSFET栅极电压仍然低于其阈值电压，至少在IGBT导通过程完成以前。正常导通时，$V_{CE}$降至低于栅极信号电平（例如15V），二极管$VD_1$正偏，a点电位开始随$V_{CE}$降低，当导通过程接近完成时，a点的电压减小到几伏，在上述条件下调节电阻$R_1$和$R_2$维持MOSFET栅极电压低于阈值电平。

**2. 参数要求及功能**

根据用户的调查，归纳出配电系统电流限制器参数要求的范围如下：

1）适用于15kV直接接地的配电系统。根据统计来看，这种电压等级的配电系统最多。

2）馈电线的短路电流限制器连续电流额定值为600A，变压器主回路的短路电流限制器连续电流额定值为1600A，这两种电流正好与ANSI C37. 010和C37. 20. 0标准的断路器相匹配。

3）故障电流不大于20kA（三相对称，有效值）。

4）至少应该动作50次，设备才需要进行修理或更换，设备上应装设动作次数记录器。

5）正常运行下的功率损耗不大于10MV·A变压器损耗的1/4，或不大于通过设备功率的0.25%。

6）安装的复杂程度与体积的大小应不超过断路器。

故障电流限制器应有的功能如下：

1）限制系统的短路电流，使其不超过设备允许的瞬时电流及遮断电流。

2）保持限制故障电流，直至清除故障。

3）故障清除后，电流限制器自动恢复。

4）运行在电流限制模式时，系统的保护应能保持协调，保证正确动作。

### 8.3.4 储能系统

目前电力系统缺乏有效的大量存储电能的手段，发电、输电、配电和用电必须同时完成。这就要求系统始终要处于动态的平衡状态中，瞬时的不平衡就可能导致安全稳定问题。为此电力公司必须具有足够的备用容量来应对每年仅为数小时甚至更短时间的峰值负荷，从而增加了系统的设备安装和运行费用，降低了系统的经济性，因此储能问题已经成为21世纪电力系统所面临的关键问题之一。

大功率逆变技术的进展为储能电源和各种可再生能源和交流电网之间提供了一个理想的接口。从长远的角度看，由各种类型的电源和逆变器组成的储能系统可以直接连接在配电网中用户负荷附近，构成分布式电力系统，通过其快速响应特性，迅速吸收用户负荷的变化，从根本上解决电力系统的控制问题。

**1. 电池储能系统（Battery Energy Store System，BESS）**

通过上面的分析，ASVG直流侧为电容器，因此它只能在两个象限内运行，即发出和吸收无功功率，整个装置仅吸收很小的有功功率以抵消装置本身的有功损耗。ASVG之所以不能吸收或发出有功功率是因为其直流侧没有相应储能元件，如果直流侧采用电池（如蓄电池组，太阳能电池等）作为储能元件，ASVG就可以在四个象限运行，即同时发出无功功率和吸收有功功率，发出无功功率和有功功率，吸收无功功率和有功功率，吸收无功功率和发出有功功率。这就构成了基于电压源变流器的储能装置，即电池储能系统（BESS）。目前全世界已有近20个BESS在系统中运行。

电池储能系统从结构上与ASVG的不同点是电池储能装置的直流侧安装有储能的化学电池组，而ASVG直流侧只安装电容器。

电池储能系统可以在电力系统用电低谷时储存能量，而在用电高峰时向电力系统输送能量，起到削峰填谷的作用，对提高电力系统的安全稳定运行有重要意义。同时峰谷电价的不同，在低谷时段低价买进，在高峰时段卖出，本身具有较大的经济价值。

**2. 超导储能系统（Superconducting Magnetic Energy System，SMES）**

由于电池储能系统目前存在充电速度慢的问题，因此人们一直在研究采用新的储能系统的可能性。超导储能系统是以超导线圈电磁能的形式作为储能方式，具有高效率、转换速度快、储能密度高、储存的能量可以无损耗长期保存的优点，因此超导储能技术在电力系统中已经日益受到重视。

图8-12为超导储能系统的示意图。由于超导体实际上是闭合的电感线圈，因此是电流源，用作电流源型的变流器非常适合。如果作为电压源变流器的储能元件，必须通过变换将

其转换成为电压源形式。

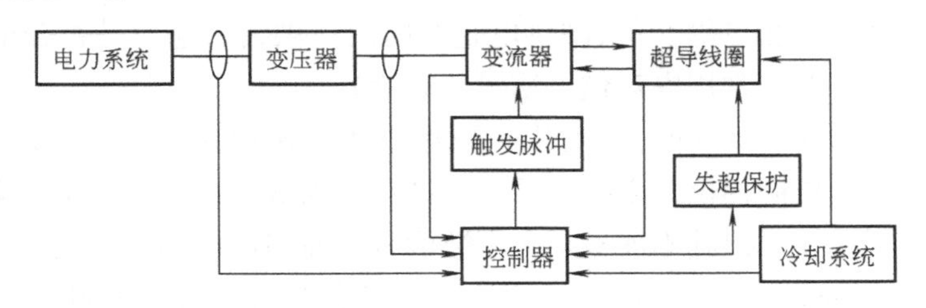


图 8-12　超导储能系统的示意图

目前低温超导已经进入实用化阶段，而高温超导也已经取得很大的进展。电力系统故障是短时的，短时间需要大的功率，而超导线圈可以具有很大的功率，因此超导储能系统在电力系统中的应用具有广阔的前景。

## 8.4　统一电能质量管理系统

现代社会中，电能是一种使用最为广泛的能源，其应用程度是一个国家发展水平的主要标志之一。随着科学技术和国民经济的发展，人类社会对电能的需求日益增加，同时对电能质量的要求也越来越高。本节针对供电质量与供电可靠性的要求，讨论智能电器发展的主要目标之一：用于改善电能质量的统一电能质量管理系统及其相应的技术特性。

### 8.4.1　电能质量问题的提出

**1. 理想的三相交流系统的电能**

理想的三相交流电力系统应以恒定的频率和标准正弦波形、按规定的电压水平向用户供电，各相的电压和电流应处于幅值大小相等、相位互差 120°的对称状态。其数学表达式为

$$\begin{bmatrix} u_a(t) \\ u_b(t) \\ u_c(t) \end{bmatrix} = \sqrt{2}U \begin{bmatrix} \sin\omega t \\ \sin(\omega t - 120°) \\ \sin(\omega t + 120°) \end{bmatrix} \tag{8-7}$$

$$\begin{bmatrix} i_a(t) \\ i_b(t) \\ i_c(t) \end{bmatrix} = \sqrt{2}I \begin{bmatrix} \sin(\omega t - \varphi) \\ \sin(\omega t - 120° - \varphi) \\ \sin(\omega t + 120° - \varphi) \end{bmatrix} \tag{8-8}$$

$$\omega = 2\pi f = 2\pi/T \tag{8-9}$$

式中，$U$ 为电压的有效值；$\varphi$ 为阻抗角；$\omega$，$f$，$T$ 分别为工频角频率、频率和周期。

**2. 电力环境污染及其危害**

实际上，由于各元器件参数的非理想线性和对称，负荷性质各异且变化的随机性，调控手段的不完善以及运行操作、外来干扰和各种故障等原因，这种理想的状态并不存在，因此就产生了电能质量问题，也有人称之为电力环境污染。

电能受扰动的程度通常用电能质量来描述，该领域中许多文献和报告使用的相关术语如下：

1）电压质量（Voltage Quality）：用实际电压与理想电压间的偏差（这里指的是广义的偏差，包括幅值、波形、相位等），反映供电企业向用户供给的电力是否合格（不包括由于频率造成的质量问题和非正常用电对供电质量的影响）。

2）电流质量（Current Quality）：对用户取用电流提出恒定频率、标准正弦波形要求，并使电流波形与供电电压同相位，来保证系统以高功率因数运行。这个定义有助于电网电能质量的改善，并降低线损，但其不能概括大多数因电压原因造成的质量问题。

3）供电质量（Quality of Supply）：包括技术含义和非技术含义两部分：技术含义包括电压质量和供电可靠性；非技术含义是指服务质量（Quality of Service）包括供电企业对用户投诉与抱怨的反应速度和电力价格等。

4）用电质量（Quality of Consumption）：包括电流质量和非技术含义，如用户是否按时、如数缴纳电费等，它反映供用双方相互作用影响中用电方的责任和义务。

电能质量问题可大致分为电压质量问题和电流质量问题。电压质量问题指的是会影响用户设备正常运行的不理想的系统电压，包括电压的闪变（Flick）、瞬时过电压（Swell）、谐波畸变（Harmonics）、各种电压不平衡（Unbalance）等情况；电流质量问题指电力电子设备等非线性负荷给电网带来的电流畸变，包括流入电网的谐波电流以及无功、不平衡负荷电流、低频负荷变化造成的闪烁等。此外，频率不稳定也属于电能质量问题。

造成电能质量问题的原因很多，其中电力电子技术广泛应用引入大量非线性负荷，对电网的冲击是一个重要的原因。自20世纪70年代以来，电力电子装置给现代工业带来了节能和能量变换技术，同时给电能质量也带来了新的损害，如今已成为电网的主要谐波污染源。

谐波畸变和瞬时尖峰脉冲对通信设备和电子设备会产生严重干扰，导致通信质量降低或信息丢失；谐波令电能的生产、传输和利用的效率降低，使电气设备过热、产生振动和噪声，绝缘老化，寿命缩短，甚至发生故障或烧毁；谐波还会引起电力系统局部发生并联谐振或串联谐振，使谐波含量被放大，致使电容器等设备烧毁，这些对电力系统内部的危害势必更进一步加剧了供电质量的恶化。

在供电电能质量问题上，电网与电力负荷之间存在着相互影响（见图8-13），改善供电质量要从两个方面着手：一方面要抑制或消除负荷产生的谐波电流、无功功率、三相不平衡及闪变对电网的影响；另一方面又要尽量使电网中可能出现的供电中断、电压跌落、电压波动、谐波与不平衡电压等干扰不要影响到负荷的正常运行。

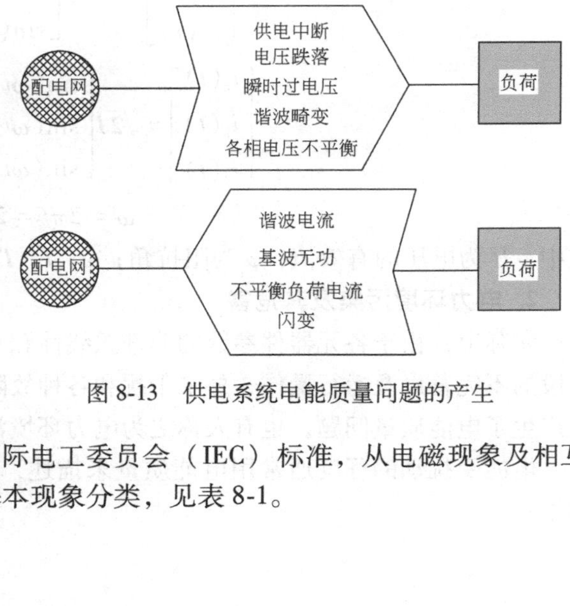

图8-13 供电系统电能质量问题的产生

**3. 电能质量标准**

电能指标是电能质量各个方面的具体描述，不同的指标有着不同的定义。参考国际电工委员会（IEC）标准，从电磁现象及相互作用和影响角度考虑，给出了引起干扰的基本现象分类，见表8-1。

表 8-1 基本的电磁干扰现象

| 低频传导现象 | 高频传导现象 |
| --- | --- |
| ——谐波、间谐波 | ——感应连续波电压与电流 |
| ——信号电压 | ——单项瞬态 |
| ——电压波动 | ——振荡瞬态 |
| ——电压跌落与短时瞬态 | **高频辐射现象** |
| ——电压不平衡 | ——磁场 |
| ——电网频率变化 | ——电场 |
| ——低频感应电压 | ——电磁场（连续波、瞬态） |
| ——交流网络中的直流 | |
| **低频辐射现象** | **静电放电现象** |
| ——磁场 | |
| ——电场 | |

IEEE 关于电力系统电磁现象的种类和特征进一步用其数字特征加以描述（见表 8-2）。对于稳态现象，利用幅值、频率、频谱、调制、缺口深度和面积等特征来描述；而对于非稳态现象，则利用上升率、幅值、相位移、持续时间、频谱、频率、发生率、能量强度等特征来描述。根据电磁干扰现象的不同特点，确定电能质量指标。

表 8-2 电力系统电磁现象的种类和特征

| 种类 | | | 典型频谱成分 | 典型持续时间 | 典型电压幅值 |
| --- | --- | --- | --- | --- | --- |
| 电磁瞬态 | 冲击 | 纳秒级 | 5ns 上升 | <50ns | |
| | | 微秒级 | 1μs 上升 | 50ns~1ms | |
| | | 毫秒级 | 0.1ms 上升 | >1ms | |
| | 振荡 | 低频 | <5kHz | 0.3~50ms | 0~4pu |
| | | 中频 | 5~500kHz | 20μs | 0~8pu |
| | | 高频 | 0.5~5kHz | 5μs | 0~4pu |
| 短期电压变动 | 即时 | 中断 | | 0.5~30 周波 | <0.1pu |
| | | 跌落 | | 0.5~30 周波 | 0.1~0.9pu |
| | | 升高 | | 0.5~30 周波 | 1.1~1.8pu |
| | 瞬时 | 中断 | | 30 周波~3s | <0.1pu |
| | | 跌落 | | 30 周波~3s | 0.1~0.9pu |
| | | 升高 | | 30 周波~3s | 1.1~1.4pu |
| | 暂时 | 中断 | | 3s~1min | <0.1pu |
| | | 跌落 | | 3s~1min | 0.1~0.9pu |
| | | 升高 | | 3s~1min | 1.1~1.4pu |
| 长期电压波动 | | 持续中断 | | >1min | 0.0pu |
| | | 欠电压 | | >1min | 0.8~0.9pu |
| | | 过电压 | | >1min | 1.1~1.2pu |

（续）

| 种　类 | | 典型频谱成分 | 典型持续时间 | 典型电压幅值 |
|---|---|---|---|---|
| 电压不平衡 | | | 稳态 | 0.5%~2% |
| 波形失真 | 直流偏移 | | 稳态 | 0~0.1% |
| | 谐波 | 0~100$^{th}$ | 稳态 | 0~20% |
| | 间谐波 | 0~6kHz | 稳态 | 0~2% |
| | 缺口 | | 稳态 | |
| | 噪声 | | 稳态 | 0~1% |
| 电压波动 | | <25Hz | 持续 | 0.1%~7% |
| 频率偏差 | | | <10s | |

人们对电能质量的重视并非近几年的事，只不过早期对此认识比较简单，主要局限在保持电网频率和电压水平上。对电能质量的要求日趋提高的主要原因有以下方面：

1）为了提高劳动生产率和自动化水平，大量基于计算机系统的控制设备和电子装置投入使用，这些装置对电能质量非常敏感。例如，一个计算中心失去电压 2s，就可能破坏几十个小时的数据处理结果或者损失几十万美元的产值。有些电力用户对不合格电力的容许度可严格到只有 1~2 周波。

2）现代电力系统中用电负荷结构发生了重大的变化，诸如半导体整流器、晶闸管调压及变频调整装置、炼钢电弧炉、电气化铁路和家用电器等负荷的迅速发展，由于其非线性、冲击性以及不平衡的用电特性，使电网的电压波形发生畸变，或引起电压波动和闪变以及三相不平衡，甚至引起系统频率波动等，对供电方的电能质量造成严重的干扰或“污染”。

3）电能是商品，在电力市场运行机制下，不同的发电公司，包括独立电能生产者，在发电侧实行竞争，输配电系统（电力公司）与发电分离，独立经营管理，为发电公司和用户提供转运电能服务，用户侧也可以作为独立实体参加价格控制。这样一个开放和鼓励竞争的运行环境，必然对电能质量提出越来越高的要求，并促使电能质量标准化的发展和不断完善。

## 8.4.2　瞬时无功功率理论

### 1. 基本理论

三相电路瞬时无功功率理论是 1983 年首先由日本学者赤木泰文（H. Akagi）提出的，赤木泰文最初提出的理论亦称 *pq* 理论，以此为基础，可以得出用于有源滤波器的谐波和无功电流的实时检测方法。其主要不足是未对有关的电流量进行定义。该理论突破了传统的以平均值为基础的功率定义，系统地定义了瞬时无功功率、瞬时有功功率等瞬时功率量。

设三相电路各相电压和电流的瞬时值分别为 $e_a$、$e_b$、$e_c$ 和 $i_a$、$i_b$、$i_c$。为了分析方便，把它们变换到 $\alpha$-$\beta$ 两相正交的坐标系上研究。由下面的变换可以得到 $\alpha$、$\beta$ 两相瞬时电压 $e_\alpha$、$e_\beta$ 和两相瞬时电流 $i_\alpha$、$i_\beta$，即

$$\begin{bmatrix} e_\alpha \\ e_\beta \end{bmatrix} = \boldsymbol{C}_{32} \begin{bmatrix} e_a \\ e_b \\ e_c \end{bmatrix} \tag{8-10}$$

$$\begin{bmatrix} i_\alpha \\ i_\beta \end{bmatrix} = \boldsymbol{C}_{32} \begin{bmatrix} i_a \\ i_b \\ i_c \end{bmatrix} \tag{8-11}$$

式中，$\boldsymbol{C}_{32} = \sqrt{2/3}\begin{bmatrix} 1 & -1/2 & -1/2 \\ 0 & \sqrt{3}/2 & -\sqrt{3}/2 \end{bmatrix}$

**定义 8.1**　三相电路瞬时有功电流 $i_p$ 和瞬时无功电流 $i_q$ 分别为矢量 $i$ 在矢量 $e$ 及其法线上的投影，即

$$i_p = i\cos\varphi \tag{8-12}$$

$$i_q = i\sin\varphi \tag{8-13}$$

式中，$\varphi = \varphi_e - \varphi_i$。

**定义 8.2**　三相电路瞬时有功功率 $p$、无功功率 $q$，为电压矢量 $e$ 的模和三相电路瞬时有功电流 $i_p$、瞬时无功电流 $i_q$ 的乘积，即

$$p = ei_p \tag{8-14}$$

$$q = ei_q \tag{8-15}$$

把式（8-12）、式（8-13）及 $\varphi = \varphi_e - \varphi_i$ 代入式（8-14）、式（8-15）中，并写成矩阵形式得出

$$\begin{bmatrix} p \\ q \end{bmatrix} = \begin{bmatrix} e_\alpha & e_\beta \\ e_\beta & -e_\alpha \end{bmatrix} \begin{bmatrix} i_\alpha \\ i_\beta \end{bmatrix} = \boldsymbol{C}_{pq} \begin{bmatrix} i_\alpha \\ i_\beta \end{bmatrix} \tag{8-16}$$

式中，$\boldsymbol{C}_{pq} = \begin{bmatrix} e_\alpha & e_\beta \\ e_\beta & -e_\alpha \end{bmatrix}$

从而可以得出 $p$、$q$ 对于三相电压、电流的表达式为

$$p = e_a i_a + e_b i_b + e_c i_c \tag{8-17}$$

$$q = \frac{1}{\sqrt{3}}[(e_b - e_c)i_a + (e_c - e_a)i_b + (e_a - e_b)i_c] \tag{8-18}$$

如果 a、b、c 各相的瞬时无功功率为 $q_a$、$q_b$、$q_c$，瞬时有功功率为 $p_a$、$p_b$、$p_c$，则有

$$\begin{cases} p_a + p_b + p_c = p \\ q_a + q_b + q_c = 0 \end{cases} \tag{8-19}$$

传统理论中有功功率、无功功率等都是在平均值的基础或相量的意义上定义的，它们只适用于电压、电流均为正弦波的情况。而瞬时无功功率理论中的概念都是在瞬时值的基础上定义的，它不仅适用于正弦波，也适用于非正弦波及任何过渡过程的情况。

如果三相电压和电流均为正弦波时，设三相电压、电流分别为

$$e_a = E_m \sin\omega t \tag{8-20a}$$

$$e_b = E_m \sin(\omega t - 2\pi/3) \tag{8-20b}$$

$$e_c = E_m \sin(\omega t + 2\pi/3) \tag{8-20c}$$

$$i_a = I_m \sin(\omega t - \varphi) \tag{8-21a}$$

$$i_b = I_m \sin(\omega t - \varphi - 2\pi/3) \tag{8-21b}$$

$$i_c = I_m \sin(\omega t - \varphi + 2\pi/3) \tag{8-21c}$$

利用式（8-10）、式（8-11）对式（8-20）、式（8-21）进行变换，可得

$$\begin{bmatrix} e_\alpha \\ e_\beta \end{bmatrix} = E_{m2}\begin{bmatrix} \sin\omega t \\ -\cos\omega t \end{bmatrix} \tag{8-22}$$

$$\begin{bmatrix} i_\alpha \\ i_\beta \end{bmatrix} = I_{m2}\begin{bmatrix} \sin(\omega t-\theta) \\ -\cos(\omega t-\theta) \end{bmatrix} \tag{8-23}$$

式中，$E_{m2}=\sqrt{3/2}E_m$，$I_{m2}=\sqrt{3/2}I_m$。

把式（8-22）、式（8-23）代入式（8-16）中，可得

$$p=\frac{3}{2}E_m I_m\cos\varphi \tag{8-24}$$

$$q=\frac{3}{2}E_m I_m\sin\varphi \tag{8-25}$$

令$E=E_m/\sqrt{2}$、$I=I_m/\sqrt{2}$分别为相电压和相电流的有效值，得

$$p=3EI\cos\varphi \tag{8-26}$$

$$q=3EI\sin\varphi \tag{8-27}$$

从式（8-26）和式（8-27）可以看出，在三相电压和电流均为正弦波时，$p$、$q$均为常数，且其值和按传统理论算出的有功功率$P$和无功功率$Q$完全相同。从上述的分析不难看出，瞬时无功功率理论包容了传统的无功功率理论，比传统理论有更大的适用范围。

**2. 谐波和无功电流的检测**

基于“瞬时无功理论”的谐波和无功电流的实时检测有两种方法：$pq$运算方式和$i_p i_q$运算方式。

（1）$pq$运算方式　该方法根据定义计算出$p$、$q$，经低通滤波器（LPF）的$p$、$q$的直流分量$\bar{p}$、$\bar{q}$。当电网电压波形无畸变时，$\bar{p}$由基波有功电流与电压作用产生，$\bar{q}$由基波无功电流与电压作用产生。因此可通过$\bar{p}$、$\bar{q}$计算被检测电流$i_a$、$i_b$、$i_c$的基波分量$i_{af}$、$i_{bf}$、$i_{cf}$。

$$\begin{bmatrix} i_{af} \\ i_{bf} \\ i_{cf} \end{bmatrix} = \frac{1}{e^2}\boldsymbol{C}_{23}\boldsymbol{C}_{pq}\begin{bmatrix} \bar{p} \\ \bar{q} \end{bmatrix} \tag{8-28}$$

实际的电网电压波形由于不同的原因会有一定的畸变，而且这种畸变在一定限度内允许存在。当电网电压畸变的影响时，对于三相电路只要电网电压波形畸变，而不论三相电压、电流是否对称，$pq$运算方式的检测结果都有误差（因为$\bar{p}$、$\bar{q}$中含有电压量），只是误差的情况有所不同而已。

（2）$i_p i_q$运算方式　该方法需要用到与a相电网电压$e_a$同相位的正弦信号$\sin\omega t$和对应的余弦信号$-\cos\omega t$，它们由一个锁相环（PLL）和一个正、余弦信号发生电路得到。当电网电压无畸变时，得出

$$\begin{bmatrix} i_{af} \\ i_{bf} \\ i_{cf} \end{bmatrix} = \boldsymbol{C}_{23}\boldsymbol{C}\begin{bmatrix} \bar{i}_p \\ \bar{i}_q \end{bmatrix} = \boldsymbol{C}_{23}\begin{bmatrix} \sin\omega t & -\cos\omega t \\ -\cos\omega t & -\sin\omega t \end{bmatrix}\begin{bmatrix} \bar{i}_p \\ \bar{i}_q \end{bmatrix} = \begin{bmatrix} \sqrt{2}I_1\sin(\omega t+\varphi_1) \\ \sqrt{2}I_1\sin\left(\omega t-\frac{2}{3}\pi+\varphi_1\right) \\ \sqrt{2}I_1\sin\left(\omega t+\frac{2}{3}\pi+\varphi_1\right) \end{bmatrix} \tag{8-29}$$

式中
$$C_{32}=\sqrt{2/3}\begin{bmatrix}0 & -1/2 & -1/2\\ 0 & \sqrt{3}/2 & -\sqrt{3}/2\end{bmatrix}$$
$$C=\begin{bmatrix}\sin\omega t & -\cos\omega t\\ -\cos\omega t & -\sin\omega t\end{bmatrix} \tag{8-30}$$
可见，$i_pi_q$ 运算方式能准确检测谐波电流。当电网电压畸变时，从本质上讲，$i_pi_q$ 运算方式是在 $pq$ 运算方式的基础上推出的。它们坐标变换时，$abc$、$\alpha\beta$ 坐标系是静止的，而 $pq$ 坐标系为旋转坐标系，其 $p$ 轴与基波正序电压矢量 $\boldsymbol{e}_1$ 重合，并以角频率 $\omega$ 同步旋转，$q$ 轴落后 $p$ 轴 90°。电流矢量 $\boldsymbol{i}$ 可在 $pq$ 坐标轴上分解为 $i_p$、$i_q$，可定义 $p_1=e_1i_p$，$q_1=e_1i_q$。实际的电压矢量 $\boldsymbol{e}$ 是正、负和谐波电压的合成矢量，不具有恒定的角频率，不能用其定义 $pq$ 旋转坐标系。如将三相电压 $e_a$、$e_b$、$e_c$ 中的三相正序电压 $e_{a1}$、$e_{b1}$、$e_{c1}$代入，则有
$$\begin{cases}p_1=e_{\alpha1}i_\alpha+e_{\beta1}i_\beta\\ q_1=e_{\alpha1}i_\beta+e_{\beta1}i_\alpha\end{cases} \tag{8-31}$$
如设 $\sin\omega t$ 与 a 相正序基波电压同相、同频，则有 $e_{\alpha1}=e_1\sin\omega t$ 和 $e_{\beta1}=-e_1\cos\omega t$，相应地，有
$$\begin{bmatrix}i_p\\ i_q\end{bmatrix}=\begin{bmatrix}\sin\omega t & -\cos\omega t\\ -\cos\omega t & -\sin\omega t\end{bmatrix}\begin{bmatrix}i_\alpha\\ i_\beta\end{bmatrix}=C\begin{bmatrix}i_\alpha\\ i_\beta\end{bmatrix} \tag{8-32}$$

实现时，旋转变换所需要的 $\sin\omega t$、$\cos\omega t$ 一般是 $e_a$ 经锁相环产生的，因此，当电网电压有畸变时，特别是当三相电压不对称时，与 $e_a$ 实际正序分量的相位存在了一个相差。故锁相环输出的 $\sin\omega t$、$\cos\omega t$ 与真正的 $e_a$ 正序分量间存在一个相差，这将导致测得的$\overline{i_p}$和$\overline{i_q}$与真实值之间产生偏差，从而，经反变换后获得的基波有功、无功电流不论在幅值还是相位上均与实际值不同，但对谐波电流却不会造成影响。

### 8.4.3 有源滤波

电力有源滤波器（Active Power Filter，APF）的基本原理如图 8-14 所示。

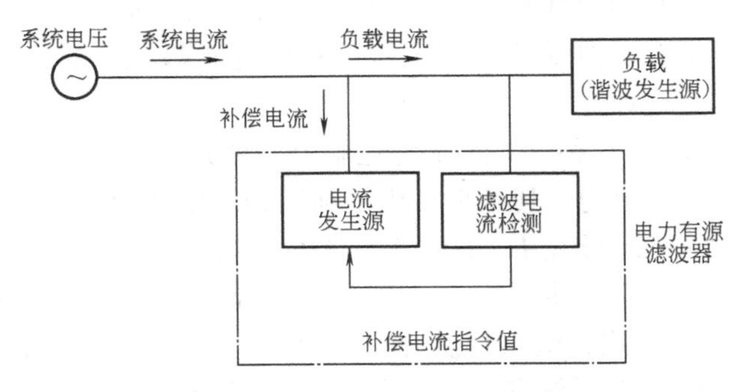


图 8-14　电力有源滤波器原理

电力有源滤波器的交流电路分为电压型和电流型。目前实用的装置 90%以上为电压型。从与补偿对象的连接方式来看，电力有源滤波器可分为并联型和串联型。并联型中有单独使用、$LC$ 滤波器混合使用及注入电路方式，目前并联型占实用装置的大多数。

**1. 有源滤波器系统构成**

基于 PWM 变流器的电力有源滤波器（APF）并联于系统时可以等效为一谐波电流源，串联于系统时可以等效为一谐波电压源，它们分别代替电网电源向负荷提供谐波电流或电压

补偿，从而保证电网电流或电压不含谐波，起到改善供电质量的作用。

APF 的发展最早可以追溯到 20 世纪 60 年代末。1969 年 B. M. Bird 和 J. F. Marsh 在发表的论文中，描述了通过向交流电网中注入三次谐波电流来减少电源电流中的谐波成分，改善电源电流波形的新方法。该文中虽未出现有源滤波器一词，但其所阐述的方法是有源滤波器基本思想的萌芽。1971 年 H. Sasaki 和 T. Machida 提出了并联有源滤波器的基本原理，即利用可控的功率半导体器件向电网注入与原有谐波电流幅值相等、相位相反的电流，使电源的总谐波电流为零，达到实时补偿谐波电流的目的。1976 年美国西屋电气公司的 L. Gyugyi 提出利用大功率晶体管组成的 PWM 逆变器构成有源滤波器消除电网的谐波，由于受到当时功率半导体器件水平的限制，APF 的研制一直处于实验研究阶段。

有源滤波器的系统构成分为两大类：并联型 APF 和串联型 APF。不同类型结构的工作原理、特性等各有其特点。本节将简要介绍每一种类型 APF 的系统构成和主要特点。

（1）并联型 APF

1）单独使用的并联型 APF。系统构成的原理如图 8-15 所示，图中负荷为产生谐波的谐波源，变流器和与其相连的电感、直流侧储能元件共同组成 APF 的主电路。与 APF 并联的小容量一阶高通滤波器，用于滤除 APF 所产生的补偿电流中开关频率附近的谐波。该原理图和本节后面介绍的原理图均以单线图画出，它们均可以用于单相或三相系统。由于电力滤波器的主电路与负荷并联接入电网，故称为并联型。这是 APF 中最基本的形式，也是目前应用最多的一种。这种方式可用于：①只补偿谐波；②只补偿无功功率，补偿的多少可根据需要连续调节；③补偿三相不对称电流；④补偿供电点电压波形；⑤以上任意项的组合。只要采用适当的控制方法，就可以达到多种补偿的目的，可以实现的功能最为丰富灵活。但是，交流电源的基波电压直接（或经变压器）施加到变流器上，且补偿电流基本由变流器提供，故要求变流器具有较大的容量，这是这种方式的主要缺点。

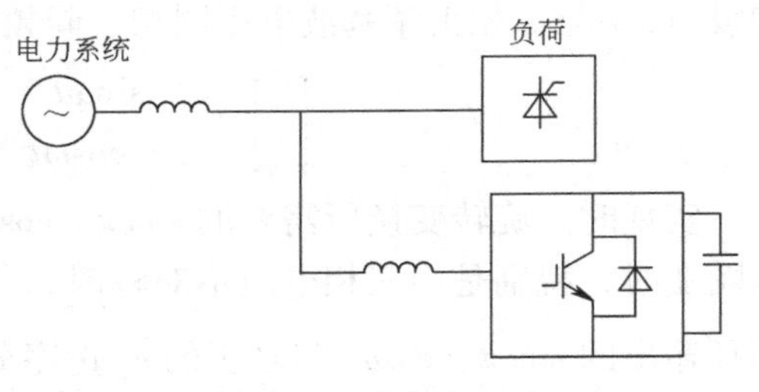

图 8-15 并联型 APF

2）混合式并联型 APF。这种方式正是为克服上一种方式要求容量较大这一缺点提出的。其基本思想是利用 $LC$ 滤波器来分担 APF 的部分补偿任务。$LC$ 滤波器与 APF 相比，优点在于结构简单、易实现且成本低，而 APF 的优点是补偿性能好。两者结合同时使用，既可以克服 APF 容量大、成本高的缺点，又可以使整个系统获得良好的性能。混合式并联型 APF 又可以分两种接线方式：一种是 APF 与 $LC$ 滤波器并联（见图 8-16、图 8-17）；另一种是 APF 与 $LC$ 滤波器串联（见图 8-18）。

图 8-16 所示为 APF 与 $LC$ 滤波器并联方式，APF 与 $LC$ 滤波器均与谐波源并联接入电网，两者共同承担补偿谐波的任务，$LC$ 滤波器主要补偿较高次的谐波，是一个高通滤波器。它一方面用于消除补偿电流中因主电路中器件通断

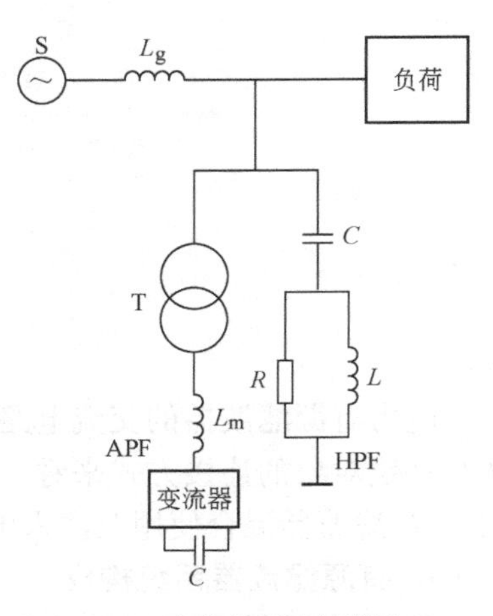

图 8-16 并联有源滤波器与 $LC$ 滤波器并联方式之一

而引起的谐波，另一方面它可以滤除补偿对象中次数较高的谐波，从而使得对 APF 主电路中器件开关频率的要求可以有所降低。这种方式中，由于 *LC* 滤波器只分担了少部分补偿谐波的任务，故对降低 APF 的容量起不到很明显的作用。但因对 APF 主电路中器件的开关频率要求不高，故实现大容量相对容易些。图 8-17 所示的是另一种 APF 与 *LC* 滤波器并联形式。在这种方式中，*LC* 滤波器包括多组单调谐滤波器及高通滤波器，承担了绝大部分补偿谐波和无功的任务。APF 的作用是改善整个系统的性能，其所需的容量与单独使用方式相比可大幅度降低。

从理论上讲，凡使用 *LC* 滤波器均存在与电网阻抗发生谐振的可能，因此，在 APF 与 *LC* 滤波器并联使用的方式中，需对 APF 进行有效的控制，以抑制可能发生的谐振。图 8-18 所示为并联型 APF 与 *LC* 滤波器串联方式的原理图。该方式中，谐波和无功功率主要由 *LC* 滤波器补偿，而 APF 的作用是改善 *LC* 滤波器的滤波特性，克服 *LC* 滤波器易受电网阻抗的影响、易与电网阻抗发生谐振等缺点。这种方式中，APF 不承受交流电源的基波电压，因此装置容量小。由于 APF 与 *LC* 滤波器一起仍是与谐波源并联接入电网，故仍将其归入并联型。

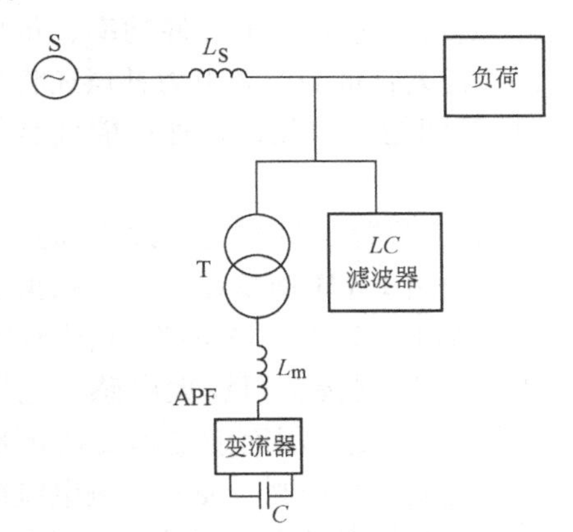


图 8-17　并联有源滤波器与 *LC* 滤波器并联方式之二

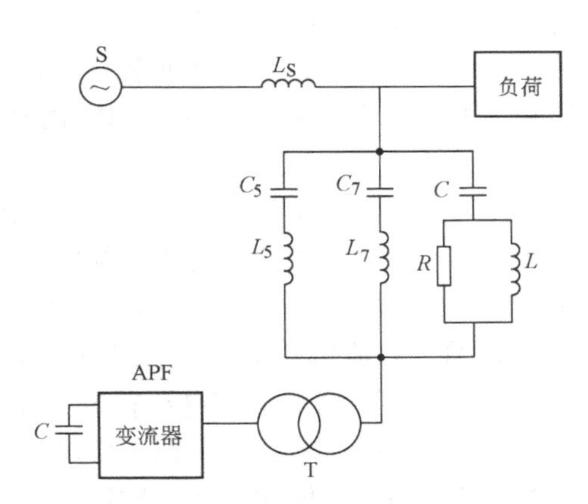


图 8-18　并联型 APF 与 *LC* 滤波器串联方式

（2）串联型 APF　串联型 APF 的基本原理结构如图 8-19 所示。该串联型有源滤波装置主要由以下三部分组成：串联变压器、PWM 逆变部分、无源滤波器。无源滤波部分主要由 *LC* 单调谐电路构成，串联变压器的一次侧串联在电网和谐波源之间，二次侧接 PWM 逆变器的输出。

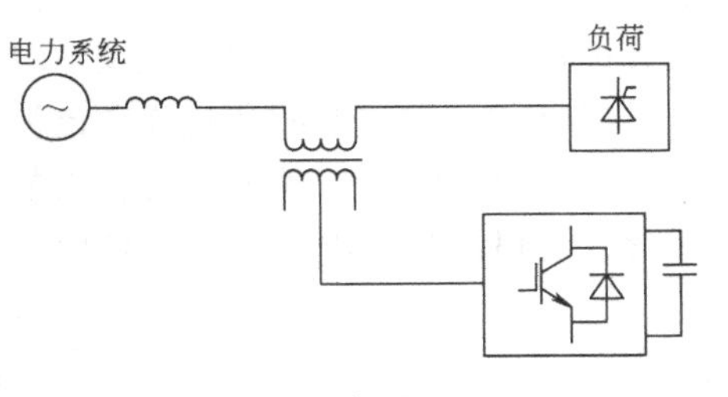


图 8-19　串联型 APF

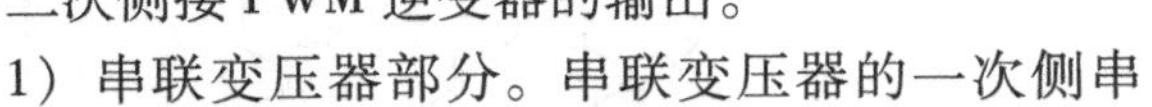

1）串联变压器部分。串联变压器的一次侧串联在电源与负载之间，通过检测变压器一次电流（即负载电流），并取出其基波分量 $I^{(1)}$，以此作为参考，由 PWM 逆变器及控制电路来生成与 $I^{(1)}$ 大小成比例、相位相反的电流，注入串联变压器的二次侧中，使变压器对基波分量呈低阻抗，基波电流可从变压器的一次侧流过，而对谐波呈励磁阻抗，从而迫使谐波电流流入无源滤波器，同时也阻止了电网的谐波电压注入无源滤波器。

2）PWM 逆变及控制部分。PWM 逆变器的作用是产生一个与 $I^{(1)}$ 大小成比例、相位相反的基波补偿电流注入串联变压器的二次侧，以达到对串联变压器的基波磁通进行补偿的目的。为了能够使产生的基波补偿电流紧紧跟随检测到的基波信号，具有很好的实时性，本装置采用了滞环电流控制方式来实现。在滞环电流控制中，同时检测出基波电流信号与逆变器输出的补偿电流信号，将这两种信号的偏差放大后作为滞环比较器的输入，在一定滞环宽度内产生控制主电路开关的 PWM 信号，由此 PWM 信号控制输出到变压器副方的补偿电流，并使输出的补偿电流为一基波电流。

3）无源滤波部分。无源滤波部分的主要功能是滤除部分特定谐波，同时为被串联变压器阻断的谐波分量提供通路。

**2. 有源滤波器的主电路**

对于大容量的电力电子装置，如果简单地采用普通电路的主电路拓扑，则对所使用的电力电子器件在容量方面有比较高的要求。由于电力电子器件随着容量的增大其所允许的开关频率却越来越低，而较低的开关频率又直接影响 APF 的补偿效果，所以在将 APF 用于大容量谐波补偿时，就面临着器件开关频率与容量之间的矛盾。为解决这一矛盾，国内外学者提出了各种性能优越的有源滤波器主电路拓扑结构。要实现大容量的谐波补偿或实现有源补偿功能的多样性，需要 APF 具有较大的装置容量。但由于受目前电力电子器件功率、价格及其串并联技术等的限制，这势必使装置初始投资变大，并且大容量的有源电力补偿还将带来大的损耗、大的电磁干扰以及制约 APF 的动态补偿特性等问题。因此，各种性能优越的混合型补偿方案的研究应运而生。

作为一种用于动态抑制谐波、补偿无功的新型电力电子装置，APF 能对大小和频率都变化的谐波以及变化的无功进行实时补偿。它的主电路一般由 PWM 逆变器构成。根据逆变器直流侧储能元件的不同，可分为电压型 APF 和电流型 APF，分别如图 8-20 和图 8-21 所示。电压型 APF 直流侧接有恒压大电容，电流型 APF 的直流侧接有恒流大电感。电压型 APF 在工作时需对直流侧电容电压控制，使直流侧电压维持不变，因而逆变器交流侧输出为 PWM 电压波。而电流型 APF 在工作时需对直流侧电感电流进行控制，使直流侧电流维持不变，因而逆变器交流侧输出为 PWM 电流波。电压型 APF 的优点是损耗较少，效率高，是目前国内外绝大多数 APF 采用的主电路结构。虽然电压型 APF 在降低开关损耗、消除载波谐波方面占有一定优势，但电流型 APF 能够直接输出谐波电流，不仅可以补偿正常的谐波，而且可以补偿分数次谐波和超高次谐波，并且不会由于主电路开关器件的直通而发生短路故障，因而在可靠性和保护上占有较大的优势。随着超导储能磁体的研究，一旦超导储能磁体实用化，必可取代大电感器，促使电流型 APF 的应用增多。

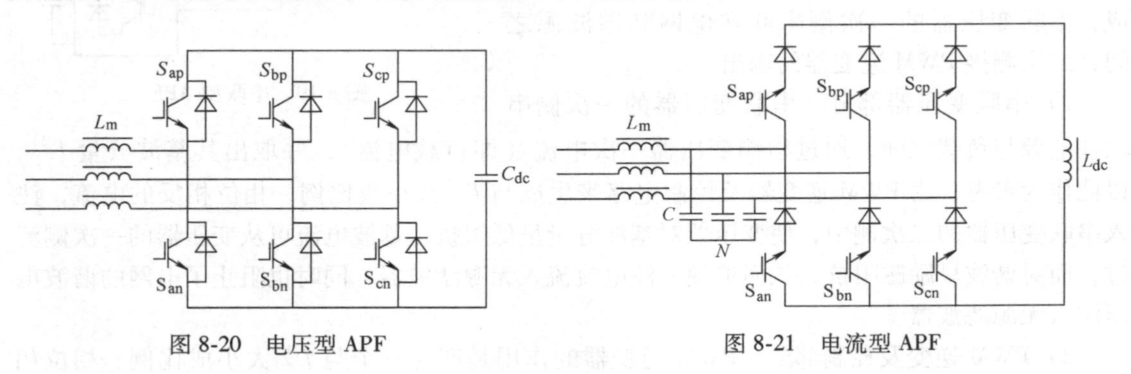


图 8-20　电压型 APF　　　　图 8-21　电流型 APF

## 8.4.4 动态电能质量调节

配电系统的电能质量问题因大量非线性负荷的引入而恶化，随着信息时代的来临，制造业和日常生活中都出现了敏感负荷，电能质量的恶化严重影响这些负荷的正常工作，用户越来越难以忍受因电能质量问题造成的损失。如何提高电能质量，为用户提供优质可靠的电能是供电部门应尽的责任。基于这种需求，用于输电系统的 FACTS 技术逐步延伸到配电系统，形成了以变流器为核心的电能质量控制技术，简称为用户电力技术（Custom Power），也称为 DFACTS 技术。

**1. 不间断电源设备（UPS）**

（1）UPS 的工作原理　随着各种信息系统在各个行业的应用，更带动了不间断电源设备（Uninterruptible Power Supply，UPS）的迅猛发展。作为直接关系到计算机软硬件能否安全运行的一个重要因素，电源质量的可靠性应当成为中小企业、学校等首要考虑的问题。UPS 是一种含有储能装置，以逆变器为主要组成部分的恒压、恒频的不间断电源，主要用于给服务器、计算机网络系统或其他电力电子设备提供不间断的电力供应。不间断电源从计算机的外围设备，一个不受重用的角色迅速变成为互联网的关键设备及电子商务的保卫者。UPS 作为信息社会的基石，已开始了她新的历史使命。随着国际互联网时代的到来，对电力供电质量提出了越来越高的要求，无论是整个网络的设备还是数据传输途径给予端到端的全面保护，都要求配置高质量的不间断电源。UPS 是一种含有储能装置，以逆变器为主要元件，稳压、稳频输出的电源保护设备，原理框图如图 8-22 所示。

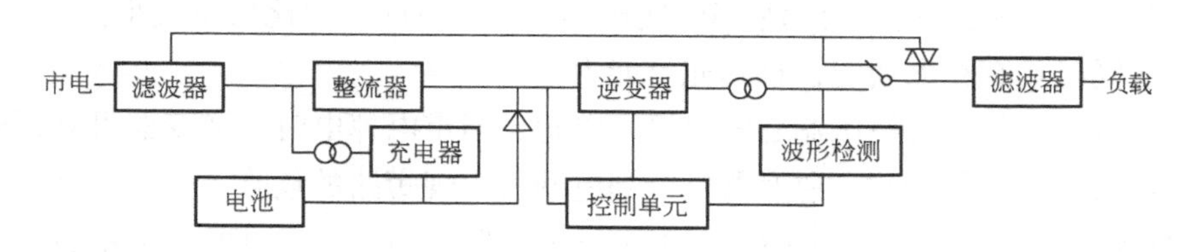


图 8-22　典型 UPS 原理框图

当市电正常输入时，UPS 就将市电稳压后供给负载使用。同时对机内电池充电，把能量储存在电池中，当市电中断（各种原因停电）或输入故障时，UPS 即将机内电池的能量转换为 220V 交流电继续供负载使用，使负载维持正常工作并保护负载软、硬件不受损坏。

UPS 主要从 20 世纪 90 年代开始成规模：90 年代初，对 UPS 要求能提供无时间中断的电源来确保用户的数据不致丢失为保护重点；90 年代中期，在 UPS 配置了 RS232 接口和在计算机监控平台上配置各种电源监控软件的智能化 UPS，保护重点为用户的数据的完整性；到了 90 年代末期，UPS 以确保系统具有“高稳定性”及“高可用性”为其保护重点。不同年代的需要对 UPS 不同分类及发展，UPS 的分类及发展是当今信息社会高速发展的需要。

（2）UPS 的基本分类与特点　目前市场上已经有不同类型的 UPS，按 UPS 的工作方式可分为后备式、在线互动式、双变换在线式、双逆变电压补偿在线式四大类。

1）后备式 UPS。它是静止式 UPS 的最初形式，应用广泛，技术成熟，一般只用于小功率范围，电路简单，价格低廉。这种 UPS 对电压的频率不稳、波形畸变以及从电网侵入的干扰等不良影响基本上没有任何改善，其工作性能特点如下：

①市电利用率高，可达96%。

②输出能力强，对负载电流波峰因数、浪涌系数、输出功率因数、过载等没有严格的限制。

③输出转换开关受切换电流能力和动作时间限制。

④输入功率因数和输入电流谐波取决于负载性质。

2）在线互动式UPS。也称为三端口式UPS，使用的是工频变压器。从能量传递的角度来考虑，其变压器在三个能量流动的端口；端口1连接市电输入，端口2通过双向变换器与蓄电池相连，端口3输出。市电供电时，交流电经端口1流入变压器，在稳压电路的控制下选择合适的变压器抽头拉入，同时在端口2的双向变换器的作用下借助蓄电池的能量转换共同调节端口3上的输出电压，以此来达到比较好的稳压效果。当市电掉电时，蓄电池通过双向变换器经端口2给变压器供电，维持端口3上的交流输出。在线互动式UPS在变压器抽头切换的过程中，双向变换器作为逆变器方式工作，蓄电池供电，因此能实现输出电压的不间断。其工作性能特点如下：

①市电利用率高，可达98%。

②输出能力强，对负载电流波峰因数、浪涌系数、输出功率因数、过载等没有严格的限制。

③输入功率因数和输入电流谐波取决于负载性质。

④变换器直接接在输出端，并处于热备份状态。对输出电压尖峰干扰有抑制作用。

⑤输入开关存在断开时间，致使UPS输出仍有转换时间，但比后备式小得多。

⑥变换器同时具有充电功能，且其充电能力很强。

⑦如在输入开关与自动稳压器之间串接一电感，当市电掉电时，逆变器可立即向负载供电，可避免输入开关未断开时，逆变器反馈到电网而出现短路的危险。

3）双变换在线式UPS。它属于串联功率传输方式。当市电存在时，实现交流（AC）→直流（DC）转换功能，一方面向DC→AC逆变器提供能量，同时还向蓄电池充电。该整流器多为晶闸管整流器，但也有IGBT-PWM-DSP高频变换新一代整流器。当逆变时，完成DC→AC转换功能，向输出端提供高质量电能，无论由市电供电或转向电池供电，其转换时间为零。当逆变器过载或发生故障时，逆变器停止输出，静态开关自动转换，由市电直接向负载供电。静态开关为智能型大功率无触点开关。其工作性能特点如下：

①不管有无市电供应，负载的全部功率都由逆变器提供，保证高质量的电力输出。

②由于全部负载功率都由逆变器提供，因而UPS的输出能力不理想，对负载提出限制条件，如负载电流峰值因数、过载能力、输出功率因数等。

③对可控整流器还存在输入功率因数低，无功损耗大，输入谐波电流对电网产生极大的影响。当然，若使用IGBT-PWM-DSP整流技术以及功率因数校正技术，可把输入功率因数提高到接近1。

4）双逆变电压补偿在线式UPS。此项技术是近些年提出来的，主要是把交流稳压技术中的电压补偿原理（Delta变换）应用到UPS的主电路中，产生一种新的UPS电路结构型式，它属于串并联功率传输。其工作性能特点如下：

①逆变器（Ⅱ）监视输出端，并与逆变器（Ⅰ）参与主电路电压的调整，可向负载提供高质量的电能。

②市电掉电时，输出电压不受影响，没有转换时间；当负载电流发生畸变时，由逆变器（Ⅱ）调整补偿，因而是在线工作方式。

③当市电存在时，逆变器（Ⅰ）与（Ⅱ）只对输入电压与输出电压的差值进行调整与补偿，逆变器只承担最大输出功率的20%，因而功率余量大，过载能力强。

④逆变器（Ⅰ）同时完成对输入端的功率因数校正功能。输入功率因数可达0.99，输入谐波电流<3%。

⑤在市电存在时，由于两个逆变器承担的最大功率仅为输出功率的1/5，因此整机效率可达到96%。

⑥在市电存在时，逆变器（Ⅱ）功率强度仅为额定值的1/5，因此功率器件的可靠性大幅度提高。

⑦由于具有输入功率因数补偿，因而有节能效果。

（3）UPS的发展趋势　随着新技术不断地被开发出来和在实践中的逐步应用，可以预见，今后UPS将向高频化、智能化、网络化和大容量单机冗余化的方向发展。

1）高频化：虽然传统在线式的技术已经非常成熟，但由于它本身带有许多无法突破的问题，使其发展前途受限。高频化概念的引入，给UPS的发展带来了许多新的思路和空间，随着高频技术和器件的发展，3kV·A及以下的高频在线式UPS技术和产品已经成熟，其功能和可靠性均应高于传统UPS。高频化对于减小体积、降低成本，以及对非线性负载有更好的响应上起着重要的作用。

2）智能化：微处理器在UPS上的应用，过去只限于在大、中型UPS上，近年来已逐渐向小型、微型UPS方面发展，其结果是UPS的智能化发展，包括控制、检测、通信。UPS逐渐由计算机管理，并且计算机及外设能“自主”应付一些可能预见到的问题，能进行自动管理和调整，并能将有关信息通过网络传递给操作系统或网络管理员，便于进行远程管理。

3）网络化：把UPS作为网络家庭成员的要求越来越迫切，因为它是网络能正常运行的基础。要求UPS拥有更大的蓄电量，可以同时为多台计算机或其他外设服务，并能够通过某种机制达成负载之间的动态配置。

4）大容量单机冗余化：由于网络对UPS可靠性的要求越来越高，而解决可靠性的途径除要求元器件本身高可靠外，就是用冗余的方法。小容量UPS的单机内冗余已出现，而大容量的UPS目前还必须通过并机的方法实现。但这样做又会使用户投资太大。毫无疑问，使用互联网技术监控的UPS系统将成为未来UPS技术的主流之一。

**2. 动态电压恢复器（DVR）**

动态电压恢复器（Dynamic Voltage Restorers，DVR）是一种保证电网供电质量的新型电力电子设备，主要用于补偿供电电网产生的电压跌落、闪变和谐波等。DVR本身相当于一个受控电压源，它可在电源和敏感负载之间插入一个任意幅值和相位的电压。当电源电压畸变时，通过改变DVR的电压，达到稳定敏感负载电压的目的。

对DVR，主要研究的是如何解决好用户侧供电电压质量。应用DVR时，将其串联到系统和设备之间，当检测到供电电压出现问题时，产生补偿电压以保障用户的电压质量。图

8-23 是个典型的 DVR 系统框图，包括储能装置、变流器、滤波电路和变压器四个部分。DVR 通过检测电源电压生成指令信号，对变流器进行控制，产生需要的补偿电压，再经过滤波电路和变压器叠加到负载电路中，从而确保负载电压质量。DVR 工作时，可等效为一个受控电压源。

图 8-24 为单相等效电路，根据等效电路，如忽略线路阻抗和 DVR 的阻抗，可以得到

$$U_{DVR} = U_{Lpre} - U_S \tag{8-33}$$

式中，$U_{Lpre}$ 为故障前负载上的电压；$U_S$ 为故障发生后的电源电压。

从式（8-33）可以看出，补偿电压是通过检测故障前负载电压和故障时的电源电压产生的。

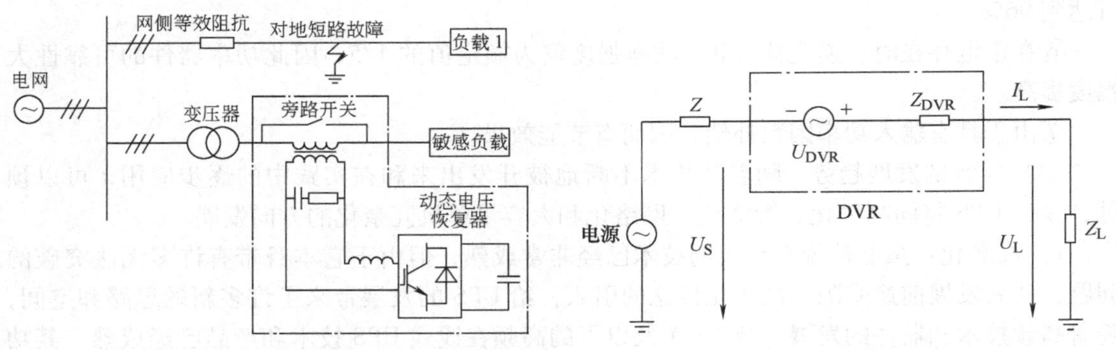


图 8-23　动态电压恢复器的结构和连接图　　图 8-24　DVR 等效电路

## 8.4.5　统一电能质量调节装置

统一电能质量调节器通常是以 PWM 变流器为核心电路，它的并/串联部分在结构和控制上具有对偶性，而且共用直流电源；其电力电子开关器件可在 IGBT、GTO、BJT 以及电力 MOSFET 等器件中选择。根据直流侧储能元件的不同可分为电流型和电压型两种，在实际应用中，统一电能质量调节器通常选择电压型 PWM 变流器作为主电路，结构如图 8-25 所示。

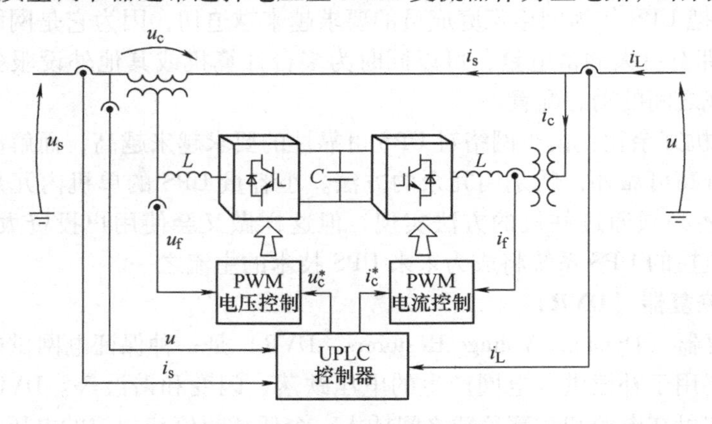


图 8-25　统一电能质量调节系统原理图

### 1. 统一电能质量调节器的主电路

由于电力系统中主要的谐波源如各种大型整流装置的容量很大，当采用集中补偿时，需

要的电能质量调节器的容量也很大。现在 IGBT 等电力电子开关器件的耐压水平已达到 10kV，但是对于 6kV、10kV 驱动，元器件的串联或采用多电平结构是不可避免的。多电平变流器适用于中压大功率场合，除了能解决元器件的耐压问题外，其电压矢量多，波形控制效果好，容易实现大容量，可以提高调节器的等效开关频率，从而改善补偿电流的跟随特性。从另一方面看，由于等效频率的提高，可以降低单个器件的工作频率，这既可以降低对器件工作频率的要求，又可减小器件的开关损耗；另外，$dV/dt$ 较小，对设备绝缘十分有利。

德国学者 Holtz 于 1977 年最先提出的三点式逆变器主电路方案是一种常规二电平电路中每相桥臂中带一对开关管，以辅助中点钳位。后来，日本学者 Nabae 于 1981 年将这些辅助开关管改成为一对二极管分别与上下桥臂串联主管中点相连，以辅助中点钳位。该电路比前者更易于控制，且主管关断时仅承受直流侧一半电压，因此更为实用。20 世纪 80 年代以来被广泛应用于逆变器及大功率高电压供电的交流调速领域。从发展的情况来看，倾向于两个分支。前者为多电平 PWM 控制，从理论上将二电平、三电平纳入多电平 PWM 技术之中，形成一个统一的多电平 PWM 控制理论体系。国外学者更多的是关注理论分析。后者为三电平 PWM 逆变器研究，不仅在理论分析、控制技术研究，而且在系统设计和工程应用等方面，国外尤其是日本走在世界的前列，日本在地铁及机车牵引等大功率领域已有应用。可以认为，三电平及多电平控制的变流技术是今后发展的一种主要趋势。图 8-26 所示为三电平 PWM 变流器电路的拓扑结构。

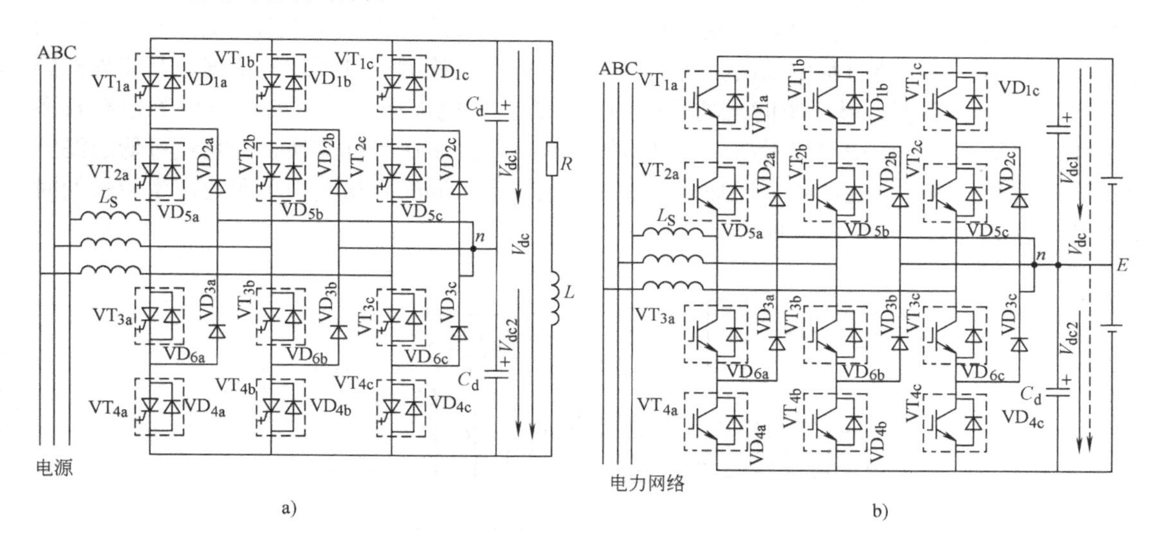


图 8-26　三电平 PWM 变流器主电路基本结构

三电平 PWM 变流器与常规的二电平 PWM 变流器相比，虽然是主电路结构较复杂，但它也具有后者所没有的优点：

1）每一个主管承受的关断电压仅为直流侧电压的一半，因此，它适用于高电压、大容量功率应用场合。

2）在同样的开关频率及控制方式下，三电平变流器输出电压谐波大大小于二电平变流器，故应用 GTO 作为开关器件是非常适合的。一般地，开关频率在 300~600Hz 范围内是能够满足要求的。

3）三电平PWM高频整流器输入侧电流波形即使在开关频率较低时也能保证一定的正弦度，在同样的开关频率及控制方式下，它的谐波电流总畸变率$THD_i$要大大小于二电平变流器。

目前，国内外对三电平变流器关注的焦点主要体现在下列三个方面：

1）优化开关矢量，限制最大开关频率，减小输出量的谐波。

2）考虑最小导通脉冲宽度限制，减小它对系统的影响。

3）控制中点电位，限制中点电位浮动的范围，避免系统工作异常及发生故障。

**2. 统一电能质量调节器的控制技术——信号检测**

统一电能质量调节器控制技术包括两方面内容：信号的检测以及脉冲控制。

信号检测是电能质量调节器指令电流运算电路中的核心技术，检测的手段多样，模拟电路或数字滤波方法均可。传统的信号检测分析主要是建立在傅里叶分析基础上的，通过FFT将检测到的一个周期的谐波信号进行分解，得到各次谐波的幅值和相位系数。将欲消除的谐波分量通过带通滤波器或傅里叶变换得到所需的误差信号，再将该误差信号进行FFT逆变换，即为补偿参考信号。该方法根据采集到的一个电源周期电流值进行计算，要求被补偿的波形是周期性变化的，否则会带来较大误差。

1983年由日本学者H. Akagi提出的瞬时无功功率理论（Instantaneous Reactive Power Theory）为有源滤波技术的实用化奠定了理论基础。该理论突破了传统的、基于一周期内平均值的功率定义，其中的概念都是在瞬时值的基础上定义的，它不仅适用于正弦波，也适用于非正弦波和任何过渡过程的情况，为无功与谐波的实时检测提供了理论依据。其原理框图如图8-27所示。目前，基于瞬时无功功率的检测方法在电能质量调节的信号检测中有较多的应用。但从其原理图中可以看出，这种检测方法需要经多次坐标变换，并且经过低通滤波器来处理信号，因此，在结构上增加了系统的复杂程度，同时在检测中不免会产生较长的时滞，从而影响到系统检测的实时性。

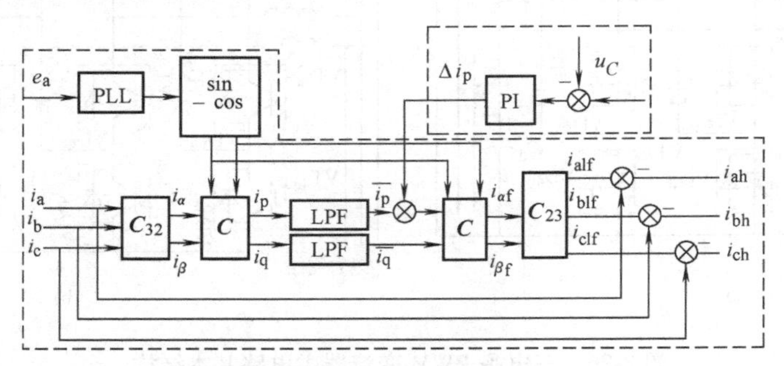


图8-27 瞬时无功理论原理框图

**3. 统一电能质量调节器的控制技术——脉冲控制**

（1）PWM控制技术的发展 脉冲控制技术是统一电能质量调节器控制技术的另一方面。A. Schonung和H. Stemmier在1964年提出了正弦脉宽调制（SPWM）技术的思想，为现代PWM控制技术奠定了理论基础。英国布里斯托（Bristol）大学学者S. R. Bowes提出了规则采样数字化PWM方案、准优化PWM技术等为PWM信号处理技术做出了卓越贡献。

随着微机控制技术和数字信号处理技术的迅猛发展，控制技术的数字化必将在统一电能质量调节器（UPQC）中得到进一步的应用，并促使PWM变流器控制技术向全数字化控制和智能化控制方向发展。应用DSP微处理器来控制大功率电子器件有很大优势，可改善系统的可靠性，降低控制系统对环境条件的敏感以及受系统电压的影响程度；同时由于其控制策略采用软件实现，较其他方法更具灵活性。

（2）抑制中点电位偏离的PWM矢量控制技术　电能质量调节装置的控制环节中，核心在于并联单元和串联单元的协调控制，即体现在对三电平PWM变流器的控制上。串联单元的PWM变流器与并联单元的PWM变流器的控制方式完全相同，因此只需对其一进行研究，即可通过借鉴应用于另一个单元的控制。下面仅对并联单元进行较为详细的讨论。

三电平PWM变流器在控制方式上与二电平PWM变流器没有本质区别，将这些控制方式移植到三电平PWM变流器中是可行的。采用基于电压空间矢量PWM调制方式可以优化开关矢量，降低开关频率，减小交流侧输入电流的总谐波畸变率，而且在中点电位控制方面也易于实现。这种控制方式本质上依赖于开关矢量的选择以及开关矢量作用时间的计算，因此，一般情况下，它们的实现取决于微处理器的性能，尤其是运算速度。常规的二电平PWM变流器在空间矢量PWM调制方式下应用十六位单片机就可以很好地实现控制，而三电平PWM变流器由于更多的空间矢量选择及计算，往往需要DSP才能较好地实现实时控制。

PWM变流器的控制方式多样，特点各异，但单一控制方法往往存在一定的弱点。改善PWM变流器的跟随性能，降低控制系统对环境及模型的灵敏性，简化控制算法，控制数字化、智能化和多种方法有机结合的混合控制技术是PWM控制的发展趋向。

1）矢量控制机理。对于三电平变流器，当电压中间回路电容分压对称时，开关函数$S_a$为三值函数（1，0，-1），这样三相系统中$S_a$、$S_b$、$S_c$共有$3^3=27$种组合，这意味着有27个开关矢量。假设中点电位没有浮动，$V_{dc1}=V_{dc2}=V_{dc}/2$所有的开关矢量$\boldsymbol{V}(k)$如图8-28所示。

开关矢量可以划分为四类：

第一类：外正六边形的顶点为最大开关矢量$\boldsymbol{V}_1$、$\boldsymbol{V}_2$、$\boldsymbol{V}_3$、$\boldsymbol{V}_4$、$\boldsymbol{V}_5$、$\boldsymbol{V}_6$，幅长为$\sqrt{2/3}V_{dc}$。

第二类：外正六边形的每边中点为次大开关矢量$\boldsymbol{V}_{12}$、$\boldsymbol{V}_{23}$、$\boldsymbol{V}_{34}$、$\boldsymbol{V}_{45}$、$\boldsymbol{V}_{56}$、$\boldsymbol{V}_{61}$，幅长为$V_{dc}/\sqrt{2}$。

第三类：内正六边形的顶点为半电压开关矢量（$\boldsymbol{V}_{01}\sim\boldsymbol{V}_{06}$），它们幅长为$V_{dc}/\sqrt{6}$。进一步划分为两类：$\boldsymbol{V}_{01p}\sim\boldsymbol{V}_{06p}$为正开关矢量；$\boldsymbol{V}_{01n}\sim\boldsymbol{V}_{06n}$为负开关矢量。它们产生的电压波形是等效的，但对中点电位的影响却不同。

第四类：零开关矢量$\boldsymbol{V}_{0p}$、$\boldsymbol{V}_{00}$、$\boldsymbol{V}_{0n}$。

当$V_{dc1}\neq V_{dc2}\neq V_{dc}/2$时，矢量分布情况是不对称的，它将严重影响交流侧电流波形的控

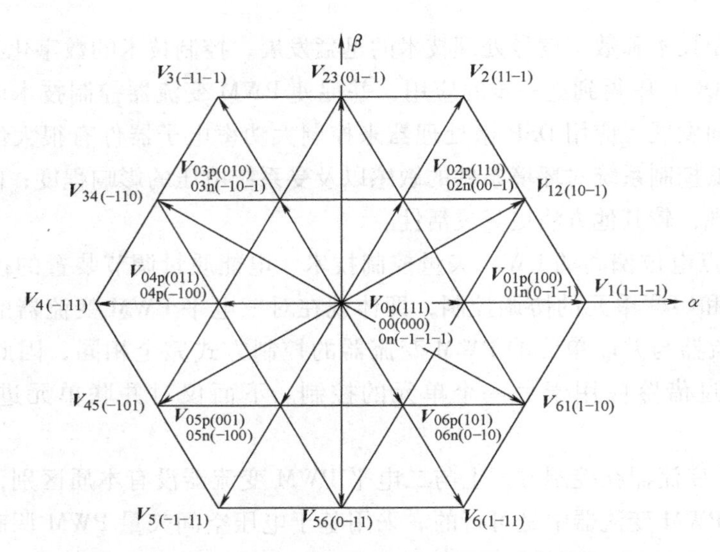


图 8-28 三电平 PWM 变流器开关矢量分布图

制。如图 8-28 所示开关矢量均匀分布在第Ⅰ~Ⅵ扇区中，如同二电平的电压空间矢量方式一样，电压空间矢量 PWM 调制方式本质上是一种等效控制，即通过一个开关周期 $T_s$ 中，用参考矢量所在的扇区及三角形中的相邻开关矢量来等效，用零矢量插入来调节实际矢量的旋转角速度。因此，开关矢量的选择及优化直接影响控制效果的好坏。

定义桥臂终端电压合成矢量为

$$\boldsymbol{V}_{\mathrm{R}}(k)=\sqrt{\frac{2}{3}}\frac{V_{\mathrm{dc}}}{2}(S_{\mathrm{a}}+\alpha S_{\mathrm{b}}+\alpha^{2}S_{\mathrm{c}}) \tag{8-34}$$

随着 $S_a$、$S_b$、$S_c$ 取值不同，开关矢量也不同，所以，电网电压合成空间矢量为

$$\boldsymbol{V}_{\mathrm{s}}=\sqrt{\frac{2}{3}}(V_{\mathrm{SA}}+\alpha V_{\mathrm{SB}}+\alpha^{2}V_{\mathrm{SC}})=\sqrt{\frac{3}{2}}V_{\mathrm{sm}}\mathrm{e}^{\mathrm{j}\omega t} \tag{8-35}$$

若功率因数为 1，则

$$\boldsymbol{i}_{\mathrm{s}}^{*}=\sqrt{\frac{3}{2}}\boldsymbol{I}_{\mathrm{sm}}^{*}\mathrm{e}^{\mathrm{j}\omega t} \tag{8-36}$$

根据式(8-34)~式(8-36)，得

$$\begin{cases}\boldsymbol{V}_{\mathrm{R}d}^{*}=\sqrt{\dfrac{3}{2}}(\boldsymbol{V}_{\mathrm{sm}}-\boldsymbol{I}_{\mathrm{sm}}^{*}\cdot R_{\mathrm{s}})\\ \boldsymbol{V}_{\mathrm{R}q}^{*}=-\sqrt{\dfrac{3}{2}}\omega L_{\mathrm{s}}\boldsymbol{I}_{\mathrm{sm}}^{*}\end{cases} \tag{8-37}$$

故

$$\begin{cases}\boldsymbol{V}_{\mathrm{R}\alpha}^{*}=\boldsymbol{V}_{\mathrm{R}d}^{*}\cos\theta-\boldsymbol{V}_{\mathrm{R}q}^{*}\sin\theta\\ \boldsymbol{V}_{\mathrm{R}\beta}^{*}=\boldsymbol{V}_{\mathrm{R}d}^{*}\sin\theta+\boldsymbol{V}_{\mathrm{R}q}^{*}\cos\theta\end{cases} \tag{8-38}$$

式中，$\theta=\omega t$。

三相桥臂终端参考电压合成空间矢量 $\boldsymbol{V}_{\mathrm{R}}^{*}$ 的模长和相角为

$$\begin{cases} \| V_R^* \| = \sqrt{(V_{R\alpha}^*)^2 + (V_{R\beta}^*)^2} \\ \gamma = \arctan(V_{R\beta}^* / V_{R\alpha}^*) \end{cases} \tag{8-39}$$

因此，需要判断 $V_R^*$ 落在第几扇区及所在的三角形。以第Ⅰ扇区为例，将第Ⅰ扇区分解为7个小区 $V_R^*$ 落在的那个区域，就用构成该区域的开关矢量 $V_R$（$k$）来等效。如图8-29所示，第Ⅰ扇区划分是为了更好地优化开关矢量选择。

2）直流侧中点电位控制。在实际的系统运行过程中，PWM高频整流器直流侧 $V_n$ 并不固定，它因开关矢量的选择、开关矢量作用时间、脉冲实际宽度是否对称、开关器件开关特性以及系统工作状态等因素影响而造成电位浮动。如果不加以控制，中点电位 $V_n$ 浮动超出限值，势必造成上下两电容上的电压不对称，一方面加剧了波形畸变（包括交流侧线电流波形和直流侧输出直流电压），另一方面GTO开关器件关断时承受电压不一致，严重时导致开关器件击穿，系统异常。因此，有必要研究中点电位浮动的原因和采取相应的措施。

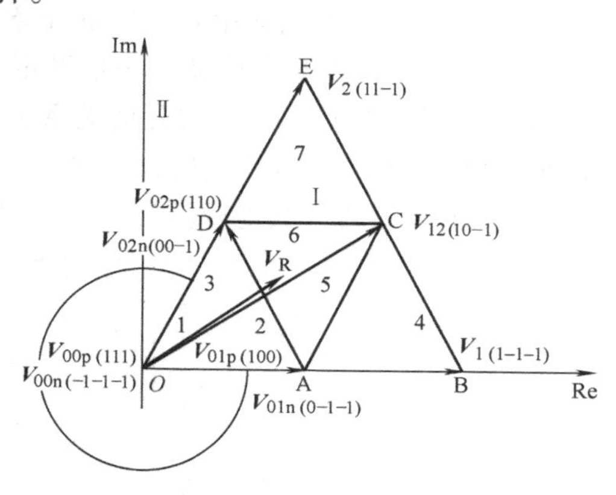

图8-29　第Ⅰ扇区放大图

3）开关矢量选择及优化。开关矢量选择及优化的原则如下：

①为了优化开关频率，开关矢量选择应该是每次开关矢量变化时，只有一个开关函数变动，而且变动是循环的。

②在一个开关周期 $t_s$（$t_s = 1/f_s$，$f_s$ 为开关频率）中，开关矢量的选择是对称的。

③考虑最小脉宽或最小导通时间（$T_{on\ min}$）的限制。

④考虑正开关矢量（$V_{01p} \sim V_{06p}$）和负开关矢量（$V_{01n} \sim V_{06n}$）的作用来平衡中点电位的浮动。

⑤零矢量或等效零矢量的作用时间是等份分配的，类似于二电平中的 $t_0 = t_1'$。

这样，第Ⅰ扇区与第Ⅲ、Ⅴ扇区的开关矢量分配规律相同，第Ⅱ扇区与第Ⅳ、Ⅵ扇区的规律相同，故下文给出第Ⅰ扇区和第Ⅱ扇区的开关矢量选择规律。图8-30的1~7通过几何关系来确定，其他扇区的区域确定可以通过 $\gamma$ 角旋转到第Ⅰ扇区中类似确定。

$V_{0n}\ V_{01n}\ V_{02n}\ V_{00}\ V_{01p}\ V_{02p}\ V_{0p}\ V_{0p}\ V_{02p}\ V_{01p}\ V_{00}\ V_{02n}\ V_{01n}\ V_{0n}$

第Ⅰ扇区第1区矢量选择

| | |
|---|---|
| $V_{01n}V_{02n}V_{00}V_{01p}V_{01p}V_{00}V_{02n}V_{01n}$ | $V_{02n}V_{00}V_{01p}V_{02p}V_{02p}V_{01p}V_{00}V_{02n}$ |
| 第Ⅰ扇区第2区矢量选择 | 第Ⅰ扇区第3区矢量选择 |
| $V_{01n}V_1V_{12}V_{01p}V_{01p}V_{12}V_1V_{01n}$ | $V_{01n}V_{02n}V_{12}V_{01p}V_{01p}V_{12}V_{02n}V_{01n}$ |
| 第Ⅰ扇区第4区矢量选择 | 第Ⅰ扇区第5区矢量选择 |
| $V_{02n}V_{12}V_{01p}V_{02p}V_{02p}V_{01p}V_{12}V_{02n}$ | $V_{02n}V_{12}V_2V_{02p}V_{02p}V_2V_{12}V_{02n}$ |
| 第Ⅰ扇区第6区矢量选择 | 第Ⅰ扇区第7区矢量选择 |
| $V_{0n}V_{3n}V_{02n}V_{00p}V_{03p}V_{02p}$ | $V_{0p}V_{0p}V_{02p}V_{03p}V_{00}V_{02n}V_{03n}V_{0n}$ |

第Ⅱ扇区第1区矢量选择

$$V_{02n}V_{00}V_{03p}V_{02p}V_{02p}V_{03p}V_{00}V_{02n} \quad V_{03n}V_{02n}V_{00}V_{03p}V_{03p}V_{00}V_{02n}V_{03n}$$

第Ⅱ扇区第2区矢量选择　　第Ⅱ扇区第3区矢量选择

$$V_{02n}V_{23}V_{2}V_{02p}V_{02p}V_{2}V_{23}V_{02n} \quad V_{02n}V_{23}V_{03p}V_{02p}V_{02p}V_{03p}V_{23}V_{02n}$$

第Ⅱ扇区第4区矢量选择　　第Ⅱ扇区第5区矢量选择

$$V_{03n}V_{02n}V_{23}V_{03p}V_{03p}V_{23}V_{02n}V_{03n} \quad V_{03n}V_{3}V_{23}V_{03p}V_{03p}V_{23}V_{3}V_{03n}$$

第Ⅱ扇区第6区矢量选择　　第Ⅱ扇区第7区矢量选择

4）开关矢量作用时间计算。一旦确定了三相桥臂终端参考电压合成矢量 $V_R^*$，就可以确定 $V_R^*$ 落在第几扇区，并通过几何关系进一步确定所在的区域。然后，根据开关矢量选择规律确定实际的开关矢量。最后，根据 $V_R^*$ 及选定的开关矢量来计算相应的开关矢量作用时间。以第Ⅰ扇区为例（其他扇区类似），参见图8-30。

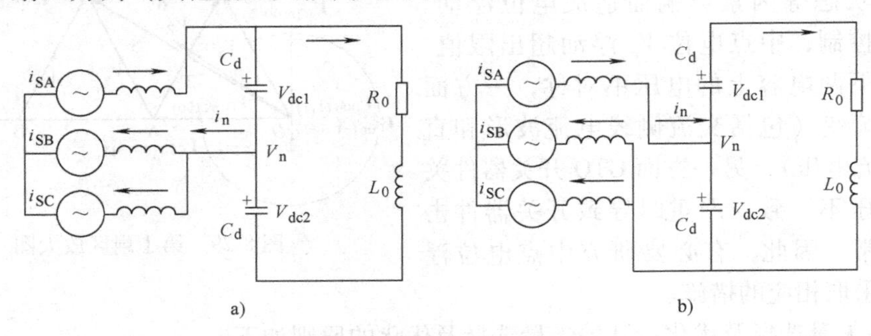


图8-30 矢量作用效应示意图
a) $V_{01p}$ b) $V_{01n}$

①当 $V_R^*$ 落在第1、2、3区域，作用矢量依次为 $V_0$、$V_{01}$ 和 $V_{02}$，定义相应的开关矢量作用时间为 $t_{00}$、$t_{01}$ 和 $t_{02}$，于是有

$$\begin{cases} V_0 t_{00} + V_{01} t_{01} + V_{02} t_{02} = V_R^* t_s \\ t_{00} + t_{01} + t_{02} = t_s \end{cases} \tag{8-40}$$

定义调制比

$$m = \frac{\sqrt{2}\,\| V_R^* \|}{V_{dc}} \qquad m \in [0,\ 1] \tag{8-41}$$

故有

$$\begin{cases} t_{01} = 2mt_s \sin\left(\dfrac{\pi}{3} - \gamma\right) \\ t_{02} = 2mt_s \sin\gamma \\ t_{00} = t_s - (t_{01} + t_{02}) \end{cases} \tag{8-42}$$

②当 $V_R^*$ 落在第4区域，作用矢量为 $V_{01}$、$V_1$ 和 $V_{12}$，定义相应的开关矢量作用时间为 $t_{00}$、$t_{01}$ 和 $t_{02}$，于是有

$$\begin{cases} t_{01} = 2mt_s \sin\left(\dfrac{\pi}{3} - \gamma\right) - t_s \\ t_{02} = 2mt_s \sin\gamma \\ t_{00} = t_s - (t_{01} + t_{02}) \end{cases} \tag{8-43}$$

③当 $\boldsymbol{V}_{\mathrm{R}}^{*}$ 落在第 5、6 区域，作用矢量依次为 $\boldsymbol{V}_{01}$、$\boldsymbol{V}_{02}$ 和 $\boldsymbol{V}_{12}$，定义相应的开关矢量作用时间为 $t_{00}$、$t_{01}$ 和 $t_{02}$，于是有

$$\begin{cases} t_{01} = 2mt_{s}\sin\left(\gamma - \dfrac{\pi}{3}\right) + t_{s} \\ t_{02} = 2mt_{s}\sin\left(\gamma + \dfrac{\pi}{3}\right) - t_{s} \\ t_{00} = t_{s} - (t_{01} + t_{02}) \end{cases} \tag{8-44}$$

④当 $\boldsymbol{V}_{\mathrm{R}}^{*}$ 落在第 7 区域，作用矢量依次为 $\boldsymbol{V}_{02}$、$\boldsymbol{V}_{12}$ 和 $\boldsymbol{V}_{2}$，定义相应的开关矢量作用时间为 $t_{00}$、$t_{01}$ 和 $t_{02}$，于是有

$$\begin{cases} t_{01} = 2mt_{s}\sin\left(\dfrac{\pi}{3} - \gamma\right) \\ t_{02} = 2mt_{s}\sin\gamma - t_{s} \\ t_{00} = t_{s} - (t_{01} + t_{02}) \end{cases} \tag{8-45}$$

5）直流侧中点电位 $V_{\mathrm{n}}$ 浮动的原因。一般来说，开关器件的开关特性是器件自身固有的特性，只能通过测试选择特性相近的器件，但实际上仍然无法保证它们的一致性。脉冲的实际宽度是否对称主要影响交流侧线电流的对称性，不过，适当加以调节可以基本保证对称的要求，故下面将着重讨论系统工作状态、开关矢量选择以及相应的作用时间等因素对直流侧中点电位 $V_{\mathrm{n}}$ 的影响。假设三电平 PWM 变流器工作在功率因数为 1 的情况下，分析如下：

①当系统工作在整流状态时，假设功率因数为 1。在第 I 扇区中，若选择开关矢量 $\boldsymbol{V}_{01\mathrm{p}}$[1-0-0]，则电路等效为图 8-30a，这时直流侧上面的电容 $C_{\mathrm{d}}$ 充电，而下面的电容 $C_{\mathrm{d}}$ 放电，造成 $V_{\mathrm{dc1}}$ 上升，同时 $V_{\mathrm{dc2}}$ 下降；若选择开关矢量 $\boldsymbol{V}_{01\mathrm{n}}$[0-1-1] 作用时，则电路等效为图 8-30b，这时直流侧上面的电容 $C_{\mathrm{d}}$ 放电，下面的电容 $C_{\mathrm{d}}$ 充电，造成 $V_{\mathrm{dc1}}$ 下降，同时 $V_{\mathrm{dc2}}$ 上升。可见，尽管初始状态时 $V_{\mathrm{dc1}} = V_{\mathrm{dc2}} = V_{\mathrm{dc/2}}$，$\boldsymbol{V}_{01\mathrm{p}}$ 和 $\boldsymbol{V}_{01\mathrm{n}}$ 形成的桥臂终端线电压值是一样的，但两者对直流侧中点电位的作用效果是不同的，经过一段时间后，$V_{\mathrm{dc1}} \neq V_{\mathrm{dc2}}$，中点电位 $V_{\mathrm{n}}$ 明显变化。

②当系统工作在再生状态时，情况恰好与整流状态相反。

从上面的分析表明，开关矢量的选择以及作用时间不同的工作状态下会造成 $V_{\mathrm{n}}$ 电位浮动。因此，通过合理分配正负开关矢量及其相应作用的时间，可以达到控制 $V_{\mathrm{n}}$ 的目的。进一步分析表明，在一个电源周期 $T$（$T = 2\pi/\omega$）中，中点电位 $V_{\mathrm{n}}$ 变化的周期为 $T/3$。

6）直流侧中点电位 $V_{\mathrm{n}}$ 的控制。中点电位 $V_{\mathrm{n}}$ 控制的基本思想是：检测直流侧上下电容两端的电压差，并根据系统的运行状态来进行补偿控制，重新分配正负开关矢量作用的时间，以达到控制中点电位 $V_{\mathrm{n}}$ 的目的，重新达到平衡。

当三电平 PWM 变流器工作在整流方式下，$\boldsymbol{V}_{01\mathrm{p}} \sim \boldsymbol{V}_{06\mathrm{p}}$ 等正开关矢量使得 $V_{\mathrm{dc1}}$ 上升，$V_{\mathrm{dc2}}$ 下降；反之，$\boldsymbol{V}_{01\mathrm{n}} \sim \boldsymbol{V}_{06\mathrm{n}}$ 等负开关矢量使得 $V_{\mathrm{dc1}}$ 下降，$V_{\mathrm{dc2}}$ 上升；当三电平 PWM 变流器工作在再生方式下，情况与整流方式刚好相反。以第 I 扇区第 7 区域为例，一种优化选择的开关矢量序列为 $\boldsymbol{V}_{02\mathrm{n}}$—$\boldsymbol{V}_{012}$—$\boldsymbol{V}_{2}$—$\boldsymbol{V}_{02\mathrm{p}}$—$\boldsymbol{V}_{2}$—$\boldsymbol{V}_{12}$—$\boldsymbol{V}_{02\mathrm{n}}$。$\boldsymbol{V}_{02}$ 矢量作用的总时间为 $t_{00}$，故引入中点电位控制因子 $\rho$，重新分配 $\boldsymbol{V}_{02\mathrm{p}}$ 和 $\boldsymbol{V}_{02\mathrm{n}}$ 作用的时间：

$$\begin{cases} t_{02p} = \dfrac{t_{00}}{4}(1+\rho) \\ t_{02n} = \dfrac{t_{00}}{4}(1-\rho) \end{cases} \quad \rho \in [-1,\ 1] \tag{8-46}$$

控制规律如下（整流状态）：

①当 $V_{dc1}=V_{dc2}$ 时，$\rho=0$；

②当 $V_{dc1}>V_{dc2}$ 时，$\rho<0$；

③当 $V_{dc1}<V_{dc2}$ 时，$\rho>0$。

# 8.5 超高压真空开关的实现

## 8.5.1 高压和超高压领域发展真空开关的可行性

目前，在高压领域存在两种介质的开关：六氟化硫（$SF_6$）开关和真空开关。在 110kV 及以上电压等级，$SF_6$ 开关占主导地位。但是，由于 $SF_6$ 对地球大气层有很强的温室效应，一旦泄漏，它在空气中存在的寿命超过 3000 年，它的影响超过 $CO_2$ 的影响 2.5 万倍。因此，早在 1997 年日本京都会议上，$SF_6$ 就被正式定为温室效应气体，必须对它的使用和排放进行限制。目前，有许多研究者一直在研究可以替代 $SF_6$ 介质的高电压等级开关，但直到现在为止，还没有找到更好的替代品，能在高压和超高压开关领域拥有和 $SF_6$ 开关相近的优异特性。真空开关目前尚只能大量应用于 110kV 以下电压等级。由于真空开关的许多优点，许多研究者正致力于将真空开关推向更高电压等级的高压和超高压领域。

真空开关是近二三十年发展起来的一代新型开关电器，是一种极具发展潜力的电力开关。经过几十年的实践，证实了在中压领域以及一些特定的供电系统中，真空开关电器具有无可比拟的优越性。

真空开关作为一种有触点型的电路故障分断元件，具有一般开关所具有的普遍属性，即其导电回路主体能进行导体与绝缘体相互之间的迅速转换，它充分利用了断路器在分断过程中出现的电弧等离子体，利用真空介质的强熄弧能力及高绝缘强度来实现这种转换。目前，在高压和超高压领域，$SF_6$ 开关占有绝对优势，而在中低压领域，真空开关已经占领了世界该领域总产量的 70%~80%，并且随着技术的进步，真空开关正向更高电压等级、更大开断容量的方向发展。

传统的观点认为，真空开关在中低压电压等级有很强的优势，而在高电压等级则以 $SF_6$ 开关为主。其主要原因是真空开关在向高电压等级发展时遇到了比较大的阻力。迄今为止，发展更高电压等级的真空开关有两种途径：一是继续发展单断口型真空开关；二是发展双断口及多断口真空开关。

为了将真空开关推向高电压等级领域，以日、美为主，在对真空绝缘性能做了大量研究工作的基础上，首先开始了高电压等级真空断路器的研制工作。美国 GE 公司是世界上最早开始真空开关研究的公司，于 20 世纪 50 年代即开始生产 45kV 电压等级的真空灭弧室，并于 20 世纪 60 年代初曾采用多个 45kV 电压等级真空灭弧室串联制成高压和超高压真空断路器和真空负荷开关，并实际投入在相应的电力系统上运行。这种真空断路器分别由 3、7、

11和14个真空灭弧室组成电压等级分别为145kV、362kV、550kV和800kV的真空断路器。目前，84kV及以下电压等级的真空断路器在日本已经形成系列化产品，并于1987年研制成功额定电压145kV、分断电流31.5kA的单断口真空断路器及额定电压168kV、分断电流40kA的双断口真空断路器。日本三菱公司已试制成功270kV单断口真空灭弧室，并拟发展生产500kV电压等级的真空断路器，一旦成功，其造价将比相应电压等级的$SF_6$断路器便宜很多。俄罗斯于1990年生产了由4个35kV真空灭弧室组成额定电压110kV、分断电流为25kA的真空断路器，并在实际的电力系统上投入运行。英国GEC公司试制成功具有8个断口的132kV高压真空断路器。上述的多断口真空断路器均采用机械联动，技术复杂，制造成本高，限制了在高压和超高压领域的实际应用和推广。

多断口真空开关的动态绝缘特性是指多断口真空开关在各种实际运行条件下的绝缘性能及其变化。其主要内容集中在多断口真空开关在开断大电流后的各断口的介质强度恢复特性和弧后重击穿特性，也就是对多断口真空开关的多间隙金属蒸气电弧的动态介质恢复特性研究。多断口真空开关的动态绝缘直接关系到开关在电力系统中的运行可靠性，因而是多断口真空开关技术研究中的一个重要内容，近来引起许多研究者的兴趣。

T. Fugel首先研究了两个24kV真空灭弧室串联起来运行时，其开断能力与单个长间隙真空灭弧室相比较的结果。对此双断口真空开关的实验研究表明，被开断电流对串联真空开关的开断能力的影响表现为被开断电流越大，则双断口真空开关在开断电流后的弧后介质恢复过程中能承受的暂态恢复电压峰值（TRV）越低，也就是说开断能力越弱，即开断能力与被试电流成反比。此现象可解释为当一个越大的电流流过触头时，触头的热量增加的越快，而弧后真空间隙中的金属蒸气浓度也增加越快，整个双断口真空开关的介质恢复也就越慢。

为了将双断口真空开关和单断口真空开关进行比较，定义双断口真空开关相比于总间隙长度相等的单断口真空开关的开断能力增长因子为

$$I_{\mathrm{br}}=\frac{\text{双断口真空开关的开断能力}}{\text{单断口真空开关开断能力}\times 2} \tag{8-47}$$

通过大量实验，T. Fugel发现，双断口真空开关相比于单断口真空开关的开断能力增长因子可达1.3倍以上，而且如果在断口上加有均压电容时，此开断能力增长因子还可以得到增加，这说明，双断口真空开关可具有比单断口真空开关更高的开断能力。通过测量双断口真空开关重燃过程中的恢复电压波形表明，其动态介质恢复过程与单断口真空开关在其本质上是截然不同的。在双断口真空开关的开断过程中，由于上下两个真空灭弧室的分压不均匀（由于对地电容的影响），通常是所受恢复电压较高的灭弧室先发生重击穿。此时，只要恢复电压的峰值和上升速度低于某一极限值，整个双断口开关并不会因为一个灭弧室发生重击穿而导致开断失败。这是因为另一个真空灭弧室的介质强度仍可能高于此时的恢复电压，它还可以承受整个恢复电压一个比较短的时间，当重击穿的真空灭弧室的介质恢复以后，共同完成分断过程。当然，如果其中的一个真空灭弧室首先发生电弧重击穿，而另外一个灭弧室又不能承受陡增的全部恢复电压，或者其承受的时间太短，使得先重击穿的灭弧室介质还来不及恢复，那么两个真空灭弧室就会相继重击穿，最终导致双断口真空开关的开断失败。

## 8.5.2 光控模块式真空开关

### 1. 光控模块式真空开关单元

发展高电压等级的真空开关如继续走单断口技术路线，需要合理地解决真空长间隙绝缘的困难、真空灭弧室的内部电场设计和解决如何保证足够的纵向磁场强度等问题，同时还要解决触头材料及机械加工、真空灭弧室尺度等工艺问题。目前要实现220kV电压等级的单断口真空开关还存在很大的困难。

多断口真空开关技术的设计思想是利用短真空间隙优良的介质恢复特性，串联起来以得到更高的电压耐受特性。这里首先给出光控模块式真空开关单元系统的组成，并提出一种新型的多断口真空开关的实现技术路线，即采用基于永磁操动机构的光控模块式真空开关单元（Fiber-Controlled Vacuum Interrupter Module，FCVIM）串联，组成更高电压等级的多断口真空开关。使用先进的光纤控制技术在低电位端对模块式真空开关的电子操动机构进行控制，不但可以解决二次回路的绝缘问题，而且具有高电位操动真空开关的优点。

图8-31所示为光控模块式真空开关单元的总体结构示意图，图8-32为其系统框图。光控模块式真空开关单元主要由外绝缘系统、真空灭弧室、永磁操动机构、由感应电源线圈（CT）直接从负荷电流中获取电能的电源系统和包括光电控制系统在内的永磁机构控制系统几部分组成。其中，真空灭弧室作为主电流的接通与分断元件；永磁操动机构的输出驱动杆直接与真空灭弧室动导电杆相连，取消了传统真空开关与操动机构之间的绝缘拉杆；用感应电源线圈直接从电网的负载电流中取出能量一方面为永磁操动机构操作电容器充电，另一方面为蓄电池充电保证电网停电时为永磁操动机构操作电容器充电，形成新型电源系统；由低压部分接收分闸或者合闸命令信号，并将它们转换为光信号，通过光纤传输到高压部分，再还原为电信号；此电信号被用来控制相应的电力电子器件接通，使储能电容器组为永磁操动机构励磁，完成机构的分闸或合闸动作。

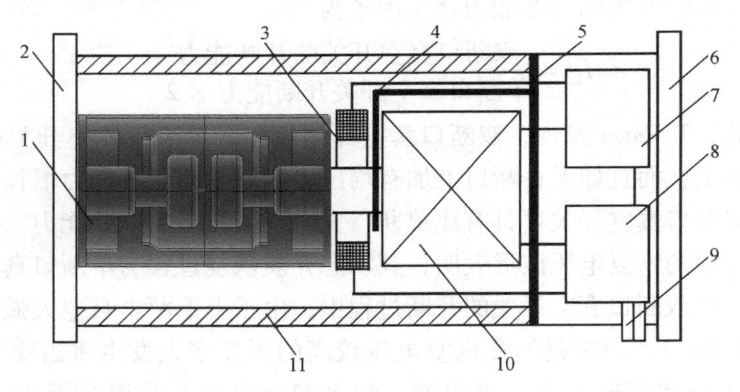


图8-31 光控模块式真空开关单元总体结构

1—真空灭弧室 2—左端盖法兰 3—感应电源线圈（CT） 4—软连接 5—中间法兰 6—右端盖法兰 7—电源系统 8—永磁机构控制系统 9—光纤接口 10—永磁操动机构 11—外绝缘

这样，由光电控制的真空开关模块单元对外的联系可由端部法兰和光缆完成，可以根据电压等级的需要，串联相应的个数以组成高电压等级的真空开关。而光纤同步触发信号可直接由低电位端发出或由系统计算机进行，方便控制。

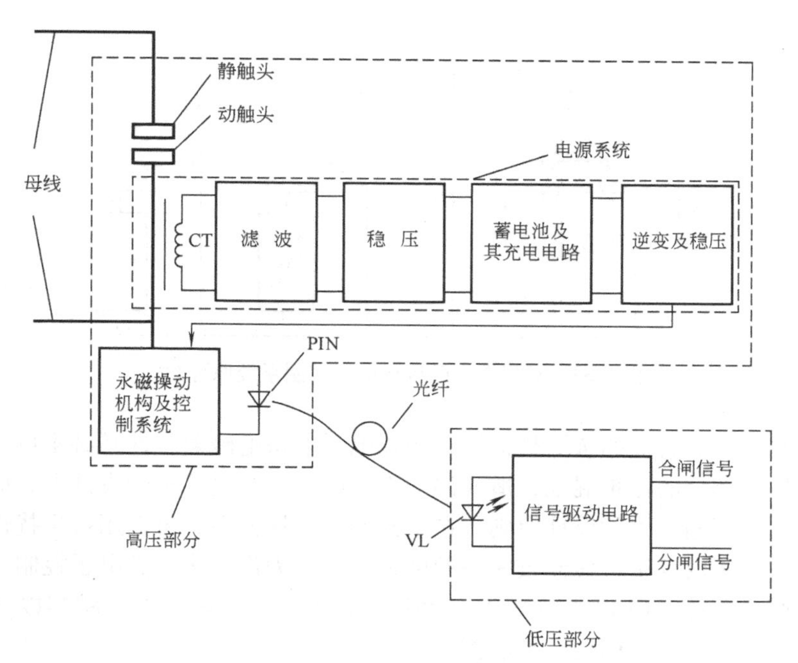


图 8-32 光控模块式真空开关单元系统框图

采用这样的光控模块式真空开关单元，可以方便地进行积木式串联相应的个数，组成更高电压等级的多断口真空开关。它可充分利用光纤控制技术来对每个光控模块式真空开关单元的电子操动机构进行控制，对每个光控模块式真空开关单元的内部参数进行检测及信号传输，是一种具有在低电位控制而于高电位操动开关优点的模块式高压真空开关技术。

**2. 模块电子控制系统**

模块电子控制系统的功能是接收外部控制信号，并通过逻辑判断最终给出指令控制操动机构动作的装置。它可具有智能化功能，还可融合在线检测技术。本装置用电子线路和元器件代替传统机构中的控制继电器来实现所需的逻辑功能，原先机构中的辅助触点开关被电力电子开关所替代。由于电力电子器件的导通和关断时间较继电器来说要短得多，且不存在有触点电器的电弧和灭弧问题，所以具有工作寿命长、响应时间快的特点。同时，在重量和体积上也具有简单轻巧的特点。

图 8-33 为光控模块式真空开关单元的双稳态永磁机构分合闸线圈电子控制系统原理图。图中，$C$ 为充放电电容器，用来储存分合闸所需的电能。$L_1$ 为合闸线圈，$L_2$ 为分闸线圈，$VT_1$ 和 $VT_2$ 为大功率光控晶闸管，由外部光纤信号来控制其触发端子以使其导通或截止。

双稳态永磁机构电子控制过程为：电源系统一直对储能电容器进行充电，使之保持在预备状态。当晶闸管开关 $VT_1$ 被驱动导通时，有一定电压的电容器将对合闸线圈 $L_1$ 放电，合闸线圈流过瞬时大电流，产生的磁场力克服永久磁铁合成磁场的力与分闸弹簧的反力的合力时，动铁心开始运动，完成合闸操作。同理，当晶闸管开关 $VT_2$ 被驱动导通时，已充电的电容器将对分闸线圈 $L_2$ 放电，分闸线圈流过瞬时大电流，提供分闸所需的力。

控制系统的电子电路易受到外界环境的干扰，是电子操动的薄弱环节。特别是在永磁机构分合闸线圈或周围线路中有大电流流过时，会产生较强的电磁干扰，可能影响控制电路的

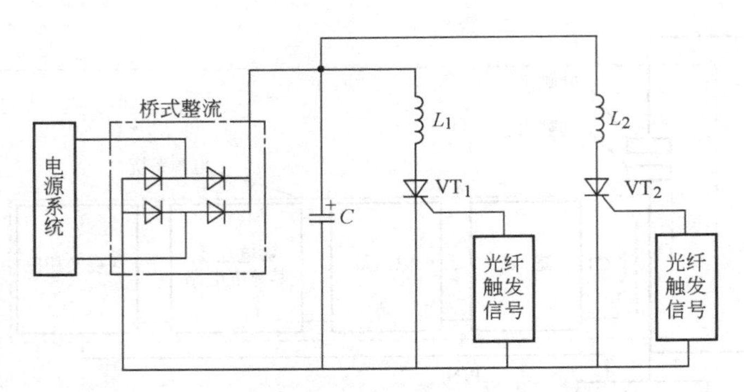


图 8-33 双稳态永磁机构电子控制系统原理图

正常工作。为此，采取有效的抗干扰措施，加强电子电路电磁兼容性是必不可少的，否则会引起真空开关控制部分的逻辑混乱，造成误动作。因此，在电路板的设计上，应该预先考虑电磁兼容的问题，遵循有关的设计原则。在主控器件选择方面，可选用抗干扰性能更强的光控晶闸管。同时，在设计中考虑比较完备的屏蔽措施。为进一步提高电子控制的可靠性，可考虑以可编程逻辑器件（CPLD）为核心，并加入过电流、失电压保护跳闸以及操动机构的自诊断等功能来实现对开关模块的智能控制。

光控模块式真空开关单元的电子控制系统的另外一个特点是，人们取消了传统的真空灭弧室与操动机构之间的绝缘拉杆。这样，光控模块式真空开关单元的真空灭弧室和永磁操动机构将处于同一高电位。为了实现在高电位操动真空开关，我们设计了新型的电源系统，在光控模块式真空开关内部解决操动能源问题，并设计了光纤接口，通过传递光纤信号来发出分合闸操作的命令，因此，光控模块式真空开关单元已经真正成为一个封闭的整体模块单元，其与“外界”的联系仅仅只有传输分合闸操作命令的触发信号等信息的光纤。

**3. 光纤控制技术**

要把在低电位端发出的数字信号（分合闸控制信号）传送到高电位端，可用的方法很多，以前有研究者使用无线电波和超声波的方法，但这些方法容易受到干扰。目前最有吸引力的方法是采用光纤技术来传送信号。采用光纤传送信号具有如下优点：①抗电磁干扰及抗共模干扰能力强；②高低电位隔离性能好，低压侧负载对高压侧无影响；③响应时间短，精度高；④传输损耗低，同轴电缆的损耗为5~10dB/km，而1.55μm波长的光纤损耗可以低到0.2dB/km。因此它成为传输信号的首选方法。

光纤传输系统由光发射机、连接光纤、接收机组成，在一些长距离传输系统中，还包括中继器。发射机包括光源及其驱动电路。常用的光源器件有激光二极管（LD）和发光二极管（LED）。由于激光具有高强度、高单色性和方向性等优点，故激光二极管在性能上大大优于发光二极管，能胜任长距离和大容量（高码率）数字通信。而发光二极管的制造工艺和使用要求较为简单，且成本比激光二极管低得多，可靠性较好，适用于短距离和低码速数字通信或模拟通信。在光控模块式真空单元与变电站主控室的通信中，由于光控模块式真空单元安装地点与变电站控制室之间的通信距离较短（一般为数百米至数千米），所以用发光二极管（LED）完全可以胜任。接收机包括光探测器和放大电路。

在光纤通信中，对光探测器的要求是：灵敏度高、响应速率高、带宽足够、附加噪声小及性能稳定。目前广泛采用的光探测器为PIN光电二极管和雪崩光电二极管（APD）。PIN管响应度比APD管低，但其工作电压低，电路简单，因此，在光控模块式真空开关单元的光纤传输系统中所采用的是PIN光电二极管。

综合比较各种光纤的特性及考虑到实际使用要求，在光控模块式真空开关单元的光纤信号传输系统中，选用了线径为200μm、孔径为0.5mm的塑包石英多模光纤。由于对光源输出的功率进行了脉冲调制，使光功率不再是常数，而为“开关”状态。在探测器上关心的是有无光脉冲，而不是光脉冲的强弱，所以系统对光强的变化不敏感，具有很强的抗干扰能力。对外部杂散光的影响，只要对光纤与光源及光纤与探测器光敏面的连接处做良好的避光包装便可消除。

## 8.5.3 多断口真空开关的整体结构

传统多断口真空开关的整体结构方式主要有双（多）燕形、准确椭圆机构和梯形结构等。当同一相中串联的真空灭弧室数目越多，其传动机构的结构就越复杂，各断口的不同期性也增大。不同期性过大，则多断口真空开关在分断电流时将会造成各断口燃弧时间的显著差异，引起分断过程断口电压分布的不均匀。不仅使得各触头的电磨损差别较大，更重要的是容易导致真空电弧的重燃甚至开断失败。因此，为了满足同期性的要求，多断口串联的传动机构还需要设置便于调节触头不同期性的装置。这样势必使得传统多断口真空开关的技术和经济成本上升。

多断口真空开关的总体结构有T形双断口结构和垂直布置的多断口结构。图8-34为日本明电舍1976年研制的由两个84kV真空灭弧室串联而成的145kV/1250A/25kA真空断路器，为T形落地式结构。美国JOSLYN公司生产的从15kV到69kV的VBM系列户外真空负荷开关外形为垂直布置的多断口结构，各断口没有并联均压电容，多断口垂直串联时，各灭弧室之间的联动采用梯形方式。国内西安交通大学和北京开关厂联合开发的110kV双断口真空开关由两个63kV真空灭弧室串联组成，采用电动弹簧操动机构，外形为T形落地式结构。

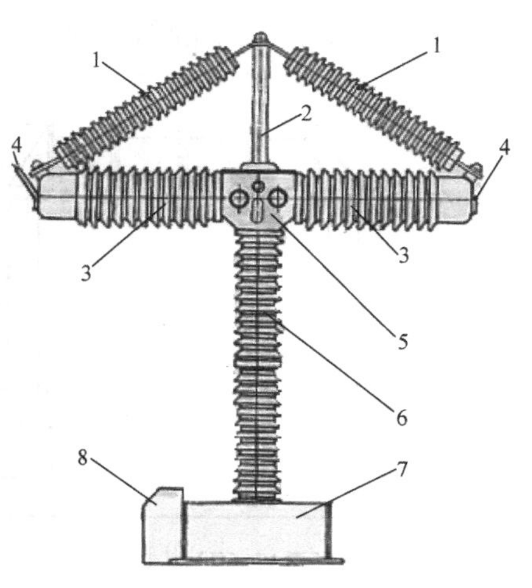

图8-34　110kV双断口真空断路器结构
1—并联电容器　2—支持导杆
3—真空灭弧室　4—接线端子　5—三角箱
6—支柱绝缘子　7—底座　8—机构箱

总的来说，传统的多断口真空开关采用的是传统操动机构，整个操动系统的环节多，累计运动公差大而且响应缓慢，可控性差。效率低，各断口的动作同期性较差。为了提高各断口动作的同期性，将以提高成本为代价。正是操动机构方面存在的这些问题，使追求单断口真空开关完成更高电压等级成为一种目标。人们在开发出多断口真空开关之后的几十年中，转而主攻单个灭弧室的耐压水平。

通过上文对光控模块式真空开关单元（FCVIM）的分析，可知FCVIM是一个可独立操作，仅靠一组光缆和两个端盖法兰与外界联系的独立单元。一种新型的多断口真空开关的技术路线就是采用基于永磁操动机构的光控模块式真空开关单元，串联相应的个数组成更高电压等级的多断口真空开关。它可充分利用光纤技术来对每个光控模块式真空开关单元的电子操动机构进行控制，对每个光控模块式真空开关单元的内部参数进行检测及信号传输，是一种具有在低电位控制而在高电位操动开关的模块式高压真空开关技术。

同时，可以在每个光控模块式真空开关单元内部或统一在低电位端设置智能化单元，便于计算机进行控制，解决了常规多断口高压开关在绝缘和控制方面的难度。

要实现基于永磁操动机构的光控模块式真空开关单元串联相应的个数，以组成更高电压等级的多断口真空开关，技术上的关键之处是要保证每个组成模块单元的动作一致性，以保证在多断口真空开关开断电流时每个断口上的恢复电压的均匀性得到保证。这样，就要求每个断口的动作应该是高精度的，而我们采用双稳态永磁操动机构的电子控制系统所对应的时间分散性在微秒级，而永磁操动机构的合分闸时间的分散性可以控制在1ms之内。因此，采用永磁操动机构的光控模块式真空开关可以满足组成高电压等级多断口真空开关技术的要求。同时，其大小、重量和经济成本都可以减少，是一种非常有发展潜力，适用于高电压等级的多断口真空开关技术。

图8-35为基于光控模块式真空开关单元的新型多断口真空开关的系统结构示意图。实际中，可根据所需电压等级的需要，进行具体的设计。其中，光中继器负责多断口真空开关与变电站控制室的信号通信。

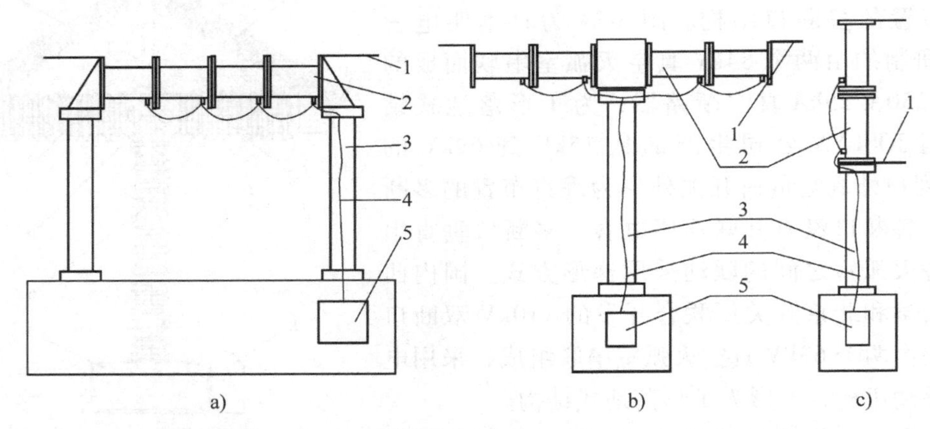


图8-35 基于光控模块式真空开关单元的多断口真空开关系统结构示意图
1—开关进出线 2—光控模块式真空开关单元 3—支撑绝缘子 4—光纤 5—光中继器

为了研究基于光控模块式真空开关单元的新型多断口真空开关的合闸与分闸动作的精度，作者曾用一台40.5kV电压等级的FCVIM样机，进行了无负载下的合分闸动作时间特性测量。通过改变储能电容器上的充电电压$U_C$，用数字存储示波器进行分合闸动作时间测量。真空灭弧室的触头开距为15mm，所用储能电容器容量为3300μF。测量得到的分合闸动作的时间平均值与标准偏差见表8-3。

由表8-3中数据可见，随着储能电容器上充电电压的增加，此光控模块式真空开关单元的分合闸时间随之减小。总体上，其分合闸的动作时间分散性小于1ms。这充分说明，采用以上设计技术的光控模块式真空开关单元的动作精度非常高，可达到微秒级。

**表8-3　动作时间平均值及标准偏差**

| $U_C$/V | 操作方式 | 平均值/ms | 标准偏差/ms |
|---|---|---|---|
| 213 | 分闸 | 43.213 | 0.262 |
| | 合闸 | 33.157 | 0.309 |
| 236 | 分闸 | 33.141 | 0.259 |
| | 合闸 | 19.452 | 0.158 |
| 270 | 分闸 | 25.356 | 0.203 |
| | 合闸 | 15.672 | 0.146 |
| 293 | 分闸 | 22.378 | 0.248 |
| | 合闸 | 13.549 | 0.215 |

在大量实验的基础上，人们发现无论是施加工频交流高压还是冲击高压，在相同的总开距下，三断口真空开关模型相对于单个真空灭弧室模型的击穿电压都有增益，但在外施冲击高压时，其增益效果更为明显。应该通过设计，最大限度地提高多断口真空开关各断口电压分布的均匀性，从而提高其击穿电压增益倍数，最大限度地发挥多断口真空开关的优势。

对光控模块式真空开关单元样机的动作精度实验表明，其分合闸的动作时间分散性小于1ms。充分说明，所设计的光控模块式真空开关单元样机的动作精度非常高，可达到微秒级，满足多断口真空开关动态介质恢复的需要。

## 思考题

1. 简述电力电子开关的优越性及其在电力系统中应用存在的缺点。

2. 简述静止无功发生器的原理及典型结构，SVC与ASVG作为补偿装置在原理上的差别。

3. 高压和超高压领域发展真空开关可行吗？简述多断口真空智能开关的基本工作原理。

4. 描述电力环境的现状及“电力污染”的危害。

5. 如何考虑有源滤波的通流功率问题？

6. 统一电能质量管理系统应该管理哪些电能质量指标？应用了哪些方式？

## 参考文献

[1] HINGORANI. Introducing Custom Power [J]. IEEE Spectrum, 1995, 32 (6): 41-48.

[2] AREDES, HEUMANN. An Universal Active Power Conditioner [J]. IEEE Trans. on Power Delivery, 1998, 13 (2): 545-551.

[3] POVH, PREGIZER, WEINHOLD, et al, Improvement of Supply Quality in Distribution Systems [C]. IEE Conference Publication Contributions Proceedings of the 1997 14th International Conference and Exhibition on Electricity Distribution, ICED. Part 1/2 (of 7) Jun 2-5 1997 n 438 pt 1/2 1997.
[4] AKAGI. New Trends in Active Filters for Power Conditioning [J]. IEEE Trans On Industry Applications, 1996, 32 (6): 1312-1322.
[5] GYUGYI. Unified Power Flow Control Concept for Flexible AC transmission Systems [C]. IEE Proceedings-C, 1992, 139 (4): 323-331.
[6] 林海雪. 现代电能质量的基本问题 [J]. 电网技术, 2001, 25 (10): 5-12.
[7] 王兆安, 杨军, 刘进军. 谐波抑制和无功功率补偿 [M]. 北京: 机械工业出版社, 1998.
[8] 卓放, 王跃, 何益宏, 等. 全数字化控制实现的三相四线制有源电力滤波器 [J]. 电工电能新技术, 2001, 20 (3): 1-4.
[9] 赵贺. 电力电子学在电力系统中的应用——灵活交流输电系统 [M]. 北京: 中国电力出版社, 2001.
[10] 姜齐荣, 谢小荣, 陈建业. 电力系统并联补偿 [M]. 北京: 机械工业出版社, 2004.
[11] SCHAUDER, GERNHARDT, STACEY. Development of a ±100Mvar static condensor for voltage control of transmission systems [J]. IEEE Trans. Power Delivery, 1995, 10 (3): 576-590.
[12] AKAGI, KANAGWAW, NABAE. Instantaneous Reactive Power Compensator Comprising Switching Devices Without Energy Storage Components [J]. IEEE Trans on IA-20, May/June, 1984, 20 (3): 623-631.
[13] 王兆安, 李民, 等. 三相电路瞬时无功功率的研究 [J]. 电工技术学报, 1992, 7 (3): 55-59.
[14] 杨以涵, 吴立平. 电力系统无功功率及无功功率补偿概念的剖析 [J]. 华北电力学院学报, 1986, 12 (3): 1-13.

# 第 9 章 直流断路器

直流开关是直流电力系统的核心组件之一，其基本功能是关合和开断电路，进而改变系统的连接方式和拓扑结构，直流断路器则担负着控制和保护的双重任务。高压直流（HVDC）输电是构架远距离、高传输节能、窄线路走廊、高运行可靠性智能电网的组成部分，以交流输电不可替代的优点，在远距离大容量输电、电缆输电和交流系统的非同步联络等方面得到广泛的应用。近年发展起来的电压源换流器技术具有有功功率与无功功率可以独立控制、无需滤波及无功补偿设备、可向孤岛供电、潮流翻转时电压极性不变等优势。基于电压源换流器的柔性直流高压输电（VSC-HVDC）技术快速发展。在配电环节，随着清洁能源和可再生能源的快速推广应用，各电压等级的直流系统以其固有的优点，成为新能源能量传输的首选。与交流配（微）电网相比较，直流配（微）电网供电容量大、线路成本低、损耗小、供电可靠性高、可控性强、电能质量好，更适于各类分布式新能源电源和负载接入。在地铁、轻轨等轨道交通领域，直流电制具有牵引性能好、电压损失小、供电安全可靠、经济效益高等优点，获得了大量的应用。新的需求推动了直流开关的升级换代和智能化，本章侧重介绍新式直流开关的原理和智能化结构。

## 9.1 直流开断原理

用作短路保护的高压直流断路器是本领域技术含量最高的存在。直流侧没有保护断路器开断故障，HVDC 系统只能点对点输电，难以大规模互联组网，而短路保护到目前为止几乎均靠变流前的交流侧断路器。直流断路器的最大问题是没有可提供开断条件的电流自然过零点。50Hz 的工频交流电每 10ms 变换极性时有一个自然过零点，大部分交流开关正是利用这种过零点永久分断电流，即使大电流分断时有电弧产生，过零点的电流极性变换也是最好的熄弧时机。直流开断就没有这种有利条件，必须人工创造一个类似的条件。这就是直流开关尤其高压直流断路器的基本工作背景。

### 9.1.1 直流电路的开断条件

图 9-1a 为一简化的直流系统，由电压为 $U$ 的直流电源 $E$、电阻 $R$、电感 $L$ 及断路器 CB 组成。当 CB 在 $t_0$ 时刻闭合，则电路方程为

$$U(t) = Ri(t) + L\frac{\mathrm{d}i(t)}{\mathrm{d}t} \tag{9-1}$$

式中，初始条件为 $i(t_0)=0$，解微分方程可得

$$i(t)=\frac{U}{R}\left(1-e^{-\frac{t-t_0}{\tau}}\right)=I\left(1-e^{-\frac{t-t_0}{\tau}}\right) \tag{9-2}$$

式中，$\tau=L/R$；$I=U/R$。由式（9-2）可知，CB 闭合后，电路先要经过一个暂态过程，然后才进入稳态。这个暂态过程就是以 $\tau$ 为时间常数，对线路电感 $L$ 的充电过程。当 $L$ 中的电流达到最大时（$t_1$ 时刻），充电结束，电路进入稳态，如图 9-1b 所示。

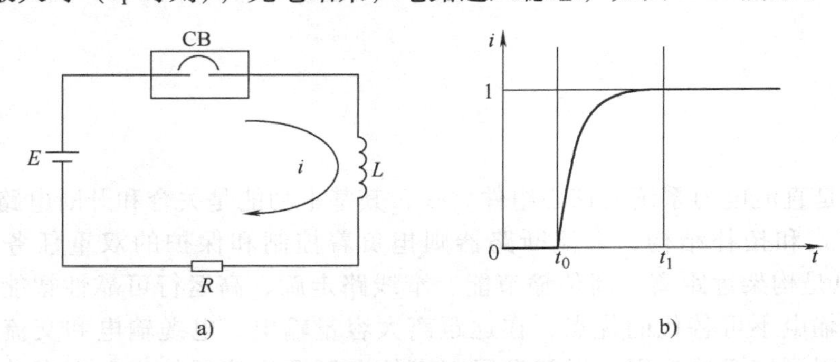


图 9-1 简化的直流系统

由此可知，在直流系统中，当线路处于开断状态时，线路电流为零，线路电感 $L$ 处于零状态，存储的磁场能量为零；而当线路处于闭合稳态时，线路电流为 $I$，线路电感 $L$ 存储的磁场能为 $LI^2/2$；当线路由开断态转换为闭合态时，线路要经历一个以 $\tau$ 为时间常数，对线路电感 $L$ 的充电过程，直到 $L$ 存储的磁场能达到 $LI^2/2$ 时，暂态过程才结束。显然，当线路由闭合态转换为开断态时，需要将线路电感中储存的磁场能消耗掉，将其恢复为储能为零的零状态。因此，直流电路开断时，耗散掉线路电感中储存的磁场能是实现开断的必要条件之一。

另外，开断直流电弧与交流条件相似，也需要利用电流零点熄灭电弧，并完成介质恢复。因此，直流电路开断的必要条件包括：①有电流零点出现，以完成熄弧；②将恢复电压限制在合理范围，以完成介质恢复；③有耗散线路电感中储存磁场能的能力和措施。

### 9.1.2 直流开断的基本方法

从开断机理来讲，直流开断方法大致可分为两类：

（1）电弧耗能开断 依靠断路器打开后产生的电弧来耗散系统中储存的能量，当系统提供的能量不够维持电弧燃烧时熄弧，实现开断。典型的低压断路器就是依赖电弧与金属栅片能量交换并把电弧切割成若干短弧而开断的。

（2）电流转移开断 也称换流开断。在断路器两端增设辅助回路，开断时先将电流转移到辅助回路，在主断路器中创造电流零点，使其灭弧；接着电流向辅助回路的电容器充电；当达到吸能装置的动作电压时，吸能装置动作，耗散能量，最终实现开断。中高压直流开关普遍应用电流转移法。

这两种直流开断方法最主要的区别为：电弧耗能开断是依靠燃弧，同步完成开断电流和能量耗散两项任务；而电流转移开断是借助辅助回路，分步完成开断电流和能量耗散的任务。由于电弧耗散能量的能力有限，所以上面的区别也决定了它们的应用场合。在

中低电压等级、线路电感能量较小的场合，多使用电弧耗能的方式实现直流开断；而在系统电感存储能量较大的场合（如 HVDC 系统），已很难通过燃烧电弧来耗散如此大的能量，故多采用电流转移的原理实现直流开断。

**1. 电弧耗能开断**

直流电路如图 9-1a 所示，当 CB 打开时，开关触头产生电弧，$u_a(t)$ 为电弧压降，则电路方程为

$$U(t) = Ri(t) + L\frac{\mathrm{d}i(t)}{\mathrm{d}t} + u_a(t) \tag{9-3}$$

电弧熄灭必要条件之一是电流过零，即需要满足 $\frac{\mathrm{d}i(t)}{\mathrm{d}t} < 0$。将其代入式（9-3），可得电弧熄灭条件为

$$u_a(t) > U(t) - Ri(t) \tag{9-4}$$

式（9-4）的物理意义为：当电路中系统电压不足以维持电弧电压和线路电压之和时，电弧必会熄灭。设直流电弧在 $t_a$时刻熄灭，则电弧的瞬时功率（电弧瞬时电流和电弧瞬时电压的乘积）对燃弧时间积分，求得电弧能量 $A$ 为

$$A = \int_0^{t_a}[U(t)i(t) - Ri^2(t)]\mathrm{d}t + \frac{1}{2}LI^2 \tag{9-5}$$

由式（9-5）可知，电弧能量由两部分组成：一部分是在燃弧时间 $t_a$内由电源供给的能量，它等于电源在 $t_a$内提供的总能量减去电阻上消耗的能量；另一部分是开断前电路中电感存储的能量，它要在燃弧过程中全部从电弧中释放出来。因此，电弧耗能开断，实质上就是通过提高电弧电压满足开断条件，依靠电弧燃烧来耗散线路电感中储存的能量，当系统提供的能量不够维持电弧燃烧时，出现电流零点而熄弧，实现开断。

提高电弧电压可通过拉长电弧和加强冷却的方法来实现，如磁吹断路器同时使用拉长电弧和加强冷却这两种增压方式。图 9-2 为直流空气断路器的磁吹灭弧室结构。燃弧时靠磁场的驱动力控制电弧进入灭弧栅，将电弧割裂成很多串联的短弧，并依靠栅片的热吸收作用冷却电弧。栅片的存在增加了电弧电压和介质恢复能力，为开断创造条件。图 9-3 为目前流行于市场的某公司 HPB 60 型低压直流断路器产品。

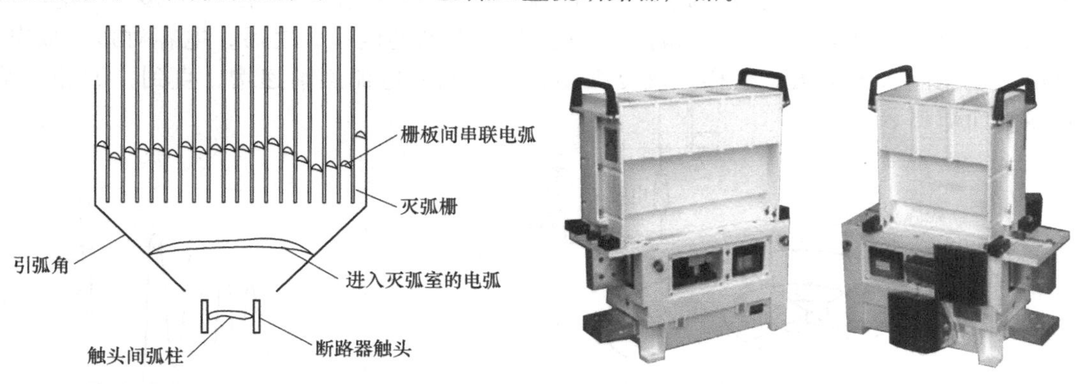


图 9-2　磁吹灭弧室结构　　图 9-3　HPB 60 型低压直流断路器

**2. 电流转移开断**

直流的电流转移开断也称换流开断，原理电路如图 9-4 所示，采用电流转移原理的直

流断路器由主断路器 CB、换流回路和吸能装置三部分组成。主断路器在合闸状态下承载电流，在开断过程中，借助换流回路产生的零点实现开断。吸能装置用来吸收系统中储存的电感能量，防止过电压产生，破坏绝缘结构。

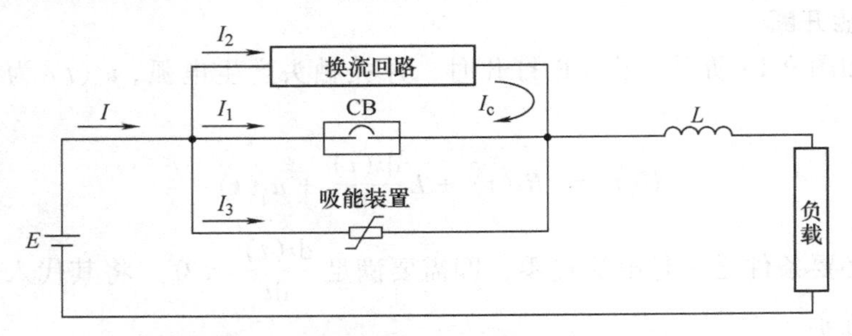


图 9-4　电流转移原理的直流开断电路图

电流转移开断的一般过程为：①主断路器打开，产生电弧；②换流回路投入，将系统电流逐步由主回路转移到换流回路中；③当主回路电流下降到零时，主断路器熄弧；④系统电流给换流回路中的电容充电，形成主断口间的恢复电压；⑤当该电压达到吸能装置的动作电压后，吸能装置导通吸能；⑥吸能装置耗散能量，系统电流逐渐减小到零，开断完成。

换流回路的结构不尽相同，依据换流的方式不同，电流转移开断法可分为无源换流法、有源换流法、固态开关换流法和混合换流法等。

（1）无源换流法　无源换流法又称为自激振荡换流法，换流回路是在主断口直接并联一条由电容和电感串联的支路，利用电弧的负阻特性对换流电容进行充放电，馈入主回路创造一个“人工电流零点”而完成熄弧，最后由吸能装置耗散能量，实现开断。

自激振荡过程如图 9-5 所示，曲线 1 为某具有负阻特性电弧的静态伏安特性曲线，曲线 2 标示出振荡发展的方向，曲线 3 为一条典型的自激振荡形成的动态伏安特性曲线。断路器触头分离后，产生电弧；随着触头拉长，引起电弧电压增加，导致电流被换流电容 $C_s$ 分流；这降低了电弧电流，工作点沿特性曲线向弧压高的方向发展；当电容电压被充到一定值后，它会向弧隙放电，此时电弧电流增加，工作点沿特性曲线下移；当电容放电结束后，电弧电流又会对电容充电，达到比前次更高的电压；之后，电容对弧隙放电，放电电流也比前次的更大。这样，反复振荡，二者间的电流逐渐递增，直到主回路电流出现零点而熄弧。

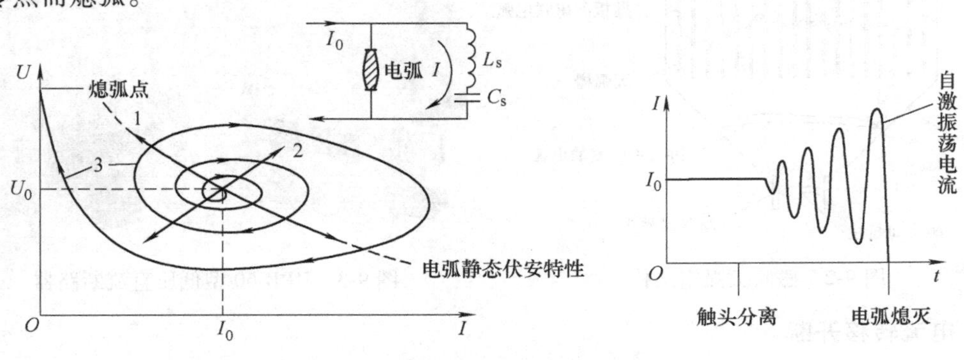


图 9-5　自激振荡过程的物理描述

图9-6为西门子的无源换流型直流断路器进行开断试验时的示波图。当CB闭合时，$i_{CB}$等于$I_0$，$i_{LC}$、$i_A$为零。打开CB，产生电弧，由$C$、$L$和CB组成的回路产生一增幅的振荡电流；经过几个到十几毫秒，振荡电流与CB中原电流叠加产生零点，CB断口电弧熄灭；随后所有的电流流入换流回路给电容$C$充电，恢复电压开始极速上升；当到达避雷器阈值电压，避雷器导通，抑制电压的继续升高，并大量地耗散掉能量；最后，系统能量耗散完毕，避雷器截止，电路完成开断。

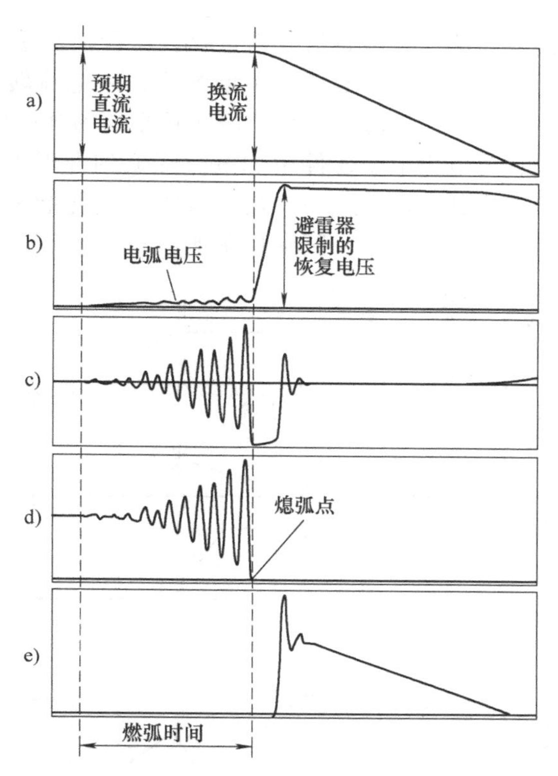

图9-6　无源换流型直流断路器的开断试验示波图

无源换流型直流断路器的主开断单元，一般选用交流压缩空气断路器或$SF_6$断路器，结构简单、容易控制，广泛地应用于HVDC系统的金属回路转换开关等场合。但是，由于电弧的静态伏安特性曲线在电流较大时下降趋于平缓，负阻特性变得不很明显，不能保证振荡电流稳定振荡到可产生零点的幅值。已应用此原理的产品分断能力不超过5kA。

（2）有源换流法　有源换流法是利用预充电电容器向主开关放电，而制造电流零点完成断口熄弧，其结构如图9-7所示，换流回路由主开关CB、电容$C$、电感$L$及开关$S_1$串联而成，U为电容充电的辅助设备。

图9-8所示为有源换流型直流开断的进程。图中：① 系统处于稳定运行状态；② 事故发生，短路电流急剧上升；③ 当到达保护动作阈值时，主断路器CB打开，产生电弧；④ 当断口达到额定开距后，闭合开关$S_1$，预充电电容$C$通过电感$L$对CB断口放电；⑤ 放电电流和故障电流叠加后，出现零点，CB断口熄弧；故障电流被全部转移到换流回路中，快速给电容$C$反向充电；⑥ 当断口间电压达到避雷器动作阈值时，避雷器导通，耗散系统电感储存的能量，系统电流逐渐减小直到完成开断。

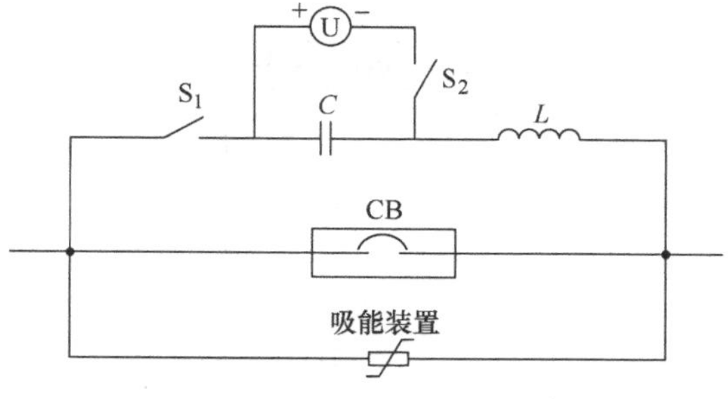

图9-7　基于有源换流法的直流断路器组成

有源换流型直流断路器的开断能力，不再像无源型那样局限于主断口的负阻特性，而取决于换流电容容值和充电电压的大小。由于电容需要充电装置，另外需要开关将换流回路投入，所以该型断路器也有组件多、控制复杂的缺点。图9-9为我国首台具有自主知识产权的55kV高压直流断路器单元样机，开断电流为16kA，开断时间小于5ms。

（3）固态开关换流法　固态开关换流是采用全控型电力电子器件作为主开断单元的

直流开断法。根据直流开断进程，这种换流法大致可以分为两类：一类如图9-10a所示，完全利用电力电子器件的关断能力，将电流转换到吸能装置而开断电流。因为器件的关断能力有限，该方式多用于电流较小的场合；另一类如图9-10b所示，先让有源回路反向放电，将电力电子器件中的电流降低到合理水平，然后利用电力电子器件进行关断，将电流转换到吸能装置中，最后吸能装置耗能来完成直流开断。这种类型的工作过程和有源换流法基本一致，区别只在于主开断单元采用的是固态开关。

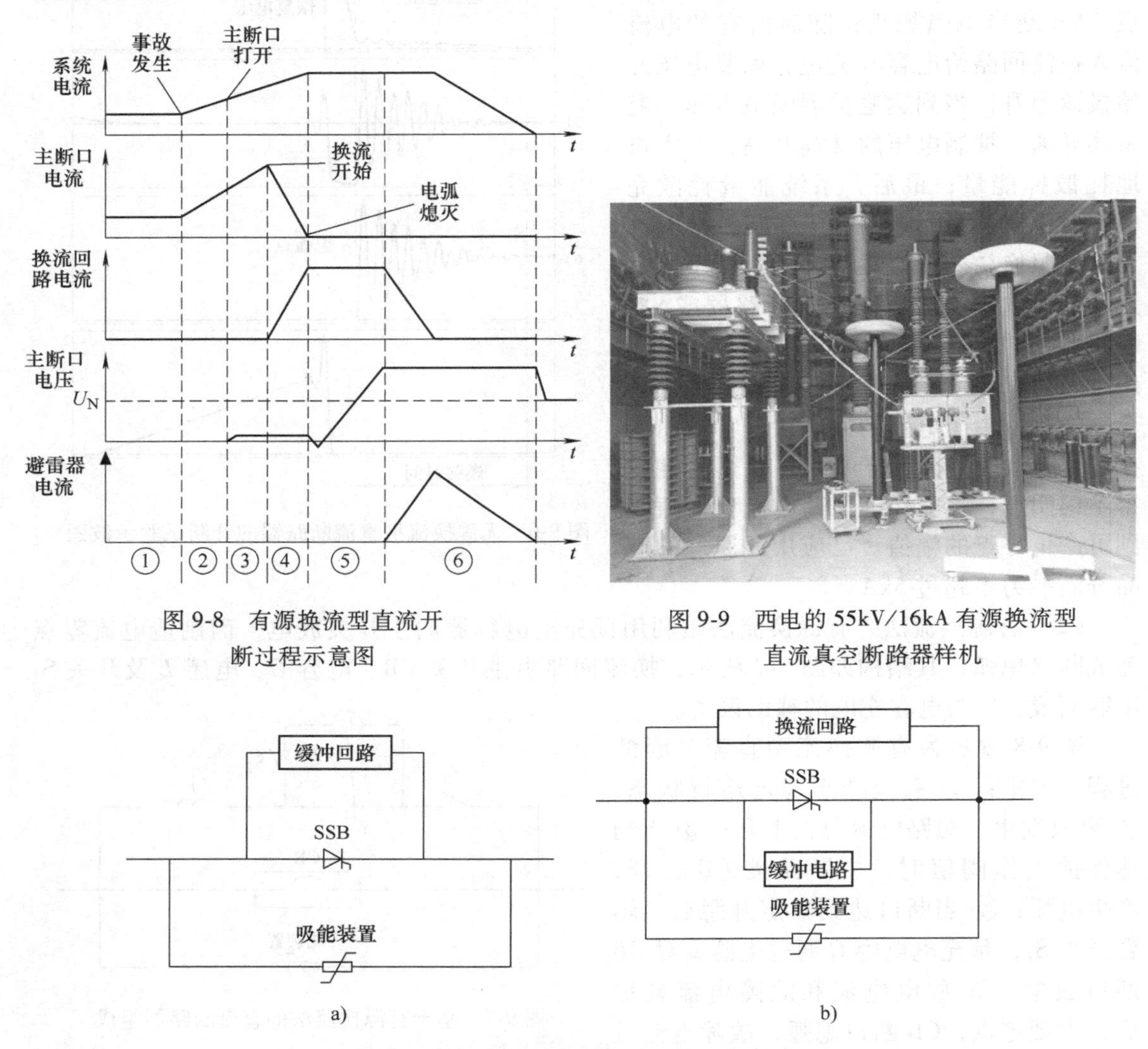


图9-8 有源换流型直流开断过程示意图

图9-9 西电的55kV/16kA有源换流型直流真空断路器样机

图9-10 基于固态开关的直流断路器结构

大功率的全控型电力电子器件，基本上都可以作为主开断单元使用，包括门极可关断晶闸管（GTO）、电力双极型晶体管（BJT）、绝缘栅双极型晶体管（IGBT）、电力场效应管（Power-MOSFET）、集成门极换流晶闸管（IGCT）等。固态开关换流法虽然具有快速无弧的特点，但是很容易被暂态过电压和过电流击穿，通态损耗也是一个问题。所以，该类断路器多数被用来进行负荷开断。

## 9.2 基于电力电子器件的高压直流断路器

直流固态断路器是由电力电子器件（如SCR、IGBT、IGCT、GTO等）作为主控开关，配以测控单元和缓冲吸能组件等共同组成，电流分断任务主要依靠电力电子器件的关断性能（半控型器件晶闸管还需强迫关断回路的配合）；缓冲和吸能组件完成分断过程的过电压限制和能量消耗，保障器件的安全。固态断路器的优点是无机械触头系统和运动机构，投切迅速、精确可控、限流能力强，不存在电弧烧蚀，理论上可无限次重复使用。然而与机械开关相比，固态开关却存在通态损耗大、过载能力差、分断能力有限、价格高等缺点。目前，单只全控器件电压等级不超过10kV，分断能力不超过10kA，高电压、大容量等级应用时，只能采用多只串并联，断路器通态损耗和可靠性问题凸显。固态断路器更适用于中低压、小电流直流系统限流保护场合。

在高电压领域，把固态开关与机械开关的上述优点和特性结合起来，就形成了混合式高压直流断路器的主体设计思想。机械式开关负责通断额定电流，分断功能主要依赖串联的电力电子器件，因此人们更偏重于把此类开关归为基于电力电子器件的高压直流断路器。

2012年，ABB公司宣布开发出了世界上第一台高压直流断路器，清除了直流输电网络发展的百年障碍。该混合式高压直流断路器的基本结构如图9-11所示，包括机械式开关支路a（快速机械隔离开关b+负载转换开关c）和固态开关支路d（电力电子器件组e+避雷器组f）。

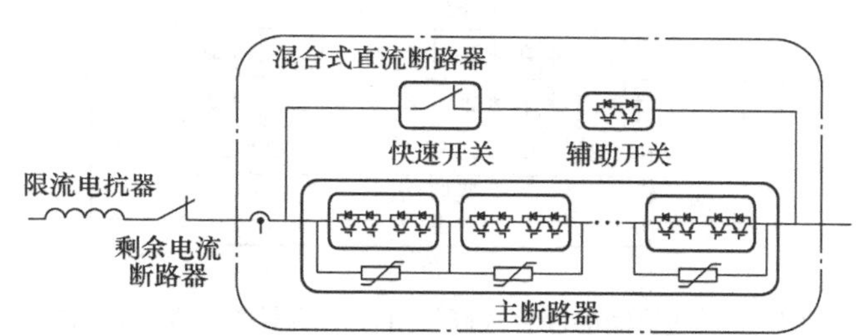


图9-11 ABB混合式高压直流断路器的基本结构

当直流线路正常运行时，固态开关支路处于断开状态，快速机械隔离开关和负载转换开关导通并流过直流电流。当检测到直流线路发生短路时，首先导通电力电子器件，切断负载转换开关，线路上的电流转移到固态开关支路上，负载转换开关承受电力电子器件的导通电压。由于此时流过快速机械隔离开关的电流为零，快速机械隔离开关迅速打开，电力电子器件截止，直流线路上的能量通过与电力电子器件并联的氧化锌避雷器吸收，短路电流下降。该混合式高压直流断路器通过开断短路电流8.5kA的短路试验，其开断时间为5ms。阿尔斯通公司研制的混合式高压直流断路器原型产品的测试中，分断电流超过了5.2kA，开断时间为5.5ms。图9-12为试验测试曲线。

国网智能电网研究院研制的混合式高压直流断路器的基本拓扑结构如图9-13所示，主要包括主开关支路（快速机械隔离开关+H桥负载转换开关）、电流转移开关支路（H桥电力电子开断单元）和吸收回路（避雷器组）。该混合式高压直流断路器所切断的电流超过了15kA，开断时间为3ms。图9-14为串联的开断单元IGBT阀组。

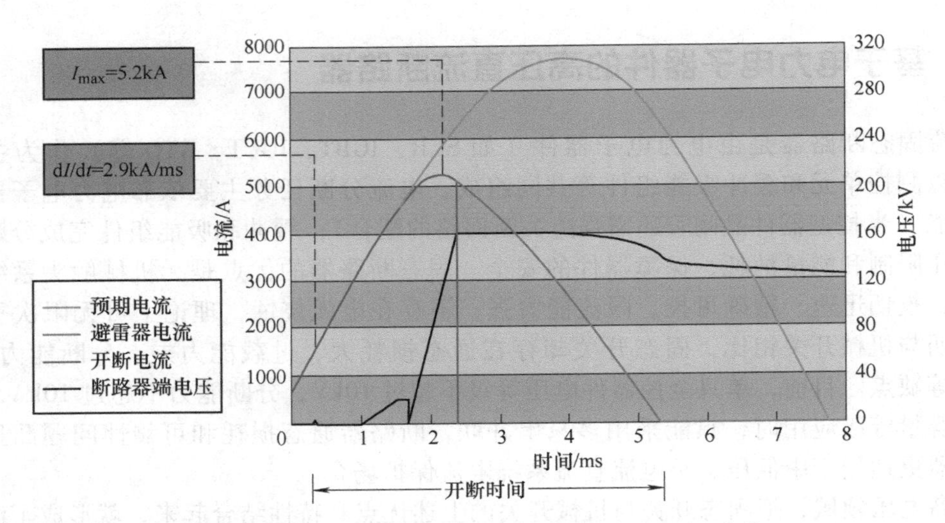


图 9-12　阿尔斯通混合式高压直流断路器试验测试曲线

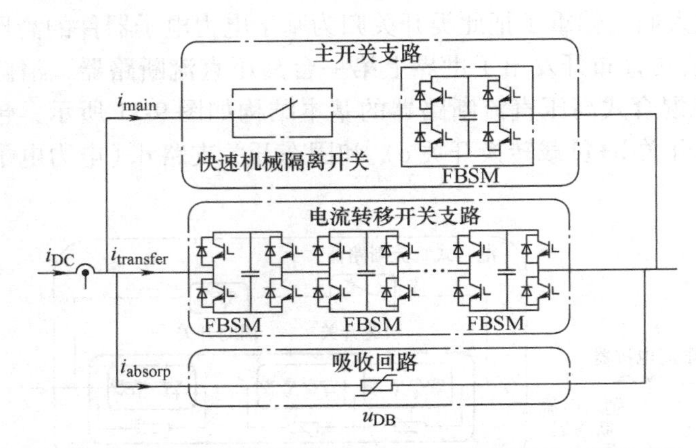


图 9-13　国网研制的混合式高压直流断路器的基本拓扑结构

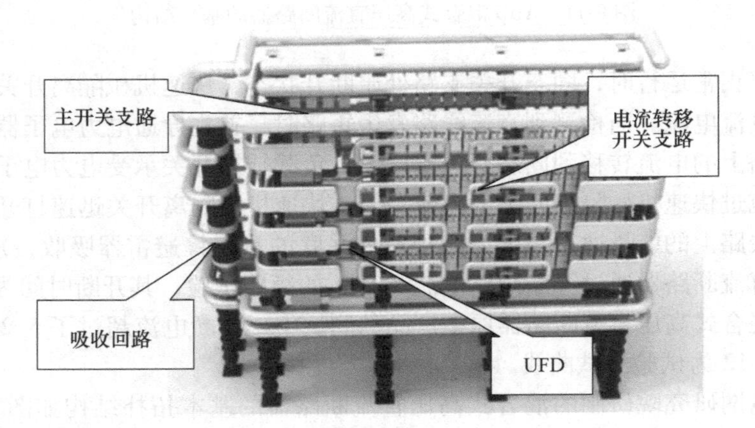


图 9-14　国网混合式高压直流断路器的电力电子开断单元

# 9.3 机械式高压直流真空断路器

有源换流型直流开关在开断过程中，由于电弧电流被强制过零而导致电流零点前大的 $\mathrm{d}i/\mathrm{d}t$ 和零点后大的 $\mathrm{d}u/\mathrm{d}t$，所以其主开断单元需要具有非常高的（$\mathrm{d}i/\mathrm{d}t$）（$\mathrm{d}u/\mathrm{d}t$）指标才能完成开断。真空开关由于电弧等离子体在真空中的扩散速度非常高而具有突出的开断性能指标，所以非常适合被用作基于换流技术直流开关的主开断单元。为区别于目前发展最快的以电力电子器件为主要开断元件的混合式高压直流断路器，我们称依靠机械断口分断直流电流的真空断路器为机械式高压直流真空断路器。

机械式高压直流真空断路器的核心部件包括三部分：主真空灭弧室、换流回路和吸能装置。本节主要讨论真空灭弧室换流工况、换流回路参数以及吸能分析。其中换流回路的参数选择是机械式高压直流断路器的设计重点之一，它既要保证开断的可靠性，还应尽量控制成本，综合权衡地选择换流支路和吸能支路的参数。

## 9.3.1 真空灭弧室直流开断过程

真空灭弧室用于直流开断时，作为主开断单元，其换流开断特性决定着换流回路的参数选取和各组件间的动作时序配合。换流开断过程中，对开断起到至关重要作用的是真空灭弧室电极表面温度状态、间隙金属蒸气密度以及调制电弧的磁场特性等方面。真空电弧电流换流开断的实质是：换流回路的作用使馈入弧隙的电流急剧减少，导致阴极斑点的数量减少或面积收缩，直至电流过零，金属蒸气电弧难以维持而熄灭，接着剩余等离子体的极快扩散和限压回路的共同作用使弧隙完成介质恢复，实现开断。与交流电流的开断过程相比，直流换流开断的特点是把主回路的电流转移到换流回路中，使主回路出现电流零点而产生熄弧机会。此外，相比交流开断，直流开断过程燃弧时间短，介质恢复条件苛刻得多。

机械式直流真空断路器开断过程中，主开断单元上电流过零前的下降率和过零后的恢复电压上升率是换流回路的特性指标，由系统状态和换流回路参数共同决定。图 9-15 为机械式直流真空断路器原理接线图。其中，断路器 CB 构成主回路；换流电容 $C_c$、换流电感 $L_c$、换流开关 $S_1$ 构成换流支路；缓冲电阻 $R_0$、缓冲电容 $C_0$ 构成缓冲支路；吸能装置为氧化锌避雷器，构成吸能支路。图中的 $i$、$i_1$、$i_2$、$i_3$、$i_4$ 分别表示直流断路器的总电流、主回路电流、

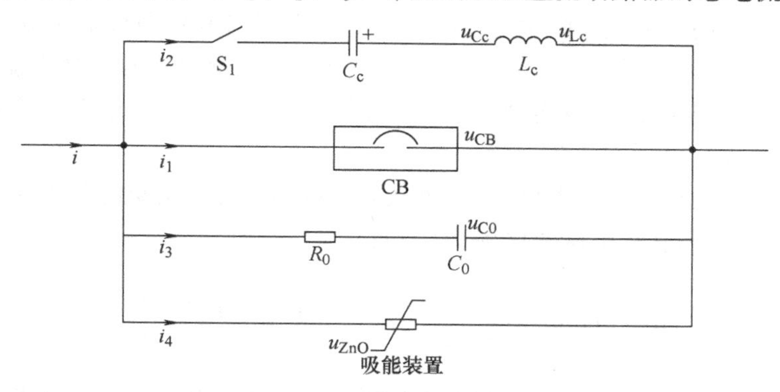


图 9-15　机械式直流真空断路器原理接线图

换流支路电流、缓冲支路电流和吸能支路电流。图中的$u_{CC}$、$u_{LC}$、$u_{CB}$、$u_{R0}$、$u_{C0}$、$u_{ZnO}$分别表示换流电容电压、换流电感电压、主断路器电压、缓冲电阻电压、缓冲电容电压和氧化锌避雷器电压。上述部件的电压取与对应通过电流$i_1$、$i_2$、$i_3$、$i_4$相关联的方向。其中，换流电容在换流前已按图中标识的正极预充至电压$U_0$，所以$u_{cc(0)}=-U_0$。

## 9.3.2 换流回路的参数分析

图9-16为直流真空开关开断短路故障过程中主断口的电压电流波形。其中，$t_0$为故障起始时刻，$t_1$为触头打开时刻，$t_2$为换流回路投入时刻，$t_3$为主回路电流过零时刻，$t_4$为瞬态恢复电压（TRV）到达反向峰值的时刻，$t_5$为TRV改变方向的时刻；$t_6$为氧化锌避雷器动作的时刻；$I_m$为换流回路投入时刻的系统电流；$U_{trv-}$为恢复电压的负向峰值；$U_{trv+}$为恢复电压的正向峰值，即为氧化锌避雷器设定的残压值；$T_0$为换流回路投入时刻到首个零点产生之间的时长；$T_1$为电流过零时刻到负向恢复电压峰值时刻之间的时长；$T_2$为负向恢复电压峰值时刻到避雷器导通时刻之间的时长。$t_4$时刻TRV达到反向峰值，$t_5$时刻TRV改变方向，$t_6$为ZnO动作时刻。

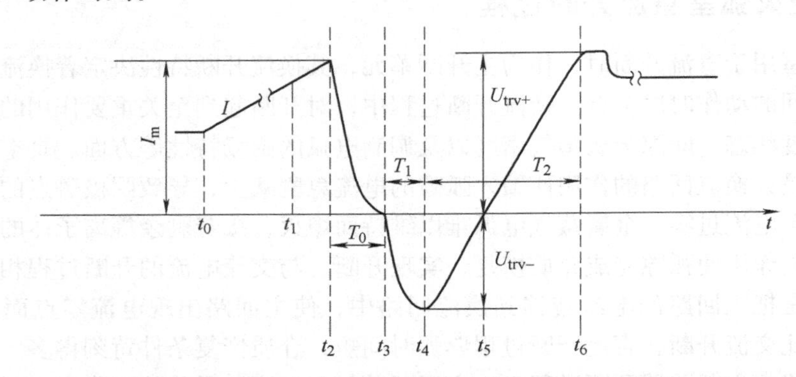


图9-16 换流开断过程中主回路的电压电流示意图

从$t_1$起，随着电流的迅速增加，电极不断被加热，向真空间隙中喷射出越来越多的电子、离子、金属蒸气和金属液滴；到$t_2$换流回路的投入使主电路电流被分流而急剧下降，系统向弧隙中输入的能量也迅速下降，主电路的电流最终过零而熄弧；到$t_3$熄弧后，虽然电流被切断，但是在高的电流下降率的情况下，电极表面温度和剩余金属蒸气密度都很高，将使介质强度恢复进程受到较大影响；而直流回路中大量电感的存在，使电流急剧降为零的弧隙上会出现上升率很高的恢复电压，也将对弧后电流的产生和介质强度恢复进程产生影响。

根据分析的需要，按照式（9-6）分别定义电流过零前的电流变化率d$I$/d$t$、负向恢复电压变化率d$U_-$/d$t$和正向恢复电压变化率d$U_+$/d$t$：

$$\frac{\mathrm{d}I}{\mathrm{d}t}=\frac{I_0}{T_0}\qquad\frac{\mathrm{d}U_-}{\mathrm{d}t}=\frac{U_{trv-}}{T_1}\qquad\frac{\mathrm{d}U_+}{\mathrm{d}t}=\frac{\int_{t_4}^{t_6}u_{trv}\mathrm{d}t}{T_2}\tag{9-6}$$

式中，d$I$/d$t$的物理意义为主回路电流在换流到零过程中的平均变化率。设换流开始的时间为零时刻，则可得

$$I_m + k_1 T_0 = I_c \sin(2\pi f_c T_0) \tag{9-7}$$

式中，$I_c$ 和 $f_c$ 分别为叠加反向电流的幅值和频率。设换流过程中故障电流值恒为 $I_m$，式（9-7）简化为

$$I_m = I_c \sin(2\pi \cdot f_c \cdot T_0) \tag{9-8}$$

则得换流过零时间 $T_0$ 为

$$T_0 = \frac{\arcsin\left(\frac{I_m}{I_c}\right)}{2\pi \cdot f_c} \tag{9-9}$$

所以，可得

$$\frac{dI}{dt} = \frac{2\pi f_c I_m}{\arcsin\left(\frac{I_m}{I_c}\right)} \tag{9-10}$$

因此，$dI/dt$ 主要由换流回路投入时刻的系统电流 $I_m$、叠加的反向电流频率 $f_c$ 和幅值 $I_c$ 三项参数决定。

$dU/dt$ 的发展比较复杂，主回路电流过零后，断口间的杂散电容和缓冲电容被换流电容高频充电，恢复电压非常快地达到负向峰值；然后换流电容被系统电流充电，很快改变极性，直至断口恢复电压达到吸能回路的阈值电压而引起 ZnO 避雷器动作。因此可对 $dU_-/dt$ 和 $dU_+/dt$ 分别进行分析。主断口介质恢复过程的等效电路如图 9-17 所示，其中，缓冲电容 $C_0$ 和主断口杂散电容 $C_p$ 由 $C_2$ 统一表示，电容上剩余的电压为 $U_{res}$。为了简化分析，假设整个开断过程中，系统电流仍恒定为 $I_m$，并忽略缓冲电阻 $R_0$ 的影响，可以导出主断口间的恢复电压 $u_{trv}$ 为

$$u_{trv}(t) = \frac{1}{C_c + C_2} I_m \left(t - \frac{\sin\omega_2 t}{\omega_2}\right) + \frac{C_3}{C_2} U_{res}(\cos\omega_2 t - 1) \tag{9-11}$$

式中，$C_3$ 为 $C_c$ 和 $C_2$ 的串联等效值。

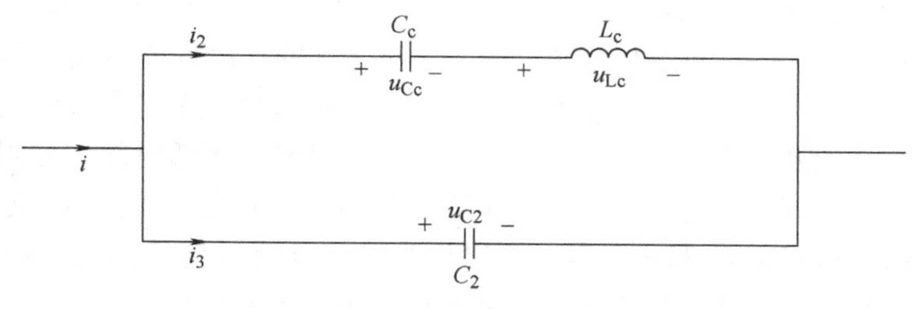


图 9-17　主断口介质恢复过程的等效电路

换流电容 $C_c$ 的值通常为几百微法以上，真空开关断口的杂散电容 $C_p$ 为几十皮法，缓冲电容 $C_0$ 通常不大于几微法，负向恢复电压变化率 $dU_-/dt$ 可表示为

$$\frac{dU_-}{dt} = \frac{2U_{res}}{T_1} = 4\sqrt{1-\lambda_2^2}(I_c f_c)\sqrt{\frac{L_c}{C_3}} = 4\sqrt{1-\lambda_2^2}\sqrt{\frac{I_c f_c}{2\pi}}\sqrt{\frac{U_0}{C_3}} \tag{9-12}$$

式中，$\lambda_2$ 是一个比例系数，$\lambda_2 = \frac{I_m}{I_c}$。式（9-12）表示：在反向电流频率 $f_c$ 和幅值 $I_c$ 已确定

的情况下，$dU_-/dt$ 特性主要由换流开始时刻的系统电流值 $I_m$、换流电感 $L_c$ 和缓冲电容 $C_0$ 的值决定。

暂态恢复电压达到负向峰值后，由于回路中电阻的存在，振荡充电过程会很快衰减，主断口间的恢复电压将由换流电容被系统电流充电的过程决定。所以，$dU_+/dt$ 可表示为

$$\frac{dU_+}{dt}=\frac{I_m}{C_c} \tag{9-13}$$

### 9.3.3 直流真空开关换流回路的参数选取

直流真空开关换流回路的参数选取需要考虑多方面因素，如工况问题、开断可靠性问题、成本问题等，并且各换流元件的参数还有相互制约的关系，是非常复杂的。由上节的分析可知，只要叠加反向电流的频率和幅值确定，电流零点前的 $dI/dt$ 就能基本固定，与换流电容和换流电感的参数非直接相关；负向恢复电压的上升率 $dU_-/dt$ 可以通过缓冲电容来改善；正向恢复电压的上升率 $dU_+/dt$ 由换流电容值 $C_c$ 和换流时刻系统电流 $I_m$ 共同决定。因此，反向电流幅值和频率是换流设计中的关键参数，以其为基准进行参数设计和优化是一种有效率的参数设计方法。

预期短路电流的特性是直流开关额定短路开断电流选取的主要依据；绝缘配合方面的要求决定直流开关的额定绝缘水平，是过电压保护水平参数选取的重要依据，后者将确定换流型直流开关与直流系统绝缘配合的具体形式，是确定其各元件绝缘水平的最重要依据。

反向电流的幅值和频率选取，与作为主开断单元的真空开关参数选取是紧密相关的。真空开关的机械动作特性是反向电流幅值选取的主要依据。为了尽量减小反向电流的幅值，应尽量选用具有快速分闸动作特性的真空开关。真空开关的 $di/dt$ 和 $du/dt$ 特性，是反向电流频率选取的主要依据。真空灭弧室的并联和串联可以对应地改善真空开关整体的 $di/dt$ 和 $du/dt$ 特性。真空开关的具体结构和反向电流频率选取要从可靠性和成本等多方面综合权衡。

由于真空开关直流开断的临界参数是被开断电流值 $I_m$ 和换流时长 $t_3-t_2$，所以，虽然当 $I_m$ 由小变大过程中，$dI/dt$ 和 $du_-/dt$ 是减小的，但是工况的严酷程度是增加的。因此，反向电流频率的选取应首要考虑最大预期短路工况下真空灭弧室的强制过零开断能力。

真空灭弧室的高频开断能力受触头的材料、直径、结构、燃弧时间、分闸速度、开距等多种因素的影响，除了利用实验方法测试，很难精确描述。研究证明：换流零区的阳极表面温度下降非常有限，最多下降 23%左右，可以认为换流开始时刻的阳极表面状态基本与电流过零时刻的状态相同。因此，换流开始时刻阳极是否处于熔化状态将极大影响真空灭弧室可承受的最大反向电流频率。换流零区的间隙金属蒸气密度衰减速度很快，反向电流频率小于 1kHz 时，间隙金属蒸气密度引起重燃的可能性将很小。反向电流频率 $f_c$ 可按如下范围选取：

1）当 $I_{sc}<10$kA 时，在 $f_c<5$kHz 基础上根据工况调整。

2）当 $I_{sc}>20$kA 时，在 $f_c<2.5$kHz 基础上根据工况调整，如需要较高开断寿命时，$f_c$ 最好小于 1.5kHz。

3）若 $f_c<500$Hz 时仍不能完成开断，则应转向考虑灭弧室的触头尺寸和结构、操动机构的分闸速度及电压抑制措施是否合理。此外还可以考虑串并联的方式，达到理想的性价比。

换流频率确定后，元件参数就大致确定。选取合理与否的评价标准就是在保证开断可靠性的基础上尽量降低成本。

### 9.3.4 能量吸收与过电压保护

吸能支路是直流开断系统的重要组成部分，其参数选取决定了开断过程的后续重燃与否以及整个系统的过电压承受能力。ZnO 避雷器的参数选取，主要由具体工况的电感储能和绝缘配合要求决定，与其他元件参数关联较少。

首先，直流开断的吸能过程属于操作冲击过程，而且要经历一个长达几毫秒的大电流通流过程，所以避雷器的保护水平应该以长周期电流冲击下的残压为准。在确定了过电压保护水平和直流开关整体拓扑结构的情况下，还要选定合适的避雷器，并计算需要并联的避雷器个数。最后根据最大系统能量工况的数据和单只避雷器的吸能能力并考虑适当裕量，根据系统平波电抗器的容量来选定吸能支路中并联避雷器的个数。

避雷器应在主断口两端电压超过起始动作电压时导通，吸收系统电感储存的能量，并将主断口电压抑制在保护水平 $U_{PL}$ 以内；避雷器的起始动作电压要高于系统额定峰值电压 $U_d$；而为了降低主断口的开断负荷和换流元件的绝缘要求，应在保证上一条的基础上，尽量选用残压低的避雷器。

## 9.4 低压直流断路器

低压直流开断也是比较艰巨的任务，因为一旦开断失败，电弧将长期燃炽，后果是发生火灾或烧毁设备。曾有地铁直流分断失败造成烧融铁轨的案例。目前低压直流断路器的主流产品仍是延续了数十年的空气磁吹断路器，低压真空直流断路器处于发展阶段。随着智能化的发展，近年来人们开始研发固态断路器和真空断路器。

### 9.4.1 空气磁吹断路器

图 9-3 所示的低压空气式直流断路器产品，包括脱扣系统、触头系统、操动机构和灭弧栅片罩四部分。与其他断路器不同之处是灭弧罩的磁吹灭弧系统，动静触头、引弧触头的磁场把电弧引入灭弧栅，后者由布置成与灭弧栅长度方向成直角的一组裸金属板组成。板之间留有间隔，用来将电弧割裂成若干段的串联电弧，并冷却电弧，建立电弧电压，限制短路电流上升。图 9-18 为空气磁吹断路器电弧分断过程回路电流和开关两端的电压示意图。短路发生后（$t_0$），空气式直流断路器首先经历脱扣器脱扣耗时、机构机械延时，而后触头分离（$t_1$），通过磁吹或气吹等手段将触头间的电弧引入灭弧罩内，进行切割、强烈的冷却、去游离，建立起与电源电压相反的电弧电压，当电弧电压大于电源电压时，短路电流开始下降（$t_2$），电弧持续燃烧一段时间（$t_1$~$t_3$），直至电流下降到零，断路器两端电压等于系统电压，分断过程结束（$t_3$）。当开断大电流时，栅片间每段电弧的弧压约为 30V。具有 $n$ 个间隔的灭弧栅，

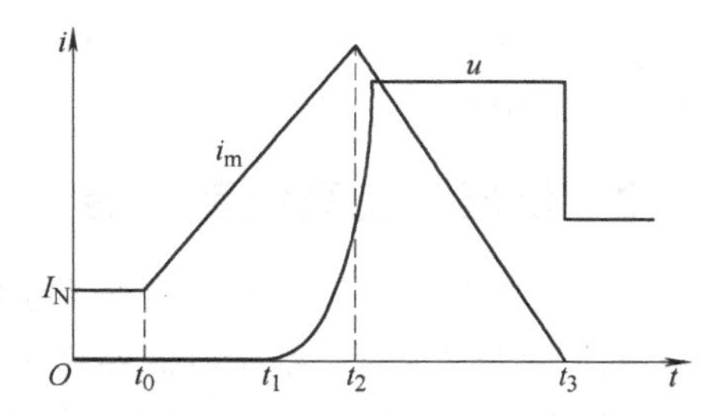

图 9-18 空气磁吹断路器电弧分断过程电流、电压波形

其弧压可达 $n\times30$V。当电流过零后瞬间，金属板上原来的阳极变为新的阴极，因近阴极效应而在每个间隔间具备了 200~300V 的绝缘耐受能力，进而完成开断。

图 9-19 为磁吹断路器直流开断的伏安特性曲线，进一步理解燃弧与熄弧的过程：

1）在触头刚打开时，断口间的压降不大，约为几十伏，由电弧电流、触头运动速度和触头材料等因素决定。

2）电弧在电动力的作用下，沿着引弧触头向灭弧栅方向移动，电弧被逐渐拉伸，产生大约几百伏的弧压。

3）之后电弧进入灭弧栅，被切割成若干串联的短电弧，引起弧压发生跳变，达到最大弧压。

4）此后，弧压大于系统电压，系统电感储存的能量转换为电弧热量而逐渐耗散。

5）最后，能量耗散完毕而熄弧，栅片间利用近阴极效应建立绝缘强度而完成介质恢复，实现开断。系统电感的能量主要在第5）阶段耗散。储存的能量越大，该阶段的时间越长；反之亦然。

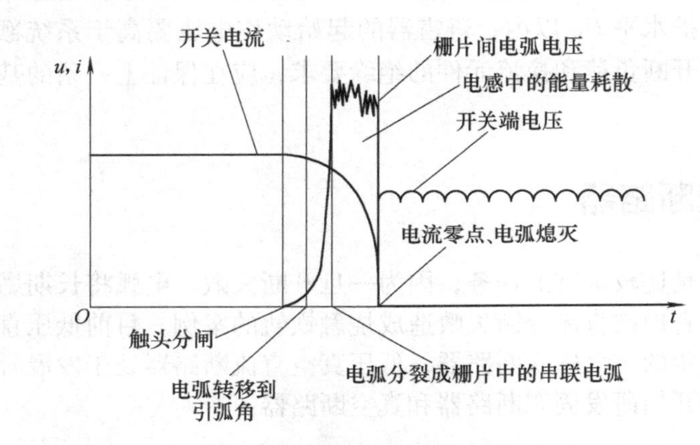


图 9-19 磁吹断路器的直流开断特性

磁吹式空气断路器目前还广泛地应用于中低电压等级的直流系统。它们具有结构简单、方便操作等优点。但是，由于它们开断的机理是通过燃弧耗能的方式实现，所以触头和灭弧栅的寿命是其瓶颈。而且，在高电压等级的场合，增加电弧电压也变得不太容易实现，断路器的体积将变得很大。另外，其开断过程中会产生很大的噪声，并喷出大量的热气体，对周围的环境影响较大。

## 9.4.2 低压真空直流断路器

日本最先开发了用于铁路直流系统的低压真空断路器，其额定值见表 9-1。图 9-20 为主回路拓扑，原理与前述基于电流转移原理的机械式高压直流断路器完全一致。该产品的换流回路直接由晶闸管投入，并增加一个辅助真空灭弧室以提高系统分断可靠性。值得一提的是，该断路器采用了两种操动机构，分断故障电流时采用高速斥力机构，当故障发生时，高频电流源注入机构线圈，线圈与导电环间产生电磁斥力，拉开真空灭弧室动触头。当操作空载或额定电流时，由磁力和弹簧驱动的磁力机构操动真空灭弧室。图 9-21 为用于铁路直流系统的低压真空断路器的外观，真空灭弧室和操动机构置于 VCB 单元中。高频电流源和避雷器置于换流单元。两个单元由控制单元统一控制。该产品在日本、阿联酋等国的电气化铁路系统获得了一定的应用。

表 9.1　日本直流 VCB 的额定值

| 序号 | 名　称 | 参　　数 |
|---|---|---|
| 1 | 额定电压 | 1500V |
| 2 | 额定电流 | 3kA/4kA |
| 3 | 预期短路电流 | 100kA（上升率：10kA/ms） |
| 4 | 开断能力 | 35kA |
| 5 | 电寿命 | 30 次（故障电流）/2000 次（额定电流） |
| 6 | 操动机构 | 磁力机构（空载、额定电流）<br>斥力机构（短路开断） |

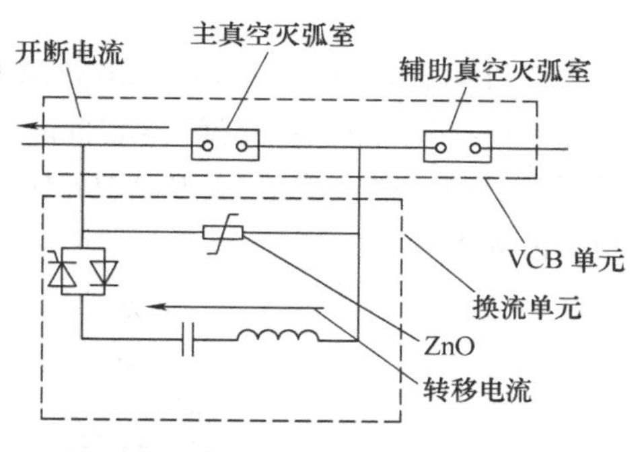


图 9-20　低压直流断路器主回路拓扑

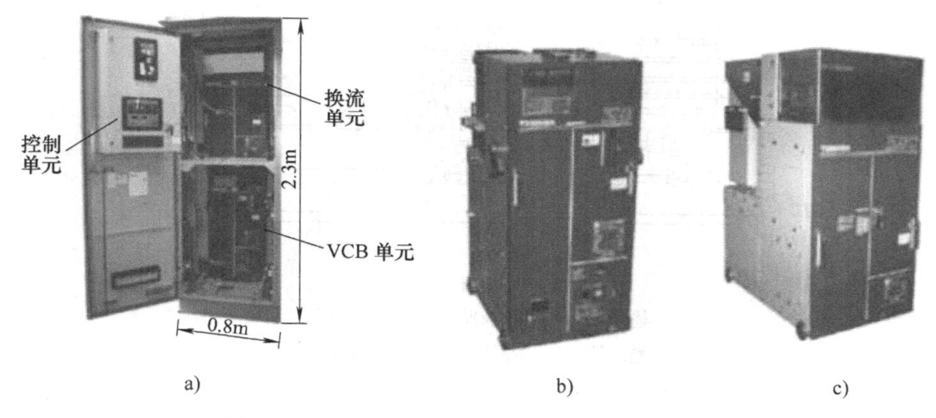


图 9-21　用于铁路直流系统的低压真空断路器柜
a）直流开关柜正面板　b）VCB 单元　c）换流单元

传统的直流断路器转移回路由真空触发开关或球隙开关投入，其关合以及主回路、充电回路的开断由各自独立的机构控制，通过控制电路来实现各个开关的时序配合，这样就造成了开断速度慢、同步性较差等缺点，电路控制也极易受到外部电磁干扰以及各机构分散性的影响，可靠性较低。

大连理工大学研制了换流回路关合与主回路分断联动的中压直流断路器，换流回路的电容器可直接由直流系统自行充电，系统原理如图 9-22 所示。直流断路器样机选用分相控制的交流真空断路器改制，主体结构如图 9-23 所示，三组拐臂与横向拉杆相连，实现三个真空灭弧室间机械联动。图 9-22 中，三个真空灭弧室作为执行三个不同功能的开关：CB1 为主开关，CB2 为转移回路换流开关，CB3 为充电隔离开关；$LC$ 与 CB2 组成换流回路。正常运行时，CB1 和 CB3 处于关合状态，CB2 处于分断状态；当接到系

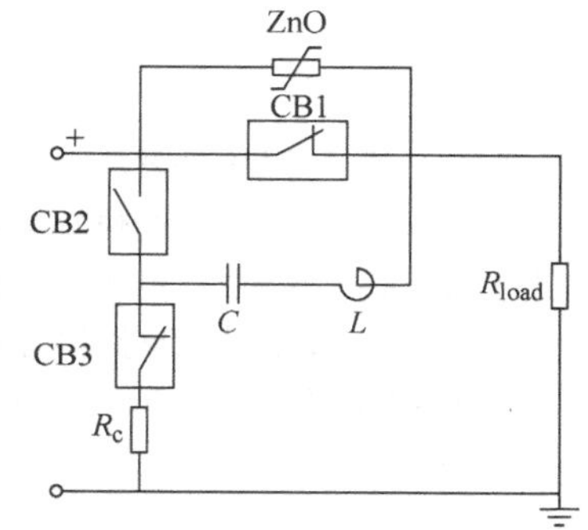


图 9-22　联动关合的中压直流断路器电路拓扑

统分断指令后触发斥力机构。调整CB1和CB2的机械联动初始位置，使CB1分闸达到安全开距时，CB2关合到位，接通换流回路。机构继续运动，CB1走完剩余开距，CB2走完超行程，CB3走完行程隔离充电回路。此外，直接由高压直流系统向转移回路充电，可简化系统结构。

样机在ZW-32型交流真空断路器基础上改装。采用行程为26mm的永磁机构，各真空灭弧室连接拉杆的垂直行程为13mm。该样机在合成回路上用低频交变电流模拟直流，进行了开断试验。电流峰值为10kA/1kHz的转移电流在低频正弦电流达到峰值前投入，实际开断电流为8.5kA。

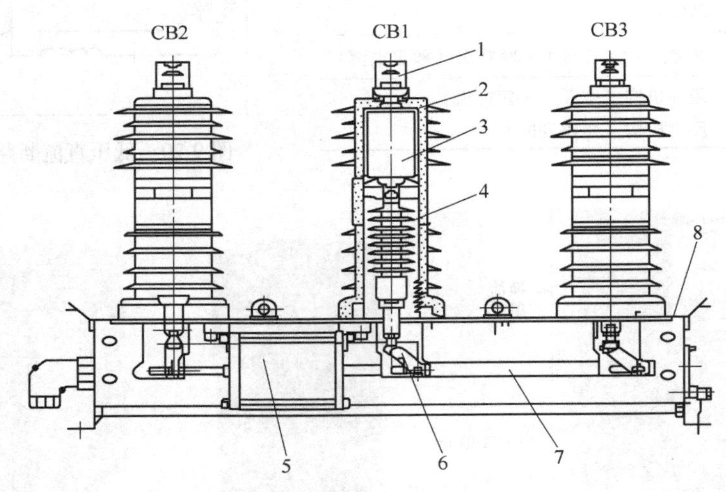


图9-23　直流断路器主体结构图

1—引线　2—绝缘筒　3—主回路真空灭弧室CB1　4—绝缘拉杆

5—快速斥力永磁机构　6—拐臂　7—横向拉杆　8—机箱

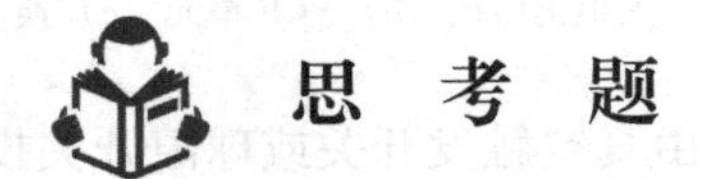

## 思　考　题

为什么直流开断要求尽可能高的分闸速度？真空开关速度上限受哪些制约？

## 参　考　文　献


[1] 徐国政，等．固态断路器的应用和发展［J］．高压电器，1998（5）：43-47.

[2] 董恩源．基于电子操动的快速直流断路器的研究［D］．大连：大连理工大学，2004.

[3] 郑占峰．基于换流技术的快速直流真空开关理论与应用研究［D］．大连：大连理工大学，2013.

[4] 刘路辉，等．快速直流断路器研究现状与展望［J］．中国电机工程学报，2017，37（4）：966-977.

[5] CIGRE WG13.07. Controlled switching of HVAC circuit breaker guide for application［J］. Electra，1999，183（4）：43-73.